零起步学 PLC 编程

——西门子和三菱

刘振全　王汉芝　史艳霞　编著

U0254049

化学工业出版社

·北京·

内 容 简 介

本书以西门子 S7-200 SMART PLC 和三菱 FX3U PLC 为讲授对象，详细介绍了 PLC 的编程方法和技巧。全书共分 3 篇 13 章，第 1 篇是零起步学西门子 S7-200 SMART PLC，包括西门子 S7-200 SMART PLC 概述、西门子 S7-200 SMART PLC 基本指令、西门子 S7-200 SMART PLC 应用指令、西门子 PLC 控制系统设计、西门子 PLC 控制变频器和电机、西门子 S7-200 SMART PLC 通信；第 2 篇是零起步学三菱 FX3U PLC，包括三菱 FX3U 系列 PLC 概述、三菱 FX3U PLC 指令、三菱 FX3U PLC 控制系统设计、三菱 FX3U PLC 控制变频器和电机、三菱 FX3U PLC 通信；第 3 篇是 PLC 和触摸屏及组态软件的综合应用。书中二维码视频涵盖低压电器 PLC 编程与仿真等内容。

本书为读者提供了一套快速掌握西门子 S7-200 SMART PLC 和三菱 FX3U PLC 有效的编程方法和丰富的编程案例，可作为零基础读者以及广大电气工程技术人员学习 PLC 技术的参考用书，也可作为高等院校、职业院校自动化类、电气类、机电一体化、电子信息类等相关专业的 PLC 教学或参考用书。

图书在版编目（CIP）数据

零起步学 PLC 编程：西门子和三菱 / 刘振全，王汉芝，史艳霞编著 . —北京：化学工业出版社，2021.3
ISBN 978-7-122-38293-1

Ⅰ. ①零… Ⅱ. ①刘…②王…③史… Ⅲ. ① PLC 技术 - 程序设计 Ⅳ. ① TM571.61

中国版本图书馆 CIP 数据核字（2020）第 264643 号

责任编辑：宋　辉 　　　　　　　　　　　文字编辑：毛亚囡
责任校对：王素芹 　　　　　　　　　　　装帧设计：张　辉

出版发行：化学工业出版社（北京市东城区青年湖南街 13 号　邮政编码 100011）
印　　装：三河市延风印装有限公司
787mm×1092mm　1/16　印张 28¼　字数 755 千字　2021 年 5 月北京第 1 版第 1 次印刷

购书咨询：010-64518888 　　　　　　　　售后服务：010-64518899
网　　址：http://www.cip.com.cn
凡购买本书，如有缺损质量问题，本社销售中心负责调换。

定　　价：88.00 元

本书以西门子 S7-200 SMART PLC 和三菱 FX3U PLC 为讲授对象，详细介绍了 PLC 的编程方法和技巧，全书共分 3 篇 13 章，第 1 篇是零起步学西门子 S7-200 SMART PLC，包括西门子 S7-200 SMART PLC 概述、西门子 S7-200 SMART PLC 指令、西门子 PLC 控制系统设计、西门子 PLC 控制变频器和电机、西门子 S7-200 SMART PLC 通信；第 2 篇是零起步学三菱 FX3U PLC，包括三菱 FX3U PLC 概述、三菱 FX3U PLC 指令、三菱 FX3U PLC 控制系统设计、三菱 FX3U PLC 控制变频器和电机、三菱 FX3U PLC 通信；第 3 篇是 PLC 和触摸屏及组态软件的综合应用。书中二维码给出了低压电器、电气线路设计、西门子 PLC 编程仿真、三菱 PLC 编程与仿真、触摸屏与组态软件、TIA（博图）编程仿真等拓展视频。

本书具有以下特色：

1. 案例丰富，侧重操作与模拟

以软件的使用方法为基础，从构建编写一个完整的工程项目出发，介绍编程软件的常用操作以及在没有 PLC 硬件的情况下如何进行程序的模拟仿真功能，使读者学得会、看得懂、会模拟，达到掌握从录入指令到看到仿真结果的完整学习与模拟过程。

2. 例说、图说 PLC 编程指令

指令是编程的基础和核心，深入理解和灵活掌握指令的应用对于 PLC 编程乃至控制系统设计具有重要的意义。本书通过丰富的举例来剖析指令及其在案例中的应用，使读者学习 PLC 编程能够抓住重点，结合模拟仿真可以快速掌握 PLC 典型程序的设计。

3. 侧重工程应用

在掌握理解指令和举一反三模拟仿真的基础上，结合典型案例和控制系统设计方法，以及丰富的 PLC 应用案例和工程实例，使读者边学边练，学练结合，提高水平，最终可以灵活运用。

本书为读者提供了一套快速掌握西门子 S7-200 SMART PLC 和三菱 FX3U PLC 的有效的编程方法和可借鉴的丰富的编程案例，还为初学者和工程技术人员提供了大量的实践经验，可作为零基础读者以及广大电气工程技术人员学习 PLC 技术的参考用书，也可作为高等院校、职业院校自动化类、电气类、机电一体化、电子信息类等相关专业的 PLC 教学或参考用书。

本书由刘振全、王汉芝、史艳霞编著。闫婉莹、周中杰、陈欣、陈泽平、刘花廷、张耀洲为本书编写提供了帮助，白瑞祥教授审阅了全部书稿，并提出了宝贵建议，在此一并表示衷心的感谢。

欢迎读者加入 QQ 群（878322208）进行交流学习。

由于编著者水平有限，书中难免有不足之处，敬请广大专家和读者批评指正。

扫码关注更多资源

关注电工电子图书公众号获取更多图书信息

编著者

目录

第1篇　零起步学西门子 S7-200 SMART PLC

第①章　西门子 S7-200 SMART PLC 概述

第②章　西门子 S7-200 SMART PLC 基本指令

第3章　西门子 S7-200 SMART PLC 应用指令

第4章　西门子 PLC 控制系统设计

第5章 西门子PLC控制变频器和电机

第6章 西门子S7-200 SMART PLC通信

第2篇 零起步学三菱FX3U PLC

第7章 三菱FX3U系列PLC概述

第8章 三菱FX3U PLC指令

第 9 章　三菱 FX3U PLC 控制系统设计

第 10 章　三菱 FX3U PLC 控制变频器和电机

第 11 章　三菱 FX3U PLC 通信

第 3 篇　PLC 和触摸屏及组态软件的综合应用

第 12 章　PLC 与触摸屏的综合应用

第13章 PLC 与组态软件的综合应用

参考文献

本书配套视频二维码

1. 低压电器

1.1 刀开关

1.2 按钮开关

1.3 熔断器

1.4 低压断路器

1.5 热继电器

1.6 接触器与继电器

1.7 时间继电器

1.8 速度继电器

1.9 行程开关

2. 电气设计仿真软件操作与举例

2.1 V-ELEO 电气设计仿真软件使用方法

2.2 V-ELEO 设计与仿真举例 1

2.3 V-ELEO 设计与仿真举例 2

2.4 电气设计仿真软件CADe-SIMU v3.0使用方法

2.5 CADe-SIMU设计与仿真举例 1

2.6 CADe-SIMU设计与仿真举例 2

3. 西门子 PLC 动画操作仿真软件

3.1 西门子 S7-200
SMART 编程软件
使用与仿真

3.2 基于 SIMATIC
Manager 的西门子
S7-200 编程与仿真

3.3 西门子 S7-300
编程软件及仿真

3.4 西门子 S7-300
编程软件的硬件
组态操作过程

3.5 西门子 S7-400
编程与仿真

4. 三菱 PLC 动画操作仿真软件

4.1 三菱 FX-TRN-BEG-C
仿真软件介绍

4.2 三菱 FX-TRN-BEG-C
动画仿真编程举例

4.3 三菱 GX Works2
软件使用与仿真举例

4.4 三菱 GX Works2
仿真举例

5. 触摸屏与组态软件

5.1 触摸屏软件
使用说明

5.2 触摸屏实现的交通
灯控制系统 part1

5.3 触摸屏实现的交通
灯控制系统 part2

5.4 工程管理器
（组态王）

5.5 起保停电路的
组态王演示

5.6 液位控制
（组态王模拟）

6. TIA（博途 V15）西门子 1200、300、400、1500PLC 编程与仿真

6.1　博途 15.1 软件
安装与使用说明

6.2　博途西门子 1200
编程与仿真举例

6.3　博途西门子 1200
与触摸屏动画仿真
举例（含 FC）

6.4　博途西门子 300
编程与仿真 -
起保停控制

6.5　博途西门子 300
编程与仿真 -
多地控制

6.6　博途西门子 400
编程与仿真举例

6.7　博途西门子 1500
编程仿真举例
及注意事项

6.8　博途西门子 1500PLC
与触摸屏快速
仿真举例

第1篇

零起步学西门子 S7-200 SMART PLC

第 1 章 西门子 S7-200 SMART PLC 概述

1.1 PLC 的硬件与工作原理

1.1.1 S7-200 SMART PLC 的 CPU 模块

PLC 由 CPU 模块、输入模块和输出模块、电源等组成。CPU 模块又称基本模块和主机，是一个完整的控制系统，它可以单独完成一定的控制任务，主要功能是采集输入信号、执行程序、发出输出信号和驱动外部负载。

（1）CPU 模块的组成

CPU 模块由中央处理单元、存储器单元、输入输出接口单元以及电源组成。

① 中央处理单元 中央处理单元（CPU）一般由控制器、运算器和寄存器组成。CPU 是 PLC 的核心，它不断采集输入信号，执行用户程序，刷新系统输出。

CPU 通过地址总线、数据总线、控制总线与存储单元、输入输出接口、通信接口、扩展接口相连。CPU 按照系统程序赋予的功能接收并存储用户程序和数据，检查电源、存储器、I/O 以及警戒定时器的状态，并且能够诊断用户程序中的语法错误。

② 存储器单元 PLC 的存储器包括系统存储器和用户存储器两种。存放系统软件的存储器称为系统存储器，存放应用软件的存储器称为用户存储器。常用的存储器有 RAM、ROM、EEPROM 三种。

RAM 为随机存取存储器，价格便宜、改写方便，但断电后储存的信息会丢失。ROM 为只读存储器，只能读出，不能写入，断电后储存的信息不会丢失。EEPROM 为可电擦除可编程的只读存储器，其数据可以读出和改写，断电后信息不会丢失。但 EEPROM 写入数据的时间比 RAM 长，改写的次数有限制，一般用来存储用户程序和需要长期保存的重要数据。

③ 输入输出接口单元 现场输入接口电路由光耦合电路和微机的输入接口电路组成，其作用是将按钮、行程开关或传感器等产生的信号传递到 CPU。

现场输出接口电路由输出数据寄存器、选通电路和中断请求电路组成，其作用是将 CPU 向外输出的信号转换成可以驱动外部执行元件的信号，例如可以控制接触器线圈等电器的通、断电。

④ 电源　PLC 一般使用 220V 交流电源或 24V 直流电源，内部的开关电源为 PLC 的中央处理器、存储器等电路提供 5V、12V、24V 直流电源，使 PLC 能正常工作。一般交流电压波动在 ±10% 范围内。

（2）CPU 模块的数字量输入输出电路

① 数字量输入电路　如图 1-1 所示，输入采用光电耦合电路，1M 是同一组输入点内部电路的公共点。当外部触点接通时，电路中有电流通过，发光二极管发光，使光敏三极管饱和导通；当电流从输入端流入时为漏型输入，反之则为源型输入。输入电流为数毫安。

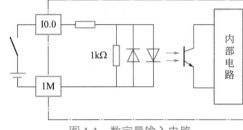

当外部触点断开时，发光二极管熄灭，使光敏三极管截止。

光敏三极管导通或截止的信号经内部电路传送给 CPU 模块。

图 1-1　数字量输入电路

② 数字量输出电路　数字量输出电路分为继电器输出和场效应管输出两种。

继电器输出电路如图 1-2 所示，它可以驱动交、直流负载，承受瞬时过电压和过电流的能力较强，但其动作速度慢，动作次数有限。

场效应管输出电路如图 1-3 所示，它只能驱动直流负载。其反应速度快、寿命长，过载能力稍差。

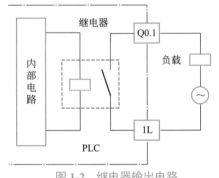

图 1-2　继电器输出电路

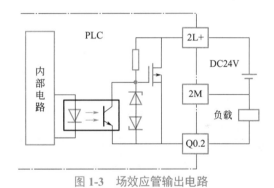

图 1-3　场效应管输出电路

1.1.2　常见的 CPU 模块型号和参数

（1）常见的 CPU 模块型号

CPU 模块常见的基本型号有 4 种，如表 1-1 所示。CPU 的型号具有不同的含义，以 CR20s 为例。

第一个字母表示产品线，其中 "C" 为紧凑型，"S" 为标准型。

第二个字母表示输出类型，其中 "R" 表示采用交流电源 / 继电器输出，"T" 表示采用直流电源 / 晶体管（T）输出。

型号中的数字表示 I/O 点数，例如，CR20s 的输入输出点数之和为 20。数字后的小写字符 "s"（仅限串行端口）表示新的紧凑型号。

（2）常见的 CPU 模块参数

标准型 CPU SR20/SR30/SR40/SR60、CPU ST20/ST30/ST40/ST60 可扩展 6 个扩展模块。经济型的 CPU CR40/CR60 价格便宜，不能扩展。定时器 / 计数器各 256 点。4 个输入中断，

2 个定时中断。CPU SR60/ST60 的用户存储器 30KB，用户数据区 20KB，最大 I/O 点数为 252。标准型 CPU 最大模拟量 I/O 有 36 点，4 点 200kHz 的高速计数器，晶体管输出的 CPU 有 2 点或 3 点 100kHz 高速输出。各型号 CPU 参数如表 1-2 所示。

表 1-1　CPU 模块常见的基本型号

类型	型号	供电/输入/输出	扩展能力	高速计数器	脉冲输出	实时时钟保持	过程映像区
第一种	CPU SR20	AC/DC/RLY	6+1	6	—	7 天	
	CPU ST20	DC/DC/DC			2 个（100kHz）		
	CPU CR20s	AC/DC/RLY	—	4	—	—	
第二种	CPU SR30	AC/DC/RLY	6+1	6	—	7 天	数字量：256 位输入（I）/256 位输出（Q）
	CPU ST30	DC/DC/DC			3 个（100kHz）		
	CPU CR30s	AC/DC/RLY	—	4	—	—	
第三种	CPU SR40	AC/DC/RLY	6+1	6	—	7 天	模拟量：56 个字输入（AI）/56 个字输出（AQ）
	CPU ST40	DC/DC/DC			3 个（100kHz）		
	CPU CR40s	AC/DC/RLY	—	4	—	—	
	CPU CR40	AC/DC/RLY	—	4	—	—	
第四种	CPU SR60	AC/DC/RLY	6+1	6	—	7 天	
	CPU ST60	DC/DC/DC			3 个（100kHz）		
	CPU CR60s	AC/DC/RLY	—	4	—	—	
	CPU CR60	AC/DC/RLY	—	4	—	—	

表 1-2　各型号 CPU 参数

集成用户存储器	SR20/ST20	CR20s	SR30/ST30	CR30s	SR40/ST40	CR40s	CR40	SR60/ST60	CR60s	CR60
I/O 点	12 输入/8 输出		18 输入/12 输出		24 输入/16 输出			36 输入/24 输出		
程序存储器	12KB		18KB	12KB	24KB	12KB	12KB	30KB	12KB	12KB
数据存储器（V）	8KB		12KB	8KB	16KB	8KB	8KB	20KB	8KB	8KB
保持性存储器	10KB	2KB	10KB	2KB	10KB	2KB	10KB	10KB	2KB	10KB
位存储器（M）	256 位（MB0 ~ MB31）									
顺序控制继电器（S）	256 位									
定时器（T）	非保持性（TON、TOF）：192 个；保持性（TONR）：64 个									
计数器（C）	256 个									

1.1.3 S7-200 SMART 扩展模块与信号板

（1）扩展模块

S7-200 SMART 常见的扩展模块如图1-4所示，包括数字量扩展模块、模拟量扩展模块、特殊功能扩展模块等。

① 数字量扩展模块 当 CPU 模块 I/O 点数不能满足控制系统的需要时，用户可对 I/O 点数进行扩展。数字量扩展模块不能单独使用，需要与 CPU 模块相连。数字量扩展模块通常有 3 类，分别为数字量输入模块、数字量输出模块和数字量输入输出混合模块。常见扩展模块如图 1-4 所示。

② 模拟量扩展模块 模拟量输入模块将模拟量转换为多位数字量。模拟量输出模块将PLC 中的多位数字量转换为模拟量电压或电流。

模拟量扩展模块为主机提供了模拟量输入输出功能，适用于复杂控制场合。它通过自身扁平电缆与主机相连，并且可以直接连接变送器和执行器。模拟量扩展模块通常可以分为 3 类，分别为模拟量输入模块、模拟量输出模块和模拟量输入输出混合模块。

③ 特殊功能扩展模块 当需要完成特殊功能控制任务时，需要用到特殊功能扩展模块。常见的特殊功能扩展模块有通信模块、热电阻和热电偶扩展模块等。

a. 通信模块。S7-200 SMART PLC 主机集成 1 个 RS485 通信接口和一个以太网接口（CR 系列只有以太网接口），为了扩大其接口的数量和联网能力，各 PLC 还可以接入通信模块。常见的通信模块有 PROFIBUS-DP 从站模块（EMDP01）、RS485/232 信号板（SB CM01）。

b. 热电阻和热电偶扩展模块。热电阻和热电偶扩展模块是模拟量模块的特殊形式，可直接连接热电偶和热电阻测量温度。热电阻和热电偶扩展模块可以支持多种热电阻和热电偶，使用时经过简单的设置就可直接读出摄氏温度值和华氏温度值。常见的热电阻扩展模块有EMAR02、EMAR04，热电偶模块有 EMAT04。温度测量的分辨率为 0.1℃/0.1℉●，电阻测量的分辨率为 15 位 + 符号位。

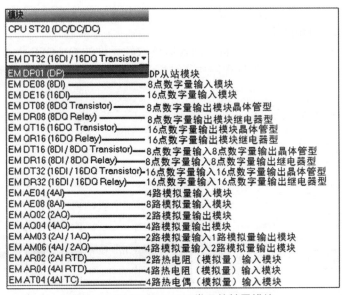

图 1-4 S7-200 SMART 常见的扩展模块

● $t/℃ = \dfrac{5}{9}(t/℉ - 32)$。

（2）信号板

西门子 S7-200 SMART 系列 PLC 的 CPU 模块中间有一块盖板，需要的时候可以将盖板取下，插接一块信号板（Signal Board）。在 S7-200 SMART PLC 中，有 5 种类型的信号板可以选择：

SB AE01：1 点模拟量输入信号板，如图 1-5（a）所示。

SB AQ01：1 点模拟量输出信号板，如图 1-5（b）所示。

SB DT04：2 点数字量直流输入 /2 点数字量场效应管输出，如图 1-5（c）所示。

SB CM01：RS485/RS232 信号板，如图 1-5（d）所示。

SB BA01：电池信号板，如图 1-5（e）所示，使用 CR1025 纽扣电池，保持时间大约一年。

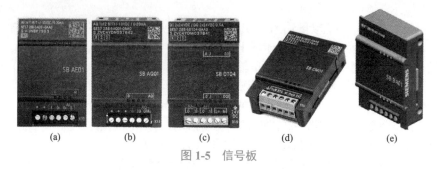

图 1-5　信号板

1.1.4　PLC 的工作原理

如图 1-6 所示，PLC 初始化后，分 5 个阶段处理各种任务，称为一个扫描周期。完成一个扫描周期后，又重新执行上述任务，周而复始，循环扫描。

① CPU 自诊断测试　主要是检测主机硬件、各模块状态是否正常。

② 通信处理　主要是接收程序、命令和各种数据，并显示相应的状态、数据和出错信息。

③ 扫描输入　如图 1-7 所示，外部输入电路接通时，将输入端子的状态读入输入映像区，对应的输入过程映像寄存器为 ON（1 状态），梯形图中对应的常开触点闭合，常闭触点断开。反之常开触点断开，常闭触点闭合。

④ 执行程序　如图 1-7 所示，从输入映像区读取软元件的 ON/OFF 状态，然后 CPU 将执行用户程序。执行程序过程中，根据程序执行结果刷新输出映像区，而不是实际的 I/O 点。

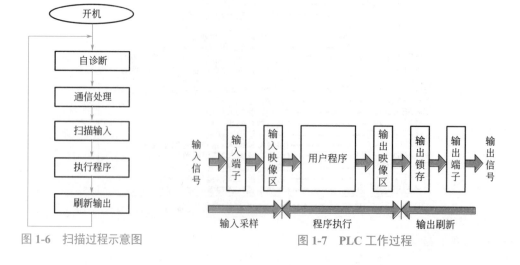

图 1-6　扫描过程示意图　　　　　图 1-7　PLC 工作过程

⑤ 刷新输出　梯形图中某一输出位的线圈"通电"时，对应的输出过程映像寄存器中的二进制数为 1，对应的硬件继电器的常开触点闭合，外部负载通电。反之外部负载断电。

可用中断程序和立即 I/O 指令提高 PLC 的响应速度。

PLC 的工作过程举例说明如下。

PLC 外部接线图与梯形图如图 1-8 所示，在读取输入阶段，SB1 和 SB2 的常开触点的接通 / 断开状态被读入相应的输入过程映像寄存器。执行程序阶段的工作过程为：

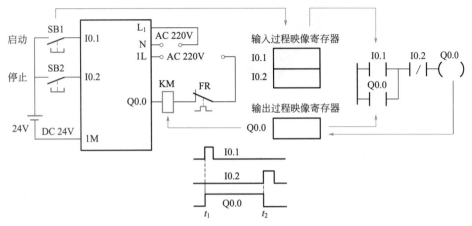

图 1-8　PLC 外部接线图与梯形图

① 从输入过程映像寄存器 I0.1 中取出二进制数，存入堆栈的栈顶。

② 从输出过程映像寄存器 Q0.0 中取出二进制数，与栈顶中的二进制数相"或"，运算结果存入栈顶。

③ 因为 I0.2 是常闭触点，取出输入过程映像寄存器 I0.2 中的二进制数后，将它取反，与前面的运算结果相"与"后，存入栈顶。

④ 将栈顶中的二进制数传送到 Q0.0 的输出过程映像寄存器。

⑤ 在刷新输出阶段，CPU 将各输出过程映像寄存器中的二进制数传送给输出模块并锁存起来，如果 Q0.0 中存放的是二进制数 1，外接的 KM 线圈将通电，反之将断电。

1.2　S7-200 SMART 的外部结构与接线

1.2.1　S7-200 SMART 的外部结构

（1）CPU 模块外部结构

SR/ST 系列 PLC 的 CPU 模块外部结构如图 1-9 所示，其 CPU 单元、存储器单元、输入输出单元及电源集中封装在同一塑料机壳内，是典型的整体式结构。当系统需要扩展时，可选用需要的扩展模块与基本模块（又称主机、CPU 模块）进行连接完成。

① 输入、输出端子　输入端子是外部输入信号与 PLC 连接的接线端子，位于底部端盖下面。外部端盖下面还有输入公共端子和 24V 直流电源端子，可以为传感器和光电开关等提供电源。

输出端子是外部负载与 PLC 连接的接线端子，位于顶部端盖下面。此外，顶部端盖下面还有输出公共端子和 PLC 工作电源接线端子。

图 1-9　S7-200 SMART SR/ST 系列 PLC 的 CPU 模块外部结构

1—I/O 的 LED；2—端子连接器；3—以太网通信端口；4—用于在标准（DIN）导轨上安装的夹片；
5—以太网状态 LED（保护盖下方）；6—状态 LED：RUN、STOP 和 ERROR；7—RS485 通信端口；
8—可选信号板（仅限标准型）；9—存储卡读卡器（保护盖下方）（仅限标准型）

② 输入、输出状态指示灯　输入状态指示灯用于显示是否有输入控制信号接入 PLC。当指示灯亮时，表示有控制信号接入 PLC；当指示灯不亮时，表示没有控制信号接入 PLC。

输出状态指示灯用于显示是否有输出信号驱动执行设备。当指示灯亮时，表示有输出信号驱动外部设备；当指示灯不亮时，表示没有输出信号驱动外部设备。

③ CPU 状态指示灯　CPU 状态指示灯有 RUN、STOP、ERROR 三个，当 RUN 指示灯亮时，表示运行状态；当 STOP 指示灯亮时，表示停止状态；当 ERROR 指示灯亮时，表示系统故障，PLC 停止工作。

④ 扩展接口　扩展接口位于 CPU 模块的右侧面，卸下盖板后，扩展模块通过插针连接，从而使连接更加紧密。

⑤ MicroSD 卡槽　标准 S7-200 SMART CPU 支持使用 MicroSD HC 卡，可使用任何容量为 4～16GB 的标准型商业 MicroSD HC 卡。

⑥ 通信接口　CPU 型号 CPU CR20s、CPU CR30s、CPU CR40s 和 CPU CR60s 无以太网端口，不支持使用以太网通信相关的所有功能。其他型号板载一个 RS485 和以太网接口。

（2）PLC 的工作状态

PLC 工作状态有 "RUN" 和 "STOP" 两种，分别由 CPU 状态指示灯指示。

① "RUN" 工作模式　在 PLC 菜单功能区或程序编辑器工具栏中单击 "运行"（RUN）按钮 ，出现提示窗口时，单击 "确认"（OK）便可更改 CPU 的工作模式。

在程序编辑器工具栏中单击 "程序状态"（Program Status）按钮 ，可监视 STEP7-Micro/WIN SMART 中的程序，使 PLC 进入 "RUN" 工作模式。

② "STOP" 工作模式　若要停止程序，需单击 "停止"（STOP）按钮 ，出现提示窗口时，单击 "确认"。也可在程序逻辑中采用 STOP 指令，将 CPU 置于 "STOP" 工作模式。

1.2.2　S7-200 SMART 的外部接线图

（1）各类型 PLC 的端子排布

在 PLC 编程中，外部接线图也是其中的重要组成部分之一。由于 CPU 模块、输出类型和外部电源供电方式的不同，PLC 外部接线图也不尽相同。鉴于 PLC 的外部接线图与输入输出点数等诸多因素有关，CPU SR20/ST20、CPU SR30/ST30、CPU SR40/ST40、CPU SR60/ST60 各类型端子排布情况如表 1-3 所示。

表 1-3　S7-200 SMART PLC 的输入输出点数及相关参数

CPU 型号	输入输出点数	电源供电方式	公共端	输出类型
CPU SR20	12 输入 8 输出	85～264VAC 电源	输入端 I0.0～I1.3 公用 1M。 输出端 Q0.0～Q0.3 公用 1L， Q0.4～Q0.7 公用 2L	继电器输出
CPU ST20		20.4～28.8VDC 电源	输入端 I0.0～I1.3 公用 1M。 输出端 Q0.0～Q0.7 公用 2L+2M	24VDC 输出
CPU SR30	18 输入 12 输出	85～264VAC 电源	输入端 I0.0～I2.1 公用 1M。 输出端 Q0.0～Q0.3 公用 1L， Q0.4～Q0.7 公用 2L， Q1.0～Q0.7 公用 3L	继电器输出
CPU ST30		20.4～28.8VDC 电源	输入端 I0.0～I2.1 公用 1M。 输出端 Q0.0～Q0.7 公用 2L+2M， 输出端 Q1.0～Q1.3 公用 3L+3M	24VDC 输出
CPU SR40	24 输入 16 输出	85～264VAC 电源	输入端 I0.0～I3.0 公用 1M。 输出端 Q0.0～Q0.3 公用 1L， Q0.4～Q0.7 公用 2L， Q1.0～Q1.3 公用 3L， Q1.4～Q1.7 公用 4L	继电器输出
CPU ST40		20.4～28.8VDC 电源	输入端 I0.0～I2.7 公用 1M。 输出端 Q0.0～Q0.7 公用 2L+2M， 输出端 Q1.0～Q1.7 公用 3L+3M	24VDC 输出
CPU SR60	36 输入 24 输出	85～264VAC 电源	输入端 I0.0～I4.3 公用 1M。 输出端 Q0.0～Q0.3 公用 1L， Q0.4～Q0.7 公用 2L， Q1.0～Q1.3 公用 3L， Q1.4～Q1.7 公用 4L， Q2.0～Q0.3 公用 5L， Q2.4～Q2.7 公用 6L	继电器输出
CPU ST60		20.4～28.8VDC 电源	输入端 I0.0～I5.3 公用 1M。 输出端 Q0.0～Q0.7 公用 2L+2M， 输出端 Q1.0～Q1.7 公用 3L+3M， 输出端 Q1.0～Q1.7 公用 4L+4M	24VDC 输出
输入类型	24VDC 输入			

（2）PLC的外部接线

　　每个型号的 CPU 模块都有 DC 电源 /DC 输入 /DC 输出和 AC 电源 /DC 输入 / 继电器输出 2 类，因此每个型号的 CPU 模块（主机）也对应 2 种外部接线图，以型号 CPU SR60 和 CPU ST60 模块的外部接线图为例。

　　① CPU SR60 AC/DC/ 继电器型接线　CPU SR60 AC/DC/ 继电器型接线图如图 1-10 所示，

共有上下两排端子。

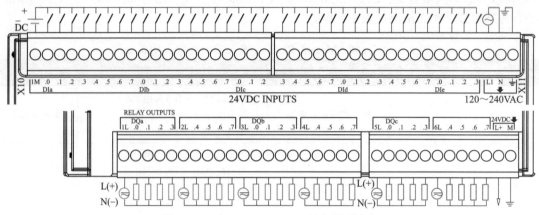

图 1-10　CPU SR60 AC/DC/ 继电器型接线

a. 右下方的 L+、M 端子为 PLC 向外输出 24V/400mA 直流电源，该电源可作为输入端电源使用，也可作为传感器供电电源，其中，L+ 为电源正，M 为电源负。

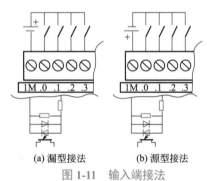

(a) 漏型接法　　(b) 源型接法

图 1-11　输入端接法

b. 输入端子位于上排，共有 36 点输入，端子编号采用 8 进制，分别是 I0.0 ～ I0.7、I1.0 ～ I1.7、I2.0 ～ I2.7、I3.0 ～ I3.7 和 I4.0 ～ I4.3。36 点输入端子共用一个公共端 1M。由于数字量输入点内部为双向二极管，可以接成漏型或源型，如图 1-11 所示。

c. 输出端子位于下排，共有 24 点输出，端子编号也采用 8 进制。输出端子共分 6 组。第 1 组包含 Q0.0 ～ Q0.3 和公共端 1L；Q0.4 ～ Q0.7 和 2L、Q1.0 ～ Q1.3 和 3L、Q1.4 ～ Q1.7 和 4L、Q2.0 ～ Q2.3 和 5L、Q2.4 ～ Q2.7 和 6L 分别为第 2 ～ 6 组。根据负载性质的不同，输出回路电源可以接直流或交流，但要保证同一组输出要接同样的电源。

② CPU ST60 DC/DC/DC 型接线　接线图如图 1-12 所示。

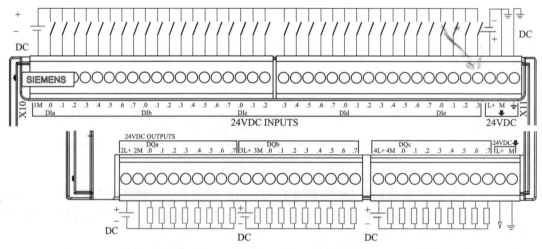

图 1-12　CPU ST60 DC/DC/DC 型接线

a. 右下方的 L+、M 端子和输入端子接线与 CPU SR60 模块相同。

b. 输出端子位于下排，共有 24 点输出，端子编号也采用 8 进制。输出端子共分 3 组。第 1 组包含 Q0.0 ～ Q0.7 和电源端 2L+ 与 2M；Q1.0 ～ Q1.7 和 3L+ 与 3M、Q2.0 ～ Q2.7 和 4L+ 与 4M 分别为第 2、3 组。输出端子只能接直流电源，而且只能接成源型输出，不能接成漏型，即每一组的 L 接电源正极。

1.3　S7-200 SMART 编程软件

1.3.1　STEP7-Micro/WIN SMART 的安装

（1）系统需求

PC 机或编程器的最小配置如下：

① Windows 7（支持 32 位和 64 位）和 Windows 10（支持 64 位）。

② 至少 350MB 的空闲硬盘空间。

（2）软件安装

① 双击"Setup"图标 （或者右键单击、选择"打开"）。

② 在弹出的对话框中单击下拉箭头，选择中文（简体），如图 1-13 所示。

图 1-13　语言选择

③ 屏幕上弹出"STEP7-Micro/WIN SMART-InstallShield Wizard"对话框，单击"下一步"按钮，如图 1-14 所示。

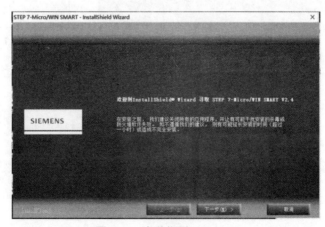

图 1-14　安装指引

④ 弹出许可认证的对话框，选择"我接受许可证协定和有关安全的信息的所有条件"，

然后单击"下一步"按钮，如图 1-15 所示。

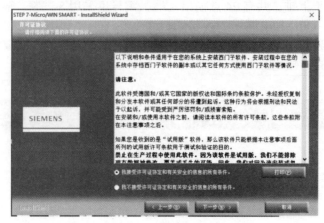

图 1-15　接受安装协议

⑤ 如图 1-16 所示，在出现的选择安装路径的对话框中，如果使用程序默认的安装路径，则在对话框上直接单击"下一步"按钮。

如果要更改安装路径，则需要单击"浏览（R）..."按钮，将弹出更改路径的窗口，可在"路径"子窗口中填写路径，或者在"目录"子窗口中用鼠标选择路径。修改路径后单击对话框右下角的"确定"按钮，如图 1-17 所示。再在弹出的窗口上单击"下一步"按钮。

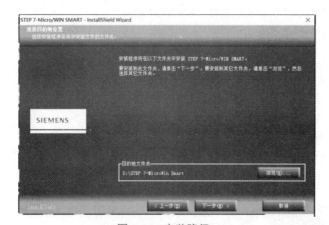

图 1-16　安装路径

图 1-17　更改安装路径

⑥ 将出现如图 1-18 所示的对话框。稍等片刻，直到安装程序准备完毕。

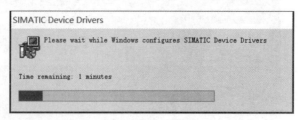

图 1-18　安装程序

⑦ 安装完成后会出现如图 1-19 所示的对话框，选择"是，立即重新启动计算机"以完成安装程序。

⑧ 重启后，桌面将会出现图标，如图 1-20 所示。

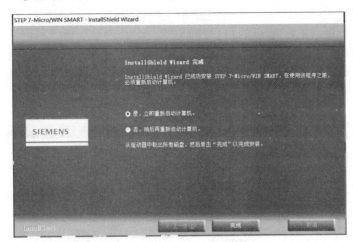

图 1-19　重启系统　　　　　　　　　　　　图 1-20　软件图标

1.3.2　STEP7-Micro/WIN SMART 的使用

STEP7-Micro/WIN SMART 操作界面如图 1-21 所示。

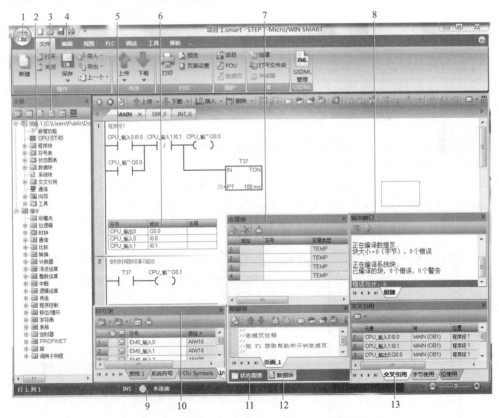

图 1-21　STEP7-Micro/WIN SMART 操作界面

1—快速访问工具栏；2—项目树和指令树；3—导航栏；4—菜单；5—程序编辑器；6—符号信息表；
7—变量表；8—输出窗口；9—状态栏；10—符号表；11—状态图表；12—数据块；13—交叉引用

（1）快速访问工具栏

快速访问工具栏显示在菜单选项卡正上方。通过快速访问文件按钮，可简单快速地访问"文件"（File）菜单的大部分功能，并可访问最近打开的文档。

单击图1-22（a）下拉菜单中的"更多命令…"，得到图1-22（b），选择命令"添加（A）"或"删除（R）"就可以改变快速访问工具栏。

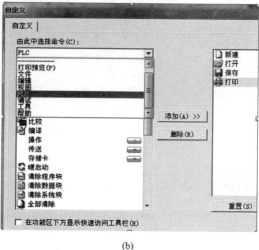

(a)　　　　　　　　　　　　　　　　(b)

图1-22　快速访问工具栏

（2）项目树和指令树

指令树中包含编程需要的各种指令，展开指令树中不同类型的指令文件夹，可以应用于编程。

如图1-21所示，项目树中的主要项目为：

① 新增功能　双击"新增功能"，可以打开"帮助"。

② CPU ST40　可以改变PLC的类型。

③ 程序块　打开"程序块"文件夹，在主程序MAIN位置单击右键，可打开主程序、插入子程序和中断程序、重命名主程序、编辑其属性、导入导出程序、进入"帮助"等。其属性窗口如图1-23所示，可对程序进行密码保护设置等操作。

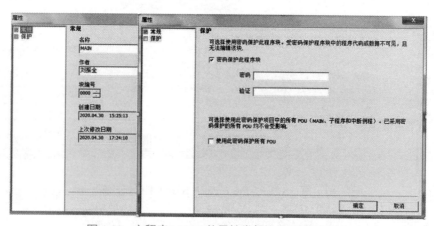

图1-23　主程序MAIN的属性常规设置及密码保护

在子程序或中断程序位置单击右键，可打开、剪切、复制、插入子程序和中断程序、删除、重命名、编辑其属性、导入导出、进入"帮助"等。通过属性可单独对子程序、中断程序进行密码保护。

另外，在"程序块"文件夹位置单击右键，可进行全部编译、插入子程序和中断程序、导入导出程序及选项等。

④ 系统块　在"系统块"文件夹处单击右键，可进行打开、全部编译、帮助等。

双击系统块可进入系统块窗口，如图1-24所示。系统块窗口显示CPU型号、扩展模块型号、以太网端口等信息。

⑤ 通信、向导和工具

a. 右键单击"通信"可打开通信窗口，可查找CPU，建立PLC与电脑的连接，如图1-25所示。

图1-24　系统块窗口

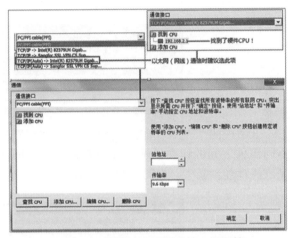

图1-25　通信窗口及通信接口设置等

b. 打开向导文件夹，可进入运动、高速计数器、PID、PWM、文本显示、Get/Put、数据日志、PROFINET等的向导窗口，根据提示设置相关参数。

c. 打开工具文件夹，可选择运动控制面板、PID整定控制面板、SMART驱动器组态、查找PROFINET等。

（3）导航栏

如图1-26所示，导航栏包含符号表、状态图标、数据块、系统块、交叉引用、通信的快捷方式。

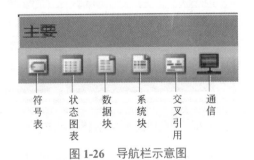

图1-26　导航栏示意图

（4）菜单

STEP7-Micro/WIN SMART软件下拉菜单的结构为桌面平铺模式，根据功能类别分为文件、编辑、视图、PLC、调试、工具和帮助，共七组。可以右键单击这七组中的任何一组，激活"最小化功能区"，将菜单栏隐藏，或取消激活"最小化功能区"，将菜单栏恢复。

①"文件"菜单 如图1-27所示，"文件"菜单主要包含对项目整体的编辑操作，导入/导出、上传/下载、打印、项目保护、库文件操作等。

图1-27 "文件"菜单

②"编辑"菜单 如图1-28所示，"编辑"菜单主要包含对项目程序的修改功能，包括剪切、复制、插入、删除程序对象以及搜索替换等功能。

图1-28 "编辑"菜单

③"视图"菜单 如图1-29所示，"视图"菜单包含的功能有程序编辑语言的切换、不同组件之间的切换显示、符号表和符号寻址优先级的修改、书签的使用、POU注释、程序段注释等。其中，视图中的3种编辑器切换示意图如图1-30所示。

图1-29 "视图"菜单

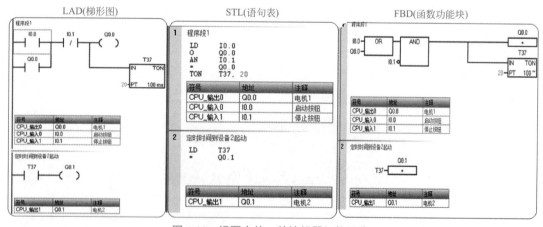

图1-30 视图中的3种编辑器切换示意

④"PLC"菜单 如图1-31所示，"PLC"菜单包含的功能有运行、停止、编译、上传、下载、存储卡设定、PLC信息查看与比较、对CPU清除程序、暖启动、设置时钟、通过RAM创建DB等。

图 1-31　"PLC"菜单

⑤ "调试"菜单　如图 1-32 所示，"调试"菜单包含读写 CPU 变量、强制与取消强制、执行单次（运行 1 个扫描周期）与执行多次（执行多个扫描周期）等。

图 1-32　"调试"菜单

⑥ "工具"菜单　如图 1-33 所示，"工具"菜单包含向导（高速计数器、运动、PID、PWM、文本显示、Get/Put、数据日志、PROFINET）、工具（运动控制面板、PID 控制面板、SMART 驱动器组态、查找 PROFINET 设备）、设置等。

图 1-33　"工具"菜单

⑦ "帮助"菜单　如图 1-34 所示，"帮助"菜单包含软件自带帮助文件的快捷打开方式和西门子支持网站的超级链接以及当前的软件版本。

图 1-34　"帮助"菜单

（5）程序编辑器

程序编辑器窗口包含用于该项目的编辑器(LAD、FBD 或 STL)的局部变量表和程序视图。

① 建立窗口　首先，使用文件→新建或文件→打开或文件→导入菜单命令，打开一个 STEP7-Micro/WIN SMART 项目。然后使用以下一种方法用"程序编辑器"窗口建立或修改程序。

单击项目树中的"程序块"选项，打开主程序（OB1）POU，用户可以单击子程序或中断程序标签，打开另一个 POU。

② 更改编辑器选项　使用下列方法之一更改编辑器选项：在"视图"（View）菜单功能区的"编辑器"（Editor）部分将编辑器更改为 LAD、FBD 或 STL；通过"工具"（Tools）菜单功能区"设置"（Settings）区域内的"选项"（Options）按钮，可组态启动时的默认编辑器。

（6）符号信息表

可通过单击视图中的符号信息表显示或隐藏该表。

（7）变量表

在变量表中指定的变量名称适用于定义时所在的 POU（程序组织单元），被称为局部变量（子程序和中断例行程序使用的变量）。

（8）输出窗口

"输出窗口"显示最近编译的 POU 和在编译过程中出现的错误清单。如果已打开"程序编辑器"窗口和"输出窗口"，可双击"输出窗口"中的错误信息使程序自动滚动到错误所在的程序段。可采用视图→组件→输出窗口打开输出窗口。

（9）状态栏

状态栏位于主窗口底部，显示在 STEP7-Micro/WIN SMART 中执行的操作的编辑模式或在线状态的相关信息。

（10）符号表

符号表用来给存储地址或常量指定名称，其中可以被指定名称的存储器为：I、Q、M、SM、AI、AQ、V、S、C、T、HC。在符号表中定义的符号适用于全局。要打开 STEP7-Micro/WIN SMART 中的符号表，可使用以下方法。

① 单击导航栏中的"符号表"按钮。

② 在"视图"菜单的"窗口"区域中，从"组件"下拉列表中选择"符号表"。

③ 在项目树中打开"符号表"文件夹，选择一个表名称，然后按下"Enter"或者双击表名称。

（11）状态图表

在状态图表中，可以输入地址或已定义的符号名称，通过显示当前值来监视或修改程序输入、输出或变量的状态。通过状态图表还可强制或更改过程变量的值，同时可以创建多个状态图表，以查看程序不同部分中的元素。

（12）数据块

可以通过数据块向 V 存储器的特定位置分配常数。

（13）交叉引用

"交叉引用"列表识别在程序中使用的全部操作数，并指出 POU、网络或行位置以及每次使用的操作数指令上下文。必须编译程序后才能查看"交叉引用"表。

在项目树处，打开"交叉引用"文件夹，分别打开"交叉引用""字节使用""位使用"三个表格，可以看到程序中各软元件被引用的情况，如图 1-35 所示。

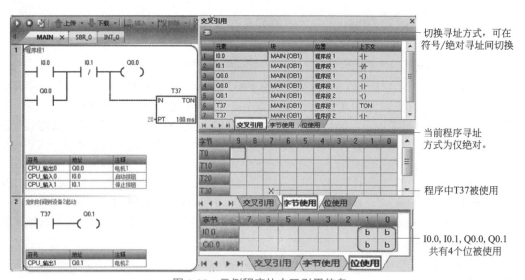

图 1-35 示例程序的交叉引用信息

（14）工具栏

编写和调试程序应用最多的就是工具栏，工具栏的图标可实现的功能如图 1-36 所示。

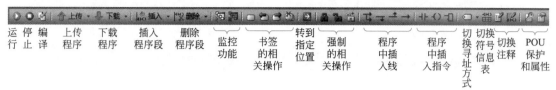

运 停 编 上传 下载 插入 删除 监控 书签 转到 强制 程序 程序 切 切 POU
行 止 译 程序 程序 程序段 程序段 功能 的相 指定 的相 中插 中插 换 换 保护
关操作 位置 关操作 入线 入指令 寻 符 和属性
址 号
方 信
式 息
表

图 1-36 工具栏

1.4 S7-200 SMART 的编程

1.4.1 通信的建立

（1）硬件连接

将 CPU 安装到固定位置，在 CPU 上端的以太网接口插入以太网电缆，如图 1-37 所示，最后将以太网电缆连接到编程设备的以太网接口上。

（2）建立 Micro/WIN SMART 与 CPU的通信

① 在 STEP7-Micro/WIN SMART 中，单击导航栏的"通信"按钮，打开"通信"对话框，如图 1-38 所示。

② 按照图 1-38(b)标注的顺序，在"通信接口"下拉列表中选择编程设备的"网络接口卡"，并单击"查找 CPU"来刷新网络中存在的 CPU；然

以太网接口

图 1-37 以太网接口

后在设备列表中根据 CPU 的 IP 地址选择已连接的 CPU；最后选择需要进行下载的 CPU 的 IP 地址，单击"确定"按钮，建立连接。此时将会跳出如图 1-39 所示的下载窗口。

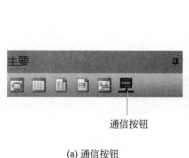

主要

通信按钮

(a) 通信按钮

(b) 通信窗口

图 1-38 建立通信

③ 在图 1-39 所示的下载窗口中单击"下载"按钮，将会下载程序到 PLC。

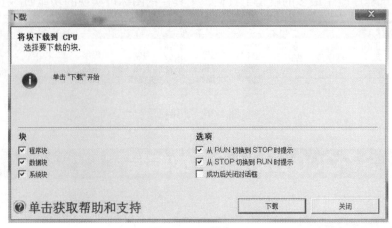

图 1-39　下载窗口

④ 需要注意的是，如果网络中存在不止一台设备，用户可以在图 1-38（b）所示的"通信"对话框中左侧的设备列表中选中某台设备，然后单击右侧的"闪烁指示灯"按钮，轮流点亮 CPU 本体上的 RUN、STOP 和 ERROR 灯来辨识该 CPU。也可以通过"MAC 地址"来确定网络中的 CPU，MAC 地址在 CPU 本体上"LINK"指示灯的上方。

（3）CPU 型号不符情况的处理

建立通信时，如果所选 CPU 型号与实际连接 CPU 型号不符，则会出现图 1-40 所示的提示框，解决方法如下。

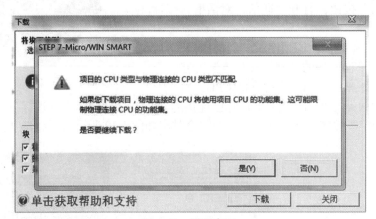

图 1-40　错误窗口

① 双击项目树中的 CPU，如图 1-41 所示。

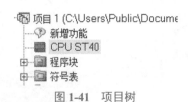

图 1-41　项目树

② 在弹出的窗口中选择正确的 CPU 型号，单击"确定"按钮，如图 1-42 所示。

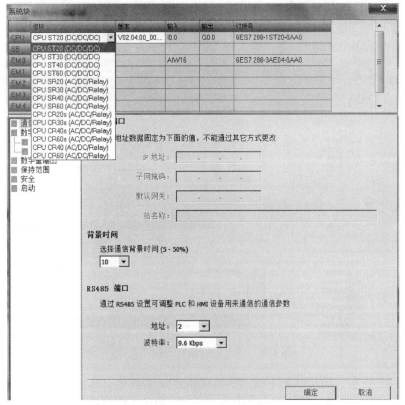

图 1-42　CPU 选型窗口

③ 型号确定后，继续下载，如图 1-43 所示，显示下载成功。

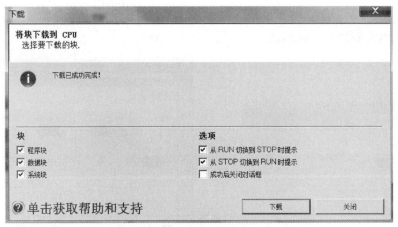

图 1-43　下载成功窗口

1.4.2　S7-200 SMART PLC 程序的监控

（1）PLC程序的监控

① 如图 1-44 所示，PLC 程序下载成功后，单击按钮 "RUN"，在弹出的窗口中单击 "是"，然后单击工具栏的监控（❸ 处），可打开程序监控，观察程序运行情况。

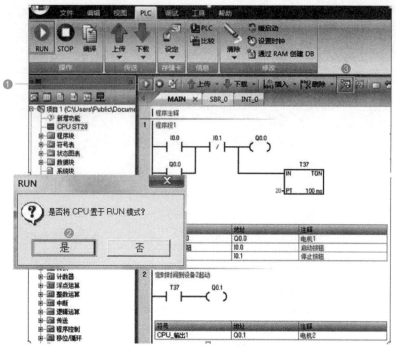

图 1-44　启动运行和打开程序监控

② 如图 1-45 所示，监控状态下接通的常闭触点显示蓝色。

③ 按下启动按钮 I0.0，常开触点 I0.0 接通，使 Q0.0 线圈得电，其常开触点 Q0.0 闭合。此刻，即使松开 I0.0，Q0.0 也保持得电，定时器进行计时，如图 1-46 所示。

④ 要想停止运行，如图 1-47 所示，单击工具栏上的停止图标，再次单击监控图标取消监控。

⑤ PLC 停止运行并取消监控后可进入程序可修改和编辑的状态，如图 1-48 所示，以便于保存程序或者重新修改下载调试。

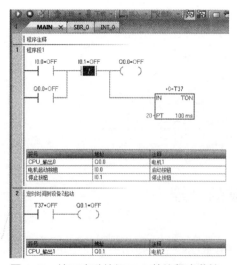

图 1-45　按下启动按钮 I0.0 前的程序监控

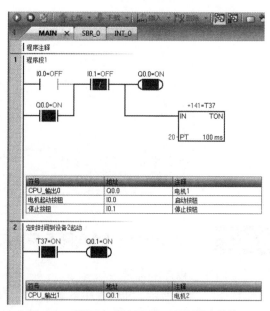

图 1-46　按下启动按钮 I0.0 后的程序监控

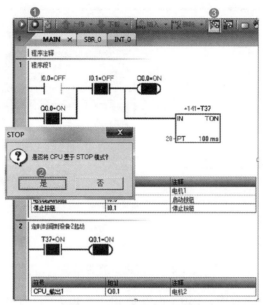

图 1-47　停止运行与停止仿真

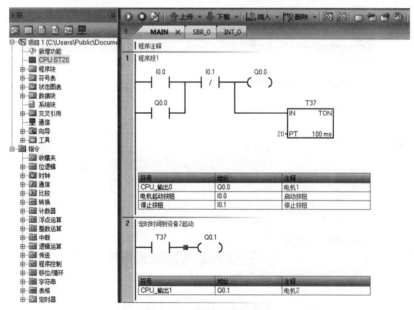

图 1-48　回到可编辑状态

（2）采用状态图表监控程序

状态图表可用于调试监控程序时硬件系统缺少按钮等情况下的模拟操作。

① 打开项目树的"状态图表"文件夹，双击图表 1 可打开状态图表，在地址处输入需要监控或赋值的地址名称，选择输入地址的格式，单击图标 ▶，可以监控各地址的当前值，如图 1-49 所示。

② 在图 1-49 中的 I0.0"新值"位置，输入 2#1，并单击写入图标 ✍，则 I0.0 的值被强制为"1"，即常开触点 I0.0 闭合，梯形图监控也会出现 I0.0 被强制的图标，如图 1-50 所示。

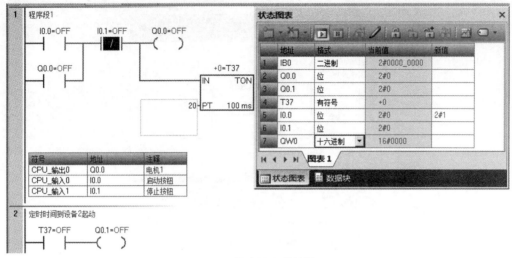

图 1-49 状态图表监控情况

③ 图 1-50 所示状态图表中，IB0（也就是 I0.0 ～ I0.7）仅有 I0.0 被强制为"1"，所以出现了半强制的图标（半个锁头），也称之为部分强制。状态图表相关项会出现强制或部分强制的图标时，可单击开锁图标解除强制，也可切换到趋势图监控模式。

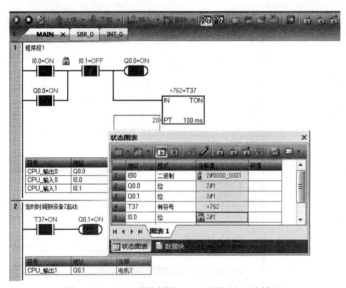

图 1-50 I0.0 赋予新值 2#1 并强制后的情况

1.4.3 S7-200 SMART PLC 程序的注释

为增加程序的可读性，常常需要在程序中添加注释。常用的注释有 POU 注释、程序段注释和 I/O 注释。

（1）POU 注释

① 添加注释 如图 1-51 所示，单击"程序段 1"上方的注释区域，可以直接输入或编辑 POU 注释。每条 POU 注释最多允许 4096 个字符。POU 注释可见时始终处于 POU 顶端并显示在第一个程序段之前。

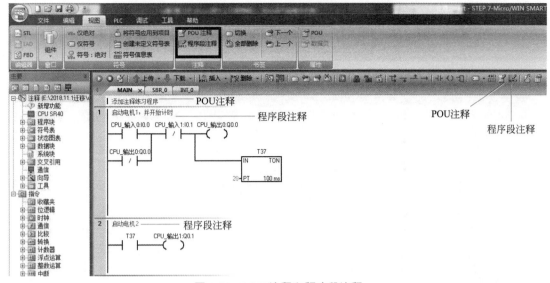

图1-51 POU注释和程序段注释

② 切换隐藏注释 STEP7-Micro/WIN SMART最初默认显示注释，如果想隐藏注释，可以单击工具栏上的"POU注释"图标，或单击"视图"菜单功能区的"POU注释"按钮，可以切换POU注释的可见或隐藏状态。隐藏后的程序画面如图1-52所示。

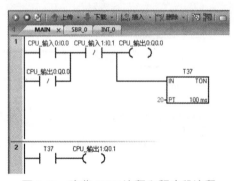

图1-52 隐藏POU注释和程序段注释

（2）程序段注释

① 添加注释 如图1-51所示，单击每个紧邻程序段上方注释区域，可以直接输入或编辑程序段注释。每条程序段注释最多允许4096个字符。POU注释可见时其始终处于POU顶端并显示在第一个程序段之前。

② 切换隐藏注释 STEP7-Micro/WIN SMART最初默认显示注释，如果想隐藏注释，可以单击工具栏上的"程序段注释"图标，或单击"视图"菜单功能区的"程序段注释"按钮，可以切换程序段注释的可见或隐藏状态。隐藏后的程序画面如图1-52所示。

（3）I/O注释

按照图1-53所示的顺序，添加I/O注释的步骤为：

① 打开项目树的符号表文件夹，打开I/O符号表。

② 单击"视图"菜单功能区的按钮" VB× 仅绝对 "，使程序中只显示地址。

③ I/O符号表的"符号"一列为对应的I/O点输入注释。

④ 单击"视图"菜单功能区的按钮" 将符号应用到项目 "或符号表上方的按钮" "。

⑤ 为I/O点添加注释任务完成。完成后的程序画面如图1-53所示。

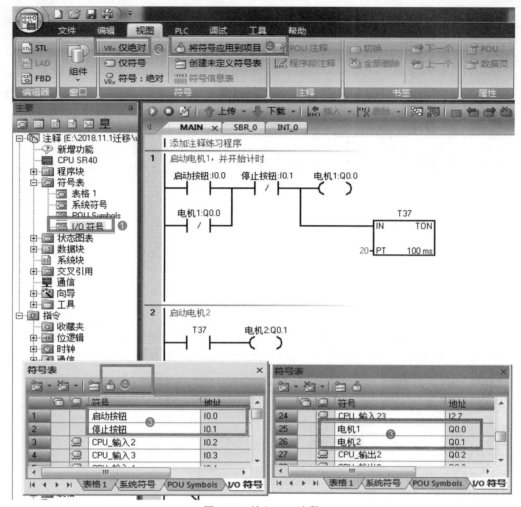

图 1-53　输入 I/O 注释

1.4.4　S7-200 SMART PLC 程序的仿真

对于初学者来说，在没有硬件的条件下，S7-200 SMART 仿真软件是一个很好的学习 S7-200 SMART 的工具软件，虽然此仿真软件对有些指令和功能不能识别，但对于基本的程序仿真功能此软件都可以实现。

（1）导出 ASCII 文本文件

仿真软件不能识别 S7-200 SMART 的程序代码，首先需要使用 PLC 编程软件将 S7-200 SMART 的用户程序导出为扩展名为"awl"的 ASCII 文本文件，然后再下载到仿真 PLC 中去。

① 在 S7-200 SMART 编程软件上录入 PLC 程序，保存并编译。

② 在编程软件中打开主程序 MAIN，执行菜单命令"文件"→"导出 POU"，如图 1-54 所示。

③ 导出扩展名为"awl"的 ASCII 文本文件，并为其命名。本例命名为"SMART 仿真举例 01.awl"。

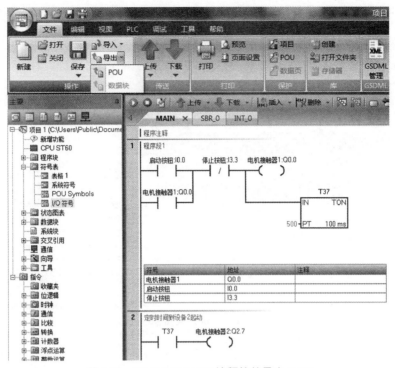

图 1-54 S7-200 SMART 编程软件导出 POU

（2）打开仿真软件

仿真软件不需要安装，直接执行其中的"S7-200汉化版.exe"文件就可以打开，如图1-55（a）所示。单击屏幕中间出现的画面，输入密码"6596"后按回车键，如图1-55（b）所示。

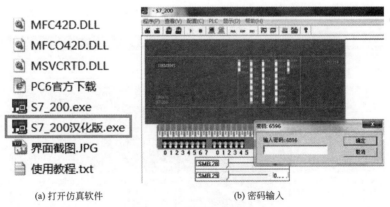

(a) 打开仿真软件   (b) 密码输入

图 1-55 打开仿真软件

（3）配置PLC型号

仿真软件打开时，默认的型号为CPU 214，本例使用的PLC型号为SR60，内置I/O点数为36入24出。为了满足I/O点数需求，需要对型号进行配置。

① 在菜单栏执行"配置"→"CPU型号"，在出现的对话框中更改CPU型号为226（24入/16出），为达到36入24出，还需要配置扩展模块。

② 如图1-56所示，双击虚拟CPU右侧的"0"区，选择扩展数字模块EM223（16I/16Q），单击"确定"按钮，得到的虚拟硬件如图1-57所示。

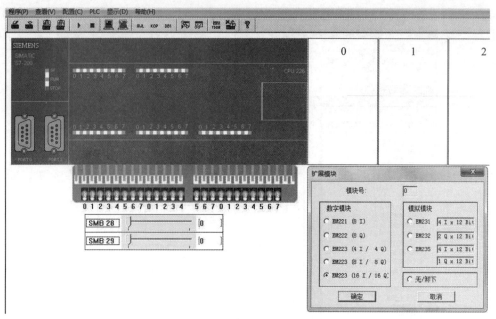

图 1-56   选择扩展数字模块

③ 选择扩展数字模块后，总的输入点为 24+16=40 点，总的输出点为 16+16=32 点，符合点数要求。如果原 S7-200 SMART 系统还有扩展模块，仿真软件可再增加点数相当的模块来实现程序仿真。另外，除了可以添加数字量扩展模块外还可以用同样的方式添加模拟量扩展模块。

④ 配置完成的 PLC 如图 1-57 所示，左边是 CPU226，右边是扩展数字模块 EM223，CPU226 模块下面是用于输入数字量信号的小开关板。开关板下面的直线电位器用来设置 SMB28 和 SMB29 的值。

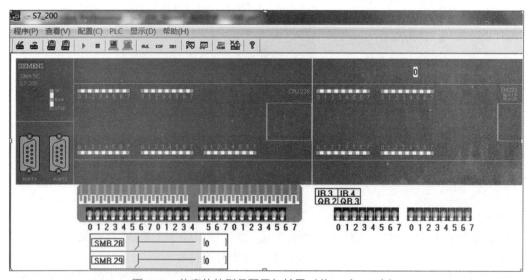

图 1-57   仿真软件型号配置与扩展（共 40 入 32 出）

（4）装载程序

① 在仿真软件中执行菜单命令"程序"→"装载程序"，如图 1-58 所示。

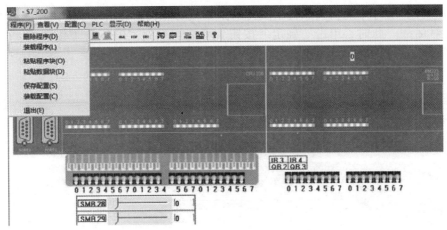

图1-58　单击"程序"→"装载程序"

②　在出现的对话框中选择装载"全部"，单击"确定"按钮，如图1-59所示。

③　在出现的"打开"对话框中选择要装载的"SMART仿真举例01.awl"文件，单击"打开"按钮，开始装载程序，如图1-60所示。

④　装载成功后，CPU模块上出现装载的ASCII文件的名称，同时会出现装载的程序代码文本框和梯形图。

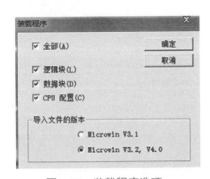

图1-59　装载程序选项

图1-60　添加要装载的程序

（5）执行仿真

①　执行菜单命令"PLC"→"运行"，开始执行用户程序。

②　在执行过程中，可以用鼠标单击CPU模块下面的小开关来模拟输入信号的接通和断开，通过模块上的LED观察PLC输出点的状态变化，来检查程序执行的结果是否正确。

③　在RUN模式下，单击工具栏上的按钮🔲，可以监控梯形图中触点和线圈的状态，如图1-61所示。

④　执行菜单命令"查看"→"内存监控"或者单击工具栏上的按钮🔲，可以用出现的对话框监控V、M、T、C等内部变量的值，如图1-61所示，图示的❶、❷、❸、❹为操作步骤。

注意　仿真软件中的定时器定时时间比实际时间快十倍左右，为避免定时动作太快而看不清楚仿真过程，可以加大定时器的定时时间。例如，如果定时时间为5s，程序中可以定时为50s。

⑤ 如果用户程序中有仿真软件不支持的指令或功能，则会出现"仿真软件不能识别的指令"的对话框。此时，单击"确定"按钮，不能切换到"RUN"工作模式，CPU 模块左侧的"RUN"LED 的状态不会变化。

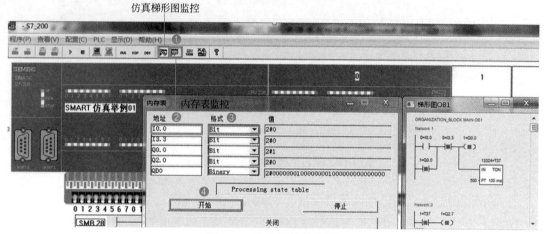

图 1-61　仿真监控示意图

❶ 单击"内存监控"；❷ 输入地址；❸ 选择格式；❹ 开始监控

第2章 西门子 S7-200 SMART PLC 基本指令

2.1 PLC 编程基础知识

2.1.1 数据的基本类型

（1）位（bit）

常称为 BOOL（布尔型），只有两个值：0 或 1。

（2）字节（Byte）

一个字节共有 8 位，0 位为最低位，7 位为最高位。字节为无符号数，其取值范围用十六进制表示为 0 ～ FF，即十进制的 0 ～ 255。

（3）字（Word）

相邻的两字节组成一个字，字有 16 位。字为无符号数，其取值范围是十六进制的 0 ～ FFFF，也就是十进制的 0 ～ 65535。

（4）双字（Double Word）

相邻的两个字组成一个双字，双字为 32 位。双字为无符号数，其取值范围是十六进制的 0 ～ FFFFFFFF，也就是十进制的 0 ～ 4294967295。

（5）整数（INT，Integer）

整数为 16 位有符号数，最高位为符号位，1 表示负数，0 表示正数，取值范围为 –32768 ～ 32767。

（6）双整数（DINT，Double Integer）

双整数为 32 位有符号数，最高位为符号位，1 表示负数，0 表示正数，取值范围为 –2147483648 ～ 2147483647。

（7）浮点数（R，Real）

浮点数为 32 位，可以用来表示小数。

数据类型和取值范围如表 2-1 所示。

表 2-1 数据类型和取值范围一览表

数据类型	无符号整数范围		有符号整数范围	
	十进制	十六进制	十进制	十六进制
字节 B（8 位）	0 ～ 255	0 ～ FF	–128 ～ 127	80 ～ 7F

续表

数据类型	无符号整数范围		有符号整数范围	
	十进制	十六进制	十进制	十六进制
字 W（16 位）	0 ～ 65535	0 ～ FFFF	−32768 ～ 32767	8000 ～ 7FFF
双字 D（32 位）	0 ～ 4294967295	0 ～ FFFFFFFF	−2147483648 ～ 2147483647	80000000 ～ 7FFFFFFF
位（1 位）	取值 0、1			
浮点数 R	$-10^{38} \sim 10^{38}$			

2.1.2 数据存储区的地址表示格式

（1）位编址

位地址的格式为区域标志符＋字节地址.位号，如 I4.5，如图 2-1（b）所示。位地址在存储空间内只占其中的一位，如图 2-1（a）所示。

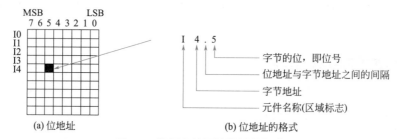

图 2-1　数据存储区位地址的格式

（2）字节、字、双字编址

字节、字、双字地址的格式为：区域标志符＋字节类型符＋起始地址号。比如字节、字、双字的地址分别用 VB100、VW100、VD100 表示，则其数据存储区地址的格式如图 2-2 所示。

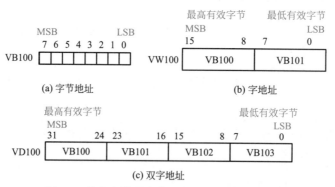

图 2-2　数据存储区字节、字、双字地址的格式

① 字节编址　一个字节包含 8 位，如 VB100 包括 V100.0 ～ V100.7 共 8 位，其中 V100.0 为最低位，V100.7 为最高位，其数据存储区地址的格式如图 2-2（a）所示。

② 字编址　相邻的两字节组成一个字。如 VW100 由 VB100、VB101 两个字节组成，"VW100"中 100 是字的起始地址，VB101 为低位字节，VB100 为高位字节，其数据存储区地址的格式如图 2-2（b）所示。

需要注意的是，字的起始地址必须是偶数。在编程时要注意，如果已经用了VW100，则在使用VB100、VB101时要小心，避免数据被覆盖。

③双字编址　相邻的两个字组成一个双字。如VD100由VW100、VW101两个字组成，即由VB100～VB103四个字节组成，"VD100"中100是双字的起始地址，VB103为最低位字节，VB100为最高位字节，其数据存储区地址的格式如图2-2（c）所示。需要注意的是，双字的起始地址必须是偶数。

2.1.3　数据存储区域

　　PLC内部装置虽然沿用了传统电气控制电路中的继电器、线圈及接点等名称，但PLC内部并不存在这些实际物理装置，它对应的只是PLC内部存储器的一个基本单元（一个位，bit）。若该位为1表示该线圈得电，该位为0表示线圈不得电。使用常开触点（Normal Open，NO或A接点）即直接读取该对应位的值，若使用常闭触点（Normal Close，NC或B接点）则读取该对应位值的反相。

（1）输入映像寄存器（I）

PLC的输入端子是从外部接收输入信号的窗口。每一个输入端子与输入映像寄存器（I）的一个相应位对应。

PLC的输入映像寄存器区实际上就是外部输入设备的映像区，PLC通过输入映像区与外部物理设备建立联系。

执行程序时，对输入点的读取通常是通过输入映像寄存器区，而不是通过实际的物理输入端子。输入映像寄存器的状态只能由外部输入信号驱动，而不能由程序来改变其状态，即在程序中，只能出现输入映像寄存器的触点，而不能出现其线圈。

输入映像寄存器用I0.0、I0.1、…、I0.7、I1.0、I1.1、…表示，其中符号以I表示。

（2）输出映像寄存器（Q）

输出映像寄存器是PLC用来向外部负载发送控制命令的窗口。每一个输出端子与输出映像寄存器（Q）的一个相应位相对应，并有无数对常开和常闭触点供编程时使用。

PLC的输出映像寄存器区实际上就是外部输出设备的映像区，PLC通过输出映像区与外部物理设备建立联系。

执行程序时，对输出点的改变通常是改变输出映像寄存器区，而不是直接改变物理输出端子。

输出映像寄存器用Q0.0、Q0.1、…、Q0.7、Q1.0、Q1.1、…表示，其中符号以Q表示。

（3）内部辅助继电器（M）

内部辅助继电器与外部没有直接联系，它是PLC内部的一种辅助继电器，其功能与电气控制电路中的中间继电器一样，相当于其他PLC的内部标志。每个辅助继电器也对应着内存的一个基本单元，它可由输入继电器接点、输出继电器接点以及其他内部装置的接点驱动。它自己的接点也可以无限制地多次使用。内部辅助继电器在PLC中没有物理的输入/输出端子与之对应，其线圈的通断状态只能在程序内部用指令驱动。

内部辅助继电器用M0.0、M0.1、…、M0.7、M1.0、M1.1、…表示，其中符号以M表示。

（4）定时器（Timer）

定时器用来完成定时的控制。定时器含有线圈、接点及定时器当前值寄存器。当线圈得电,等到达预定时间,它的接点便动作(常开触点闭合,常闭触点断开)。定时器的定时值由设定值给定。每种定时器都有规定的时钟周期(定时单位:1ms/10ms/100ms)。一旦线圈断电,则接点不动作,原定时值归零。

定时器用 T0、T64、T1～T4、T65～T68、T5～T31、…表示,其中符号以 T 表示。不同的编号范围,对应不同的时钟周期。

(5)计数器(Counter)

计数器用于累计计数输入端接收到的脉冲电平由低到高的脉冲个数。计数器可提供无数对常开和常闭触点供编程使用。使用计数器要事先给定计数的设定值(即要计数的脉冲数)。有 16 位及 32 位及高速用计数器可供使用者选用。

一般计数器其计数频率受扫描周期的影响,频率不能太高,而高速计数器可用来累计比 CPU 的扫描速度更快的事件。

一般计数器有 3 种类型,即增计数器(CTU)、减计数器(CTD)、增减计数器(CTUD),共 256 个,用 C0～C255 表示。高速计数器的当前值是一个双字长(32 位)的整数,且为只读值。

(6)全局变量存储器(V)

全局变量存储器主要用于存储全局变量,或者存放数据运算的中间结果或设置参数。它具有保持功能,且长度完全够用。它可以设置停机保持,如果不设置的话也可当作继电器用,应用较为方便。它可以储存程序执行过程中控制逻辑操作的中间结果,并且可以按位、字节、字或双字来存取 V 存储区中的数据。

(7)局部变量存储器(L)

局部变量存储器用来存放局部变量,即变量只能在特定的程序中使用。

(8)累加器(AC)

累加器的数据是按先进先出或者后进先出的方式轮流存储和取出的。同一个累加器地址可以在一个程序段的不同地方存储和取出不同的数据而不混乱。它可以用来存放运算数据、中间数据和结果。

CPU 提供了 4 个 32 位的累加器,其地址编号为 AC0、AC1、AC2、AC3。累加器的可用长度为 32 位,可采用字节、字、双字的存取方式,按字节、字只能存取累加器的低 8 位或低 16 位,双字可以存取累加器全部的 32 位。

(9)特殊标志位存储器(SM)

特殊标志位存储器是用户程序和系统程序之间的界面,为用户提供特殊的控制功能及系统信息。其中比较常用的有:

SM0.0——RUN 监控,PLC 在 RUN 方式时,SM0.0 总为 1,又称常 ON 继电器;

SM0.1——初始脉冲,PLC 由 STOP 转为 RUN 时,SM0.1 接通一个扫描周期;

SM0.3——PLC 开机后进入 RUN 方式时,SM0.3 接通一个扫描周期;

SM0.5——周期为 1s、占空比为 50% 的时钟脉冲。

(10)顺序控制继电器存储器(S)

顺序控制继电器存储器是使用步进顺序控制指令编程时的重要状态元件,通常与步进指令一起使用,以实现顺序功能流程图的编程。

(11)模拟量输入映像寄存器(AI)

模拟量输入电路将外部输入的模拟量信号转换成 1 个字长的数字量,存入模拟量输入映像寄存器区域。

(12)模拟量输出映像寄存器(AQ)

CPU 将运算的结果存放在模拟量输出映像寄存器中,D/A 转换器将 1 个字长的数字量转换为模拟量，以驱动外部模拟量控制设备。

2.1.4 S7-200 SMART PLC 的寻址方式

在执行程序的过程中，处理器根据指令中所给的地址信息来寻找操作数的存放地址的方式叫寻址方式。S7-200 SMART PLC 的寻址方式有立即寻址、直接寻址和间接寻址。

（1）立即寻址

立即寻址是指指令直接给出操作数，操作数紧跟着操作码。

（2）直接寻址

直接寻址是指指令直接使用存储器或寄存器的元件名称和地址编号。在指令中，数据类型应与指令标识符相匹配。

（3）间接寻址

间接寻址是指指令给出了存放操作数地址的存储单元的地址（也称地址指针）。可作为地址指针的存储器有：V、L、AC（1～3）。可间接寻址的存储器区域有：I、Q、V、M、S、T（仅当前值）、C（仅当前值）。对独立的位（BIT）值或模拟量值不能进行间接寻址。

2.1.5 PLC 编程语言

PLC 主要有 5 种编程语言：梯形图、指令表、顺序功能图、功能块图和结构文本。其中，梯形图（LAD）和功能块图（FBD）为图形语言；指令表（IL）和结构文本（ST）为文字语言；顺序功能图（SFC）是一种结构块控制程序流程图。梯形图编程是一种简单直观并易学的编程语言，本书主要以梯形图编程为主。

（1）梯形图常用术语

① 区块：所谓的区块是指两个以上的装置做串接或并接的运算组合而形成的梯形图形，其运算性质可产生并联区块及串联区块。

② 分支线及合并线：往下的垂直线一般来说是针对装置来区分的，对于左边的装置来说是合并线（表示左边至少有两行以上的回路与此垂直线相连接），对于右边的装置及区块来说是分支线（表示此垂直线的右边至少有两行以上的回路相连接）。有时，往下的垂直线既可作为分支线又可作为合并线，如图 2-3 所示。

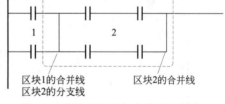

图 2-3 区块分支线与合并线示意图

③ 网络：由装置、各种区块所组成的完整区块网络，其垂直线或连续线所能连接到的区块或装置均属于同一个网络。图 2-4 中，网络 1 和网络 2 除左边的母线外，并没有其他线的联系，所以是独立的两个网络。而图 2-5 中没有输出线圈，属于不完整的网络。

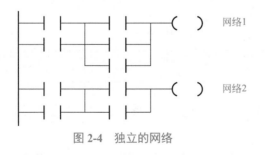

图 2-4 独立的网络

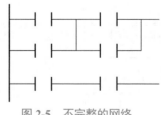

图 2-5 不完整的网络

（2）PLC梯形图的编辑与常见的错误图形

① 梯形图的编辑及程序运作方式　梯形图程序的运作方式是由左上到右下地扫描。线圈及应用指令运算框等按照输出处理，在梯形图形中置于最右边。如图2-6所示，旁边的编号为其扫描顺序。

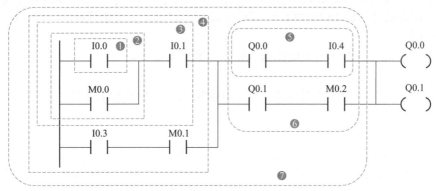

图2-6　梯形图的扫描顺序

② 常见的梯形图错误图形　在编辑梯形图时，虽然可以利用各种梯形符号组合成各种图形，但是PLC处理图形程序的原则是由上而下、由左至右，因此在绘制时，要以左母线为起点，右母线为终点，从左向右逐个横向写入。一行写完，自上而下依次再写下一行。表2-2给出了常见的各种错误图形及原因。

表2-2　常见的梯形图错误图形及原因说明

常见的梯形图错误图形	错误原因	常见的梯形图错误图形	错误原因
	不可往上做或运算		空装置也不可以与别的装置做运算
	输入起始至输出的信号回路有"回流"存在 信号回流		中间的区块没有装置
	应该先由右上角输出		串联装置要与所串联的区块水平方向接齐
	要做合并或编辑应由左上往右下，虚线框内的区块应往上移	P0	标号P0的位置要在完整网络的第一行
	不可与空装置做并接运算		区块串接要与串并左边区块的最上段水平线接齐

2.2　位逻辑指令

2.2.1　标准输入输出指令

（1）指令格式及功能

标准输入输出指令的指令格式及功能如表 2-3 所示。

表 2-3　标准输入输出指令的指令格式及功能

指令名称	梯形图	语句表	功能	操作数
常开触点指令	〈位地址〉 ——┤├——	LD〈位地址〉	用于逻辑运算的开始，当输入映像区寄存器值为1时常开触点闭合	I、Q、V、M、SM、S、T、C、L
常闭触点指令	〈位地址〉 ——┤／├——	LDN〈位地址〉	用于逻辑运算的开始，当输入映像区寄存器值为1时闭合触点断开	
立即常开触点指令	〈位地址〉 ——┤ I ├——	LDI〈位地址〉	立即获取物理输入值，不更新过程映像寄存器。 物理输入点（位）状态为1时，常开触点立即闭合	I
立即常闭触点指令	〈位地址〉 ——┤／I├——	LDNI〈位地址〉	立即获取物理输入值，不更新过程映像寄存器。 物理输入点（位）状态为1时，常闭触点立即断开	
线圈输出指令	〈位地址〉 ——（　）——	=〈位地址〉	输出指令将输出位的新值写入过程映像寄存器	Q、M、SM、T、C、V、S
线圈立即输出指令	〈位地址〉 ——（ I ）——	=I〈位地址〉	指令会将新值写入物理输出和相应的过程映像寄存器单元	Q

（2）例说标准输入输出指令

标准输入输出指令梯形图见图 2-7。

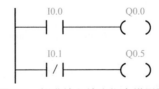

图 2-7　标准输入输出指令梯形图

程序说明

①按下按钮 I0.0，I0.0 导通，Q0.0 得电，即接触器线圈得电，其主触点闭合，电动机得电启动运转；松开按钮 I0.0，I0.0 断开，Q0.0 失电，电动机停止运转。

②按下按钮 I0.1，I0.1 得电，梯形图中常闭触点断开，Q0.5 失电，即接触器线圈失电，

其主触点断开，电动机失电停止运转；松开按钮 I0.1，I0.1 失电，梯形图中 I0.1 常闭触点导通，Q0.5 得电，电动机启动运转。

在外部按钮硬件接线都接常开触点（通常外部按钮接线无论是启动按钮还是停止按钮都接常开触点）的情况下，第一行程序是按下按钮 I0.0 电动机 Q0.0 就转动，松开按钮 I0.0 则电动机 Q0.0 停止运转；而第二行程序所实现的功能正好相反，按下按钮 I0.1 则电动机 Q0.5 停止运转，松开按钮 I0.1 则电动机 Q0.5 得电运转。

假如外部按钮硬件接线都接常闭触点（一般情况下接常开触点，此处为了分析假设接了常闭触点），该程序代表的含义如下：第一行程序是按下按钮 I0.0 电动机 Q0.0 就停止转动，松开按钮 I0.0 则电动机 Q0.0 得电运转；而第二行程序所实现的功能正好相反，按下按钮 I0.1 则电动机 Q0.5 得电运转，松开按钮 I0.1 电动机 Q0.5 则失电停止运转。

点动控制多用于机床刀架、横梁、立柱等快速移动和机床对刀等场合。

在常态（不通电、无电流）的情况下处于断开状态的触点叫常开触点。在常态（不通电、无电流流过）的情况下处于闭合状态的触点叫常闭触点。

在读 PLC 梯形图时，看到常开触点或常闭触点，当按钮（在 PLC 外部接线时，通常接实际按钮的常开触点）状态为 ON 时，梯形图中常开触点闭合（导通），梯形图中常闭触点断开（不导通）。如当 I0.0 得电时，梯形图中 I0.0 常开触点闭合，I0.0 常闭触点断开。Q0.0 也可以是电磁阀、灯等其他设备。

2.2.2 触点串、并联指令

（1）指令格式及功能

触点串、并联指令的指令格式及功能如表 2-4 所示。

表 2-4　触点串、并联指令的指令格式及功能

指令名称	梯形图	语句表	功能	操作数
与指令	┤├─┤├─( ) 〈位地址〉	A〈位地址〉	与单个常开触点的串联	I、Q、M、SM、T、C、V、S
与反转指令	┤├─┤／├─( ) 〈位地址〉	AN〈位地址〉	与单个常闭触点的串联	
或指令	┤├─( ) 〈位地址〉┤├	O〈位地址〉	与单个常开触点的并联	
或反转指令	┤├─( ) 〈位地址〉┤／├	ON〈位地址〉	与单个常闭触点的并联	

（2）例说触点串、并联指令

触点串、并联指令梯形图见图 2-8。

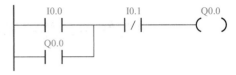

程序说明

如图 2-8 所示程序是典型的启保停电路。

图 2-8 触点串、并联指令梯形图

① 按下启动按钮 I0.0，其常开触点闭合，Q0.0 得电并保持，电动机开始运转。与 I0.0 并联的常开触点 Q0.0 闭合，保证 Q0.0 持续得电，这就相当于继电控制线路中的自锁。松开启动按钮后，由于自锁的作用，电动机仍保持运转状态。

② 按下停止按钮 I0.1 时，I0.1 常闭触点断开，电动机失电停止运转。

③ 要想再次启动，重复步骤①。

重要提示

图 2-9（a）是电动机启停控制主电路，图 2-9（b）是电动机启停控制 PLC 接线图。电动机启动和停止由接触器 KM 来控制，并且由启动按钮（SB1）、停止按钮（SB2）通过 PLC 来控制接触器线圈是否通电。

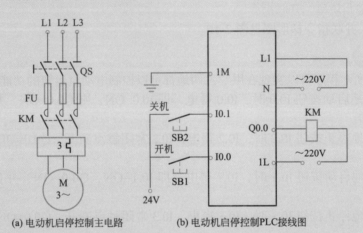

(a) 电动机启停控制主电路   (b) 电动机启停控制PLC接线图

图 2-9 电动机控制接线图

PLC 的一个工作过程一般有内部处理阶段、通信处理阶段、输入采样阶段、程序执行阶段和输出刷新阶段 5 个阶段。当 PLC 开始运行时，首先清除 I/O 映像区的内容，进行自诊断并与外部设备进行通信，确认正常后开始从上到下、从左到右进行扫描。

如果按钮 SB1 闭合，SB2 断开，在输入采样阶段，PLC 通过扫描输入端子的状态，按顺序将输入信号状态（I0.0 为 1，I0.1 为 0）读入输入映像寄存区，即输入采样阶段。完成输入端采样工作后，转入程序执行阶段，PLC 对程序按从上到下、从左到右的顺序依次执行各个程序指令，并将执行结果存入输出状态寄存器（Q0.0 为 1），具体执行过程参见程序说明。

当程序中所有指令执行完毕后，PLC 将输出状态寄存器中的状态送到输出，使接触器线圈得电，从而使接触器主触点闭合，电动机运行。这样一个工作过程就是一个扫描周期。

一个工作过程结束后，PLC 将会重新从第一条指令开始从上到下、从左到右进行扫描，依次循环。

2.2.3 电路块串、并联指令

（1）指令格式及功能

电路块串、并联指令的指令格式及功能如表 2-5 所示。

表 2-5　电路块串、并联指令的指令格式及功能

指令名称	梯形图	语句表	功能	操作数
电路块串联指令		ALD	将电路块串联	无
电路块并联指令		OLD	将电路块并联	无

（2）例说电路块串、并联指令

电路块串、并联指令梯形图见图 2-10。

程序说明

如图 2-10 所示程序可以实现在甲、乙两地都可以控制电动机运转的功能。

① 按下甲地启动按钮 I0.0 时，I0.0 得电，即 I0.0=ON，则 Q0.0=ON，并自锁，电动机启动且持续运转。

② 按下甲地停止按钮 I0.2 时，I0.2 得电，I0.2 常闭触点断开，Q0.0=OFF，电动机失电停止运转。

③ 按下乙地启动按钮 I0.1 时，I0.1 得电，即 I0.1=ON，Q0.0=ON，并自锁，电动机持续运转。

④ 按下乙地停止按钮 I0.3 时，I0.3 得电，I0.3 常闭触点断开，Q0.0=OFF，电动机失电停止运转。

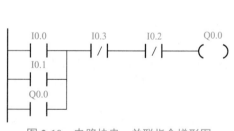

图 2-10　电路块串、并联指令梯形图

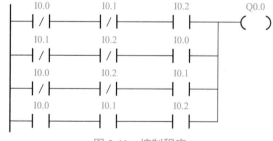

图 2-11　控制程序

（3）三地控制一盏灯

一盏灯可以由三个地方的普通开关共同控制，按下任一个开关，都可以控制电灯的点亮和熄灭。

控制程序

控制程序见图 2-11。

程序说明

I0.0、I0.1、I0.2 分别为甲、乙、丙三地开关，Q0.0 为电灯。

① 假定三个开关原始状态均为 OFF 状态。

仅按下甲地开关，I0.0 得电，其常开触点闭合，I0.1、I0.2 常闭触点导通，使第二行程序有能流通过，Q0.0 得电灯亮。

再按甲地开关，I0.0 失电，其常开触点断开，Q0.0 失电灯灭。

仅操作乙或丙地开关情况类似。

② 假定三个开关原始状态均为 ON 状态。

I0.0、I0.1、I0.2 常开触点闭合，使第四行程序有能流通过，Q0.0 得电灯亮。

若仅操作乙地开关，I0.1 常开触点断开，Q0.0 失电灯灭；再按一下乙地开关，I0.1 得电，其常开触点闭合，Q0.0 得电灯亮。其余两地操作类似。

③ 其余情况类似，不再赘述。

重要提示

如果用图 2-12 代替图 2-11，则从逻辑功能上来说图 2-11 和图 2-12 是一样的。但其执行结果却不一样。这是 PLC "从左到右，从上到下" 的扫描机制造成的。

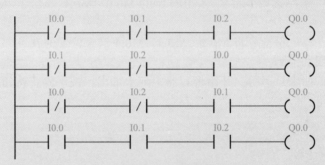

图 2-12　梯形图

例如，根据图 2-12 假设 I0.0 为 0，I0.1 为 1，I0.2 为 0，则执行第一条指令，Q0.0 为 0，执行第二条后 Q0.0 也为 0，执行第三条后 Q0.0 被刷新为 1，第四条后又被刷新为 0。也就是说最后保留的是四条指令的运行结果，即在输出刷新阶段 Q0.0 将输出低电平。

而根据图 2-11，当 I0.0 为 0、I0.1 为 1、I0.2 为 0 时，Q0.0 应该为 1。所以两个看起来类似的程序执行结果却不一样。

因此，编写程序时，不允许编号相同的线圈多次出现。如果有多个输入逻辑影响同一个线圈，则应该将这些输入逻辑进行并联，形式如图 2-11 所示。

2.2.4 置位与复位指令

（1）指令格式及功能

置位与复位指令的指令格式及功能如表 2-6 所示。

表 2-6　置位与复位指令的指令格式及功能

指令名称	梯形图	语句表	功能	操作数
置位指令 S（set）	〈位地址〉 ——（ S ） N	S 〈位地址〉, N	用于置位或复位从指定地址（位）开始的一组位（N）。 可以置位或复位 1 ～ 255 个位。	Q、M、SM、T、 C、V、S、L
复位指令 R（Reset）	〈位地址〉 ——（ R ） N	R 〈位地址〉, N	如果复位指令用于定时器或计数器，则将对定时器或计数器位进行复位，并清零当前值	
立即置位指令 SI（set）	〈位地址〉 ——（ SI ） N	SI 〈位地址〉, N	立即置位（接通）或立即复位（断开）从指定地址（位）开始的一组位（N）。 可立即置位或复位 1 ～ 255 个点。新值将写入物理输出点和相应的过程映像寄存器单元	Q
立即复位指令 RI（Reset）	〈位地址〉 ——（ RI ） N	RI 〈位地址〉, N		

（2）例说置位与复位指令

置位与复位指令梯形图见图 2-13。

程序说明

当 I0.0 闭合时，第一条指令将从 M0.0 开始的 M0.0、M0.1、M0.2、M0.3、M0.4 这 5 位置为 1。

当 I0.1 闭合时，第二条指令将 M0.2、M0.3、M0.4 这 3 位置为 0。

（3）抽水泵的自动控制

按下启动按钮，抽水泵运行，开始将容器中的水抽出；按下停止按钮或容器中水为空，抽水泵自动停止工作。

控制程序

控制程序见图 2-14。

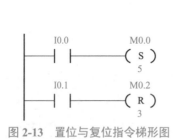

图 2-13　置位与复位指令梯形图　　　　图 2-14　控制程序

程序说明

I0.0 、I0.1 分别为启动和停止按钮，I0.2 为浮标水位检测器，当容器中有水时，状态为 ON，Q0.0 为抽水泵电动机。

① 只要容器中有水，I0.2 常闭触点断开，常开触点闭合，指示灯 Q0.3 亮表示有水，按下启动按钮时，I0.0 得电，其常开触点闭合，Q0.0 被置位，抽水泵电动机开始抽水。

② 当按下停止按钮时，I0.1 得电，其常开触点闭合，Q0.0 被复位；或当容器中的水被抽干之后，I0.2 失电，指示灯 Q0.3 灭表示无水，I0.2 常闭触点闭合，Q0.0 失电，抽水泵电动机停止抽水。

重要提示

① 在图 2-14 中，置位与复位指令除了左母线相连，其余部分没有相互连接。像这种情况，在西门子编程软件中输入程序时，应该将两条指令分别输入不同的网络，如图 2-15 所示，否则在编译程序时将会报错。

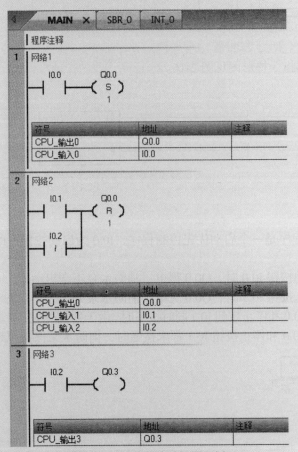

图 2-15 软件程序编辑区示例

② 对同一元件（同一寄存器的位）可以多次使用 S/R 指令。由于是扫描工作方式，当置位、复位指令同时有效时，写在后面的指令具有优先权。置位与复位指令通常成对使用，也可以单独使用。

2.2.5 置位和复位优先触发器指令

（1）指令格式及功能

置位和复位优先触发器指令的指令格式及功能如表 2-7 所示。

表 2-7　置位和复位优先触发器指令的指令格式及功能

指令名称	梯形图	语句表	功能	操作数
置位优先触发器指令（SR）	bit S1　OUT SR R	SR	置位信号 S1 和复位信号 R 同时为 1 时，置位优先	S1、R1、S、R：I、Q、V、M、SM、S、T、C。 bit：I、Q、V、M、S
复位优先触发器指令（RS）	bit S　OUT RS R1	RS	置位信号 S 和复位信号 R1 同时为 1 时，复位优先	

（2）例说置位优先触发器指令

置位优先触发器指令梯形图见图 2-16。

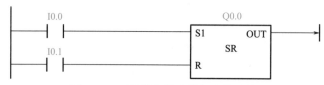

图 2-16　置位优先触发器指令梯形图

程序说明

如图 2-16 所示程序是一个启动优先控制程序，I0.0 为启动按钮，I0.1 为停止按钮，Q0.0 为消防水泵接触器。

① 当只按下启动按钮 I0.0 时，Q0.0 得电，消防水泵正常启动。

② 当只按下停止按钮 I0.1 时，Q0.0 失电，消防水泵处于停止状态。

③ 当启动按钮 I0.0 和停止按钮 I0.1 同时按下时，由于置位优先，消防水泵 Q0.0 正常启动。

④ 当启动按钮 I0.0 和停止按钮 I0.1 都未接通时，消防水泵保持原来的状态。

重要提示

置位优先触发器指令（SR），置位信号 S1 和复位信号 R 可以实现置位和复位，当置位信号 S1 和复位信号 R 同时为 1 时，置位优先。置位输入端用 S1 表示，复位输入端用 R 表示，而不用 R1，是置位优先触发器指令的重要标志。其真值表如表 2-8 所示。

表 2-8　置位优先触发器的真值表

S1	R	OUT（位）
0	0	保持原有状态
0	1	0
1	0	1
1	1	1

（3）例说复位优先触发器指令

复位优先触发器指令梯形图见图 2-17。

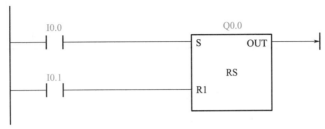

图 2-17　复位优先触发器指令梯形图

　　如图 2-17 所示程序是一个停止优先控制程序，I0.0 为启动按钮，I0.1 为停止按钮，Q0.0
为电动机接触器。

　　① 当只按下启动按钮 I0.0 时，Q0.0 得电，电动机正常启动。

　　② 当只按下停止按钮 I0.1 时，Q0.0 失电，电动机处于停止状态。

　　③ 当启动按钮 I0.0 和停止按钮 I0.1 都未按下时，电动机保持原来的状态。

　　④ 当启动按钮 I0.0 和停止按钮 I0.1 同时按下时，由于复位优先，电动机 Q0.0 将停止。

重要提示

　　复位优先触发器指令（SR），置位信号 S 和复位信号 R1 可以实现置位和复位，
当置位信号 S 和复位信号 R1 同时为 1 时，复位优先。其真值表如表 2-9 所示。

表 2-9　复位优先触发器指令的真值表

S	R1	OUT（位）
0	0	以前的状态
0	1	0
1	0	1
1	1	0

2.2.6　正负跳变检测指令

（1）指令格式及功能

正负跳变检测指令的指令格式及功能如表 2-10 所示。

表 2-10　正负跳变检测指令的指令格式及功能

指令名称	梯形图	语句表	功能
正跳变检测指令	─┤P├─	EU	正跳变触点每检测到一个正跳变（由 OFF 变为 ON），能让其后的触点或线圈接通一个扫描周期

续表

指令名称	梯形图	语句表	功能
负跳变检测指令	—│N│—	ED	负跳变触点每检测到一个负跳变(由ON变为OFF),能让其后的触点或线圈接通一个扫描周期

（2）例说正负跳变检测指令

正负跳变检测指令梯形图和时序图见图2-18。

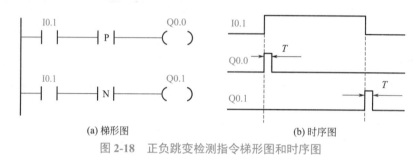

(a) 梯形图　　　　　　　　　(b) 时序图

图 2-18　正负跳变检测指令梯形图和时序图

程序说明

① 在 I0.1 接通的瞬间，I0.0 产生一个正跳变，使 Q0.0 得电一个扫描周期。

② 在 I0.1 断开的瞬间，I0.0 产生一个负跳变，使 Q0.1 得电一个扫描周期。

2.2.7　取反指令与空操作指令

（1）指令格式及功能

取反指令与空操作指令的指令格式及功能如表2-11所示。

表 2-11　取反指令与空操作指令的指令格式及功能

指令名称	梯形图	语句表	功能	操作数
取反指令	—│NOT│—	NOT	对逻辑结果取反操作	无
空操作指令	—│NOP│—（N）	NOP N	空操作，其中 N 为空操作次数，N=0～255	无

（2）例说取反指令

取反指令梯形图和时序图见图2-19。

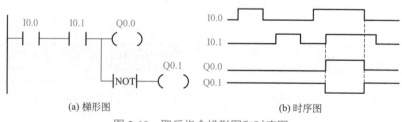

(a) 梯形图　　　　　　　　　(b) 时序图

图 2-19　取反指令梯形图和时序图

程序说明

　　梯形图如图 2-19（a）所示。常开触点 I0.0 和 I0.1 必须都闭合才能激活使 Q0.0 为 1。

　　NOT 指令用作取反。在 RUN 模式下，Q0.0 和 Q0.1 的逻辑状态相反。其时序图如图 2-19（b）所示。

　　（3）例说空操作指令

　　空操作指令梯形图见图 2-20。

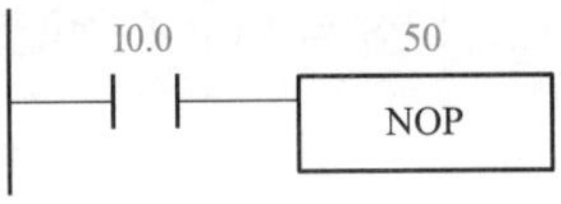

图 2-20　空操作指令梯形图

程序说明

　　当 I0.0 闭合时，执行空操作指令。共执行 50 次空操作。空操作指令不影响用户程序的执行。

2.2.8　逻辑堆栈指令

　　（1）指令格式及功能

　　堆栈指令的指令格式及功能如表 2-12 所示。

表 2-12　堆栈指令的指令格式及功能

指令名称	梯形图	语句表		功能
堆栈指令	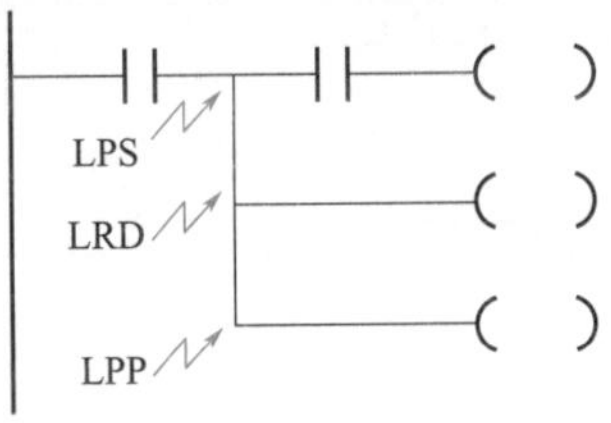 LPS LRD LPP	入栈指令	LPS	将触点运算结果存取栈顶，同时让堆栈原有数据顺序下移一层
		读栈指令	LRD	仅读出栈顶数据，堆栈中其他层数据不变
		出栈指令	LPP	将栈顶的数据取出，同时让堆栈每层数据顺序上移一层

　　（2）例说指令

　　① 逻辑入栈（LPS）指令。

　　指令格式： LPS，逻辑推入栈指令。

　　堆栈操作： 用于复制栈顶的值并将这个值推入栈顶，原堆栈中各级栈值依次下压一级，其操作过程如图 2-21（a）所示。

　　作用： 在梯形图中的分支结构中，用于生成一条新的母线，左侧为主控逻辑块时，第一个完整的从逻辑行从此处开始。

　　② 逻辑读栈（LRD）指令。

　　指令格式： LRD，逻辑读栈指令。

　　堆栈操作： 把堆栈中第二级的值复制到栈顶。堆栈没有入栈或出栈操作，但原栈顶值被新的复制值取代，其操作过程如图 2-21（b）所示。

　　作用： 在梯形图中的分支结构中，当左侧为主控逻辑块时，开始第二个和后边更多的从逻辑块。

注意　　LPS 后第一个和最后一个从逻辑块不用本指令。

　　③ 逻辑出栈（LPP）指令。

指令格式：LPP，逻辑弹出栈指令。

堆栈操作：堆栈作出栈操作，将栈顶值弹出，原堆栈中各级栈值依次上弹一级，堆栈第二级的值成为新的栈顶值，其操作过程如图2-21（c）所示。

作用：在梯形图中的分支结构中，用于将LPS指令生成的一条新母线进行恢复。应注意，LPS与LPP必须配对使用。

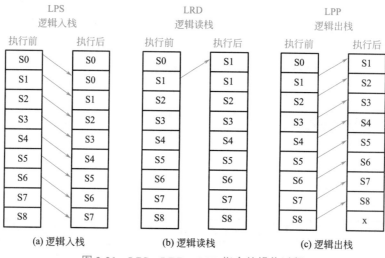

图 2-21　LPS、LRD、LPP 指令的操作过程

2.3 定时器指令

2.3.1 定时器指令

（1）指令格式及功能

定时器指令的指令格式及功能如表2-13所示。

表 2-13　定时器指令的指令格式及功能

指令名称	梯形图	语句表	功能	操作数
通电延时型定时器指令	Tn IN TON PT	TON Tn, PT	当启动输入端IN闭合时，定时器位Tn延时接通；当启动输入端IN断开时，定时器位Tn瞬时断开	Tn：T0～T255。 IN：I、Q、V、M、SM、S、T、C、L。 PT：IW、QW、VW、MW、SMW、SW、T、C、LW、AC、AIW、*VD、*LD、*AC、常数
断电延时型定时器指令	Tn IN TOF PT	TOF Tn, PT	当启动输入端IN断开时，定时器位Tn延时断开；当启动输入端IN接通时，定时器位Tn瞬时接通	
保持型通电延时定时器指令	Tn IN TONR PT	TONR Tn, PT	可以对启动输入端IN的多个间隔进行累计计时	

（2）定时器相关参数

①启动输入端 IN　IN 为启动输入端，数据类型为 BOOL 型，控制着定时器的能流。

②定时器编号 Tn　Tn 为定时器编号，不同的定时器编号对应于不同的分辨率等级。定时器的分辨率有 1ms、10ms 和 100ms 共 3 个等级。分辨率等级和定时器编号的关系如表 2-14 所示。

表 2-14　分辨率等级和定时器编号的关系

定时器类型	分辨率 /ms	计时范围 /s	定时器编号
TON TOF	1	32.767	T32，T96
	10	327.67	T33 ～ T36，T97 ～ T100
	100	3276.7	T37 ～ T63，T101 ～ T255
TONR	1	32.767	T0，T64
	10	327.67	T1 ～ T4，T65 ～ T68
	100	3276.7	T5 ～ T31，T69 ～ T95

从表 2-14 中可知，通电延时型（TON）定时器和断电延时型（TOF）定时器共用同一组编号，在一个程序中，同一编号的定时器不能被多次使用。例如，如果程序中采用了通电延时型定时器 T37，则不能再用编号为 T37 的断电延时型定时器。

③定时器位和定时器当前值 Tn　Tn 不仅仅是定时器的编号，它还包含两方面的变量信息：定时器位和定时器当前值。

定时器位 Tn：存储定时器的状态，当定时器的当前值达到预设值 PT 时，该位发生动作，其数据类型为 BOOL 型，取值为 0 或 1。

定时器当前值：存储定时器当前所累计的时间，其数据类型为 16 位有符号整数，故最大计数值为 32767。

④预设值 PT、分辨率 S、定时时间 T　PT、S、T 三者之间的关系式为

$$T=PT\times S$$

式中　T——实际定时时间；

　　　PT——时间的预设值；

　　　S——定时器的分辨率。

例如：TON 指令用定时器 T33，其分辨率 S 为 10ms，预设值 PT 为 125，则实际定时时间 T 的计算公式为

$$T=125\times 10=1250 （\mathrm{ms}）$$

2.3.2　例说定时器指令

（1）例说通电延时型定时器指令

通电延时型定时器指令梯形图和时序图见图 2-22。

程序说明

从图 2-22（a）所示梯形图来看，当 I0.0 接通时，定时器 T37 开始计时，当计时时间达到 1s 时，T37 触点闭合，线圈 Q0.0 得电。

从图2-22（b）所示时序图来看，I0.0共接通三次。

① 第一次 当I0.0接通时，定时器T37开始计时，其当前值从0开始递增。其当前值还没达到预设值 PT=10时，I0.0断开，则定时器当前值被清零。

② 第二次 当I0.0接通时，定时器T37开始计时，其当前值从0开始递增。其当前值达到预设值10时，定时器位T37接通，从而使线圈Q0.0得电；当I0.0断开时，T37定时器位立刻复位，同时当前值清零，输出Q0.0变为0。

③ 第三次 当I0.0接通时，定时器T37开始计时，其当前值从0开始递增。其当前值达到预设值10时，定时器位T37接通，从而使线圈Q0.0得电。此时只要I0.0处于接通状态，计时到达预设值以后，当前值仍然增加，直到32767后停止增加。

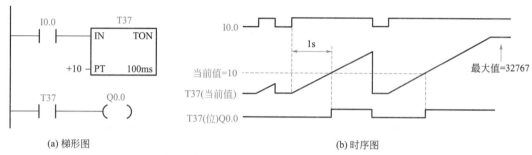

(a) 梯形图　　　　　　　　　　　　　　　　　(b) 时序图

图2-22 通电延时型定时器指令梯形图和时序图

（2）例说断电延时型定时器指令

断电延时型定时器指令梯形图和时序图见图2-23。

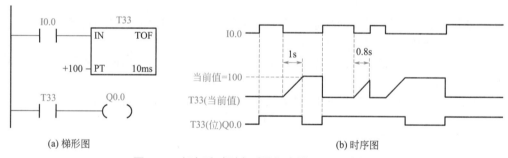

(a) 梯形图　　　　　　　　　　　　　　　　　(b) 时序图

图2-23 断电延时型定时器指令梯形图和时序图

程序说明

从图2-23（a）所示梯形图来看，当I0.0接通时，T33触点立刻接通，同时将定时器当前值清零，线圈Q0.0得电；当I0.0断开时，定时器T33开始计时，当计时时间达到1s时，T33触点断开，线圈Q0.0失电。

从图2-23（b）所示时序图来看，当I0.0接通时，T33触点立刻接通，线圈Q0.0得电；定时是从I0.0断开开始的，I0.0共有三次从接通到断开的过程。

① 第一次 当I0.0断开时，定时器T33开始计时，其当前值从0开始递增。其当前值达到预设值100时，其定时器位T33置零，从而使线圈Q0.0失电；同时其当前值停止增加，保持不变。

② 第二次 当I0.0断开时，定时器T33开始计时，其当前值从0开始递增。其当前值还没达到预设值100时，I0.0接通，则定时器当前值被清零，定时器T33触点保持接通。

③ 第三次　情况与第一次相同，在此不再赘述。

（3）例说保持型通电延时定时器指令

保持型通电延时定时器指令梯形图和时序图见图2-24。

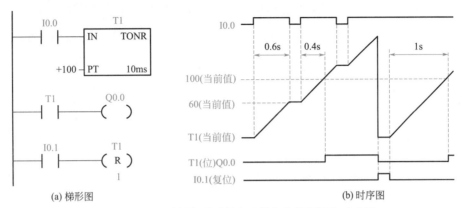

(a) 梯形图　　　　　　　　　　　　　　　　(b) 时序图

图2-24　保持型通电延时型定时器指令梯形图和时序图

程序说明

从图2-24（a）所示梯形图来看，当I0.0的累计接通时间达到1s时，T1触点立刻接通，线圈Q0.0得电，当I0.1接通时，定时器T1被复位，线圈Q0.0失电。

从图2-24（b）所示时序图来看，I0.0共接通三次。

① 第一次　当I0.0第一次接通时，定时器T1开始计时，其当前值从0开始递增。当计时时间达到0.6s时，I0.0断开，其当前值保持现在的值不变。

② 第二次　当I0.0第二次接通时，定时器T1当前值从原有基础上继续增加，当第二次接通时间达到0.4s，即累计接通时间达到1s时，定时器位T1置1，从而使线圈Q0.0得电；只要I0.0保持闭合，T1的当前值将继续增加，此后即使是I0.0断开，定时器T1状态位仍然为1，只是当前值保持不变。

③ 第三次　当I0.0接通时，T1的当前值将继续增加，直到达到32767为止，其定时器位保持1。当I0.1闭合时，定时器被复位，触点T1断开，Q0.0失电，同时当前值被清零。当I0.1断开后，只要I0.0接通，定时器将又开始计时，其当前值从0开始递增。

④ 复位　对于保持型通电延时定时器的复位不能同普通接通延时定时器的复位那样使用IN从1变为0，而只能使用复位指令R对其进行复位操作。

（4）定时器的刷新机制

不同精度的定时器，它们当前值的刷新周期是不同的，具体情况如下。

① 1ms分辨率定时器　定时器当前值每隔1ms刷新一次，在一个扫描周期中要刷新多次，而不和扫描周期同步。

② 10ms分辨率定时器　在每次扫描周期开始对10ms定时器刷新，在一个扫描周期内定时器当前值保持不变。

③ 100ms分辨率定时器　只有在定时器指令执行时，100ms定时器的当前值才被刷新。子程序和中断程序不是每个扫描周期都执行，因此，在子程序和中断程序中不宜使用100ms定时器。

在主程序中，不能重复使用同一个100ms的定时器号，否则该定时器指令在一个扫描周期中多次被执行，定时器的当前值在一个扫描周期中多次被刷新。这样，定时器就会多计了时基脉冲，同样造成计时失准。因而，100ms定时器只能用于每个扫描周期内同一定时器指令执行一次且仅执行一次的场合。

（5）例说不同刷新机制对电路的影响

例如，要求用定时器实现电路产生每隔 3s Q0.0 接通一个扫描周期的方波。

① 用 100ms 定时器实现　用 100ms 定时器实现的梯形图和时序图见图 2-25。

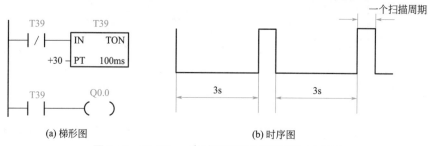

(a) 梯形图　　　　　　　　　　(b) 时序图

图 2-25　用 100ms 定时器实现的梯形图和时序图

程序说明

a. 当程序执行时，T39 开始计时，计时时间达到 3s 时，程序执行到 TON 指令时，100ms 定时器被刷新，其常开触点闭合，Q0.0 得电。

b. 下一个扫描周期，其常闭触点断开，T39 当前值被清零，其定时触点 T39 置零，Q0.0 失电。

c. 再一个扫描周期，其常闭触点重新闭合，T39 又开始计时。由此分析，此电路每隔 3s Q0.0 将接通一个扫描周期。

② 用 1ms 定时器实现　用 1ms 定时器实现的梯形图见图 2-26。

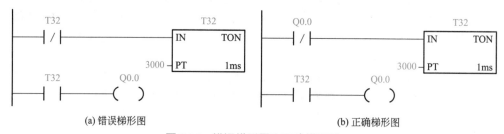

(a) 错误梯形图　　　　　　　　　(b) 正确梯形图

图 2-26　错误梯形图和正确梯形图

程序说明

a. 如图 2-26（a）所示，如果在某个扫描周期开始，定时器当前值恰好达到 3000，因为 T32 定时器每 1ms 刷新一次，所以将会在扫描周期开始刷新定时器，结果会使常闭触点 T32 断开，T32 当前值清零，当执行到第二个网络时，常开触点 T32 没有机会接通，故 Q0.0 则不会接通。所以此程序不能实现与图 2-25（a）相同的功能。改正方法如图 2-26（b）所示。

b. 同理，此程序同样不适合 10ms 分辨率定时器。

2.3.3　综合实例

控制要求

要求开关闭合时，1 号电动机延时 6s 启动，开关断开时，延时 3s 停止。当 1 号电动机累计工作时间达到40min时，2号电动机工作。

元件说明

元件说明见表2-15。

表2-15 元件说明

PLC 软元件	控制说明
I0.0	开关，拨上去时，I0.0 的状态由 OFF → ON；拨下时 I0.0 的状态由 ON → OFF
I0.1	复位按钮
Q0.0	1 号电动机
Q0.1	2 号电动机
T37	时基为 100ms 的通电延时型定时器
T38	时基为 100ms 的断电延时型定时器
T30	时基为 100ms 的保持型通电延时定时器

控制程序

控制程序见图2-27。

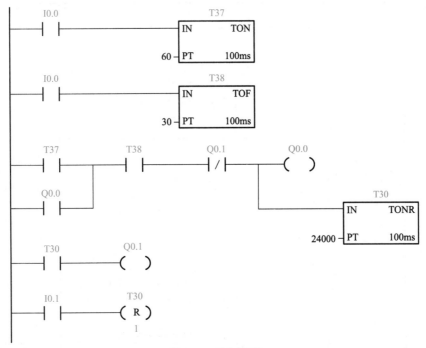

图 2-27 控制程序

程序说明

① 将开关 I0.0 拨到上方，I0.0 的状态由 OFF 变为 ON，I0.0 常开触点闭合，T37 开始计时，同时 T38 得电，其常开触点闭合。6s 后 T37 得电，其常开触点闭合，Q0.0 得电并自锁，

T30 开始计时。

②此时若将 I0.0 拨到下方，T38 开始计时，3s 后 T38 失电，其常开触点断开，Q0.0 失电，T30 停止计时但不复位。

③再将 I0.0 拨到上方，6s 后 Q0.0 得电，T30 继续计时，直到计时 40min，T30 得电，其常开触点闭合，Q0.1 得电，Q0.0 失电。

④保持型通电延时定时器的当前值在 IN 从 1 变为 0 时，定时器位和当前值保留下来。当 IN 再次从 0 变为 1 时，当前值从上次保持值继续计时。当累计当前值大于等于预设值时，定时器位为 1，但不会停止计时，只有计时到 32767 时才停止计时。因此保持型通电延时定时器的复位不能像普通通电延时型定时器那样使 IN 从 1 变为 0，只能使用复位指令。因此，在本案例中需要对 T30 进行复位时，需按下复位按钮 I0.1。

2.4 计数器指令

2.4.1 计数器指令

（1）指令的指令格式及功能

计数器指令的指令格式及功能如表 2-16 所示。

表 2-16　计数器指令的指令格式及功能

指令名称	梯形图	语句表	功能	操作数
增计数器指令	Cn CU CTU R PV	CTU Cn, PV	当复位端的信号为 0 时，在计数端 CU 每个脉冲输入的上升沿，计数器的当前值进行加 1 操作	Cn：C0～C255。PV：IW、QW、VW、MW、SMW、SW、LW、T、C、AC、AIW、*VD、*LD、*AC、常数
减计数器指令	Cn CD CTD LD PV	CTD Cn, PV	当装载输入端的信号为 0 时，在计数端 CD 每个脉冲输入的上升沿，计数器的当前值进行减 1 操作	
增减计数器指令	Cn CU CTUD CD R PV	CTUD Cn, PV	在复位端 R 的信号为 0 时，CU 端上升沿到来时，计数器的当前值进行加 1。CD 端上升沿到来时，计数器的当前值进行减 1 操作	

（2）计数器相关参数

① CTU、CTD、CTUD　CT 指计数器，U（UP）是增加的意思，D（DOWN）是减小的意思，UD 则指增减，故 CTU、CTD、CTUD 分别为增计数器、减计数器和增减计数器标志。

②计数器编号 Cn　Cn 为计数器编号时，取值范围为 C0～C255。

③CU、CD　CU 为增计数脉冲输入端，CD 为减计数脉冲输入端，数据类型都为 BOOL 型。

④脉冲设定值 PV　PV 为脉冲设定值输入端，数据类型为 INT 型。

⑤R、LD　R 为复位信号输入端，LD 为装载输入端，数据类型都为 BOOL 型。

⑥计数器位和计数器当前值 Cn　Cn 不仅仅是计数器的编号，它还包含两方面的变量信息：计数器位和计数器当前值。

计数器位：存储计数器的状态，当计数器的当前值大于等于预设值 PV 时，该位发生动作，其数据类型为 BOOL 型，取值为 0 或 1。

计数器当前值：其数据类型为 16 位有符号整数。

2.4.2　例说计数器指令

（1）例说增计数器（CTU）指令

增计数器指令梯形图和时序图见图 2-28。

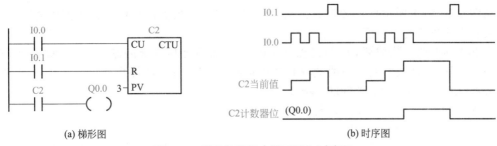

图 2-28　增计数器指令梯形图和时序图

程序说明

从图 2-28（a）所示梯形图来看，当 I0.1 断开时，复位端（R）的状态为 0。此时，当脉冲输入端 CU 持续有上升沿脉冲输入时，计数器的当前值加 1，当前值增加到预设值（PV）时，计数器位被置 1，其常开触点 C2 闭合，Q0.0 得电。

若此时脉冲输入依然有上升沿脉冲输入，计数器的当前值将继续增加，直到达到 32767 为止。在此期间计数器位保持 1，其常开触点 C2 保持闭合，Q0.0 保持得电。

当 I0.1 闭合时，计数器被复位，其当前值被清零，计数器位变 0，使 Q0.0 失电。此时，即使脉冲输入端有上升沿脉冲输入，计数器也不再计数，直到 I0.1 断开，计数器才会重新工作。

从图 2-28（b）所示时序图来看，I0.1 共有 3 段低电平区间。

①第一次　在 I0.1 第 1 段低电平区间，I0.0 有两个脉冲上升沿，计数器的当前值有两次递增，此时当前值为 2，还没有达到预设值 3，计数器位保持 0。随后，I0.1 闭合时，计数器被复位，其当前值被清零。

②第二次　在 I0.1 第 2 段低电平区间，I0.0 有三个脉冲上升沿，每来一个上升沿，计数器加 1。计数器的当前值加到 3 时，正好等于预设值，计数器位变为 1，其常开触点 C2 闭合，使 Q0.0 得电；随后，I0.1 闭合时，计数器被复位，其当前值被清零，计数器位变为 0，其常开触点 C2 断开，使 Q0.0 失电。

③第三次　在 I0.1 第 3 段低电平区间，计数器开始工作，但因为脉冲输入端没有上升沿脉冲输入，计数器当前值和计数器位没有改变。

（2）例说减计数器（CTD）指令

减计数器指令梯形图和时序图见图 2-29。

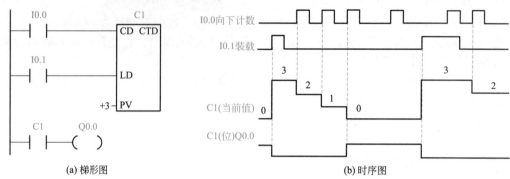

（a）梯形图　　　　　　　　　　　　　　（b）时序图

图 2-29　减计数器指令梯形图和时序图

程序说明

从图 2-29（a）所示梯形图来看，当 I0.1 闭合时，计数器被复位，计数器位清零，预设值 3 装载入计数器的当前值中。

当 I0.1 断开时，装载端 LD 的状态变为 0，计数器开始接受脉冲输入，脉冲输入端（CD）每来一个上升沿，计数器的当前值就减 1，当前值减为 0 时，计数器停止计数，当前值不再改变，其计数器位 C1 变为 1，线圈 Q0.0 得电。

从图 2-29（b）所示时序图来看，I0.1 共闭合两次。

① 第一次　当 I0.1 第一次闭合时，计数器被复位，计数器位清零，计数器的当前值等于预设值 3。I0.1 断开以后，计数器开始接受脉冲输入，当脉冲输入端（CD）来第三个上升沿时，计数器的当前值减为 0，计数器停止计数，其计数器位 C1 变为 1，线圈 Q0.0 得电。此后即使再来上升沿，当前值也不再改变。

② 第二次　当 I0.1 第二次闭合时，计数器位 C1 清零，计数器的当前值又等于预设值 3。需要注意的是，在 I0.1 高电平区间，脉冲输入端（CD）即使进来一个上升沿，计数器的当前值也不会变化，只有当 I0.1 断开后，计数器才开始接收脉冲输入。

（3）例说增减计数器（CTUD）指令

增减计数器指令梯形图和时序图见图 2-30。

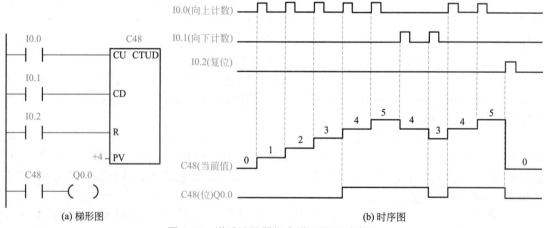

（a）梯形图　　　　　　　　　　　　　　（b）时序图

图 2-30　增减计数器指令梯形图和时序图

程序说明

从图 2-30（a）所示梯形图来看：

① 当 I0.2 断开时，复位端（R）状态为 0，计数脉冲输入有效，当加计数输入端（CU）有上升沿脉冲输入时，计数器的当前值加 1，当减计数输入端（CD）有上升沿脉冲输入时，计数器的当前值减 1。

② 当计数器的当前值大于等于预设值时，计数器位被置 1，其常开触点 C48 闭合，线圈 Q0.0 得电。此时，如果脉冲输入端 CU 或 CD 继续有脉冲上升沿输入时，则当前值将继续增加或减小。

③ 计数器的当前值达到最大值 32767 后，下一个 CU 脉冲上升沿将使计数器当前值跳变为最小值 -32768。计数器的当前值达到最小值 -32768 后，下一个 CD 脉冲上升沿使计数器的当前值跳变为最大值 32767。

④ 当 I0.2 闭合时，复位端（R）状态为 1，计数器位置 0，当前值变零。

从图 2-30（b）所示时序图来看：

① 在 I0.2 断开期间，计数脉冲输入有效，当增计数输入端（CU）有上升沿脉冲输入时，计数器的当前值加 1，到第 4 个上升沿，计数器的当前值达到预设值 4，计数器位被置 1，其常开触点 C48 闭合，线圈 Q0.0 得电。

② 接着脉冲输入端 CU 又来一个上升沿，使当前值加到 5，随后，CD 端又来两个下降沿，使当前值减到 3，此时当前值小于预设值，计数器位变为 0。

③ 当 I0.2 闭合时，计数器位置零，当前值变为 0。

④ 当计数器的当前值大于等于预设值时，计数器位为 1；当计数器的当前值小于预设值时，计数器位为 0。

2.4.3 综合实例

控制要求

日常生活中经常需要各种定时器以满足不同方面的需求，这里我们利用 PLC 控制的倍数计时程序，来完成成倍形式的计时功能。

元件说明

元件说明见表 2-17。

表 2-17 元件说明

PLC 软元件	控制说明
I0.0	计时程序启动开关，按下时，I0.0 得电，常开触点闭合常闭触点断开
I0.1	计数器的复位按钮，按下时，I0.1 得电，常开触点闭合常闭触点断开
T37	计时 10s 定时器，时基为 100ms 的定时器
C0	普通计数器
Q0.0	计数完成后的提醒装置

控制程序

控制程序见图 2-31。

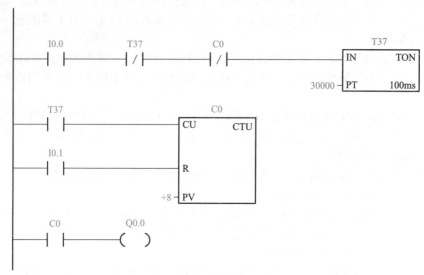

图 2-31　控制程序

程序说明

① 接通启动开关 I0.0，定时器 T37 开始定时，50min（3000s）后计时时间到，T37 常开触点闭合一次，其常闭触点断开，使 T37 复位。T37 复位后，其常闭触点又闭合，使 T37 重新计时。这样便可实现每隔 3000s，T37 的常开触点闭合一次。

② T37 的常开触点闭合一次，计数器 C0 的当前值就加 1，当计数器的当前值累计到 8 时（8×50min=400min），C0=ON，Q0.0=ON，提醒装置启动。同时，梯形图第 1 行的 C0 常闭触点断开，使 T37 复位，停止计时。

③ 按下 I0.1 时，I0.1=ON，C0 复位。

2.5 数据传送指令

2.5.1 单一传送指令

（1）指令格式及功能

单一传送指令的指令格式及功能如表 2-18 所示。

表 2-18　单一传送指令的指令格式及功能

指令名称	梯形图	语句表	功能	操作数类型及操作范围
字节传送指令	MOV_B EN ENO IN OUT	MOVB IN, OUT		IN（字节）：IB、QB、VB、MB、SMB、SB、LB、AC、*VD、*LD、*AC、常数。 OUT（字节）：IB、QB、VB、MB、SMB、SB、LB、AC、*VD、*LD、*AC

续表

指令名称	梯形图	语句表	功能	操作数类型及操作范围
字传送指令	MOV_W EN　ENO IN　OUT	MOVW IN, OUT	当使能端EN有效时，将数据值从IN传送到OUT，而不会更改源存储单元（IN）中存储的值	IN（字、整数）：IW、QW、VW、MW、SMW、SW、T、C、LW、AC、AIW、*VD、*AC、常数。 OUT（字、整数）：IW、QW、VW、MW、SMW、SW、T、C、LW、AC、AQW、*VD、*LD、*AC
双字传送指令	MOV_DW EN　ENO IN　OUT	MOVD IN, OUT		IN（双字、双整数）：ID、QD、VD、MD、SMD、SD、LD、HC、&VB、&IB、&QB、&MB、&SB、&T、&C、&SMB、&AIW、&AQW、AC、*VD、*LD、*AC、常数。 OUT（双字、双整数）：ID、QD、VD、MD、SMD、SD、LD、AC、*VD、*LD、*AC
实数传送指令	MOV_R EN　ENO IN　OUT	MOVR IN, OUT		IN（实数）：ID、QD、VD、MD、SMD、SD、LD、AC、*VD、*LD、*AC、常数。 OUT（实数）：ID、QD、VD、MD、SMD、SD、LD、AC、*VD、*LD、*AC

（2）例说字节传送指令

字节传送指令梯形图和传送示意图见图2-32。

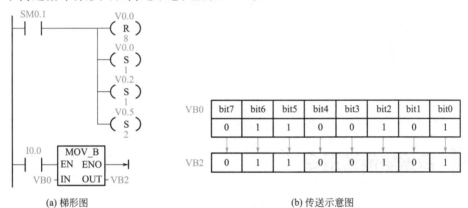

(a) 梯形图　　　　　　　　　　　　　(b) 传送示意图

图 2-32　字节传送指令梯形图和传送示意图

 程序说明

梯形图如图2-32（a）所示，当程序开始执行时，SM0.1接通一个扫描周期，使VB0=2#01100101，当I0.0接通时，将VB0存储区里的数传入VB2，VB2存储区内的数也变成2#01100101，VB0内的数据不变。执行过程如图2-32（b）所示。

重要提示

① SM0.1为特殊标志位存储器，当PLC由"STOP"（停止）转为"RUN"（运行）时，SM0.1接通一个扫描周期，常用来初始化。

② VB0是一个字节，包含V0.0～V0.7共8位。

③ 如果IN的操作数为常数，可以有二进制、十进制、十六进制三种表示方法，如十进制数101、二进制2#01100101、十六进制数16#65。

（3）例说字传送指令

字传送指令梯形图、地址格式和传送示意图见图 2-33。

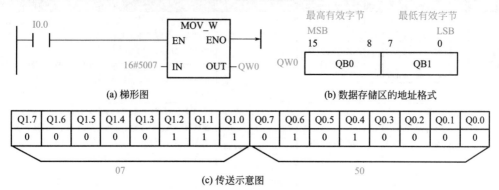

(a) 梯形图　　　　　　　　　　　(b) 数据存储区的地址格式

(c) 传送示意图

图 2-33　字传送指令梯形图、地址格式和传送示意图

程序说明

① 梯形图如图 2-33（a）所示，当 I0.0 闭合时，常数 16#5007 将会传入 QW0 存储区。

② 字的数据存储区地址格式如图 2-33（b）所示，QW0 由 QB0、QB1 两个字节组成，其中 QB1 为低位字节，QB0 为高位字节。

③ 存储的结果为将 07 存入 QB1，将 50 存入 QB0，如图 2-33（c）所示。

重要提示

QB0 由 Q0.0 ～ Q0.7 共 8 位组成，执行完图 2-33（a）所示梯形图以后，与 PLC 输出端子 Q0.4、Q0.6、Q1.0、Q1.1、Q1.2 相连的灯将会被点亮。

2.5.2 数据块传送指令

（1）指令格式及功能

数据块传送指令的指令格式及功能如表 2-19 所示。

表 2-19　数据块传送指令的指令格式及功能

指令名称	梯形图	语句表	功能	操作数类型及操作范围
字节的块传送指令	BLKMOV_B EN　ENO IN　OUT N	BMB　IN, OUT, N	当使能端 EN 有效时，将从输入 IN 开始 N 个的字节、字、双字传送到 OUT 的起始地址中。 存储在源单元中的数据块数值不变	IN（字节）/OUT（字节）：IB、QB、VB、MB、SMB、SB、LB、*VD、*LD、*AC。 N（字节）：IB、QB、VB、MB、SMB、SB、LB、AC、常数、*VD、*LD、*AC
字的块传送指令	BLKMOV_W EN　ENO IN　OUT N	BMW　IN, OUT, N		IN（字、整数）/OUT（字、整数）：IW、QW、VW、MW、SMW、SW、T、C、LW、AIW、*VD、*LD、*AC。 N（字节）：IB、QB、VB、MB、SMB、SB、LB、AC、常数、*VD、*LD、*AC

续表

指令名称	梯形图	语句表	功能	操作数类型及操作范围
双字的块传送指令	BLKMOV_D EN ENO IN OUT N	BMD IN, OUT, N	当使能端 EN 有效时，将从输入 IN 开始 N 个的字节、字、双字传送到 OUT 的起始地址中。 存储在源单元中的数据块数值不变	IN（双字、双整数）/OUT（双字、双整数）：ID、QD、VD、MD、SMD、SD、LD、*VD、*LD、*AC。 N（字节）：IB、QB、VB、MB、SMB、SB、LB、AC、常数、*VD、*LD、*AC

（2）例说数据块传送指令

数据块传送指令梯形图和传送示意图见图 2-34。

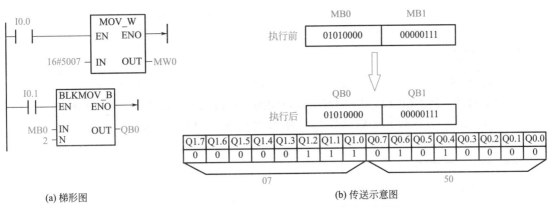

(a) 梯形图   (b) 传送示意图

图 2-34 数据块传送指令梯形图和传送示意图

程序说明

① 当 I0.0 闭合时，常数 16#5007 将会传入 MW0 存储区。

② I0.1 闭合，将从 MB0 开始的两个字节的数据传入从 QB0 开始的两个字节的存储区，MW0 内的数值不变。

③ 数据块传送指令执行完毕后，与 PLC 输出端子 Q0.4、Q0.6、Q1.0、Q1.1、Q1.2 相连的灯将会被点亮。

2.5.3 字节交换指令

（1）指令格式及功能

字节交换指令的指令格式及功能如表 2-20 所示。

表 2-20 字节交换指令的指令格式及功能

指令名称	梯形图	语句表	功能	操作数类型及操作范围
字节交换指令	SWAP EN ENO IN	SWAP IN	字节交换指令用于交换字 IN 的最高有效字节和最低有效字节	IN（字）：IW、QW、VW、MW、SMW、SW、T、C、LW、AC、*VD、*LD、*AC

（2）例说字节交换指令

字节交换指令梯形图和传送示意图见图2-35。

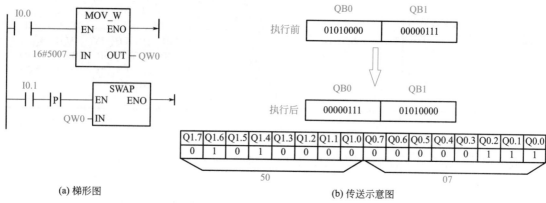

图 2-35　字节交换指令梯形图和传送示意图

① 如图 2-35（a）所示，当 I0.0 闭合时，常数 16#5007 将会传入 MW0 存储区。

② I0.1 闭合，将 QB0 和 QB1 的数据进行交换，执行结果如图 2-35（b）所示。

③ 字节交换指令执行完毕后，与 PLC 输出端子 Q0.0、Q0.1、Q0.2、Q1.4、Q1.6 相连的灯将会被点亮。

重要提示

对于字节交换指令，只要使能端 EN 为 1，则每一个扫描周期，都会进行一次字节交换。如果希望 I0.1 每接通一次，QW0 仅进行一次字节交换，需要在 I0.1 后面串接上升沿脉冲指令。

2.5.4　字节立即传送指令

字节立即传送指令和位逻辑指令中的立即指令一样，用于输入输出的立即处理，它包括字节立即读指令和字节立即写指令，具体指令格式及功能如表 2-21 所示。

表 2-21　字节立即传送指令的指令格式及功能

指令名称	梯形图	语句表	功能	操作数类型及操作范围
字节立即读指令	MOV_BIR EN　ENO IN　　OUT	BIR IN, OUT	在传送允许信号 EN=1 时，立即读取单字节物理输入区 IN 端口的数据，并传送到 OUT 所指的字节存储单元，一般用于对输入信号的立即响应	IN（字节）：IB、*VD、*LD、*AC。 OUT（字节）：IB、QB、VB、MB、SMB、SB、LB、AC、*VD、*LD、*AC
字节立即写指令	MOV_BIW EN　ENO IN　　OUT	BIW IN, OUT	在传送允许信号 EN=1 时，立即将 IN 单元的字节数据写到 OUT 所指的物理输出区。该指令用于把计算出的结果立即输出到负载	IN（字节）：IB、QB、VB、MB、SMB、SB、LB、AC、*VD、*LD、*AC、常数。 OUT（字节）：QB、*VD、*LD、*AC

2.5.5　综合实例

控制要求

① 在试验模式下，工程师先根据经验试验模具压制成形时间，其时间长短为按下试验按钮时间。

② 在自动模式运行情况下，每触发一次启动按钮，就按照试验时设置的时间对模具进行压制成形。

元件说明

元件说明见表 2-22。

表 2-22　元件说明

PLC 软元件	控制说明
I0.0	试验按钮，按下时 I0.0 的状态由 OFF → ON
I0.1	试验模式选择开关，选择时，I0.1 的状态由 OFF → ON
I0.2	自动模式选择开关，选择时，I0.2 的状态由 OFF → ON
T37	时基为 100ms 的定时器
T38	时基为 100ms 的定时器
VW0	记录上一次试验模式下压制成形的时间
Q0.0	启动机床接触器
M0.0 ～ M0.1	内部辅助继电器

控制程序

控制程序如图 2-36 所示。

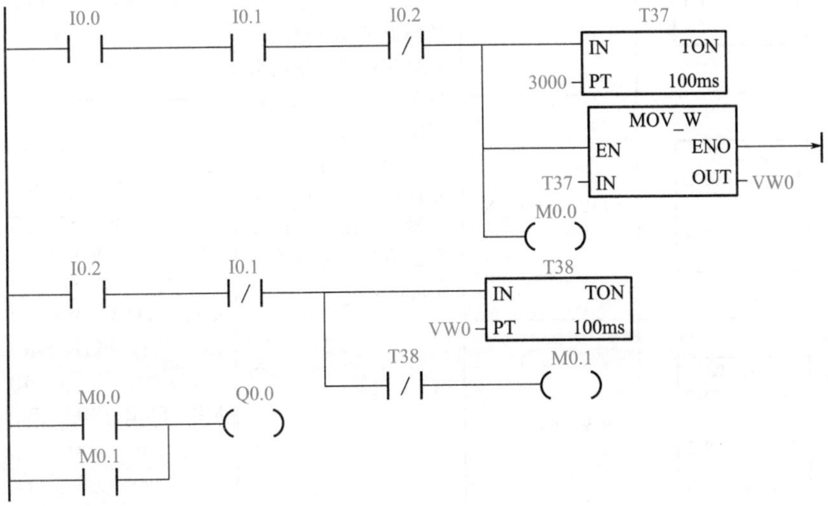

图 2-36　控制程序

程序说明

① 选择试验模式时，I0.1 得电，按下试验按钮后，I0.0 得电，Q0.0 得电导通，开始压制模具，同时 T37 计时器开始计时，T37 的现在值被传到 VW0 中；当完成模具压制过程后，松开试验按钮，Q0.0 失电断开，停止压制模具。

② 按下自动模式按钮，I0.2 得电，Q0.1 得电导通，机床开始自动压制模具，同时 T38 计时器开始计时，到达预设值（VW0 中内容值）后，T38 得电，Q0.1 失电断开，自动压制模具成形。

2.6　移位和循环移位类指令

2.6.1　移位指令

（1）指令格式及功能

移位指令的指令格式及功能如表 2-23 所示。

表 2-23　移位指令的指令格式及功能

指令名称	梯形图	语句表	功能	操作数类型及操作范围
字节左移位指令	SHL_B EN　ENO IN　OUT N	SLB　OUT, N	①将输入值 IN 的值右移或左移 N 位，然后将结果分配给 OUT 的存储单元。移出后留下的空位补零。 ②移出的最后一位数将被存入 SM1.1。如果移位操作使结果变为零，则 SM1.0 被置位。 ③字节操作是无符号操作。字操作和双字操作，使用有符号数据值时，也对符号位进行移位。	IN（字节）：IB、QB、VB、MB、SMB、SB、LB、AC、*VD、*LD、*AC、常数。 OUT（字节）：IB、QB、VB、MB、SMB、SB、LB、AC、*VD、*LD、*AC。 N（字节）：IB、QB、VB、MB、SMB、SB、LB、AC、*VD、*LD、*AC、常数
字节右移位指令	SHR_B EN　ENO IN　OUT N	SRB　OUT, N		
字左移位指令	SHL_W EN　ENO IN　OUT N	SLW　OUT, N		IN（字）：IW、QW、VW、MW、SMW、SW、T、C、LW、AC、AIW、*VD、*LD、*AC、常数。 OUT（字）：IW、QW、VW、MW、SMW、SW、T、C、LW、AC、*VD、*LD、*AC。 N（字节）：IB、QB、VB、MB、SMB、SB、LB、AC、*VD、*LD、*AC、常数
字右移位指令	SHR_W EN　ENO IN　OUT N	SRW　OUT, N		

续表

指令名称	梯形图	语句表	功能	操作数类型及操作范围
双字左移位指令	SHL_DW EN ENO IN OUT N	SLD OUT, N	④如果移位计数 N 大于或等于允许的最大值，则会按相应操作的最大值进行移位，其中字节、字、双字的最大操作数分别为 8、16、32	IN（双字）：ID、QD、VD、MD、SMD、SD、LD、AC、HC、*VD、*LD、*AC、常数。 OUT（双字）：ID、QD、VD、MD、SMD、SD、LD、AC、*VD、*LD、*AC。 N（字节）：IB、QB、VB、MB、SMB、SB、LB、AC、*VD、*LD、*AC、常数
双字右移位指令	SHR_DW EN ENO IN OUT N	SRD OUT, N		

（2）例说移位指令

左移指令梯形图和左移示意图见图 2-37。

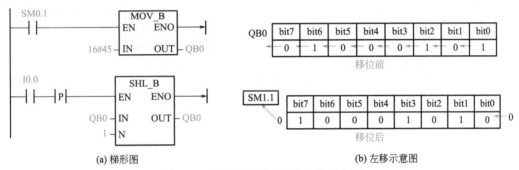

(a) 梯形图   (b) 左移示意图

图 2-37 左移指令梯形图和左移示意图

 程序说明

梯形图如图 2-37（a）所示。

① PLC 从 "STOP" 到 "RUN" 时，SM0.1 接通一个扫描周期，使 QB0 中的数据为 16#45，也就是 2#01000101。

② 当 I0.0 闭合时，将 IN 所指定的存储单元 QB0 中的数据向左移动 1 位，右端补 0，并将移位后的结果输出到 OUT 所指定的存储单元 QB0 中。

③ 如果移位位数大于 0，最后一次移出位保存在 "溢出" 存储器位 SM1.1。如果移位操作使结果变为零，零标志位 SM1.0 置 1。图 2-37（b）是左移一位的示意图。

④ 右移指令操作类似，在此不再赘述。

重要提示

对于移位指令，只要使能端 EN 为 1，则每一个扫描周期，都会进行执行一次移位指令。如果希望 I0.0 每接通一次，仅执行一次移位指令，需要在 I0.0 后面串接上升沿脉冲指令。

2.6.2 循环移位指令

（1）指令格式及功能

循环移位指令的指令格式及功能如表 2-24 所示。

表 2-24　循环移位指令的指令格式及功能

指令名称	梯形图	语句表	功能	操作数类型及操作范围
字节循环左移指令	ROL_B EN　ENO IN　OUT N	RLB　OUT, N		IN（字节）：IB、QB、VB、MB、SMB、SB、LB、AC、*VD、*LD、*AC、常数。 OUT（字节）：IB、QB、VB、MB、SMB、SB、LB、AC、*VD、*LD、*AC。 N（字节）：IB、QB、VB、MB、SMB、SB、LB、AC、*VD、*LD、*AC、常数
字节循环右移指令	ROR_B EN　ENO IN　OUT N	RRB　OUT, N	①将 IN 的值循环右移或循环左移 N 位，并将结果存入 OUT 中。 ②循环移出的最后一位存入 SM1.1 中，如果移位操作使结果变为零，则 SM1.0 被置位。 ③字节操作是无符号操作。字操作和双字操作，使用有符号数据值时，也对符号位进行循环移位。 ④如果循环移位计数 N 大于或等于允许的最大值，执行循环移位之前先对 N 执行求模运算以获得有效循环移位计数。其中字节、字、双字的最大操作数分别为 8、16、32	
字循环左移指令	ROL_W EN　ENO IN　OUT N	RLW　OUT, N		IN（字）：IW、QW、VW、MW、SMW、SW、T、C、LW、AC、AIW、*VD、*LD、*AC、常数。 OUT（字）：IW、QW、VW、MW、SMW、SW、T、C、LW、AC、*VD、*LD、*AC。 N（字节）：IB、QB、VB、MB、SMB、SB、LB、AC、*VD、*LD、*AC、常数
字循环右移指令	ROR_W EN　ENO IN　OUT N	RRW　OUT, N		
双字循环左移指令	ROL_DW EN　ENO IN　OUT N	RLD　OUT, N		IN（双字）：ID、QD、VD、MD、SMD、SD、LD、AC、HC、*VD、*LD、*AC、常数。 OUT（双字）：ID、QD、VD、MD、SMD、SD、LD、AC、*VD、*LD、*AC。 N（字节）：IB、QB、VB、MB、SMB、SB、LB、AC、*VD、*LD、*AC、常数
双字循环右移指令	ROR_DW EN　ENO IN　OUT N	RRD　OUT, N		

重要提示

取模操作对于字节、字和双字的操作分别为：
① 对于字节移位，将 N 除以 8 以后取余数，取模的结果对于字节操作是 0 ～ 7。
② 对于字移位，将 N 除以 16 以后取余数，取模的结果对于字操作是 0 ～ 15。
③ 对于双字移位，将 N 除以 32 以后取余数，取模的结果对于双字操作是 0 ～ 31。

（2）例说循环移位指令
循环左移指令梯形图和循环左移示意图见图 2-38。

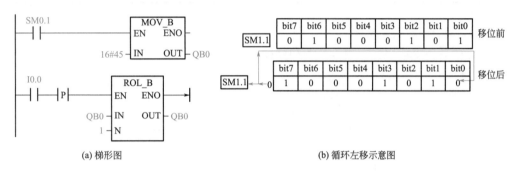

(a) 梯形图　　　　　　　　　　　　(b) 循环左移示意图

图 2-38　循环左移指令梯形图和循环左移示意图

程序说明

① 如图 2-38（a）所示，PLC 从"STOP"到"RUN"时，SM0.1 接通一个扫描周期，使 QB0 中的数据为 2#01000101。

② 当 I0.0 闭合时，将 IN 所指定的存储单元 QB0 中的数据向左移动 1 位，移出的数据 0 填充到右侧空出的单元。同时，也将这个移出的数据 0 存入 SM1.1，并将移位后的结果输出到 OUT 所指定的存储单元 QB0 中。

③ 如果循环移位操作使结果变为零，零标志位 SM1.0 置 1。

④ 图 2-38（b）是循环左移一位的示意图。从图中可以看出，循环移位是环形移位，左侧单元移出的数据补充到右侧空出的单元。同理，对于循环右移指令，右侧单元移出的数据补充到左侧空出的单元。操作方式类似，在此不再赘述。

重要提示

循环移位指令，只要使能端 EN 为 1，则每一个扫描周期，都会进行执行一次循环移位指令。如果希望 I0.0 每接通一次，仅执行一次循环移位指令，需要在 I0.0 后面串接上升沿脉冲指令。

2.6.3 移位寄存器指令

（1）指令格式及功能
移位寄存器指令的指令格式及功能如表 2-25 所示。

表 2-25 移位寄存器指令的指令格式及功能

指令名称	梯形图	语句表	功能	操作数类型及操作范围
移位寄存器指令	SHRB EN ENO DATA S_BIT N	SHRB DATA, S_BIT, N	每次使能输入有效时，整个移位寄存器移动1位。空出的单元补入DATD端的数值，移出的数据存入SM1.1。 移位范围为以 S_BIT 为起始位，长度为 N 的存储区。 其中：当N＞0时，左移；当N＜0时，右移	DATA、S_BIT（位）：I、Q、V、M、SM、S、T、C、L。 N（字节）：IB、QB、VB、MB、SMB、SB、LB、AC、*VD、*LD、*AC、常数

（2）例说移位寄存器指令

移位寄存器指令梯形图、输入波形和移位示意图见图2-39。

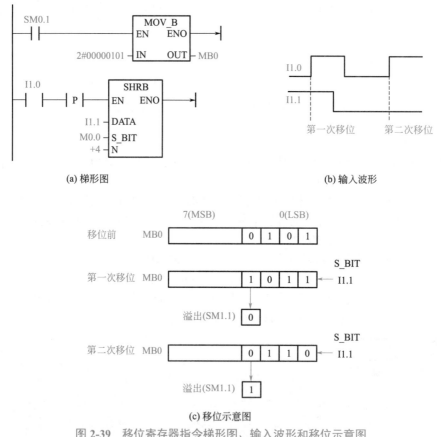

(a) 梯形图

(b) 输入波形

(c) 移位示意图

图 2-39 移位寄存器指令梯形图、输入波形和移位示意图

程序说明

图 2-39（a）所示梯形图中，移位寄存器指令的参数包含以下重要含义。

① N 指定移位寄存器的长度和移位方向，"4"为移位的长度，"＋"号表示左移。

② S_BIT 指定移位寄存器最低有效位的位置，即移位的范围最低位从 M0.0 开始。结合移位长度为 4，所以接下来的移位将在 M0.0 ～ M0.3 这四位的范围内移位。M0.4 ～ M0.7 这

四位的数值不受影响。

　　③ 左移移出的数据存入 SM1.1，右侧空出的单元将填入 DATA 接收的数值位。

　　时序图如图 2-39（b）所示，PLC 从"STOP"到"RUN"时，SM0.1 接通一个扫描周期，使 MB0 中的数据为 2#00000101。I1.0 共有两个上升沿，所以移位两次。

　　① 第一次　I1.0 迎来第一个上升沿时，I1.1=1，M0.0 ～ M0.3 这四位数"0101"左移一位，左移移出的数"0"存入 SM1.1，右侧空出的单元填入"1"，注意，"1"是 I1.1 的数值。

　　② 第二次　I1.0 迎来第二个上升沿时，I1.1=0，M0.0 ～ M0.3 这四位数"1011"左移一位，左移移出的数"1"存入 SM1.1，右侧空出的单元填入"0"，注意，"0"是 I1.1 的数值。

2.6.4　综合实例

综合实例 1

条码图显示控制。

范例示意如图 2-40 所示。

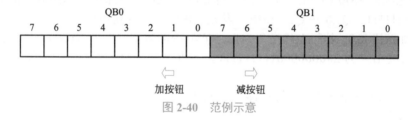

图 2-40　范例示意

控制要求

　　图中有 16 个 LED，初始时右边的 8 个 LED 亮，按动减按钮，减少条码图的发光长度，按动加按钮，增加条码图的发光长度。

元件说明

元件说明见表 2-26。

表 2-26　元件说明

PLC 软元件	控制说明
I0.0	条码图加按钮，按下时 I0.0 状态由 OFF → ON
I0.1	条码图减按钮，按下时 I0.1 状态由 OFF → ON
Q0.0 ～ Q1.7	16 位发光二极管
SM0.1	该位在首次扫描时为 1

控制程序

控制程序如图 2-41 所示。

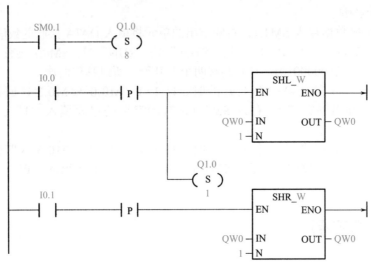

图 2-41 控制程序

程序说明

① 初始化脉冲 SM0.1 产生一个脉冲，将 Q1.0 ~ Q1.7 全部置 1，QW0 中的数据结果为 2#0000000011111111，Q1.0 ~ Q1.7 得电，发光二极管 1 ~ 8 得电发光。

② 按下加按钮 I0.0，执行左移指令 SHL，QW0 中的数据结果为 2#0000000111111110，同时 Q1.0 置 1，最终结果为 2#0000000111111111。多点亮一个灯。每按一次按钮 I0.0，多点亮一个灯。

③ 如果按下减按钮 I0.1，执行右移指令 SHR，最左边的灯将会熄灭。每按一次减按钮 I0.1，熄灭一个灯。

综合实例 2

用循环移位指令实现多灯控制。

范例示意如图 2-42 所示。

图 2-42 范例示意

控制要求

通过采用循环移位指令对多个灯进行控制，达到"北京欢迎你"福娃灯循环点亮的演示效果。

元件说明

元件说明见表2-27。

表 2-27 元件说明

PLC 软元件	控制说明
I0.0	启动按钮，按下时，I0.0 状态由 OFF → ON
I0.1	停止按钮，按下时，I0.1 状态由 OFF → ON
Q0.0	福娃贝贝灯
Q0.1	福娃晶晶灯
Q0.2	福娃欢欢灯
Q0.3	福娃迎迎灯
Q0.4	福娃妮妮灯
Q0.5	"贝晶欢迎妮"汉字串灯

控制程序

控制程序见图2-43。

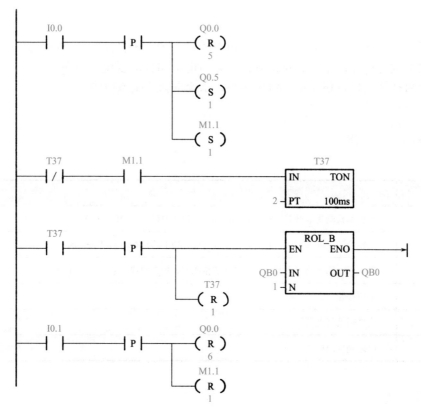

图 2-43 控制程序

程序说明

① 当按下启动按钮 I0.0 时，I0.0=ON，复位 Q0.0 ～ Q0.4，置位 Q0.5、M1.1。

② M1.1=ON 时，启动 T37 定时器，使 T37 每隔 200ms 接通一个扫描周期。

③ T37 每接通一次，QB0 循环左移一次。

④ 按下停止按钮 I0.1 时，I0.1=ON，复位 Q0.0 ～ Q0.5，复位 M1.1，停止灯的循环点亮。

综合实例 3

物流检测控制。

范例示意如图 2-44 所示。

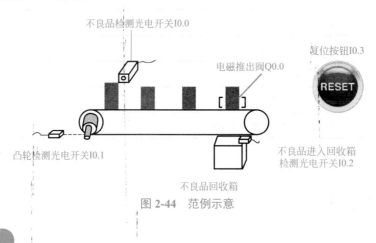

图 2-44 范例示意

控制要求

产品被传送至传送带上做检测，当光电开关检测到有不良品时（高度偏高），在第 4 个定点将不良品通过电磁阀推出，推出到回收箱后电磁阀自动复位。当在传送带上的不良品记忆错乱时，可按下复位按钮将记忆数据清零，系统重新开始该检测。

元件说明

元件说明见表 2-28。

表 2-28 元件说明

PLC 软元件	控制说明
I0.0	不良品检测光电开关，检测到不良品时，I0.0 的状态由 OFF → ON
I0.1	凸轮检测光电开关，检测到有产品通过时，I0.1 的状态由 OFF → ON
I0.2	进入回收箱检测光电开关，不良品被推出时，I0.2 的状态由 OFF → ON
I0.3	复位按钮
M0.0 ～ M0.3	内部辅助继电器
Q0.0	电磁阀推出杆

控制程序

控制程序见图 2-45。

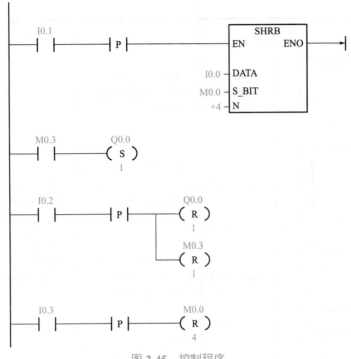

图 2-45　控制程序

程序说明

① 每当凸轮旋转一圈，产品从一个定点移动到另外一个定点，I0.1 的状态由 OFF 变化为 ON 一次，同时移位指令执行一次，M0.0 ～ M0.3 的内容往左移一位，I0.0 的状态被传到 M0.0。

② 当有不良品产生时（产品高度偏高），I0.0=ON，"1"的数据进入 M0.0，移位 3 次后到达第 4 个定点，使得 M0.3=ON，Q0.0 被置位，Q0.0=ON，使得电磁阀动作，将不良品推到回收箱。

③ 当不良品确认已经被推出后，I0.2 由 OFF 变化为 ON 一次，产生一个上升沿，使得 M0.3 和 Q0.0 被复位，电磁阀被复位，直到下一次有不良品产生时才有动作。

④ 当按下复位按钮 I0.3 时，I0.3 由 OFF 变化为 ON 一次，产生一个上升沿使得 M0.0 ～ M0.3 被全部复位为"0"，保证传送带上产品发生不良品记忆错乱时，重新开始检测。

2.7 数学运算类指令

2.7.1 整数四则运算指令

（1）指令格式及功能

整数四则运算指令的指令格式及功能如表 2-29 所示。

表 2-29　整数四则运算指令的指令格式及功能

指令名称	梯形图	语句表	功能	操作数类型及操作范围
整数加法指令	ADD_I EN　ENO IN1　OUT IN2	+I IN1，OUT	将两个 16 位整数相加，产生一个 16 位的结果。 IN1+IN2=OUT	
整数减法指令	SUB_I EN　ENO IN1　OUT IN2	-I IN1，OUT	将两个 16 位整数相减，产生一个 16 位结果。 IN1-IN2=OUT	IN1 和 IN2（整数）：IW、QW、VW、MW、SMW、SW、T、C、LW、AC、AIW、*VD、*AC、*LD、常数。 OUT（整数）：IW、QW、VW、MW、SMW、SW、LW、T、C、AC、*VD、*AC、*LD
整数乘法指令	MUL_I EN　ENO IN1　OUT IN2	*I IN1，OUT	将两个 16 位整数相乘，产生一个 16 位结果。 IN1×IN2=OUT	
整数除法指令	DIV_I EN　ENO IN1　OUT IN2	/I IN1，OUT	将两个 16 位整数相除，产生一个 16 位结果（不保留余数）。 IN1÷IN2=OUT	

（2）例说整数四则运算指令

编程计算（6+7）×5-3。

整数四则运算指令梯形图和运行监控结果见图 2-46。

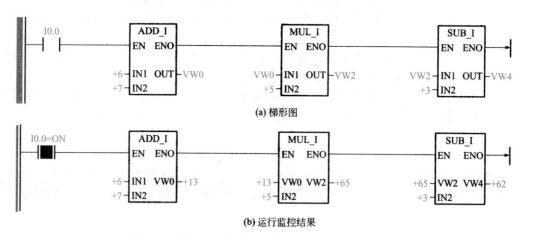

(a) 梯形图

(b) 运行监控结果

图 2-46　整数四则运算指令梯形图和运行监控结果

程序说明

当 I0.0 接通时，6+7 的结果放入 VW0，VW0×5 的结果放入 VW2，VW2-3 的结果放入 VW4，则 VW4 里面存放的结果就是（6+7）×5-3 的值。

重要提示

　　由于整数四则运算指令中 OUT 的数据类型为 16 位有符号整数，故操作数采用 VW。VW0 包含 VB0 和 VB1 两个字节，VW2 包含 VB2 和 VB3 两个字节，VW4 包含 VB4 和 VB5 两个字节，所以，计算的中间结果分别存入 VW0、VW2、VW4 中，而不能用 VW0、VW1、VW3。

2.7.2 双整数四则运算指令

（1）指令格式及功能

双整数四则运算指令的指令格式及功能如表 2-30 所示。

表 2-30　双整数四则运算指令的指令格式及功能

指令名称	梯形图	语句表	功能	操作数类型及操作范围
双整数加法指令	ADD_DI EN ENO IN1 OUT IN2	+D IN1,OUT	将两个 32 位整数相加，产生一个 32 位结果。 IN1+IN2=OUT	IN1 和 IN2（双整数）：ID、QD、VD、MD、SMD、SD、LD、AC、HC、*VD、*LD、*AC、常数。 OUT（双整数）：ID、QD、VD、MD、SMD、SD、LD、AC、*VD、*LD、*AC
双整数减法指令	SUB_DI EN ENO IN1 OUT IN2	-D IN1,OUT	将两个 32 位整数相减，产生一个 32 位结果。 IN1-IN2=OUT	
双整数乘法指令	MUL_DI EN ENO IN1 OUT IN2	*D IN1,OUT	将两个 32 位整数相乘，产生一个 32 位结果。 IN1×IN2=OUT	
双整数除法指令	DIV_DI EN ENO IN1 OUT IN2	/D IN1,OUT	将两个 32 位整数相除，产生一个 32 位结果（不保留余数）。 IN1÷IN2=OUT	

（2）例说双整数四则运算指令

编程计算（369-15）×5÷21。

双整数四则运算指令梯形图和运行监控结果见图 2-47。

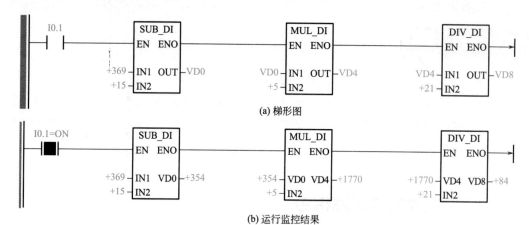

(a) 梯形图

(b) 运行监控结果

图 2-47 双整数四则运算指令梯形图和运行监控结果

当 I0.1 接通时，369-15 的结果放入 VD0，VD0×5 的结果放入 VD4，VD4÷21 的结果放入 VD8，则 VD8 里面存放的结果就是（369-15）×5÷21 的值。事实上，（369-15）×5 的结果并不能被 21 整除，而对于整数和双整数的一般除法，不管余数有多大，都会被舍掉，只保留整数部分，所以，计算结果为 84，如果需要精确计算，则需要使用实数的混合运算。

重要提示

由于双整数四则运算指令中 OUT 的数据类型为 32 位有符号整数，故操作数采用 VD。由于 VD0 包含 VB0 ～ VB3 四个字节，故程序中使用地址的方式是 VD0、VD4、VD8。

2.7.3 实数四则运算指令

（1）指令格式和功能

实数四则运算指令的指令格式及功能如表 2-31 所示。

表 2-31 实数四则运算指令的指令格式及功能

指令名称	梯形图	语句表	功能	操作数类型及操作范围
实数加法指令	ADD_R EN　ENO IN1　OUT IN2	+R IN1, OUT	将两个 32 位实数相加，产生一个 32 位实数结果。 IN1+IN2=OUT	IN1 和 IN2（实数）：ID、QD、VD、MD、SMD、SD、LD、AC、*VD、*LD、*AC、常数。 OUT（实数）：ID、QD、VD、MD、SMD、SD、LD、AC、*VD、*LD、*AC
实数减法指令	SUB_R EN　ENO IN1　OUT IN2	-R IN1, OUT	将两个 32 位实数相减，产生一个 32 位实数结果。 IN1-IN2=OUT	

续表

指令名称	梯形图	语句表	功能	操作数类型及操作范围
实数乘法指令	MUL_R EN　ENO IN1　OUT IN2	*R IN1，OUT	将两个32位实数相乘，产生一个32位实数结果。 N1×IN2=OUT	IN1和IN2（实数）：ID、QD、VD、MD、SMD、SD、LD、AC、*VD、*LD、*AC、常数。 OUT（实数）：ID、QD、VD、MD、SMD、SD、LD、AC、*VD、*LD、*AC
实数除法指令	DIV_R EN　ENO IN1　OUT IN2	/R IN1，OUT	将两个32位实数相除，产生一个32位实数结果。 IN1÷IN2=OUT	

重要提示

　　进行加、减、乘、除运算后会对特殊寄存器的一些位产生影响，因此在执行完这些指令后可以查看特殊寄存器里面的这些位的值，从而知道计算的结果是否正确。

　　受影响的特殊寄存器位有：SM1.0（零）、SM1.1（溢出位）、SM1.2（负）、SM1.3（被零除）。其具体含义如表2-32所示。

表2-32　受影响的特殊寄存器位

SM位	功能描述
SM1.0	操作结果=0时，置位为1
SM1.1	执行结果溢出或数值非法时，置位为1
SM1.2	当数学运算产生负数结果时，设置为1
SM1.3	尝试除以零时，设置为1

（2）例说实数四则运算指令

编程计算（888.9-5）×2.1÷5.3。

实数四则运算指令梯形图和运行监控结果见图2-48。

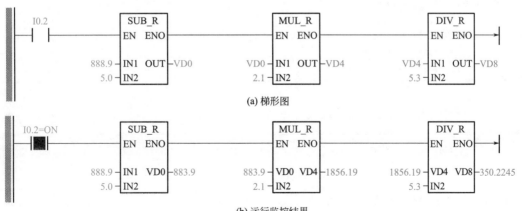

图 2-48　实数四则运算指令梯形图和运行监控结果

程序说明

当 I0.2 接通时，888.9-5.0 的结果放入 VD0，VD0×2.1 的结果放入 VD4，VD4÷5.3 的结果放入 VD8，则 VD8 里面存放的结果就是（888.9-5）×2.1÷5.3 的值。

重要提示

本次所用指令都是实数运算，所以在减法指令中，IN2 的数值应该输入"5.0"而不是"5"。

2.7.4 完全整数乘法、除法指令

（1）指令格式及功能

完全整数乘法、除法指令的指令格式及功能如表 2-33 所示。

表 2-33　完全整数乘法、除法指令的指令格式及功能

指令名称	梯形图	语句表	功能	操作数类型及操作范围
完全整数乘法指令	MUL EN　ENO IN1　OUT IN2	MUL IN1，OUT	将两个 16 位整数相乘，产生一个 32 位乘积，即 IN1×IN2=OUT	IN1 和 IN2（整数）：IW、QW、VW、MW、SMW、SW、T、C、LW、AC、AIW、*VD、*LD、*AC、常数。 OUT（双整数）：ID、QD、VD、MD、SMD、SD、LD、AC、*VD、*LD、*AC
完全整数除法指令	DIV EN　ENO IN1　OUT IN2	DIV IN1，OUT	将两个 16 位整数相除，产生一个 32 位结果，低 16 位为商，高 16 位为余数，即 IN1÷IN2=OUT	

重要提示

一般来说，乘法计算的积要比乘数的位数高，除法运算后还有余数问题，一般乘法和除法运算不能解决这些问题，例如在一般整数除法中，两个 16 位的整数相除，产生一个 16 位的整数商，不保留余数。双整数除法也是同样的过程，只是位数变为 32 位。

完全整数乘法指令是将两个有符号整数的 IN1 和 IN2 相乘，产生一个 32 位双整数结果 OUT。完全整数除法指令中，两个 16 位的有符号整数相除，产生一个 32 位结果，其中，低 16 位为商，高 16 位为余数。

（2）例说完全整数乘法、除法指令

完全整数乘法、除法指令梯形图见图 2-49。

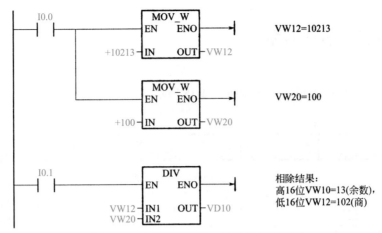

图2-49 完全整数乘法、除法指令梯形图

程序说明

两数相除后得到32位结果，存入VD10中，其中VD10包含：VW10（高16位）和VW12（低16位）。

2.7.5 数学函数指令

数学函数指令的指令格式及功能如表2-34所示。

表2-34 数学函数指令的指令格式及功能

指令名称	梯形图	语句表	功能	操作数类型及操作范围
平方根指令	SQRT EN ENO IN OUT	SQRT IN, OUT	计算实数（IN）的平方根，产生一个实数结果OUT。 SQRT（IN）=OUT	IN（实数）：ID、QD、VD、MD、SMD、SD、LD、AC、*VD、*LD、*AC、常数。 OUT（实数）：ID、QD、VD、MD、SMD、SD、LD、AC、*VD、*LD、*AC
指数指令	EXP EN ENO IN OUT	EXP IN, OUT T	执行以e为底，以IN中的值为幂的指数运算，并在OUT中输出结果。 EXP（IN）=OUT	
自然对数指令	LN EN ENO IN OUT	LN IN, OUT	对IN中的值执行自然对数运算，并在OUT中输出结果。 LN（IN）=OUT	
正弦指令	SIN EN ENO IN OUT	SIN IN, OUT	计算角度值IN的正弦值，并在OUT中输出结果。输入角度值以弧度为单位。 SIN（IN）=OUT	
余弦指令	COS EN ENO IN OUT	COS IN, OUT	计算角度值IN的余弦值，并在OUT中输出结果。输入角度值以弧度为单位。 COS（IN）=OUT	
正切指令	TAN EN ENO IN OUT	TAN IN, OUT	计算角度值IN的正切值，并在OUT中输出结果。输入角度值以弧度为单位。 TAN（IN）=OUT	

2.7.6 递增、递减指令

（1）指令格式及功能

递增、递减指令的指令格式及功能如表 2-35 所示。

表 2-35 递增、递减指令的指令格式及功能

指令名称	梯形图	语句表	功能	操作数类型及操作范围
字节递增指令	INC_B EN ENO IN OUT	INCB OUT	递增指令对输入值 IN 加 1 并将结果输入 OUT 中。 IN+1=OUT 为无符号运算	IN（字节）：IB、QB、VB、MB、SMB、SB、LB、AC、*VD、*LD、*AC、常数。
字节递减指令	DEC_B EN ENO IN OUT	DECB OUT	递减指令将输入值 IN 减 1，并在 OUT 中输出结果。 IN-1=OUT 为无符号运算	OUT（字节）：IB、QB、VB、MB、SMB、SB、LB、AC、*VD、*AC、*LD
字递增指令	INC_W EN ENO IN OUT	INCW OUT	递增指令对输入值 IN 加 1 并将结果输入 OUT 中。 IN+1=OUT 为有符号运算	IN（整数）：IW、QW、VW、MW、SMW、SW、T、C、LW、AC、AIW、*VD、*LD、*AC、常数。
字递减指令	DEC_W EN ENO IN OUT	DECW OUT	递减指令将输入值 IN 减 1，并在 OUT 中输出结果。 IN-1=OUT 为有符号运算	OUT（整数）：IW、QW、VW、MW、SMW、SW、T、C、LW、AC、*VD、*LD、*AC
双字递增指令	INC_DW EN ENO IN OUT	INCD OUT	递增指令对输入值 IN 加 1 并将结果输入 OUT 中。 IN+1=OUT 为有符号运算	IN（双整数）：ID、QD、VD、MD、SMD、SD、LD、AC、HC、*VD、*LD、*AC、常数。
双字递减指令	DEC_DW EN ENO IN OUT	DECD OUT	递减指令将输入值 IN 减 1，并在 OUT 中输出结果。 IN-1=OUT 为有符号运算	OUT（双整数）：ID、QD、VD、MD、SMD、SD、LD、AC、*VD、*LD、*AC

（2）例说递增指令

递增指令梯形图和执行结果见图 2-50。

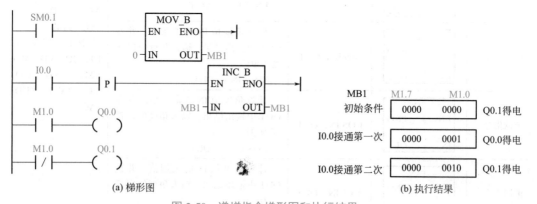

(a) 梯形图   (b) 执行结果

图 2-50 递增指令梯形图和执行结果

程序说明

梯形图如图 2-50（a）所示，SM0.1 接通一个扫描周期，使 MB1=2#00000000，I0.0 接通一次，MB1 的内容加 1 并将结果存入 MB1 中，执行过程如图 2-50（b）所示。

此程序可用于单一开关控制两灯控制，甲灯亮（甲组设备工作），乙灯不亮（乙组设备不工作）；按一次按钮，乙灯亮（乙组设备工作），甲灯不亮（甲组设备不工作）；再按一次按钮，甲灯亮（甲组设备工作），乙灯不亮（乙组设备不工作）；依次类推。

2.7.7 综合实例

控制要求

已知某温度传感器的测量范围为 $-20 \sim 80℃$，对应的输出电压为 $0 \sim 5V$，试编程计算当输出电压为 V 时，对应的环境温度 T。

元件说明

元件说明见表 2-36。

表 2-36 元件说明

PLC 软元件	控制说明
SM0.0	CPU 运行时，该位始终为 1
VD0	实际输出电压
VD4	最大输出电压 V_{max}
VD8	最小输出电压 V_{min}
VD12	最高检测温度 T_{max}
VD16	最低检测温度 T_{min}

控制程序

控制程序见图 2-51。

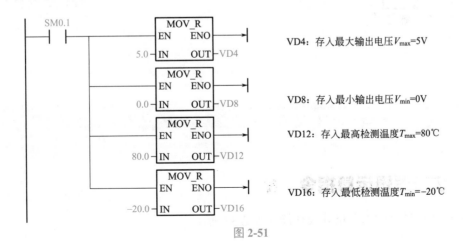

图 2-51

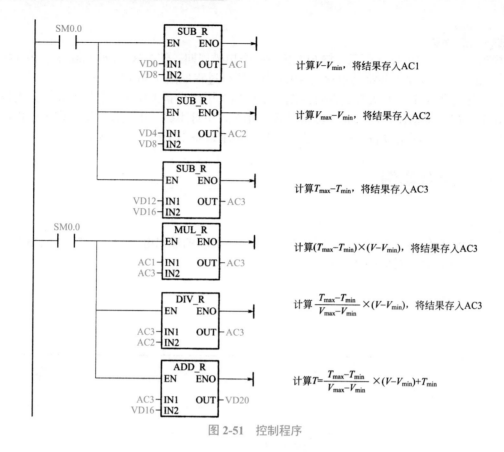

图 2-51 控制程序

程序说明

① 由控制要求知，最低检测温度 T_{min}=-20℃，最高检测温度 T_{max}=80℃，最小输出电压 V_{min}=0V，最大输出电压 V_{max}=5V，则输出电压 V 与所对应的温度 T 的计算公式为：

$$T = \frac{T_{max} - T_{min}}{V_{max} - V_{min}} \times (V - V_{min}) + T_{min} \qquad (2\text{-}1)$$

② 程序执行过程在梯形图中有详尽的注释，在此不再赘述。

重要提示

编写梯形图程序时，为保证计算精度，要先做乘法，再做除法。

2.8 逻辑运算指令

2.8.1 字节逻辑运算指令

字节逻辑运算指令的指令格式及功能如表 2-37 所示。

表 2-37　字节逻辑运算指令的指令格式及功能

指令名称	梯形图	语句表	功能	操作数类型及操作范围
字节逻辑与指令	WAND_B EN　ENO IN1　OUT IN2	ANDB IN1，OUT	对两个输入值 IN1 和 IN2 的相应位执行逻辑与运算，并将结果存入 OUT 的存储单元中。 IN1 AND IN2=OUT	IN（字节）：IB、QB、VB、MB、SMB、SB、LB、AC、*VD、*LD、*AC、常数。 OUT（字节）：IB、QB、VB、MB、SMB、SB、LB、AC、*VD、*LD、*AC
字节逻辑或指令	WOR_B EN　ENO IN1　OUT IN2	ORB IN1，OUT	对两个输入值 IN1 和 IN2 的相应位执行逻辑或运算，并将结果存入 OUT 的存储单元中。 IN1 OR IN2=OUT	
字节逻辑异或指令	WXOR_B EN　ENO IN1　OUT IN2	XORB IN1，OUT	对两个输入值 IN1 和 IN2 的相应位执行逻辑异或运算，并将结果存入 OUT 的存储单元中。IN1 XOR IN2=OUT	
字节取反指令	INV_B EN　ENO IN　OUT	INVB OUT	对输入 IN 执行取反操作，并将结果存入 OUT 的存储单元中	

2.8.2　字逻辑运算指令

（1）指令格式及功能

字逻辑运算指令的指令格式及功能如表 2-38 所示。

表 2-38　字逻辑运算指令的指令格式及功能

指令名称	梯形图	语句表	功能	操作数类型及操作范围
字逻辑与指令	WAND_W EN　ENO IN1　OUT IN2	ANDW IN1，OUT	对两个输入值 IN1 和 IN2 的相应位执行逻辑与运算，并将结果存入 OUT 的存储单元中。 IN1 AND IN2=OUT	IN（字）：IW、QW、VW、MW、SMW、SW、T、C、LW、AC、AIW、*VD、*LD、*AC、常数。 OUT（字）：IW、QW、VW、MW、SMW、SW、T、C、LW、AC、*VD、*AC、*LD
字逻辑或指令	WOR_W EN　ENO IN1　OUT IN2	ORW IN1，OUT	对两个输入值 IN1 和 IN2 的相应位执行逻辑或运算，并将结果存入 OUT 的存储单元中。 IN1 OR IN2 = OUT	
字逻辑异或指令	WXOR_W EN　ENO IN1　OUT IN2	XORW IN1，OUT	对两个输入值 IN1 和 IN2 的相应位执行逻辑异或运算，并将结果存入 OUT 的存储单元中。 IN1 XOR IN2 = OUT	
字取反指令	INV_W EN　ENO IN　OUT	INVW OUT	对输入 IN 执行取反操作，并将结果存入 OUT 的存储单元中	

（2）例说字逻辑运算指令

字逻辑运算指令梯形图和执行结果见图 2-52。

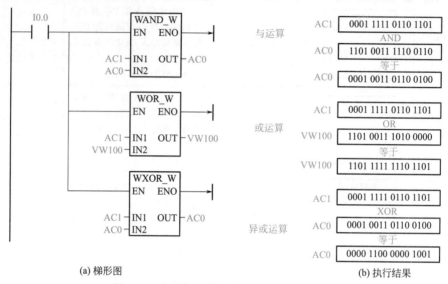

(a) 梯形图   (b) 执行结果

图 2-52 字逻辑运算指令梯形图和执行结果

程序说明

如图 2-52（a）所示，当 I0.0 闭合时，将对 IN1 和 IN2 的输入值逐位进行逻辑与、逻辑或和逻辑异或运算，运算结果如图 2-52（b）所示。

逻辑与、逻辑或和逻辑异或运算的真值表如表 2-39 所示。

表 2-39 逻辑与、逻辑或和逻辑异或运算的真值表

输入		结果		
A	B	与	或	异或
0	0	0	0	0
0	1	0	1	1
1	0	0	1	1
1	1	1	1	0

（3）例说取反指令

取反指令梯形图和执行结果见图 2-53。

(a) 梯形图   (b) 执行结果

图 2-53 取反指令梯形图和执行结果

程序说明

如图 2-53（a）所示，当 I0.0 闭合时，将对 IN 的输入值逐位进行取反运算，运算结果如图 2-53（b）所示。

逻辑反的真值表如表 2-40 所示。

表 2-40　逻辑反的真值表

输入	输出
0	1
1	0

2.8.3　双字逻辑运算指令

双字逻辑运算指令的指令格式及功能如表 2-41 所示。

表 2-41　双字逻辑运算指令的指令格式及功能

指令名称	编程语言 梯形图	语句表	功能	操作数类型及操作范围
双字逻辑 与指令	WAND_DW EN　　ENO IN1　　OUT IN2	ANDD IN, OUT	对两个输入值 IN1 和 IN2 的相应位执行逻辑与运算，并将结果存入 OUT 的存储单元中。 IN1 AND IN2=OUT	IN（双字）：ID、QD、VD、MD、SMD、SD、LD、AC、HC、*VD、*LD、*AC、常数。 OUT（双字）：ID、QD、VD、MD、SMD、SD、LD、AC、*VD、*LD、*AC
双字逻辑 或指令	WOR_DW EN　　ENO IN1　　OUT IN2	ORD IN, OUT	对两个输入值 IN1 和 IN2 的相应位执行逻辑或运算，并将结果存入 OUT 的存储单元中。 IN1 OR IN2=OUT	
双字逻辑 异或指令	WXOR_DW EN　　ENO IN1　　OUT IN2	XORD IN, OUT	对两个输入值 IN1 和 IN2 的相应位执行逻辑异或运算，并将结果存入 OUT 的存储单元中。 IN1 XOR IN2=OUT	
双字取 反指令	INV_DW EN　　ENO IN　　OUT	INVD OUT	对输入 IN 执行取反操作，并将结果存入 OUT 的存储单元中	

2.9　比较指令

2.9.1　指令格式及功能

比较指令的指令格式及功能如表 2-42 所示。

表 2-42　比较指令的指令格式及功能

指令名称	梯形图	功能	操作数类型及操作范围
等于指令	IN1 ─┤ ==□ ├─ IN2	比较 IN1 和 IN2 的值，如果 IN1=IN2，则结果为 1	操作数类型（梯形图中的方框）：字节、双字、整数、实数。 　IN1 和 IN2（字节）：IB、QB、VB、MB、SMB、SB、LB、AC、*VD、*LD、*AC、常数。 　IN1 和 IN2（整数）：IW、QW、VW、MW、SMW、SW、T、C、LW、AC、AIW、*VD、*LD、*AC、常数。 　IN1 和 IN2（双整数）：ID、QD、VD、MD、SMD、SD、LD、AC、HC、*VD、*LD、*AC、常数。 　IN1 和 IN2（实数）：ID、QD、VD、MD、SMD、SD、LD、AC、*VD、*LD、*AC、常数。 　OUT（BOOL）：能流
不等于指令	IN1 ─┤ <>□ ├─ IN2	比较 IN1 和 IN2 的值，如果 IN1≠IN2，则结果为 1	
大于等于指令	IN1 ─┤ >=□ ├─ IN2	比较 IN1 和 IN2 的值，如果 IN1≥IN2，则结果为 1	
小于等于指令	IN1 ─┤ <=□ ├─ IN2	比较 IN1 和 IN2 的值，如果 IN1≤IN2，则结果为 1	
大于指令	IN1 ─┤ >□ ├─ IN2	比较 IN1 和 IN2 的值，如果 IN1>IN2，则结果为 1	
小于指令	IN1 ─┤ <□ ├─ IN2	比较 IN1 和 IN2 的值，如果 IN1<IN2，则结果为 1	

2.9.2　例说比较指令

（1）例说双整数比较指令

双整数比较指令梯形图见图 2-54。

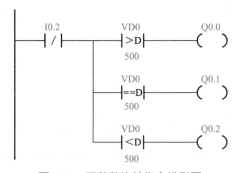

图 2-54　双整数比较指令梯形图

程序说明

　　I0.2 为 OFF，其常闭触点导通时，如果 VD0 大于 500，线圈 Q0.0 得电；如果 VD0 等于 500，线圈 Q0.1 得电，如果 VD0 小于 500，线圈 Q0.2 得电。

　　（2）例说实数比较指令

　　实数比较指令梯形图见图 2-55。

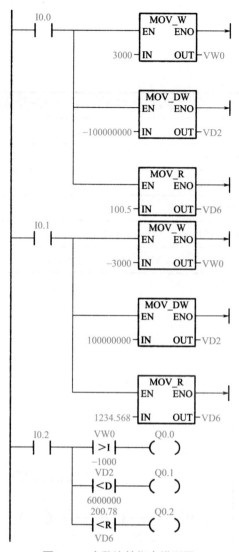

图 2-55 实数比较指令梯形图

程序说明

① 按下按钮 I0.0，VW0=3000，VD2=-100000000，VD6=100.5。

② 接通开关 I0.2，因为满足 VW0 > -1000、VD2 < 6000000 这两个关系式，故线圈 Q0.0 和 Q0.1 得电。

③ 按下按钮 I0.1，VW0=-3000，VD2=100000000，VD6=1234.568。

④ 接通开关 I0.2，因为满足关系式 200.78 < VD6，故线圈 Q0.2 得电。

2.9.3 综合实例

控制要求

有一原料掺混机有 A 料和 B 料，当按下加工启动开关（I0.1）后，A 料控制阀（Q0.1）开始送料，且搅拌器电机（Q0.3）开始转动，设置时间（50s）到达后换由 B 料控制阀（Q0.2）开始送料，且搅拌器电机（Q0.3）持续转动，直到工作时间到达。

元件说明

元件说明见表 2-43。

表 2-43 元件说明

PLC 软元件	控制说明
I0.1	加工启动开关，按下时，I0.1 状态由 OFF → ON
Q0.1	A 料出口阀
Q0.2	B 料出口阀
Q0.3	搅拌器电机接触器
T37	A 料送料的时间，计时时间为 100s
T38	A 料 +B 料送料的总时间，计时时间为 100.1s

控制程序

控制程序见图 2-56。

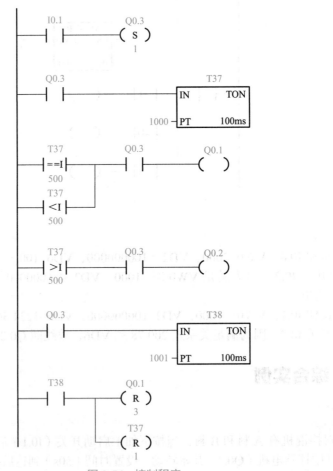

图 2-56 控制程序

程序说明

① 当按下加工开关后，I0.1 得电，其常开触点闭合，Q0.3 被置 1 得电，定时器 T37、T38 开始计时。

② 同时，比较指令也被执行，当 T37 现在值小于等于 500 时，Q0.1 得电，开始送 A 料；当 T37 现在值大于 500 的内容值时，Q0.2 导通，Q0.1 关闭，开始送 B 料，停止送 A 料。

③ 当 T38 现在值等于 1001（送料总时间 +100ms 延迟）时，T38 常开触点闭合，Q0.1 ～ Q0.3 被复位、T37 被复位，搅拌机停止工作，直到再次按下加工开关。

2.10　数据转换指令

2.10.1　数据类型转换指令

（1）指令格式及功能

数据类型转换指令的指令格式及功能如表 2-44 所示。

表 2-44　数据类型转换指令的指令格式及功能

指令名称	梯形图	语句表	功能	操作数类型及操作范围
字节转换成字整数指令	B_I EN　ENO IN　OUT	BTI IN, OUT	将字节（IN）转换成整数值，将结果存入目标地址（OUT）中	（1）IN 的数据类型和操作数 ① B_I（字节）：IB、QB、VB、MB、SMB、SB、LB、AC、*VD、*LD、*AC、常数。 ② I_B、I_DI（整数）：IW、QW、VW、MW、SMW、SW、T、C、LW、AIW、AC、*VD、*LD、*AC、常数。 ③ DI_I、DI_R（双整数）：ID、QD、VD、MD、SMD、SD、LD、HC、AC、*VD、*LD、*AC、常数。 ④ ROUND、TRUNC（实数）：ID、QD、VD、MD、SMD、SD、LD、AC、*VD、*LD、*AC、常数。 （2）OUT 的数据类型和操作数 ① I_B（字节）：IB、QB、VB、MB、SMB、SB、LB、AC、*VD、*LD、*AC。 ② B_I、DI_I：OUT（整数）：IW、QW、VW、MW、SMW、SW、T、C、LW、AC、AQW、*VD、*LD、*AC。 ③ I_DI、ROUND、TRUNC（双整数）：ID、QD、VD、MD、SMD、SD、LD、AC、*VD、*LD、*AC。 ④ DI_R（实数）：ID、QD、VD、MD、SMD、SD、LD、AC、*VD、*LD、*AC
整数转换成字节指令	I_B EN　ENO IN　OUT	ITB IN, OUT	将字整数（IN: 0～255）转换成字节，将结果存入目标地址（OUT）中	
整数转换成双整数指令	I_DI EN　ENO IN　OUT	ITD IN, OUT	将整数值（IN）转换成双整数值，将结果存入目标地址（OUT）中	
双整数转换成整数指令	DI_I EN　ENO IN　OUT	DTI IN, OUT	将双整数值（IN: -32768～32767）转换成整数值，将结果存入目标地址（OUT）中	
双整数转换成实数指令	DI_R EN　ENO IN　OUT	DTR IN, OUT	将 32 位带符号整数（IN）转换成 32 位实数，并将结果存入目标地址（OUT）中	
四舍五入指令	ROUND EN　ENO IN　OUT	ROUND IN, OUT	将实数（IN）转换成双整数值，小数部分四舍五入，将结果存入目标地址（OUT）中	
取整指令	TRUNC EN　ENO IN　OUT	TRUNC IN, OUT	将 32 位实数（IN）转换成 32 位双整数值，小数部分直接舍去，将结果存入目标地址（OUT）中	

（2）例说字节和整数之间的转换指令

字节和整数之间的转换指令梯形图和运行监控结果见图2-57。

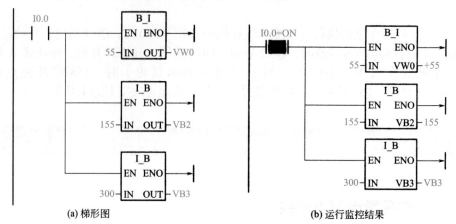

（a）梯形图　　　　　　　　（b）运行监控结果

图 2-57　字节和整数之间的转换指令梯形图和运行监控结果

 程序说明

梯形图如图 2-57（a）所示。由图 2-57（b）所示运行监控结果可以看出，当 I0.0 接通时：

① B_I 指令将数据类型为字节的 55 转换为整数 55，存入 VW0 中。

② I_B 指令将整数 155 转换为数据类型为字节的 155，存入 VB2 中。

注意　　　对于 I_B 指令，IN 的数据取值范围为 0 ～ 255，当输入 IN 为 300 时，则无法转换，指令框显示红色。

（3）例说整数与双整数、双整数和实数之间的转换指令

整数与双整数、双整数与实数之间的转换指令梯形图和运行监控结果见图2-58。

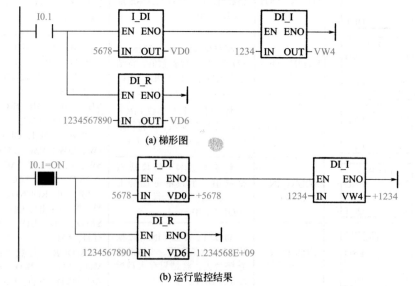

图 2-58　整数与双整数、双整数与实数之间的转换指令梯形图和运行监控结果

程序说明

梯形图如图 2-58（a）所示。由图 2-58（b）所示运行监控结果可以看出，当 I0.1 接通时：

① I_DI 指令将整数 5678 转换为双整数 5678，存入 VD0 中。

② DI_I 指令将双整数 1234 转换为整数 1234，存入 VW4 中。

③ DI_R 指令将双整数 1234567890 转换为实数 1.2345678×10^9，存入 VD6 中。

> **注意**　对于 DI_I 指令，IN 的数据取值范围为 $-32768 \sim 32767$，当输入 IN 超出此范围时，则无法转换，指令框显示红色。

（4）例说四舍五入指令与取整指令

四舍五入指令与取整指令梯形图和运行监控结果见图 2-59。

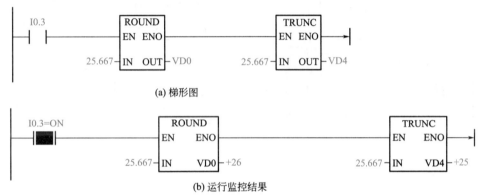

图 2-59　四舍五入指令与取整指令梯形图和运行监控结果

 程序说明

梯形图如图 2-59（a）所示。由图 2-59（b）所示运行监控结果可以看出，当 I0.3 接通时：

① ROUND 指令将实数 25.667 的小数部分按照四舍五入的规则转换为双整数 26，存入 VD0 中。

② TRUNC 指令将实数 25.667 的小数部分按照舍去的规则转换为双整数 25，存入 VD4 中。

2.10.2　BCD 码与整数的转换指令

（1）指令格式及功能

BCD 码与整数的转换指令的指令格式及功能如表 2-45 所示。

表 2-45　BCD 码与整数的转换指令的指令格式及功能

指令名称	梯形图	语句表	功能	操作数类型及操作范围
BCD 码转换成整数指令	BCD_I EN　ENO IN　OUT	BCDI, OUT	将 IN 端输入 BCD 码转换成整数，并将结果存入目标地址中（OUT）。 IN 的有效范围是 BCD 码 $0 \sim 9999$	IN（字）：IW、QW、VW、MW、SMW、SW、T、C、LW、AIW、AC、*VD、*LD、*AC、常数。 OUT（字）：IW、QW、VW、MW、SMW、SW、T、C、LW、AC、*VD、*LD、*AC

续表

指令名称	梯形图	语句表	功能	操作数类型及操作范围
整数转换成BCD码指令	I_BCD EN ENO IN OUT	IBCD, OUT	将IN端输入转换成BCD码，将结果存入目标地址中（OUT）。 IN的有效范围是整数0～9999	IN（字）：IW、QW、VW、MW、SMW、SW、T、C、LW、AIW、AC、*VD、*LD、*AC、常数。 OUT（字）：IW、QW、VW、MW、SMW、SW、T、C、LW、AC、*VD、*LD、*AC

注：BCD码是一种用四位二进制数表示一位十进制数的代码，通常又称为8421码。

（2）例说BCD码与整数的转换指令

BCD码与整数的转换指令梯形图和运行监控结果见图2-60。

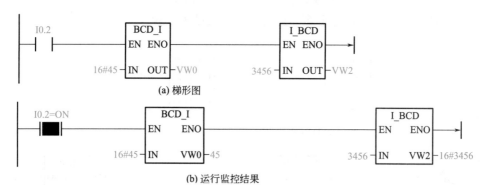

(a) 梯形图

(b) 运行监控结果

图2-60　BCD码与整数的转换指令梯形图和运行监控结果

程序说明

梯形图如图2-60（a）所示。由图2-60（b）所示运行监控结果可以看出，当I0.2接通时：

① BCD_I指令将十六进制数16#45转换为十进制整数45，存入VW0中。由于BCD码是一种用四位二进制数表示一位十进制数的代码，十六进制表示的BCD码16#45对应的二进制形式为2#01000101，将每四位化为十进制数则为十进制整数45。

② I_BCD指令将十进制整数3456转换为BCD码16#3456，存入VW2中。如十进制整数3456，将十进制的每一位数字换成对应的二进制数，则BCD码为2#0011010001010110，化为十六进制便为16#3456。

2.10.3　编码与译码指令

（1）指令格式及功能

编码与译码指令的指令格式及功能如表2-46所示。

表2-46　编码与译码指令的指令格式及功能

指令名称	梯形图	语句表	功能	操作数类型及操作范围
编码指令	ENCO EN ENO IN OUT	ENCO IN, OUT	将输入字IN中的最低有效位的位编号写入输出字节OUT的低4位中	IN（字）：IW、QW、VW、MW、SMW、SW、T、C、LW、AC、AIW、*VD、*LD、*AC、常数。 OUT（字节）：IB、QB、VB、MB、SMB、SB、LB、AC、*VD、*LD、*AC

续表

指令名称	梯形图	语句表	功能	操作数类型及操作范围
译码指令	DECO EN　ENO IN　OUT	DECO IN，OUT	将字节 IN 的低 4 位对应的输出 OUT 的位号置 1，OUT 的其他位都被置为 0	IN（字节）：IB、QB、VB、MB、SMB、SB、LB、AC、*VD、*LD、*AC、常数。 OUT（字）：IW、QW、VW、MW、SMW、SW、T、C、LW、AC、AQW、*VD、*LD、*AC

（2）知识延伸

① 编码　编码器的真值表如表 2-47 所示，表中，"×"表示取值可能为"1"，也可能为"0"。在 16 位输入中，从低位到高位找到第一个取值为"1"的单元，将其位号按照"8421"的权值编制成二进制代码，从 OUT 的低 4 位输出。

表 2-47　编码器的真值表

IN（16 位）																OUT 的低 4 位
×	×	×	×	×	×	×	×	×	×	×	×	×	×	×	1	0000
×	×	×	×	×	×	×	×	×	×	×	×	×	×	1	0	0001
×	×	×	×	×	×	×	×	×	×	×	×	×	1	0	0	0010
×	×	×	×	×	×	×	×	×	×	×	×	1	0	0	0	0011
×	×	×	×	×	×	×	×	×	×	×	1	0	0	0	0	0100
×	×	×	×	×	×	×	×	×	×	1	0	0	0	0	0	0101
×	×	×	×	×	×	×	×	×	1	0	0	0	0	0	0	0110
×	×	×	×	×	×	×	×	1	0	0	0	0	0	0	0	0111
×	×	×	×	×	×	×	1	0	0	0	0	0	0	0	0	1000
×	×	×	×	×	×	1	0	0	0	0	0	0	0	0	0	1001
×	×	×	×	×	1	0	0	0	0	0	0	0	0	0	0	1010
×	×	×	×	1	0	0	0	0	0	0	0	0	0	0	0	1011
×	×	×	1	0	0	0	0	0	0	0	0	0	0	0	0	1100
×	×	1	0	0	0	0	0	0	0	0	0	0	0	0	0	1101
×	1	0	0	0	0	0	0	0	0	0	0	0	0	0	0	1110
1	0	0	0	0	0	0	0	0	0	0	0	0	0	0	0	1111

② 译码　译码器的真值表如表 2-48 所示，将输入的低 4 位按照"8421"的权值翻译成输出 OUT 的位号，并将此位的值置为"1"，其余的置为"0"。

表 2-48 译码器的真值表

IN 的低 4 位	OUT（16 位）
0000	0 0 0 0 0 0 0 0 0 0 0 0 0 0 0 1
0001	0 0 0 0 0 0 0 0 0 0 0 0 0 0 1 0
0010	0 0 0 0 0 0 0 0 0 0 0 0 0 1 0 0
0011	0 0 0 0 0 0 0 0 0 0 0 0 1 0 0 0
0100	0 0 0 0 0 0 0 0 0 0 0 1 0 0 0 0
0101	0 0 0 0 0 0 0 0 0 0 1 0 0 0 0 0
0110	0 0 0 0 0 0 0 0 0 1 0 0 0 0 0 0
0111	0 0 0 0 0 0 0 0 1 0 0 0 0 0 0 0
1000	0 0 0 0 0 0 0 1 0 0 0 0 0 0 0 0
1001	0 0 0 0 0 0 1 0 0 0 0 0 0 0 0 0
1010	0 0 0 0 0 1 0 0 0 0 0 0 0 0 0 0
1011	0 0 0 0 1 0 0 0 0 0 0 0 0 0 0 0
1100	0 0 0 1 0 0 0 0 0 0 0 0 0 0 0 0
1101	0 0 1 0 0 0 0 0 0 0 0 0 0 0 0 0
1110	0 1 0 0 0 0 0 0 0 0 0 0 0 0 0 0
1111	1 0 0 0 0 0 0 0 0 0 0 0 0 0 0 0

（3）例说编码与译码指令

编码与译码指令梯形图和运行监控结果见图 2-61。

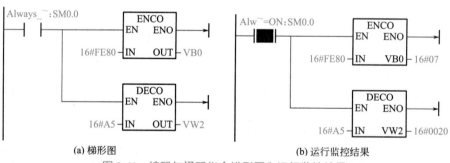

(a) 梯形图　　　　　　　　　　(b) 运行监控结果

图 2-61　编码与译码指令梯形图和运行监控结果

程序说明

梯形图如图 2-61（a）所示。由图 2-61（b）所示运行监控结果可以看出：

① ENCO 指令中，输入 16#FE80 转化成二进制数为 2#1111 1110 1000 0000，在 16 位输入中，从低位到高位第一个取值为"1"的单元位号为 7，故 VB0 的低 4 位 V0.0 ～ V0.3 输出为 0111，即为"7"。

② DECO 指令中，输入的低 4 位为 0101，即"5"，则将输出 OUT 的位号为 5 的单元 V0.5 置为"1"，其余的置为"0"，故输出为 16#0020。

2.10.4　段码指令

（1）指令格式及功能

段码指令的指令格式及功能如表2-49所示。

表2-49　段码指令的指令格式及功能

指令名称	梯形图	语句表	功能	操作数类型及操作范围
段码指令	SEG EN　ENO IN　OUT	SEG IN, OUT	将输入字节中的低4位所表示的16进制字符转换成七段码编码，并送到输出（OUT）	IN（字节）：IB、QB、VB、MB、SMB、SB、LB、AC、*VD、*LD、*AC、常数。 OUT（字）：IB、QB、VB、MB、SMB、SB、LB、AC、*VD、*LD、*AC

（2）段码

① 数码管　图2-62（a）所示为一个数码管，是由8个发光二极管构成的，其中，有1个作为小数点，7个（a、b、c、d、e、f、g）构成数码管的七段码，这8个发光二极管的阴极相连，并接地，被称为共阴极接法，如图2-62（b）所示。当发光二极管的阳极接入1时，对应的发光二极管将会发光，因此，不同发光二极管发光，将使数码管显示不同的字形，这便是七段码编码。比如令a、b、c、d、e、f段阳极接1，g段阳极接0，则会显示"0"。

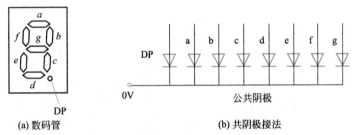

(a) 数码管　　　　(b) 共阴极接法

图2-62　数码管及其接法

② 七段码编码　段码指令是将输入字节低4位所表示的16进制字符转换为七段码编码。每个七段显示码占用一个字节，用它显示一个字符。

（3）例说段码指令

段码指令梯形图和运行监控结果见图2-63。

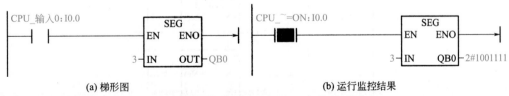

(a) 梯形图　　　　　　　(b) 运行监控结果

图2-63　段码指令梯形图和运行监控结果

💡 程序说明

梯形图如图2-63（a）所示。由图2-63（b）所示运行监控结果可以看出，输出QB0的执行结果2#01001111便是数字"3"对应的段码。

2.10.5 综合实例

综合实例 1

英寸转换为厘米。

控制要求

通过计算传送带移动的长度，可以估算传送货物的数量。传送带每移动 1in，I0.0 接通一次，将传送带移动的英寸转换为厘米，其中，每英寸为 2.54cm。

元件说明

元件说明见表 2-50。

表 2-50 元件说明

PLC 软元件	控制说明
I0.0	传送带通过长度检测
I0.1	开始换算按钮
I0.2	复位按钮

控制程序

控制程序见图 2-64。

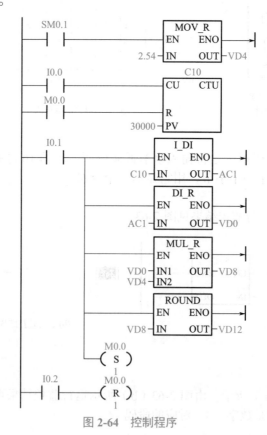

图 2-64 控制程序

程序说明

对于某些单位之间的转换（如把英寸转换为厘米），由于不是整数的除法，就需要先对数据进行转换，然后才进行单位之间的换算。

① 首先将 2.54 存入 VD4。

② 传送带每经过 1in，I0.0 闭合一次，计数器 C10 的当前值加 1。

③ 按下换算按钮 I0.1，则将计数器中要转换的数值（英寸）载入 AC1，将数值转换为实数存入 VD0，VD0 中的数值乘以 VD4 中的 2.54 后转换为厘米，并将结果存入 VD8 中，最后，利用四舍五入将结果取整，存入 VD12。同时 M0.0 得电，将计数器清零。

④ 按下复位按钮 I0.2，M0.0 失电，当传送带运行时，计数器又可以重新计数。

综合实例 2

权限相同普通三组带数码管显示的抢答器。

范例示意如图 2-65 所示。

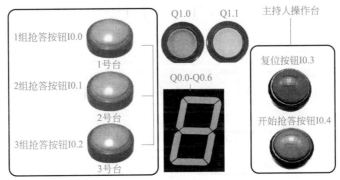

图 2-65　范例示意

控制要求

在主持人宣布开始按下开始抢答按钮 I0.4 后，主持人台上的绿灯变亮，如果在 10s 内有人抢答，则数码管显示该组的组号；如果在 10s 内没有人抢答，则主持人台上的红灯亮起。只有主持人再次复位后才可以进行下一轮抢答。

元件说明

元件说明见表 2-51。

表 2-51　元件说明

PLC 软元件	控制说明
I0.0	1 组抢答按钮，按下时，I0.0 状态由 OFF → ON
I0.1	2 组抢答按钮，按下时，I0.1 状态由 OFF → ON
I0.2	3 组抢答按钮，按下时，I0.2 状态由 OFF → ON
I0.3	复位按钮，按下时，I0.3 状态由 OFF → ON
I0.4	开始抢答按钮，按下时，I0.4 状态由 OFF → ON
Q1.1	开始抢答指示灯
Q1.0	撤销抢答指示灯
Q0.0-Q0.6	数码管各段二极管
T37	计时 10s 定时器，时基为 100ms 的定时器

控制程序

控制程序见图 2-66。

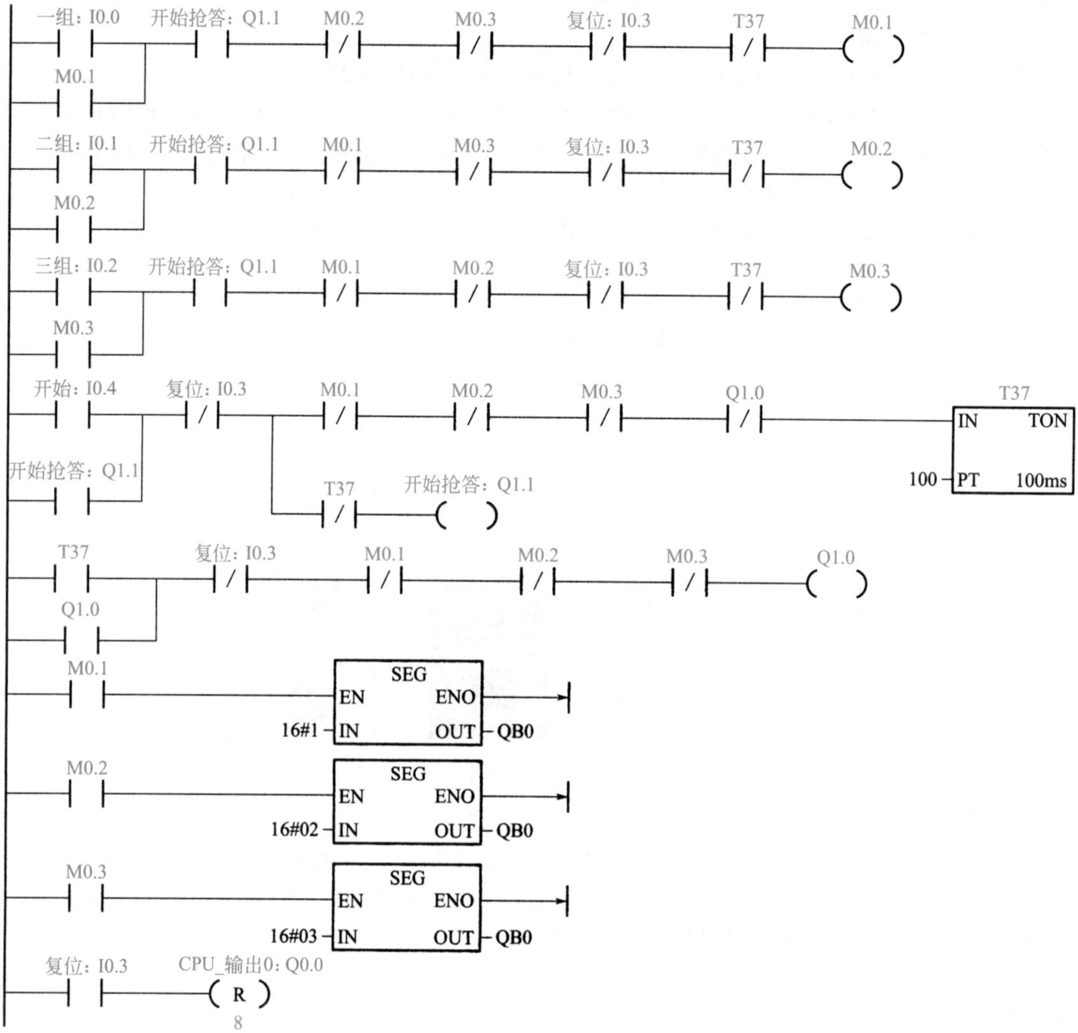

图 2-66 控制程序

程序说明

① 当主持人按下开始抢答按钮 I0.4 时，I0.4=ON，定时器 T37 开始计时，Q1.1 得电，并自锁，主持人台上的绿灯即开始抢答指示灯点亮。若在 10s 内第 1 组按下抢答按钮，则 I0.0=ON，M0.1 得电并自锁，同时，M0.1 常闭触点断开，则第 2、3 组抢答器失效，数码管显示"1"。第 2 组或第 3 组抢答成功的两种情况数码管将分别显示"2"或"3"。

② 若 10s 内，三组都没有抢答，则达到定时器 T37 的预设值，T37=ON，T37 的常闭触点断开，Q1.0=ON，主持人台上的红灯即撤销抢答指示灯点亮。此时，M0.1、M0.2、M0.3 不再有机会得电，失去抢答机会。

③ 当主持人按下复位按钮 I0.3 时，I0.3=ON，所有的灯都熄灭，开始进行下一轮抢答。

④ 使用数码显示功能使抢答组号直观展现在观众眼前，有利于比赛公平公正。

第3章 西门子 S7-200 SMART PLC 应用指令

3.1 时钟指令

3.1.1 指令格式及功能

时钟指令的指令格式及功能如表 3-1 所示。

表 3-1 时钟指令的指令格式及功能

指令名称	梯形图	语句表	功能	操作数类型及操作范围
读取实时时钟指令	READ_RTC EN ENO T	TODR T	从 CPU 读取当前时间和日期，并将其装载到从字节地址 T 开始的 8 字节时间缓冲区中	T（字节）：IB、QB、VB、MB、SMB、SB、LB、*VD、*LD、*AC
设置实时时钟指令	SET_RTC EN ENO T	TODW T	通过由 T 分配的 8 字节时间缓冲区数据将新的时间和日期写入 CPU	

内置时钟的时钟指令设有 8 个字节的时钟缓冲区，其格式如表 3-2 所示。

表 3-2 时钟缓冲区的格式

字节	T	T+1	T+2	T+3	T+4	T+5	T+6	T+7
含义	年	月	日	小时	分钟	秒	保留	星期
范围	00～99	01～12	01～31	00～23	00～59	00～59	00	0～7

注：1. 所有日期和时间值必须采用 BCD 格式编码。

2. 表示年份时，只用最低两位数（例如，2020 年表示为 16#20）。

3. +6 位为保留，没被用到，此位为空位。

4. 1～7 表示星期日、星期一～星期六；16#1= 星期日，16#7= 星期六，16#0 为禁止星期表示法。

3.1.2 例说读取实时时钟指令

读取实时时钟指令梯形图见图 3-1。

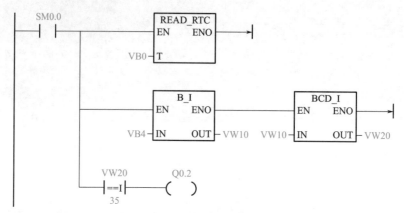

图 3-1　读取实时时钟指令梯形图

程序说明

① 从 CPU 读取当前时间和日期，并将其装载到从字节地址 VB0 开始的 8 字节时间缓冲区中。其中 VB0 ～ VB7 存放的分别是年、月、日、时、分、秒、空、星期。

② VB4 中存放的分钟，采用 BCD 格式编码，通过 B_I 和 BCD_I 指令 VB4 中的 BCD 码转换成整数存入 VW20。

③ 利用比较指令，当分钟计时到 35 时，Q0.2 点亮并持续 1min。

3.1.3 例说设置实时时钟指令

设置实时时钟指令梯形图见图 3-2。

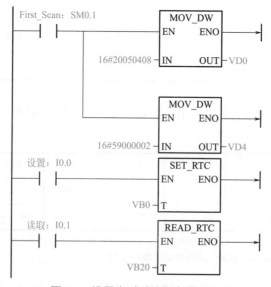

图 3-2　设置实时时钟指令梯形图

程序说明

在利用 PLC 进行控制时，为能准确地控制时间，需要将 CPU 的时钟设定成正确的时钟。

① 初始化，将 16#20050408 存入 VD0，将 16#59000002 存入 VD4。VB0 ～ VB7 这 8 个字节存放时间缓冲区数据。

② 当 I0.0 接通时，将以 VB0 开始的 8 字节存放的新的时间和日期写入 CPU。这 8 个字节中，每个字节存放的数据的具体含义如表 3-3 所示。

表 3-3　每个字节存放的数据的具体含义

字节	VB0	VB1	VB2	VB3	VB4	VB5	VB6	VB7
含义	年	月	日	小时	分钟	秒	保留	星期
具体	20（2020 年）	05	04	08	59	00	00	02（星期一）

③ 当 I0.1 接通时，可以读取实时时钟，存入以 VB20 开始的 8 个字节中。

3.2　程序控制类指令

3.2.1　循环控制指令

（1）指令格式及功能

循环控制指令的指令格式及功能如表 3-4 所示。

表 3-4　循环控制指令的指令格式及功能

指令名称	梯形图	语句表	功能	操作数类型及操作范围
循环开始指令（FOR）	FOR EN　ENO INDX INIT FINAL	FOR INDX, INIT, FINAL	① FOR 与（NEXT）之间的程序段叫循环体。 ② 当输入使能端有效时，开始执行循环体。 ③ 每执行一次，当前值计数器 INDX 都加 1。 ④ INDX 等于终止值 FINAL 时，循环结束	INDX（整数）：IW、QW、VW、MW、SMW、SW、T、C、LW、AC、*VD、*LD、*AC。 INIT、FINAL（整数）：VW、IW、QW、MW、SMW、SW、T、C、LW、AC、AIW、*VD、*LD、*AC、常数
循环结束指令（NEXT）	—（NEXT）	NEXT		

（2）例说循环控制指令

循环控制指令梯形图见图 3-3。

程序说明

在循环控制指令中 FOR 和 NEXT 指令必须成对使用，FOR 和 NEXT 可以嵌套，每一对 FOR 和 NEXT 指令构成一层循环，最多能嵌套 8 层。

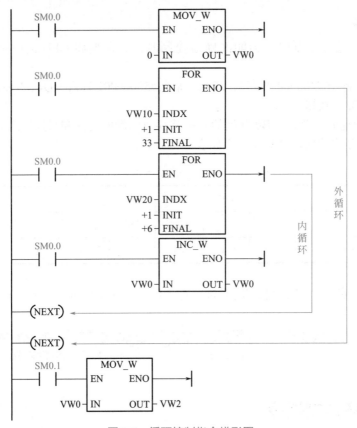

图 3-3　循环控制指令梯形图

① 首先将 VW0 的数清零。

② 本程序嵌套内外两个循环，外循环每执行 1 次，内循环执行 6 次，内循环每执行一次，VW0 的数值加 1。所以，外循环每执行 1 次，VW0 的数值加 6。

③ 外循环共执行 33 次，所以，内外循环执行结束时，VW0 的数据为 6×33=198。

④ 在第一个扫描周期，将 VW0 的数值存入 VW2 中。

3.2.2　跳转 / 标号指令

（1）指令格式及功能

跳转 / 标号指令的指令格式及功能如表 3-5 所示。

表 3-5　跳转 / 标号指令的指令格式及功能

指令名称	梯形图	语句表	功能	操作数类型及操作范围
跳转指令	—(JMP)ⁿ	JMP n	跳转至标号为 n 的程序段	n（字）：常数（0～255）
标号指令	n LBL	LBL n	用于标记跳转目的地 n 的位置	

（2）使用说明

① 跳转 / 标号指令必须匹配使用，而且只能使用在同一程序块中，如主程序、同一子程序或同一中断程序，不能在不同的程序块中互相跳转。可以有多条跳转指令使用同一标号，但不允许一个跳转指令对应两个标号的情况，即在同一程序中不允许存在两个相同的标号。

② 执行跳转后，被跳过程序段中的各寄存器的状态会有所不同。

a. Q、M、S、C 等元器件的位保持跳转前的状态。

b. 计数器 C 停止计数，当前值存储器保持跳转前的计数值。

c. 对于定时器来说，因刷新方式不同其工作状态也不同。在跳转期间，分辨率为 1ms 和 10ms 的定时器会一直保持跳转前的工作状态，原来工作的继续工作，到预置值后，其位的状态也会改变，输出触点动作，其当前值存储器一直累计到最大值 32767 才停止。对于分辨率为 100ms 的定时器来说，跳转期间停止工作，但不会复位，存储器里的值为跳转时的值，跳转结束后，若输入条件允许，可继续计时，但已失去了准确值的意义。所以在跳转段里的定时器要慎用。

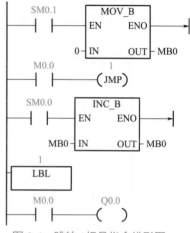

图 3-4　跳转 / 标号指令梯形图

（3）例说跳转/标号指令

跳转 / 标号指令梯形图见图 3-4。

程序说明

① 第一个扫描周期，MB0 为 0，则 M0.0=0，不满足跳转条件，执行 MB0 加 1，使 M0.0=1，从而使 Q0.0 得电。

② 第二个扫描周期，由于 M0.0=1，执行跳转指令 JMP，则跳过 INC 指令，跳到 LBL 为 1 的程序段执行，M0.0=1，故 Q0.0 保持得电状态。

3.2.3　顺控继电器指令

（1）指令格式及功能

顺控继电器指令的指令格式及功能如表 3-6 所示。

表 3-6　顺控继电器指令的指令格式及功能

指令名称	梯形图	语句表	功能	操作数类型及操作范围
顺控开始指令	S_bit SCR	LSCR S_bit	标志某一顺序控制程序段的开始，当 S_bit 的 Sn=1 时，此顺序控制程序段开始执行	
顺控转移指令	S_bit —(SCRT)	SCRT S_bit	指定要启动标志为 Sn 的下一个程序段。当执行该指令时，一方面对下一段的 Sn 置位，另一方面同时对本段的 Sn 复位，以便本程序段停止工作。注意：只有等执行到顺序控制结束指令时，才能过渡到下一个顺序控制程序段	S_bit（位）：S
顺控结束指令	—(SCRE)	SCRE	标志某一顺序控制程序段的结束	

（2）例说顺控继电器指令

编程实现：有三台电机，电机 1 运行 10s 后停止，电机 2 开始运行，15s 后停止，电机 3 开始运行，20s 后停止，电机 2 开始运行，以后电机 2 和电机 3 交替运行。

顺控继电器指令梯形图见图 3-5。

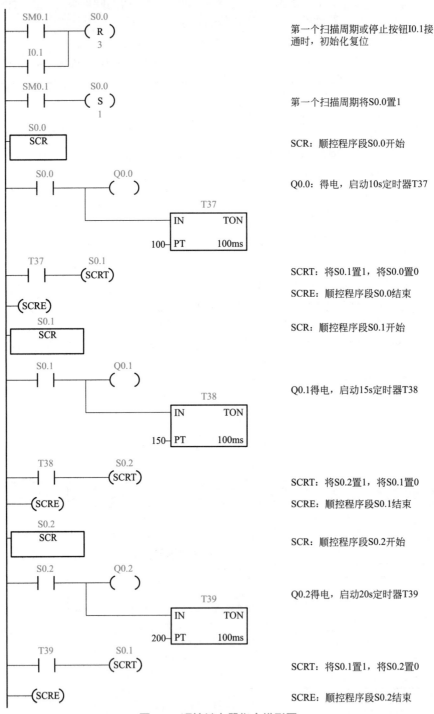

第一个扫描周期或停止按钮I0.1接通时，初始化复位

第一个扫描周期将S0.0置1

SCR：顺控程序段S0.0开始

Q0.0：得电，启动10s定时器T37

SCRT：将S0.1置1，将S0.0置0

SCRE：顺控程序段S0.0结束

SCR：顺控程序段S0.1开始

Q0.1得电，启动15s定时器T38

SCRT：将S0.2置1，将S0.1置0

SCRE：顺控程序段S0.1结束

SCR：顺控程序段S0.2开始

Q0.2得电，启动20s定时器T39

SCRT：将S0.1置1，将S0.2置0

SCRE：顺控程序段S0.2结束

图 3-5　顺控继电器指令梯形图

程序说明

① 第一个扫描周期，初始化复位，将 S0.0 置 1。

② 进入顺控程序段 S0.0 执行，Q0.0 得电，T37 开始计时。

③ T37 计时 10s 后，转到顺控程序段 S0.1 执行，Q0.1 得电，T38 开始计时。

④ T38 计时 15s 后，转到顺控程序段 S0.2 执行，Q0.2 得电，T39 开始计时。

⑤ T39 计时 20s 后，转到顺控程序段 S0.1 执行，Q0.1 得电，T38 开始计时。

⑥ 如此循环。

⑦ 按下停止按钮 I0.1，停止运行。

3.2.4 看门狗定时复位指令

看门狗定时复位指令的指令格式及功能如表 3-7 所示。

表 3-7　看门狗定时复位指令的指令格式及功能

指令名称	梯形图	语句表	功能
有条件结束指令	—(END)	END	根据先前逻辑条件终止用户程序，返回程序起点。可以在主程序内使用，但不能在子程序或中断程序内使用
停止指令	—(STOP)	STOP	执行该指令后，PLC 从 RUN（运行）模式进入 STOP（停止）模式。 如果在中断程序内执行停止指令，中断程序立即终止，并忽略全部等待执行的中断，继续扫描主程序的剩余部分，在当前扫描结束时从 RUN 模式转换到 STOP 模式
看门狗定时复位指令	—(WDR)	WDR	看门狗定时复位指令触发系统看门狗定时器，并将完成扫描的允许时间（看门狗超时错误出现之前）加 500ms

注：1. CPU 处于 RUN 模式时，默认状态下，主扫描的持续时间限制为 500ms。

2. 如果主扫描的持续时间超过 500ms，则 CPU 会自动切换为 STOP 模式，并会发出非致命错误 001AH（扫描看门狗超时）。

3. 可以在程序中执行看门狗复位（WDR）指令来延长主扫描的持续时间。每次执行 WDR 指令时，扫描看门狗超时时间都会复位为 500ms。

4. 主扫描的最大绝对持续时间为 5s。如果当前扫描持续时间达到 5s，CPU 会无条件地切换为 STOP 模式。

3.3 子程序指令

在编写程序时，有的程序段需要多次重复使用。这样的程序段可以编成一个子程序，在满足执行条件时，主程序转去执行子程序，子程序执行完毕后，再返回来继续执行主程序。在主程序中，可以嵌套调用子程序，即在子程序中调用子程序，最大嵌套深度为 8，调用示意图如图 3-6 所示。

另外，有的程序段不仅需多次使用，而且要求程序段的结构不变，但每次输入和输出操作数不同，这就需要带参数子程序。

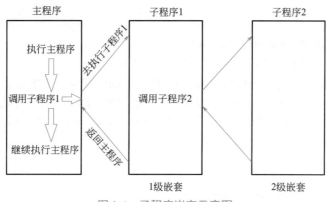

图 3-6　子程序嵌套示意图

3.3.1　指令格式及功能

子程序指令的指令格式及功能如表 3-8 所示。

表 3-8　子程序指令的指令格式及功能

指令名称	梯形图	语句表	功能
不带参数子程序调用指令	SBR_n EN	CALL SBR_n,	调用指令将程序控制转移给子程序（SBR_n），程序扫描将转到子程序入口处执行。当执行子程序时，子程序将执行全部指令直至满足返回条件才返回，或者执行到子程序末尾而返回。当子程序返回时，返回到原主程序出口的下一条指令执行，继续往下扫描程序
带参数子程序调用指令	SBR_n EN x1 x2 x3	CALL SBR_n, x1, x2, x3	将程序控制权转交给子程序 SBR_n。调用参数 x1（IN）、x2（IN_OUT）和 x3（OUT）分别表示传入、传入和传出、传出子程序的三个调用参数。可以使用 0 ～ 16 个调用参数
子程序返回指令	——（ RET ）	CRET	根据前面的逻辑终止子程序

数据类型和操作数如表 3-9 所示。

表 3-9　数据类型和操作数

输入 / 输出	数据类型	操作数
SBR_n	WORD	常数：0 ～ 127
IN	BOOL	V、I、Q、M、SM、S、T、C、L
	BYTE	VB、IB、QB、MB、SMB、SB、LB、AC、*VD、*LD、*AC[①]、常数
	WORD, INT	VW、T、C、IW、QW、MW、SMW、SW、LW、AC、AIW、*VD、*LD、*AC[①]、常数
	DWORD, DINT	VD、ID、QD、MD、SMD、SD、LD、AC、HC、*VD、*LD、*AC[①]、&VB、&IB、&QB、&MB、&T、&C、&SB、&AI、&AQ、&SMB、常数
	STRING	*VD、*LD、*AC[①]、常数

续表

输入/输出	数据类型	操作数
IN_OUT	BOOL	V、I、Q、M、SM[2]、S、T、C、L
	BYTE	VB、IB、QB、MB、SMB[2]、SB、LB、AC、*VD、*LD、*AC[1]
	WORD, INT	VW、T、C、IW、QW、MW、SMW[2]、SW、LW、AC、*VD、*LD、*AC[1]
	DWORD, DINT	VD、ID、QD、MD、SMD[2]、SD、LD、AC、*VD、*LD、*AC[1]
OUT	BOOL	V、I、Q、M、SM[2]、S、T、C、L
	BYTE	VB、IB、QB、MB、SMB[2]、SB、LB、AC、*VD、*LD、*AC[1]
	WORD, INT	VW、T、C、IW、QW、MW、SMW[2]、SW、LW、AC、AQW、*VD、*LD、*AC[1]
	DWORD, DINT	VD、ID、QD、MD、SMD[2]、SD、LD、AC、*VD、*LD、*AC[1]

① 只允许 AC1、AC2 或 AC3（不允许 AC0）。
② 字节偏移必须在 30 ～ 999 之间才能进行读/写访问。

3.3.2　子程序的建立

（1）软件中的程序

如图 3-7 所示，软件中自带三种程序，其中，MAIN 为主程序，SBR_0 为子程序，INT_0 为中断程序。如需要多个子程序或中断程序，则需要自己建立。

（2）子程序的创建

可以采用下列方法之一创建子程序。

① 从"编辑"中，选择"对象"→"子程序"，如图 3-8（a）所示。

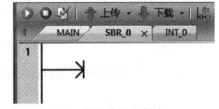

图 3-7　软件中的主程序、
子程序和中断程序

② 从"项目"中，点开"程序块"，单击右键，选择"插入"→"子程序"，如图 3-8（b）所示。

③ 从"程序编辑器"窗口中，单击右键，选择"插入"→"子程序"，如图 3-8（c）所示。

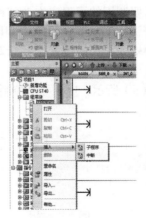
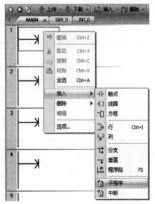

(a) 方法一　　　　　　　　　(b) 方法二　　　　　　　　　(c) 方法三

图 3-8　子程序的创建

107

（3）子程序的重命名

如图 3-9 所示，创建完子程序后，程序块内就有新建的子程序。选中想要重命名的子程序，单击右键，选重命名，输入合适的名字即可。

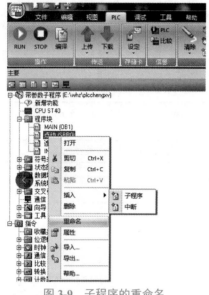

图 3-9　子程序的重命名

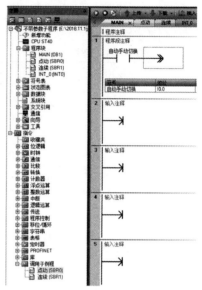

图 3-10　子程序的调用

3.3.3　子程序的编写与调用

（1）编写调用方法

编写一个可以点动，也可以连续运转的程序。

① 先按照 3.3.2 节所述的方法建立子程序，并分别将名字改为点动和连续。

② 单击点动子程序，在编程区域编写点动控制子程序。

③ 单击连续子程序，在编程区域编写连续控制子程序。

④ 单击主程序 MAIN，在编程区域输入常开触点 I0.0，可以用以下两种方法输入子程序指令，如图 3-10 所示。

a. 在左侧的程序块中，将需要调用的子程序拖动到程序编辑区的双箭头处。

b. 在左侧的指令树中，点开调用子程序，将需要调用的子程序拖动到程序编辑区的双箭头处，或者单击程序编辑区需要输入指令的位置，然后双击需要调用的子程序。

（2）例说不带参数子程序的编写与调用

① 点动子程序：如图 3-11（a）所示，I0.1 可以控制电动机 Q0.0 的点动。

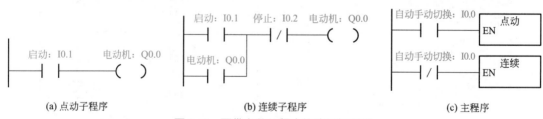

(a) 点动子程序　　(b) 连续子程序　　(c) 主程序

图 3-11　不带参数子程序的编写与调用

② 连续子程序：如图 3-11（b）所示，I0.1 可以控制电动机 Q0.0 的启动，I0.2 可以控制电动机 Q0.0 的停止。

③ 主程序：如图 3-11（c）所示，当常开触点 I0.0 接通时，调用点动子程序，当常闭触点 I0.0 接通时，调用连续子程序。

（3）例说带参数子程序的编写与调用

① 基础知识

a. 如果子程序和主程序之间要传递参数和局部变量，则需要带参数的子程序，子程序中应避免使用任何全局变量 / 符号（I、Q、M、SM、AI、AQ、V、T、C、S 等），这样可以导出子程序并将其导入另一个项目。

b. 子程序中的参数。子程序中的参数如表 3-10 所示。

表 3-10　子程序中的参数

符号名			最多为 23 个字符	
变量类型	IN（输入）型	将指定位置的参数传入子程序	说明： ①对于 IN 型参数，如果参数是直接地址（例如 VB10），则指定位置的值传入子程序。如果参数是间接地址（例如 *AC1），则指针指代位置的值传入子程序。如果参数是数据常数（16#1234）或地址（&VB100），则常数或地址值传入子程序。 ②常数（例如 16#1234）和地址（例如 &VB100）不允许用作输入 / 输出参数	
	IN_OUT（输入输出）型	指定参数位置的值传入子程序，子程序的结果值返回至同一位置		
	OUT（输出）型	子程序的结果值返回至指定参数位置		
	TEMP（临时）型	没有用于传递参数的任何局部存储器都可在子程序中作为临时存储单元使用		
数据类型	BOOL、字节、字、整数、双字、双整数、实数、字符串			
地址	地址由系统自动分配			

② 子程序的编写与调用

a. 点动子程序：打开点动子程序的变量表，在变量类型为 IN 的一行，符号一栏中输入"点动"，数据类型选择"BOOL"，则系统自动分配地址为"L0.0"，类似方法定义另一个变量，如图 3-12（a）所示。

在程序编辑区输入程序，在常开触点上输入"L0.0"，则自动变为"# 点动：L0.0"。由程序知，L0.1 可以控制电动机 L0.0 的点动，如图 3-12（b）所示。

(a) 变量表　　　　　　　　　　　　　　　(b) 梯形图

图 3-12　点动子程序的变量表和梯形图

b. 连续子程序：变量表和梯形图如图 3-13 所示，L0.0 可以控制电动机 L0.2 的启动，

L0.1 可以控制电动机 L0.2 的停止。

(a) 变量表　　　　　　　　　　　　　　　　　　(b) 梯形图

图 3-13　连续子程序的变量表和梯形图

c. 主程序：建立好子程序后，生成的点动和连续子程序指令如图 3-14（a）、（b）所示。主程序梯形图如图 3-14（c）所示，EN 为使能端，当 EN=1 时，执行对应的子程序。

"点动（L0.0）"接入的是常开触点 I0.0，当 I0.0 接通时，点动子程序的局部变量 L0.0 对应接通，使"电动机（L0.1）"得电，而 L0.1 接的是 Q0.0，故使线圈 Q0.0 得电。其中，L0.0 的接通和断开是从相应的 I0.0 参数传入的，故 L0.0 的数据类型为 IN 型。

子程序的执行结果是线圈 L0.1 是否得电，子程序将这个结果传送到相应的 Q0.0 中，故 L0.1 的数据类型为 OUT 型。

连续控制与此类似，在此不再赘述。

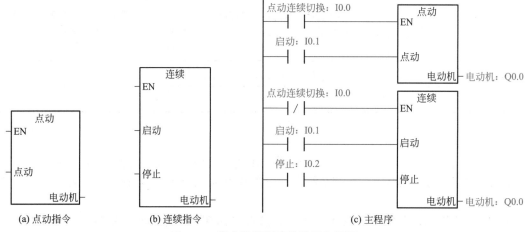

(a) 点动指令　　　　(b) 连续指令　　　　(c) 主程序

图 3-14　带参数子程序的编写和调用

3.3.4　综合实例

综合实例1

电动葫芦升降机。

控制要求

①手动方式下，可手动控制电动葫芦升降机上升、下降。

②自动方式下，电动葫芦升降机上升 6s→停 9s→下降 9s→停 9s，重复运行 1h 后发出声光信号并停止运行。

元件说明

元件说明见表 3-11。

表 3-11　元件说明

PLC 软元件	控制说明
I0.0	自动方式启动按钮，按下时，I0.0 状态由 OFF → ON
I0.1	手动上升启动按钮，按下时，I0.1 状态由 OFF → ON
I0.2	手动下降启动按钮，按下时，I0.2 状态由 OFF → ON
I0.3	停止按钮，按下时，I0.3 状态由 OFF → ON
I0.4	手动模式拨动开关，推上时，I0.4 状态由 OFF → ON
I0.5	自动模式拨动开关，推上时，I0.5 状态由 OFF → ON
T37 ～ T42	时基为 100ms 的定时器
Q0.0	电动机上升接触器
Q0.1	电动机下降接触器
Q0.2	蜂鸣器
Q0.3	指示灯

控制程序

控制程序见图 3-15。

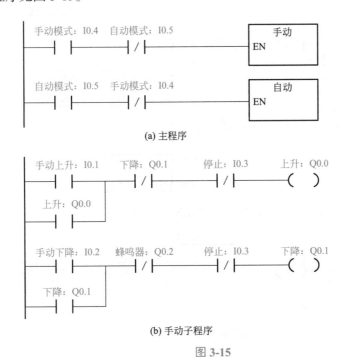

(a) 主程序

(b) 手动子程序

图 3-15

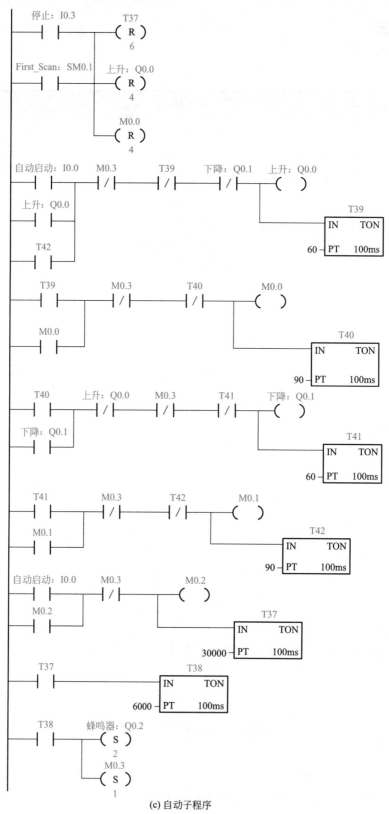

(c) 自动子程序

图 3-15 控制程序

程序说明

① 当选择手动控制方式时，推上手动模式拨动开关 I0.4，执行子程序 SBR_0。按下手动上升按钮，I0.1=ON，Q0.0 得电并自锁，电动葫芦上升。按下停止按钮，I0.3 得电其常闭触点断开，Q0.0 失电，电动葫芦停止上升。下降工作过程与上升工作过程相似，不再赘述。

② 当选择自动控制方式时，推上自动模式拨动开关 I0.5，I0.5 得电，其常闭触点断开，常开触点闭合，执行子程序 SBR_1。

按下自动方式启动按钮，I0.0 得电，使 Q0.0 得电并自锁，电动葫芦上升，同时计时器 T39 开始 6s 计时，计时器 T37 开始 3000s 计时。

T39 计时时间到，T39 常闭触点断开，使 T39、Q0.0 被复位，电动葫芦停止上升。同时其常开触点闭合，T40 开始 9s 计时。

9s 后，T40 常开触点闭合，Q0.1 置位并保持，电动葫芦下降，T41 开始计时。同时，T40 常闭触点断开，T40 被复位。

6s 后，T41 常开触点闭合，T42 开始计时。同时，T41 常闭触点断开，T41、Q0.1 被复位，电动葫芦停止下降。

9s 后，T42 常开触点闭合，Q0.0 置位并保持，电动葫芦上升，T39 开始计时。T42 常闭触点断开，T42 被复位。如此循环执行。

③ 定时器有最大计时限制，因此使用定时器 T37 和 T38 接力计时 1h。

④ 当循环时间到达 1h 后，T38=ON，Q0.2=ON，Q0.3=ON，发出声光信号。同时 Q0.0、Q0.1 被复位，电动葫芦停止上升或下降。

综合实例 2

带参数子程序应用于三组带数码管显示的抢答器。

控制要求

在主持人宣布开始按下开始抢答按钮 I0.4 后，主持人台上的绿灯变亮，如果在 10s 内有人抢答，则数码管显示该组的组号；如果在 10s 内没有人抢答，则主持人台上的红灯亮起。只有主持人再次复位后才可以进行下一轮抢答。要求能统计每一组抢到的次数。

元件说明

元件说明见表 3-12。

表 3-12 元件说明

PLC 软元件	控制说明
I0.0	1 组抢答按钮，按下时，I0.0 状态由 OFF → ON
I0.1	2 组抢答按钮，按下时，I0.1 状态由 OFF → ON
I0.2	3 组抢答按钮，按下时，I0.2 状态由 OFF → ON
I0.3	复位按钮，按下时，I0.3 状态由 OFF → ON
I0.4	开始抢答按钮，按下时，I0.4 状态由 OFF → ON
Q1.1	开始抢答指示灯
Q1.0	撤销抢答指示灯
Q0.0-Q0.6	数码管各段二极管
T37	计时 10s 定时器，时基为 100ms

控制程序

控制程序见图 3-16。

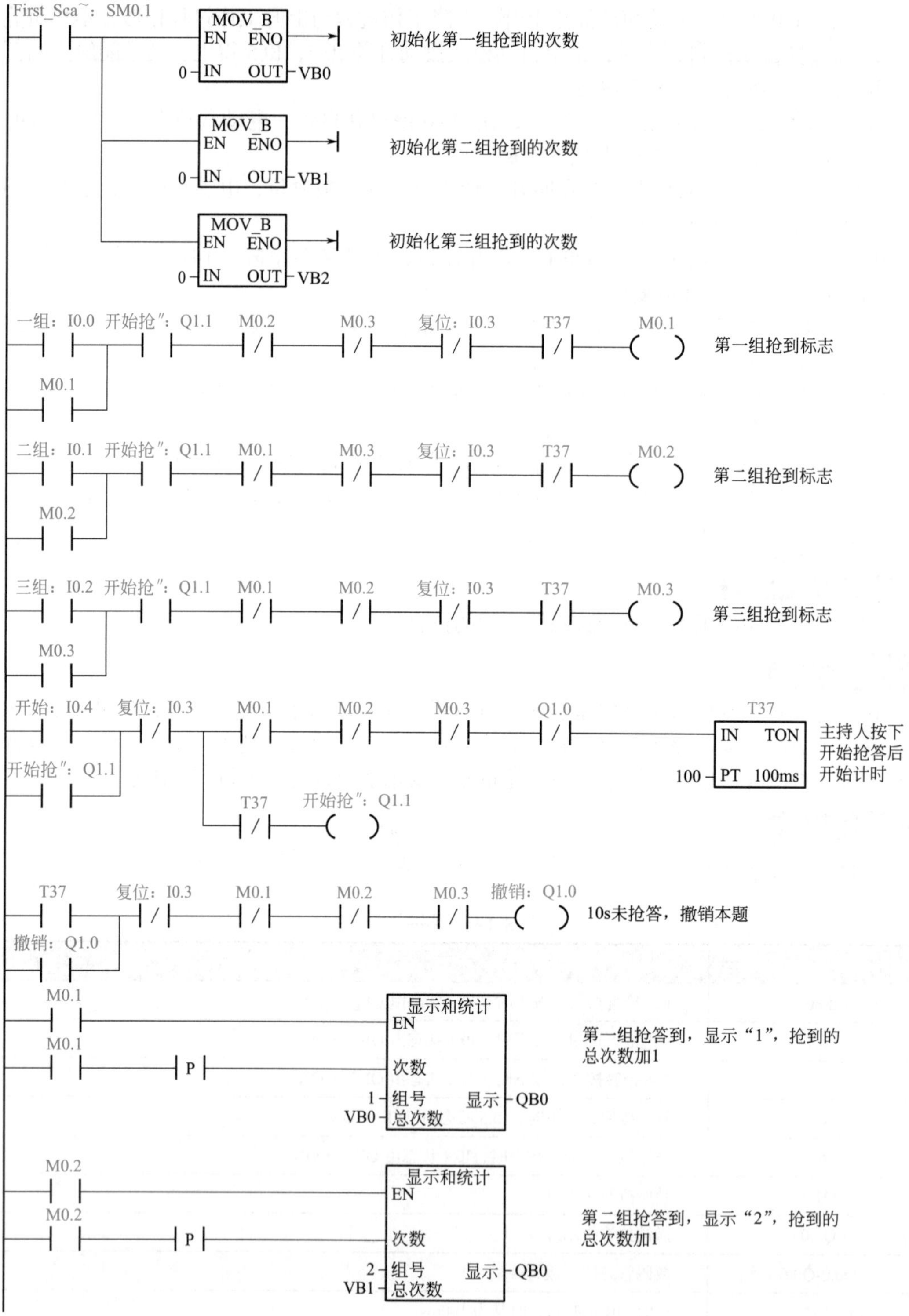

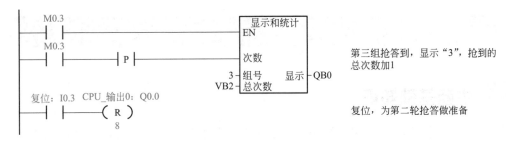

(a) 主程序

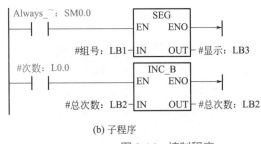

(b) 子程序

图 3-16　控制程序

程序说明

① 首先进行初始化，将每一组抢答的次数设为 0。

② 当主持人按下开始抢答按钮 I0.4 时，I0.4=ON，定时器 T37 开始计时，Q1.1 得电并自锁，主持人台上的绿灯即开始抢答指示灯亮。若在 10s 内第 1 组按下抢答按钮，则 I0.0=ON，M0.1 得电并自锁。同时，M0.1 常闭触点断开，则第 2、3 组抢答器失效，数码管显示 "1"，同时抢答的次数加 1。第 2 组或第 3 组抢答成功的两种情况数码管将分别显示 "2" 或 "3"。

③ 若 10s 内，三组都没有抢答，则达到定时器 T37 的预设值，T37=ON，T37 的常闭触点断开，Q1.0=ON，主持人台上的红灯即撤销抢答指示灯亮。此时 M0.1、M0.2、M0.3 不再有机会得电，失去抢答机会。

④ 当主持人按下复位按钮 I0.3 时，I0.3=ON，所有的灯都熄灭，开始进行下一轮抢答。

⑤ 子程序的主要功能是显示抢答的组号和统计每一组抢答到的次数。其变量表如图 3-17 所示，"总次数" LB2 的数值是由主程序 VB0、VB1、VB2 传入的，进行加 "1" 后，再传回主程序 VB0、VB1、VB2 中，故变量类型为 IN_OUT。

	地址	符号	变量类型	数据类型	注释
1		EN	IN	BOOL	
2	L0.0	次数	IN	BOOL	
3	LB1	组号	IN	BYTE	
4			IN		
5	LB2	总次数	IN_OUT	BYTE	
6			IN_OUT		
7	LB3	显示	OUT	BYTE	
8			OUT		
9			TEMP		

图 3-17　子程序变量表

3.4 中断指令

3.4.1 中断基础知识

所谓中断，是指当 PLC 正执行程序时，系统中出现了某些急需处理的异常情况或特殊请求，这时系统暂时停止执行当前程序，转去执行中断服务程序，当该事件处理完毕后，系统自动回到原来断点处继续执行。主程序执行中断的示意图如图 3-18 所示。中断功能用于实时控制、通信控制和高速处理等场合。

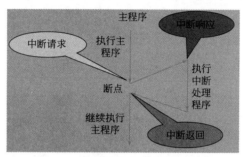

图 3-18　主程序执行中断的示意图

（1）中断事件的类型

中断事件可分为 3 大类：通信中断、时基中断和输入 / 输出中断。

① 通信中断　PLC 的串行通信口在自由端口模式下，可用程序定义波特率、每个字符位数、奇偶校验和通信协议。在执行主程序时，申请中断，才能定义自由端口模式，利用接收和发送中断可简化程序对通信的控制。

② 时基中断　时基中断包括两类，分别为定时中断和定时器 T32/T96 中断。

a. 定时中断：定时中断分为定时中断 0 或 1，使用时，定时中断 0 把周期时间写入 SMB34，定时中断 1 把周期时间写入 SMB35。周期时间为 1 ～ 255ms，时基为 1ms。

当把某个中断程序连接到一个定时中断事件上，如果该定时中断被允许，就开始计时。每到达定时时间，都会执行中断程序。此功能可用于 PID 控制和模拟量定时采样。

在连接期间，对 SMB34 和 SMB35 的更改不会影响定时周期。如需修改定时周期，则需要重新把中断程序连接到定时中断事件上。

b. 定时器 T32/T96 中断：这类中断只支持时基为 1ms 的定时器 T32 和 T96。中断启动后，当当前值等于预设值时，在执行 1ms 定时器更新过程中，执行被连接的中断程序。

③ 输入 / 输出中断　它包括上升沿或下降沿中断、高速计数器中断和脉冲串输出（PTO）中断。

a. 输入上升 / 下降沿中断：用输入 I0.0 ～ I0.3 的上升沿或下降沿产生中断，用于捕捉立即处理的事件。

b. 高速计数器中断：对高速计数器，当当前值等于预置值、计数器计数方向改变和计数器外部复位等事件发生时而产生中断。

c. 脉冲串输出（PTO）中断：在完成指定脉冲输出时发生所产生的中断。

（2）中断的事件

按优先级排列的中断事件如表 3-13 所示。

表 3-13　按优先级排列的中断事件

中断事件号	中断事件描述	优先级分组	中断事件号	中断事件描述	优先级分组
8	通信端口 0 接收字符	通信（最高）	38	I7.1 下降沿（信号板）	I/O（中等）
9	通信端口 0 发送完成		12	HSC0 CV=PV（当前值 = 设定值）	
23	通信端口 0 接收信息完成		27	HSC0 输入方向改变	
24	通信端口 1 接收信息完成		28	HSC0 外部复位	
25	通信端口 1 接收字符		13	HSC1 CV=PV（当前值 = 设定值）	
26	通信端口 1 发送完成		16	HSC2 CV=PV（当前值 = 设定值）	
19	PTO0 脉冲输出完成	I/O（中等）	17	HSC2 输入方向改变	
20	PTO1 脉冲输出完成		18	HSC2 外部复位	
0	I0.0 的上升沿		32	HSC3 CV=PV（当前值 = 设定值）	
2	I0.1 的上升沿		29	HSC4 CV=PV（当前值 = 设定值）	
4	I0.2 的上升沿		30	HSC4 输入方向改变	
6	I0.3 的上升沿		31	HSC4 外部复位	
35	I7.0 上升沿（信号板）		33	HSC5 CV=PV（当前值 = 设定值）	
37	I7.1 上升沿（信号板）		43	HSC5 方向改变	
1	I0.0 的下降沿		44	HSC5 外部复位	
3	I0.1 的下降沿		10	定时中断 0	定时（最低）
5	I0.2 的下降沿		11	定时中断 1	
7	I0.3 的下降沿		21	T32 CT=PT（当前值 = 设定值）	
36	I7.0 下降沿（信号板）		22	T96 CT=PT（当前值 = 设定值）	

3.4.2　指令格式及功能

中断指令的指令格式及功能如表 3-14 所示。

表 3-14　中断指令的指令格式及功能

指令名称	梯形图	语句表	功能	操作数类型及操作范围
开中断指令	—(ENI)	ENI	全局性启用对所有连接的中断事件的处理	无操作数
关中断指令	—(DISI)	DISI	全局性禁止对所有中断事件的处理	

续表

指令名称	梯形图	语句表	功能	操作数类型及操作范围
有条件返回指令	—(RETI)	CRETI	可用于根据前面的程序逻辑的条件从中断返回	
中断连接指令	ATCH EN ENO INT EVNT	ATCH INT, EVNT	将中断事件 EVNT 与编号为 INT 的中断程序相关联,并启用中断事件	INT（中断程序编号: 字节）: 常数（0 ~ 127）。 EVNT（中断事件编号: 字节）: 常数。 CPU CR20s、CR30s、CR40s 和 CR60s: 0 ~ 13、16 ~ 18、21 ~ 23、27、28 和 32。 CPU SR20/ST20、SR30/ST30、SR40/ST40、SR60/ST60: 0 ~ 13 和 16 ~ 44
分离中断指令	DTCH EN ENO EVNT	DTCH EVNT	解除中断事件 EVNT 与所有中断程序的关联,并禁用中断事件	
清除中断指令	CLR_EVNT EN ENO EVNT	CEVENT EVNT	从中断队列中移除所有类型为 EVNT 的中断事件。 使用该指令可将不需要的中断事件从中断队列中清除	

3.4.3 例说中断程序

（1）中断程序编程步骤

① 首先建立中断程序,建立中断程序的方法同建立子程序的方法相同。

② 根据需要在中断程序中编写其应用程序。

③ 编写主程序,初始化相关参数,并在主程序中将子程序与中断事件相连,并开中断。

（2）例说输入/输出中断指令

输入/输出中断指令梯形图见图 3-19。

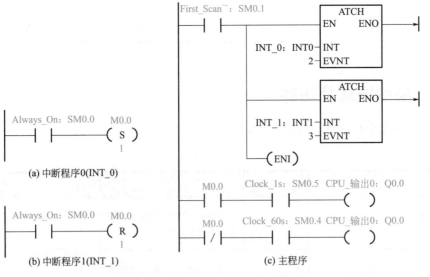

图 3-19　输入/输出中断指令梯形图

程序说明

① 主程序中，SM0.1 接通一个扫描周期，进行初始化：

a. 将中断程序 INT_0 与中断事件"2"相连。由表 2-13 知，中断事件"2"为"I0.1 的上升沿"。

b. 将中断程序 INT_1 与中断事件"3"相连。由表 2-13 知，中断事件"3"为"I0.1 的下降沿"。

c. 开中断。

② 当 I0.1 从断开到闭合时，事件"2"发生，触发中断，PLC 将会去执行与事件"2"相连的中断程序 INT_0。中断程序 INT_0 中，M0.0 被置 1，返回主程序后，M0.0 的常开触点闭合，Q0.0 将以 1s 为周期闪亮。

③ 当 I0.1 从闭合到断开时，事件"3"发生，触发中断，PLC 将会去执行与事件"3"相连的中断程序 INT_1，中断程序 INT_1 中，M0.0 被置 0，返回主程序后，M0.0 的常闭触点闭合，Q0.0 将以 60s 为周期闪亮。

（3）例说定时中断指令

定时中断指令梯形图见图 3-20。

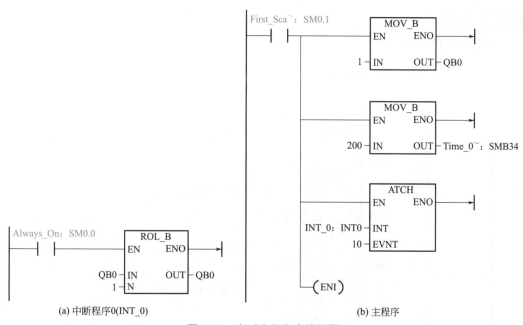

(a) 中断程序0(INT_0)　　　　(b) 主程序

图 3-20　定时中断指令梯形图

程序说明

① 主程序中，SM0.1 接通一个扫描周期，进行初始化：

a. 将 QB0 的初值设为 1。

b. SMB34 为定时中断 0 的时间周期寄存器，将 200 存入 SMB34，即每隔 200ms 中断一次。

c. 将中断程序 INT_0 与中断事件"10"相连。由表 2-13 知，中断事件"10"为"定时中断 0"。

d. 开中断。

② 当 PLC 运行时，每隔 200ms，事件"10"发生，触发中断，PLC 将会去执行与事件"10"相连的中断程序 INT_0 一次，即每隔 200ms，QB0 循环左移一位。

3.4.4　综合实例

控制要求

工厂无人工作的时间为 21:30 ～ 7:30，所以要求防盗系统在晚上 21:30 自动开启，在上午 7:30 自动关闭。

元件说明

元件说明见表 3-15。

表 3-15　元件说明

PLC 软元件	控制说明
SM0.0	CPU 运行时，该位始终为 1
Q0.0	防盗系统

控制程序

控制程序见图 3-21。

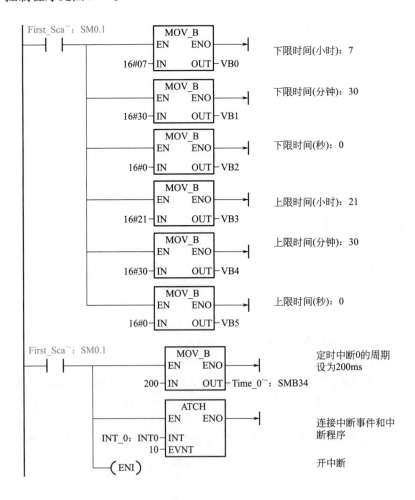

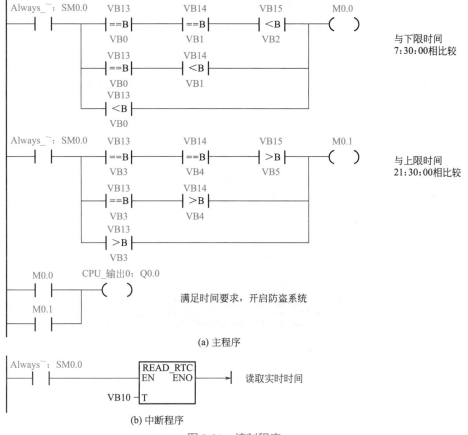

图3-21 控制程序

程序说明

程序通过定时中断0，每隔200ms执行一次中断程序，在中断程序中系统读取实时时钟。在主程序中将实时时间和设定时间进行比较，实现防盗系统自动控制功能。

① 首先将设定时间存入VB0～VB5中，其中VB0～VB2存放数据7:30:00；VB3～VB5存放数据21:30:00。

② 通过读取实时时钟指令，将实时时间数据读出到VB10～VB17，VB13～VB15分别存放实时时间的时、分、秒数据。

③ 通过比较指令对VB13～VB15中的数据（实时时间T）与VB0～VB2中的数据（下限时间T_0）和VB3～VB5中的数据（上限时间T_1）进行比较。

④ 当$T_1 \leqslant T \leqslant T_2$（上班时间）时，M0.0=OFF，M0.2=OFF，Q0.0失电，防盗系统关闭，否则M0.0=ON或M0.2=ON，Q0.0得电，开启防盗系统。

3.5 高速计数器

3.5.1 高速计数器基础知识

（1）高速计数器

普通计数器要受PLC扫描速度的影响，其输入脉冲的频率要小于PLC的扫描频率。而高速计数器的脉冲输入频率比 PLC 扫描频率高得多，所以高速计数器可以对脉宽小于主机扫描周期的高速脉冲准确计数，因此能够有效防止发生计数脉冲信号丢失的现象。

高速计数器应用于电动机转速检测，可由编码器将电动机的转速转化成脉冲信号，再用高速计数器对转速脉冲信号进行计数。通过单位时间内所计数的脉冲个数可确定电动机的转速。

另外，当高速计数器的当前值等于预设值、计数方向改变或发生复位时，将产生中断，利用中断事件完成预定的操作。

（2）高速计数器的分类

西门子 S7-200 SMART PLC 有 HSC0 ～ HSC5 共 6 个高速计数器，分 0、1、3、4、6、7、9、10 共 8 个模式，编号不同的高速计数器只要模式相同，其运行方式也相同，但对于每一个 HSC 编号来说，并不支持每一种模式。其中，HSC0、HSC2、HSC4 和 HSC5 支持 8 种计数模式，而 HSC1 和 HSC3 只支持模式 0。

高速计数器的工作模式和输入端子如表 3-16 所示。

表 3-16　高速计数器的工作模式和输入端子

编号及模式	描述	输入点及其在不同模式下的功能		
高速计数器的编号	HSC0	I0.0	I0.1	I0.4
	HSC1（仅模式 0）	I0.1		
	HSC2	I0.2	I0.3	I0.5
	HSC3（仅模式 0）	I0.3		
	HSC4	I0.6	I0.7	I1.2
	HSC5	I1.0	I1.1	I1.3
0	带有内部方向控制的单相计数器	时钟		
1		时钟		复位
3	带有外部方向控制的单相计数器	时钟	方向	
4		时钟	方向	复位
6	带有增减计数时钟的双相计数器	增时钟	减时钟	
7		增时钟	减时钟	复位
9	A/B 相正交计数器	时钟 A	时钟 B	
10		时钟 A	时钟 B	复位

从表 3-16 中可以看出，高速计数器按照计数方式，可以分为以下四种类型。

① 具有内部方向控制的单相计数（模式 0 和 1）　如图 3-22 所示，其计数方向由其控制字节的 SM×7.3 位决定（如 HSC0，由 SM37.3 控制方向，见表 3-16）。当该位取值为 1 时，为增计数，取值为 0 时，为减计数。当预设值 PV= 当前值 CV 或计数方向发生改变时，产生中断。

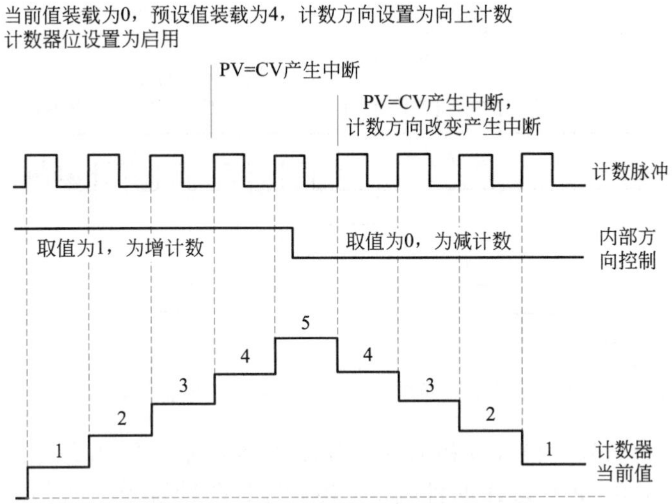

当前值装载为0，预设值装载为4，计数方向设置为向上计数
计数器位设置为启用

PV=CV产生中断

PV=CV产生中断，
计数方向改变产生中断

计数脉冲

取值为1，为增计数　　　　取值为0，为减计数

内部方向控制

计数器当前值

图 3-22　具有内部方向控制的单相计数示意图

② 具有外部方向控制的单相计数（模式 3 和 4）　如图 3-23 所示，计数方向由外部输入端子 I×.× 决定（如 HSC0，由 I0.1 控制方向，见表 3-16）。当该位取值为 1 时，为增计数，取值为 0 时，为减计数。当预设值 PV= 当前值 CV 或计数方向发生改变时，产生中断。

当前值装载为0，预设值装载为4，计数方向设置为向上计数
计数器位设置为启用

PV=CV产生中断

PV=CV产生中断，
计数方向改变产生中断

计数脉冲

取值为1，为增计数　　　　取值为0，为减计数

外部方向控制

计数器当前值

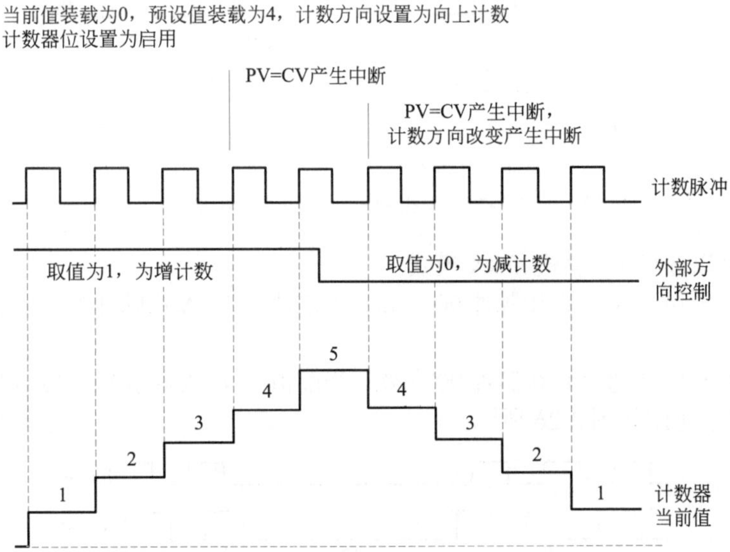

图 3-23　具有外部方向控制的单相计数示意图

③ 带有增减计数时钟的双相计数器（模式 6 和 7）　如图 3-24 所示，外部输入的两个端子 I×.× 接入时钟脉冲（如 HSC0，I0.0 为增时钟端子，I0.1 为减时钟端子，见表 2-16）。其中，增时钟端子每来一个脉冲，当前值加 1，减时钟端子每来一个脉冲，当前值减 1。当预设值 PV= 当前值 CV 或计数方向发生改变时，产生中断。

如果增时钟和减时钟输入的上升沿在 0.3μs 内发生，高速计数器可能认为这些事件同时发生。如果发生这种情况，当前值不改变，而且计数方向不改变。只要加时钟和减时钟输入的上升沿之间的间隔大于该时段，高速计数器就能够单独捕获每个事件。

当前值装载为0，预设值装载为4，初始计数方向设置为向上计数，
计数器使能位设置为启用

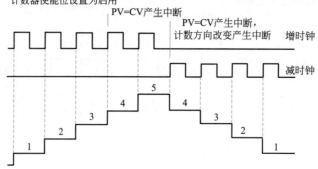

图 3-24　带有增减计数时钟的双相计数器示意图

④ A/B 相正交计数器（模式 9 和 10）　如图 3-25 所示，外部输入的两个端子 I×.× 接入时钟脉冲（如 HSC0，I0.0 为 A 时钟端子，I0.1 为 B 时钟端子，见表 3-16）。其中，当 A 相脉冲超前 B 相脉冲 90°，则为增计数；A 相脉冲滞后 B 相脉冲 90°，则为减计数。

当前值装载为0，预设值装载为3，初始方向设为向上计数
计数器启用位设为启用

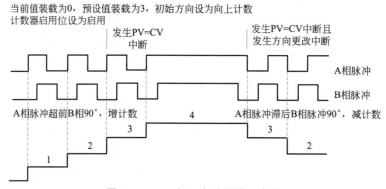

图 3-25　A/B 相正交计数器示意图

另外，还可以选择 1X 模式和 4X 模式。

1X 模式：A 相脉冲超前 B 相脉冲 90°一次，当前值加 1；A 相脉冲滞后 B 相脉冲 90°一次，当前值减 1。

4X 模式：A 相脉冲超前 B 相脉冲 90°一次，当前值加 4；A 相脉冲滞后 B 相脉冲 90°一次，当前值减 4。其示意图如图 3-26 所示。

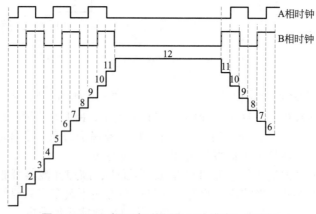

图 3-26　A/B 相正交计数器（4X 模式）示意图

3.5.2 高速计数器的特殊标志存储器

（1）控制字节

每个高速计数器都设定了一个控制字节，可以根据操作要求通过编程来设置字节中各控制位，如复位输入信号的有效状态、计数速率、计数方向、允许写入计数方向、允许写入预设值、允许写入当前值和允许执行高速计数指令等。

控制字节中各控制位的功能如表 3-17 所示。

表 3-17　HSC0 ～ HSC5 的控制字节

HSC0	HSC1	HSC2	HSC3	HSC4	HSC5	描述
SM37.0	不支持	SM57.0	不支持	SM147.0	SM157.0	复位的有效电平控制位： 0= 高电平；1= 低电平
SM37.2	不支持	SM57.2	不支持	SM147.2	SM157.2	A/B 正交相计数器速率： 0 = 4X 计数速率； 1=1X 计数速率
SM37.3	SM47.3	SM57.3	SM137.3	SM147.3	SM157.3	计数方向控制位： 0= 减计数；1= 增计数
SM37.4	SM47.4	SM57.4	SM137.4	SM147.4	SM157.4	向 HSC 中写入计数方向 0= 不更新；1= 更新
SM37.5	SM47.5	SM57.5	SM137.5	SM147.5	SM157.5	向 HSC 写入新的预置值： 0= 不更新；1= 更新
SM37.6	SM47.6	SM57.6	SM137.6	SM147.6	SM157.6	向 HSC 写入新的初始值： 0= 不更新；1= 更新
SM37.7	SM47.7	SM57.7	SM137.7	SM147.7	SM157.7	HSC 允许： 0= 禁止 HSC；1= 允许 HSC

注：SM×.0 和 SM×.2 两位仅在执行高速计数器指令时使用。

（2）状态字节

每个高速计数器的状态字节提供状态存储器位，用于指示当前计数方向以及当前值是否大于或等于预设值。表 3-18 定义了每个高速计数器的状态位。

表 3-18　HSC0 ～ HSC5 的状态字节

HSC0	HSC1	HSC2	HSC3	HSC4	HSC5	描述
SM36.5	SM46.5	SM56.5	SM136.5	SM146.5	SM156.5	当前计数方向状态位： 0= 减计数；1= 加计数
SM36.6	SM46.6	SM56.6	SM136.6	SM146.6	SM156.6	当前值等于预设值状态位： 0= 不相等；1= 相等
SM36.7	SM46.7	SM56.7	SM136.7	SM146.7	SM156.7	当前值大于预设值状态位： 0= 小于或等于；1= 大于

注：SM×.0 ～ SM×.4 这五位未用。

（3）新当前值和新预设值存储器

每个计数器新当前值和新预设值的存储器如表 3-19 所示。

表 3-19　HSC0 ～ HSC5 的新当前值和新预设值的存储器

要装入的值	HSC0	HSC1	HSC2	HSC3	HSC4	HSC5
新当前值（新 CV）	SMD38	SMD48	SMD58	SMD138	SMD148	SMD158
新预设值（新 PV）	SMD42	SMD52	SMD62	SMD142	SMD152	SMD162

（4）高速计数器寻址（HC）

如果指定高速计数器的地址，访问高速计数器的当前值，要使用存储器类型 HC 和计数器号。如 HC0、HC1、…、HC5，存储的就是高速计数器当前值，其数据长度为双字。

3.5.3　高速计数器指令

（1）指令格式及功能

高速计数器指令的指令格式及功能如表 3-20 所示。

表 3-20　高速计数器指令的指令格式及功能

指令名称	梯形图	语句表	功能	操作数类型及操作范围
高速计数器定义指令	HDEF EN ENO HSC MODE	HDEFHSC, MODE	为指定的高速计数器选择工作模式。模式选择定义高速计数器的时钟、方向和复位功能	HSC（字节）：编号常数（0～5）。MODE（字节）：8 种可能的模式（0、1、3、4、6、7、9 或 10）。N（字）：HSC 编号常数（0、1、2、3、4 或 5）
高速计数器指令	HSC EN ENO N	HSC N	根据 HSC 特殊存储器位的状态组态和控制高速计数器。参数 N 指定高速计数器编号	

（2）高速计数器的初始化

高速计数器在运行之前，必须要执行一次初始化程序段或初始化子程序，可以通过编程模式或用 PLC 编程软件自带的指令向导来完成。

高速计数器的初始化一般用 SM0.1=1 调用执行初始化操作的子程序，分为以下几个步骤：

① 设置控制字节；
② 定义计数器和模式；
③ 设置新当前值和新预设值；
④ 设置中断事件；
⑤ 执行全局中断允许指令；
⑥ 执行高速计数指令。

3.5.4　综合实例

综合实例 1

高速计数器在切割机控制中的应用。

范例示意如图 3-27 所示。

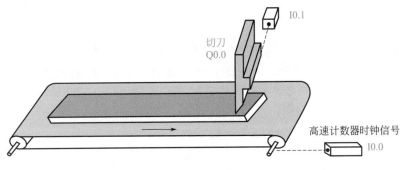

切刀
Q0.0

I0.1

高速计数器时钟信号
I0.0

图 3-27 范例示意

控制要求

在工业加工中，机械切割机应用场合十分广泛，其核心的控制部分可用 PLC 控制，利用高速计数器和中断程序完成流水线工作。工件移动时，当高速计数器时钟信号到达设定值，工作台停止，切刀 Q0.0 动作一次，完成一次切割过程，切割完成后，开始下一次过程。

元件说明

元件说明见表 3-21。

表 3-21 元件说明

PLC 软元件	控制说明
I0.0	高速计数器时钟信号输入
I0.1	启动按钮，按下时，I0.1 状态由 OFF → ON
I0.2	停止按钮，按下时，I0.2 状态由 OFF → ON
HSC0	高速计数器
Q0.0	切刀运动接触器
Q0.1	工件拖动电机接触器

高速计数器的配置

对高速计数器，PLC 编程软件提供指令向导，可以比较方便地将高速计数器初始化并建立子程序和中断程序。

① 进入指令向导，选择需要组态的计数器 HSC0，单击"下一个"，如图 3-28 所示。
可以采用以下两种方式的任意一种进入向导：
a. 单击菜单栏的"工具"→单击"高速计数器"。
b. 单击左侧项目树中的"向导"→双击"高速计数器"。
② 在模式选择窗口，选择模式 0 后单击"下一个"，如图 3-29 所示。
③ 在初始化窗口，可以修改子程序的名称。将预设值设为"1000"（每来 1000 个脉冲，切刀切割一次），将当前值设为"0"，计数方向选择"上"（为增计数），单击"下一个"，如图 3-30 所示。

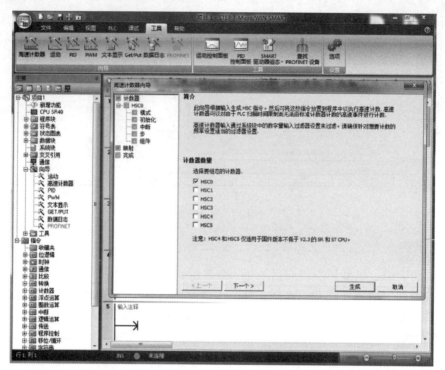

图 3-28　高速计数器指令向导窗口

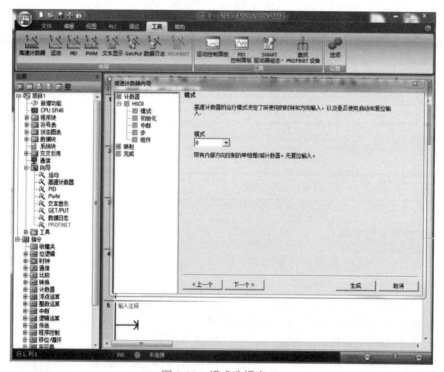

图 3-29　模式选择窗口

④ 在中断窗口，由于模式 0 不存在复位和改变方向功能，所以只选择"当前值等于预设值（CV=PV）时的中断"，可以修改中断程序的名称，单击"下一个"，如图 3-31 所示。

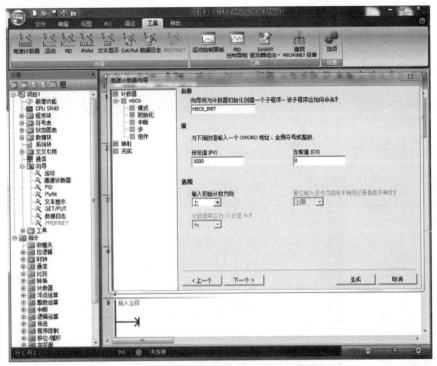

图 3-30　初始化窗口

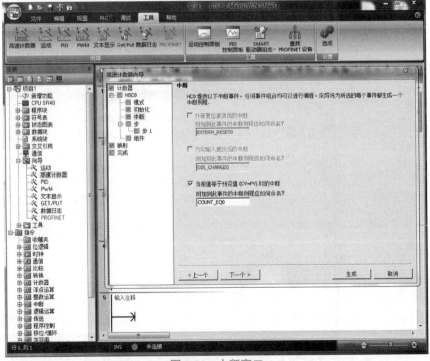

图 3-31　中断窗口

⑤ 在步数选择窗口，由于当 PV=CV 事件发生时，只需要执行一个中断程序，故选择步数为"1"，单击"下一个"，如图 3-32 所示。

⑥ 在步1窗口，由于控制要求当计数达到 1000 时触发中断后，高速计数器要从 0 开始

重新计数，所以，选择"更新当前值（CV）"，设置完后，单击"生成"，如图 3-33 所示。

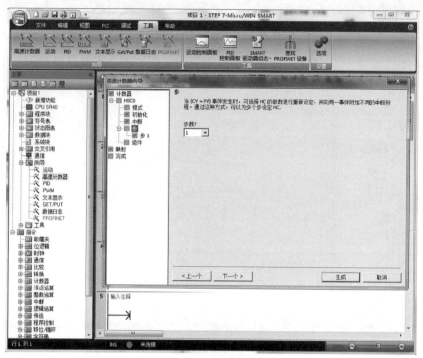

图 3-32　步数选择窗口

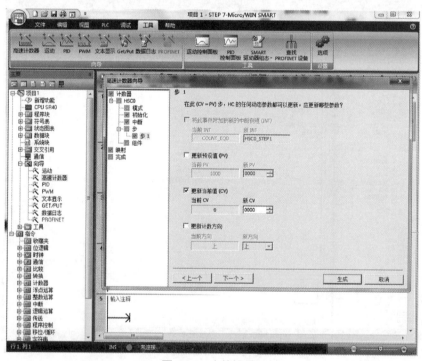

图 3-33　步的设置

⑦ 在项目树的程序块中将会有新生成的 HSC0_INIT 子程序和 COUNT_EQ0 中断程序，双击程序名，可以打开并查看和编辑程序。

⑧ 根据控制要求编制主程序、子程序和中断程序，编制好的程序如图 3-34 所示。保存项目，项目名为切割机控制。

另外，也可以利用高速计数器指令直接建立和编制子程序和中断程序。

控制程序

控制程序见图 3-34。

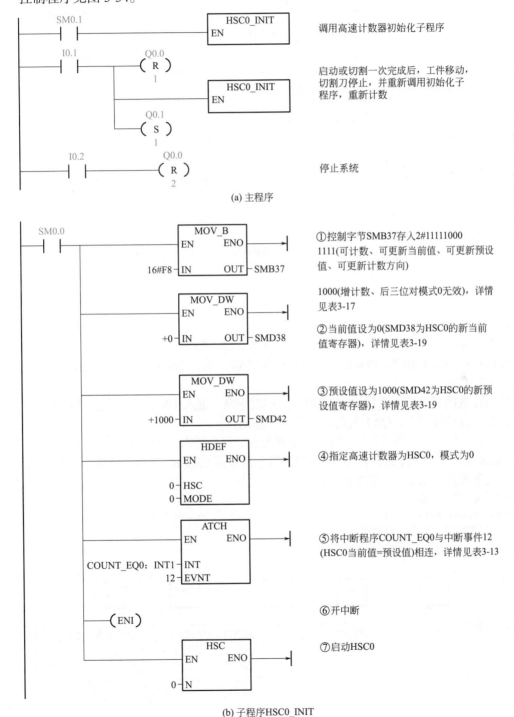

图 3-34

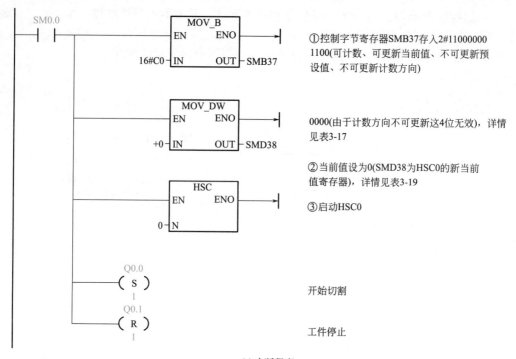

① 控制字节寄存器SMB37存入2#11000000
1100(可计数、可更新当前值、不可更新预
设值、不可更新计数方向)

0000(由于计数方向不可更新这4位无效)，详情
见表3-17

② 当前值设为0(SMD38为HSC0的新当前
值寄存器)，详情见表3-19

③ 启动HSC0

开始切割

工件停止

(c) 中断程序

图 3-34　控制程序

程序说明

① 用 SM0.1 调用执行初始化操作的子程序。

② 按下启动按钮 I0.0，Q0.1 得电，工件开始移动，同轴的编码器输出脉冲，脉冲输出端接到 PLC 的 I0.0（此时，I0.0 作为 HSC0 的脉冲输入端，不能再被用作普通端子），高速计数器开始计数。

③ 当计数的当前值等于预设值 1000 时，触发中断，进入中断程序，当前值被重置为 0，Q0.0 得电，启动切割刀，Q0.1 失电，工件停止移动。

④ 当切割完成时，按下按钮 I0.1，Q0.0 被复位，停止切割。Q0.1 得电，工件又开始移动，高速计数器又从 0 开始计数，当计数的当前值等于预设值 1000 时，又触发中断，重复上述过程。

⑤ 按下停止按钮 I0.2，系统停止。

综合实例 2

高速计数器在精确定位中的应用。

范例示意如图 3-35 所示。

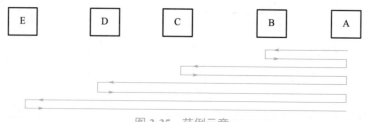

图 3-35　范例示意

机械手在 B、C、D、E 四个库房和原点间自动循环往返运动，如图 3-35 所示。机械手初始时在原点 A，按下启动按钮，机械手依次到达 B、C、D、E 点，并分别停止 2s 返回到原点 A 停止。

元件说明见表 3-22。

表 3-22　元件说明

PLC 软元件	控制说明
I0.0	A 相脉冲输入端
I0.1	B 相脉冲输入端
I0.2	原点限位开关
I0.3	启动按钮，按下时，I0.0 状态为 ON
I0.4	急停按钮
Q0.0	使机械手前进的接触器
Q0.1	使机械手后退的接触器

旋转编码器是用来检测角度、速度、长度、位移和加速度的传感器。光电式旋转编码器通过光电转换，可将输出轴的角位移、角速度等机械量转换成相应的电脉冲以数字量输出。

旋转编码器分为单路输出和双路输出两种。单路输出是指旋转编码器的输出是一组脉冲，而双路输出的旋转编码器输出两组 A/B 相位差 90°的脉冲，通过这两组脉冲不仅可以测量转速，还可以判断旋转的方向，当主轴以顺时针方向旋转时，A 通道信号位于 B 通道之前；当主轴以逆时针方向旋转时，A 通道信号则位于 B 通道之后。由此判断主轴是正转还是反转。

① 打开 S7-200 SMART 编程软件，单击"工具"，选择"高速计数器"，在出现的新窗口中选中"HSC0"，即开始高速计数器配置。

② 单击"下一个"，在出现的模式选择窗口选择模式 10。

③ 单击"下一个"，在出现的初始化窗口中，将预设值设置为"10"（预设值与当前值不能相同），当前值设为"0"，计数方向选择"上"（为增计数），复位输入选择"上限"（高电平），计数速率为"4×"。设置完成后单击"生成"，高速计数器配置完成，如图 3-36 所示。

④ 配置完成后便自动生成子程序，子程序内容可单击"HSC0_INIT（SBR1）"查看。

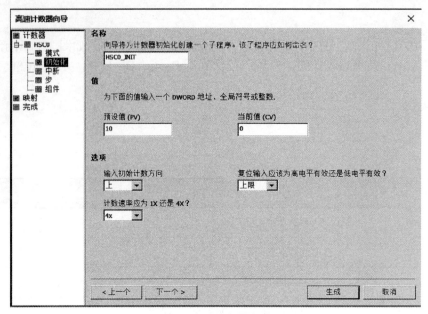

图 3-36　高速计数器初始化

控制程序

控制程序见图 3-37。

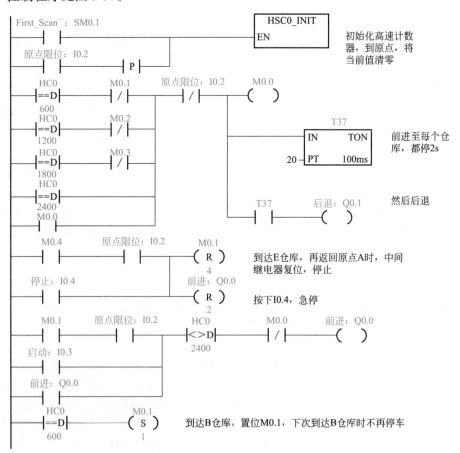

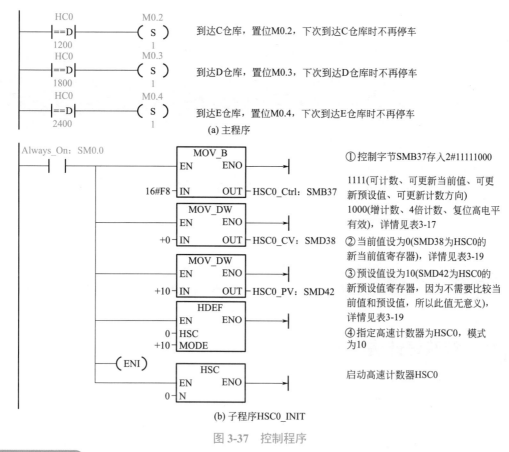

HC0 ==D 1200 / M0.2 (S) 1　到达C仓库，置位M0.2，下次到达C仓库时不再停车

HC0 ==D 1800 / M0.3 (S) 1　到达D仓库，置位M0.3，下次到达D仓库时不再停车

HC0 ==D 2400 / M0.4 (S) 1　到达E仓库，置位M0.4，下次到达E仓库时不再停车

(a) 主程序

Always_On: SM0.0

MOV_B
EN　ENO
16#F8 IN　OUT — HSC0_Ctrl: SMB37

MOV_DW
EN　ENO
+0 IN　OUT — HSC0_CV: SMD38

MOV_DW
EN　ENO
+10 IN　OUT — HSC0_PV: SMD42

HDEF
EN　ENO
0 HSC
+10 MODE

(ENI)

HSC
EN　ENO
0 N

① 控制字节SMB37存入2#11111000

1111(可计数、可更新当前值、可更新预设值、可更新计数方向)

1000(增计数、4倍计数、复位高电平有效)，详情见表3-17

② 当前值设为0(SMD38为HSC0的新当前值寄存器)，详情见表3-19

③ 预设值设为10(SMD42为HSC0的新预设值寄存器，因为不需要比较当前值和预设值，所以此值无意义)，详情见表3-19

④ 指定高速计数器为HSC0，模式为10

启动高速计数器HSC0

(b) 子程序HSC0_INIT

图3-37　控制程序

程序说明

① 高速计数器采用HSC0的模式10，其中I0.0接旋转编码器的A相，I0.1接旋转编码器的B相，采用旋转编码器产生A/B相脉冲，脉冲的多少反映了机械手移动的水平距离。用手动方法，事先测出从原点A到B、C、D、E四个仓库，计数的脉冲个数分别为600、1200、1800、2400。即HC0=600时，表示到达B仓库。

② I0.2接到原点的限位开关，I0.2为复位端子，当I0.2得电时，可将高速计数器复位。程序中，I0.2来上升沿时，调用子程序，也可以实现复位功能。

③ 开始时设机械手在原位A点，按下启动按钮I0.3，Q0.0=ON，线圈得电并自锁，机械手前进，到达B点时HC0=600，M0.0线圈闭合并自锁，M0.0常闭触点断开，Q0.0失电，机械手停止。M0.1置位，对B点记忆。定时器T37延时2s。

④ 2s到，T37常开触点闭合，Q0.1线圈得电，机械手后退。机械手后退到A点时，I0.2得电，I0.2常闭触点断开，M0.0和Q0.1线圈失电，机械手停止。Q0.0线圈得电，机械手前进。

⑤ 前进到B点时，虽然HC0=600，但M0.1常闭触点断开，M0.0线圈不得电，机械手继续前进，到达C点时，HC0=1200，M0.0线圈闭合并自锁，M0.0常闭触点断开，Q0.0失电，机械手停止。M0.2置位对C点记忆。定时器T37延时2s。

⑥ 2s到，T37常开触点闭合，Q0.1线圈得电，机械手后退。机械手后退到A点，依次返回D、E点，程序执行过程类似。

⑦ 机械手最后到达E点，M0.1～M0.4都已经置位，机械手从E点退回到A点时，I0.2常开触点闭合，先对M0.1～M0.4复位，由于M0.1常开触点断开，I0.2常开触点闭合不会使Q0.0线圈得电，机械手停止。

第 4 章 西门子 PLC 控制系统设计

4.1 PLC 控制系统程序设计的一般方法

4.1.1 经验设计法

（1）经验设计法简介

经验设计法即在一些典型的控制电路程序的基础上，根据被控对象的具体要求进行选择组合，并多次反复调试和修改梯形图，有时需增加一些辅助触点和中间编程环节才能达到控制要求。这种方法没有规律可遵循，设计所用的时间和设计质量与设计者的经验有很大的关系，所以称为经验设计法。经验设计法用于较简单的梯形图设计。应用经验设计法必须熟记一些典型的控制电路，如点动、连续、顺序控制、多地控制、正反转、降压启动电路等。

（2）经验设计法举例

以两台电机顺序启动、同时停止为例。

① 控制要求　电机 Q0.0、Q0.1 顺序启动，即 Q0.0 启动运转后 Q0.1 才可以启动，两个电机可同时关闭。

② 梯形图设计思路　需要具有典型的启保停环节；为实现 Q0.0、Q0.1 顺序启动，Q0.0 的常开触点需串联到 Q0.1 的启动程序中。

③ 根据输入输出信号，列出 I/O 分配表，如表 4-1 所示。

表 4-1　I/O 分配表

PLC 软元件	控制说明
I0.0	电机 0 启动按钮：按下时，I0.0 状态由 OFF → ON
I0.1	电机 1 启动按钮：按下时，I0.1 状态由 OFF → ON
I0.2	停止按钮：按下时，I0.2 状态由 OFF → ON
Q0.0	电机 0（接触器 0 线圈）
Q0.1	电机 1（接触器 1 线圈）

④ 控制程序 控制程序见图 4-1。

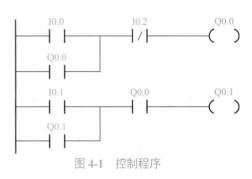

程序说明

a. 按下启动按钮 I0.0 时，Q0.0 得电并自锁，电机 0 启动。同时与输出线圈 Q0.1 相连的常开触点 Q0.0 闭合，为输出线圈 Q0.1 得电做好准备。

b. 在 Q0.0=ON 的前提下，按下启动按钮 I0.1，Q0.1 得电并自锁，电机 1 启动。

c. 按下停止按钮 I0.2，两电机均停止运转。

图 4-1 控制程序

4.1.2 移植设计法

（1）移植设计法

原有的继电器控制系统经过长期的使用和考验，已经被证明能完成系统要求的控制功能，而继电器电路图又与梯形图有很多相似之处，继电器电路符号与梯形图电路符号有一定的对应关系，因此可以将继电器电路图经过适当的"翻译"，从而设计出具有相同功能的 PLC 梯形图程序，所以将这种设计方法称为移植设计法。继电器电路符号与梯形图电路符号对应情况如表 4-2 所示。

表 4-2 继电器电路符号与梯形图电路符号对应表

梯形图电路			继电器电路	
元件	符号	常用地址	元件	符号
常开触点	─┤├─	I、Q、M、T、C	按钮、接触器、时间继电器、中间继电器的常开触点	
常闭触点	─┤/├─	I、Q、M、T、C	按钮、接触器、时间继电器、中间继电器的常闭触点	
线圈	─( )─	Q、M	接触器、中间继电器线圈	
定时器	IN TON / IN TOF / PT ms / PT ms	T	时间继电器	

（2）移植设计法的设计步骤

① 了解被控设备的工艺过程和机械的动作情况，分析继电器电路图，进而掌握控制系统的工作原理。确定继电器电路图中的中间继电器、时间继电器等各器件与 PLC 中的辅助继电器和定时器的对应关系，确定交流接触器和电磁阀等执行机构的线圈与 PLC 的输出端的对应关系。

② 选择 PLC 的型号，根据系统所需要的功能和规模选择 CPU 模块、电源模块、数字量输入和输出模块，对硬件进行组态，确定输入、输出模块在机架中的安装位置和它们的起始地址。确定系统的输入设备和输出设备，进行 PLC 的 I/O 分配，画出 PLC 外部接线图。

③ 将继电器电路图"翻译"成对应的"准梯形图"，再根据梯形图的编程规则将"准梯形图"转换成结构合理的梯形图。对于复杂的控制电路可化整为零，先进行局部的转换，

最后再综合起来。对转换后的梯形图一定要仔细校对、认真调试，以保证其控制功能与原图相符。

（3）移植设计法举例

以三相异步电机星-三角降压启动控制为例。

① 控制要求　设计一个三相异步电机星-三角降压启动控制程序，要求合上电源刀开关，按下启动按钮 SB1 后，线圈 KM1 和 KM3 得电，电机以星形连接启动，开始转动 5s 后，KM3 断电，星形启动结束。为了有效防止电弧短路，要延时 300ms 后，KM2 接触器线圈得电，电机按照三角形连接转动。不考虑过载保护，其继电器控制线路图如图 4-2（a）所示。

② 元件说明　元件说明见表 4-3。

表 4-3　元件说明

PLC 软元件	控制说明
I0.0	停止按钮 SB1，按下时，I0.0 状态为由 ON → OFF
I0.1	启动按钮 SB2，按下时，I0.1 状态由 OFF → ON
Q0.0	主交流接触器 KM1
Q0.1	星形连接接触器 KM3
Q0.2	三角形连接接触器 KM2

③ 绘制外部接线图　PLC 的外部接线图如图 4-2（b）所示。

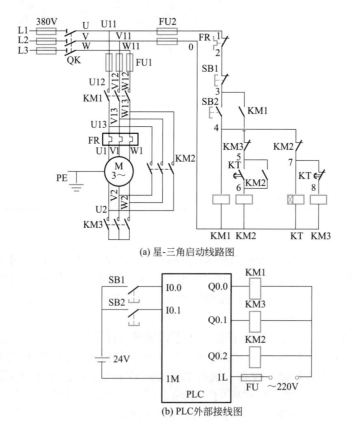

(a) 星-三角启动线路图

(b) PLC外部接线图

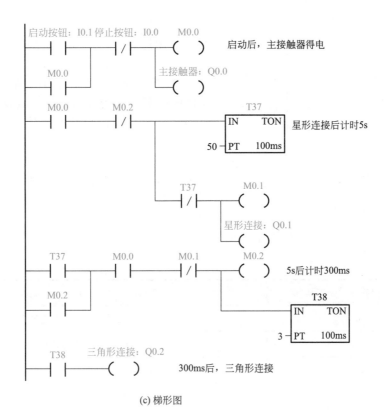

(c) 梯形图

图 4-2　星 - 三角启动继电器和梯形图对照

程序说明

a. 按下启动按钮 I0.1，M0.0 得电自锁，Q0.0、Q0.1 得电，电机在星形连接下启动。同时，定时器 T37 开始定时。

b. 当 T37 计时 5s 后，T37 常闭触点断开，使 M0.1 和 Q0.1 线圈失电，T37 常开触点和 M0.1 常闭触点闭合使线圈 M0.2 得电并自锁，同时复位 T37，T38 开始定时。

c. T38 定时 300ms 后，线圈 Q0.2 得电，电机接成三角形运行。星形启动结束后，为防止电弧短路，需要延时接通三角形接触器 KM2，定时器 T38 起延时 300ms 的作用。

d. 按下停止按钮 I0.0，M0.0 失电，从而使 Q0.0 和 Q0.2 失电，电机停转。

4.1.3　逻辑设计法

（1）逻辑设计法

逻辑设计法就是应用逻辑代数以逻辑组合的方法和形式设计程序。逻辑设计法的理论基础是逻辑函数，逻辑函数就是逻辑运算与、或、非的逻辑组合。因此，从本质上来说，PLC梯形图程序就是与、或、非的逻辑组合，也可以用逻辑函数表达式来表示。

（2）逻辑设计法的步骤

① 分析控制要求，明确控制任务和控制内容；确定 PLC 的软元件（输入信号、输出信号、辅助继电器 M 和定时器 T），画出 PLC 的外部接线图。

② 将控制任务、要求转换为逻辑函数（线圈）和逻辑变量（触点），分析触点与线圈的逻辑关系，列出真值表，并写出逻辑函数表达式。

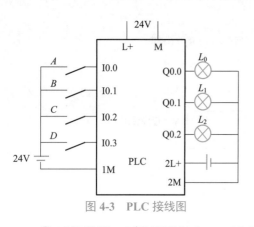

图 4-3 PLC 接线图

③ 将逻辑函数表达式化简，根据化简后的函数式画出梯形图，并对梯形图进行优化。

（3）逻辑设计法举例

① 控制要求 在一个小型煤矿的通风口，由 4 台电机驱动 4 台风机运转。为保证安全状态，用绿、黄、红三色的指示灯对电机的运行状态进行指示，当 3 台及 3 台以上的电机运行时，表示通风系统通风良好，绿灯亮；当 2 台电机运行时，表示通风状况不佳，需要处理，黄灯亮；当少于等于 1 台电机运转时，需要疏散人员和排除故障，红灯亮。其 PLC 接线情况如图 4-3 所示。

② 元件说明 元件说明如表 4-4 所示。

表 4-4 元件说明

PLC 软元件	说明
I0.0	A 电机运行状态检测传感器
I0.1	B 电机运行状态检测传感器
I0.2	C 电机运行状态检测传感器
I0.3	D 电机运行状态检测传感器
Q0.0	绿灯 L_0
Q0.1	黄灯 L_1
Q0.2	红灯 L_2

③ 逻辑设计的过程

a. 根据控制要求，用"0"表示风机停止和指示灯灭，用"1"表示风机运行和指示灯亮。列写出真值表，如表 4-5 所示。

表 4-5 真值表

输入				输出			输入				输出		
A	B	C	D	L_0	L_1	L_2	A	B	C	D	L_0	L_1	L_2
0	0	0	0	0	0	1	1	0	0	0	0	0	1
0	0	0	1	0	0	1	1	0	0	1	0	1	0
0	0	1	0	0	0	1	1	0	1	0	0	1	0
0	0	1	1	0	1	0	1	0	1	1	1	0	0
0	1	0	0	0	0	1	1	1	0	0	0	1	0
0	1	0	1	0	1	0	1	1	0	1	1	0	0
0	1	1	0	0	1	0	1	1	1	0	1	0	0
0	1	1	1	1	0	0	1	1	1	1	1	0	0

b. 根据真值表写出逻辑函数表达式：

$$L_0 = AB\bar{C}D + ABC\bar{D} + A\bar{B}CD + \bar{A}BCD + ABCD$$

$$L_1 = AB\bar{C}\bar{D} + A\bar{B}C\bar{D} + A\bar{B}\bar{C}D + \bar{A}BC\bar{D} + \bar{A}B\bar{C}D + \bar{A}\bar{B}CD$$

$$L_2 = A\bar{B}\bar{C}\bar{D} + \bar{A}B\bar{C}\bar{D} + \bar{A}\bar{B}C\bar{D} + \bar{A}\bar{B}\bar{C}D + \bar{A}\bar{B}\bar{C}\bar{D}$$

c. 化简逻辑函数表达式得：

$$L_0 = AB(C+D) + CD(A+B)$$

$$L_1 = (\bar{A}B + A\bar{B})(\bar{C}D + C\bar{D}) + AB\bar{C}\bar{D} + \bar{A}\bar{B}CD$$

$$L_2 = \bar{A}\bar{B}(\bar{C}+\bar{D}) + \bar{C}\bar{D}(\bar{A}+\bar{B})$$

d. 根据逻辑函数表达式画出梯形图。

④ 梯形图　根据化简后的逻辑函数表达式得到图4-4所示的梯形图。其中，函数式中的原变量为常开触点，反变量为常闭触点。

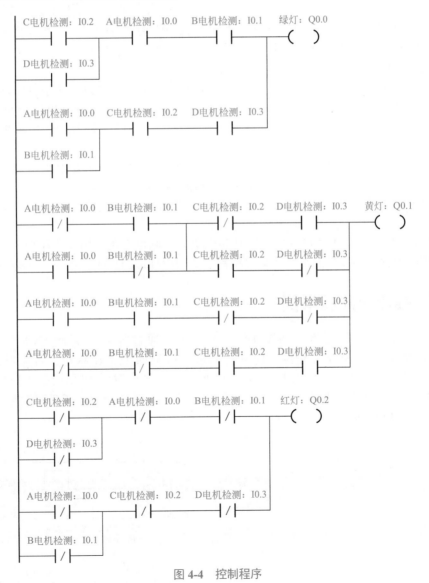

图4-4　控制程序

4.2 梯形图顺序控制设计法

4.2.1 顺序控制设计法

（1）顺序功能图的概念

顺序功能图又叫功能图、功能流程图、状态转移图等。它是一种通用的技术语言。

顺序控制的全部过程，可以分成有序的若干步，或者若干个状态。各步都有自己应该完成的动作。步与步之间的转移，都需要满足条件，条件满足则上一步动作结束，下一步动作开始，同时上一步的动作会被清除，这就是顺序功能图的设计概念。

（2）顺序控制设计法的设计步骤

① 步（状态）的划分　将系统的一个工作周期划分为若干个顺序相连的阶段，这些阶段称为步。在 S7-200 SMART PLC 中，步一般使用 M、S 等编程元件来代表。每一步一般都有与之对应的动作。步是根据被控对象工作状态的变化来划分的，而被控对象工作状态的变化又是由 PLC 输出状态的变化来改变的，同一步内的各输出状态不变，但相邻步之间输出状态是不同的。

② 转换条件的确定　使系统由当前步转入下一步的信号称为转换条件。转换条件可能是外部输入信号，如按钮、指令开关、限位开关的接通 / 断开等，也可能是 PLC 内部产生的信号，如定时器、计数器触点的接通 / 断开等，还可能是若干个信号的与、或、非逻辑组合。

③ 顺序功能图的绘制　根据被控对象工作内容、顺序和控制要求画出顺序功能图。顺序功能图是一种通用的技术语言，不涉及所描述控制功能的具体技术，可用于进一步设计以及不同专业的人员之间进行技术交流。有些 PLC 能直接使用顺序功能图作为编程语言。

④ 程序的编制　如果 PLC 支持顺序功能图语言，则可直接使用该顺序功能图作为最终程序，否则需要根据顺序功能图，按某种编程方式写出梯形图程序。

4.2.2 顺序功能图举例

以液压滑台的控制为例，如图 4-5（a）所示，通过控制电磁阀 YV1 ～ YV3 将液压滑台的整个运行过程分为原位、快进、工进、快退四个工作状态，各个状态下电磁阀 YV1 ～ YV3 的得电时序图如图 4-5（b）所示。假设启动按钮 SB 接 I0.0，行程开关 SQ1 ～ SQ3 分别接 I0.1 ～ I0.3，液压元件 YV1 ～ YV3 分别由 Q0.0 ～ Q0.2 驱动，则其顺序功能图如图 4-5（c）所示。

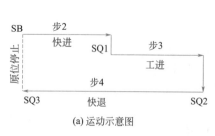

(a) 运动示意图

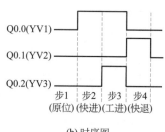

(b) 时序图

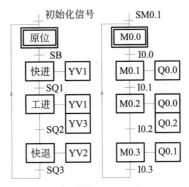

(c) 顺序功能图

图4-5　液压滑台的运动示意图、时序图和顺序功能图

（1）顺序功能图的组成

顺序功能图主要由步（状态）、与步对应的动作、有向连线、转换和转换条件组成。

① 步（状态）：步在控制系统中对应于一个稳定的状态，用矩形框表示，框中的数字是该步的编号，编号可以是该步对应的工步序号，也可以是与该步相对应的编程元件。如图4-5（c）所示，将液压滑台整个运行过程分为原位、快进、工进、快退四个工步，其中，步1（原位，Q0.0、Q0.1、Q0.2全为0）、步2（快进，Q0.0为1）……，与此对应的编程元件分别为M0.0、M0.1……

② 初始步：初始步对应于控制系统的初始状态，是系统运行的起点。一个控制系统至少有一个初始步。初始步用双线框表示。初始步常用来完成寄存器清零等初始化工作。图4-5（c）中的M0.0为初始步。

③ 动作：一个控制系统可以划分为被控系统和施控系统。对于被控系统，在某一步中要完成某些"动作"；对于施控系统，在某一步中则要向被控系统发出某些"命令"，将动作或命令简称为动作。动作用与相应的步相连的矩形框中的文字或符号表示。如图4-5（c）所示，快进的动作是"YV1（Q0.0）"，工进的动作是"YV1（Q0.0）和YV3（Q0.2）"。

④ 有向连线：在顺序功能图中，随着时间的推移和转换条件的实现，通常会从某一步转入下一步，转换方向习惯上是从上到下或从左至右，在这两个方向有向连线上的箭头可以省略。如果不是上述的方向，应在有向连线上用箭头注明进展方向。图4-5（c）中从下到上的有向连线需要标上箭头。

⑤ 转换：转换是用有向连线上与有向连线垂直的短线来表示的。转换将相邻两步分隔开。步的活动状态的进展是由转换实现来完成的，如图4-5（c）所示。

⑥ 转换条件：使系统进入下一步的信号叫作转换条件。转换条件可以是外部的输入信号，如按钮、指令开关、限位开关的接通或断开等，也可以是PLC内部产生的信号，如定时器、计数器常开触点的接通等，还可以是若干个信号的与、或、非逻辑组合。转换条件可以用文字语言、布尔代数表达式或图形符号标注在表示转换的短线的旁边，如图4-5（c）中的SB（I0.0）、SQ1（I0.1）、SQ2（I0.2）、SQ3（I0.3）就是相邻两个步之间的转换条件。

（2）顺序功能图的其他概念

① 活动步：当系统正处于某一步时，该步处于活动状态，称该步为"活动步"。当步处于活动状态时，相应的动作被执行；处于不活动状态时，相应的动作被停止执行。

② 保持型动作：若为保持型动作，则该步不活动时继续执行该动作。

③ 非保持型动作：若为非保持型动作，则指该步不活动时，动作也停止执行。

④ 初始化脉冲 SM0.1：在顺序功能图中，只有当某一步的前级步是活动步时，该步才有可能变成活动步。如果用没有断电保持功能的编程元件代表各步，当进入"RUN"工作方式时，它们均处于"OFF"状态，必须用初始化脉冲 SM0.1 的常开触点作为转换条件，将初始步预置为活动步，否则因为顺序功能图中没有活动步，系统将无法工作。如果系统有自动、手动两种工作方式，顺序功能图是用来描述自动工作过程的，这时还应在系统由手动工作方式进入自动工作方式时，用一个适当的信号将初始步置为活动步。

（3）转换实现的基本规则

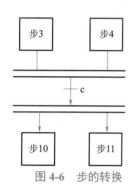

图 4-6　步的转换

① 转换实现的条件：在如图 4-6 所示的顺序功能图中，步的活动状态的进展是由转换实现来完成的。转换实现不仅要求该转换所有的前级步（步 3、步 4）都是活动步，而且还要求相应的转换条件（条件 c）得到满足，只有两个条件都满足才能实现步的转换。

② 转换实现应完成的操作：转换完成后，将会使所有的后续步（步 10、步 11）都变为活动步，而所有的前级步（步 3、步 4）都变为非活动步。

（4）绘制顺序功能图应注意的问题

① 两个步绝对不能直接相连，必须用一个转换将它们隔开。

② 两个转换也不能直接相连，必须用一个步将它们隔开。

③ 顺序功能图中初始步是必不可少的，一般对应系统等待启动的初始状态。

④ 自动控制系统应能多次重复执行同一工艺过程。

⑤ 当某一步所有的前级步都是活动步时，该步才有可能变成活动步。PLC 开始进入"RUN"方式时，各步均处于"0（非活动）"状态，因此必须要有初始化信号，将初始步预置为活动步，否则顺序功能图中永远不会出现活动步，系统将无法工作。

4.2.3　顺序功能图的结构

（1）单序列

顺序功能图的单序列结构形式简单，每一步后面只有一个转换，每个转换后面只有一步。各个工步按顺序执行，上一工步执行结束，转换条件成立，立即开通下一工步，同时关断上一工步。在图 4-7 中，当 0 为活动步时，转换条件"按下启动按钮"成立，则转换实现，1 步变为活动步，同时 0 步关断。

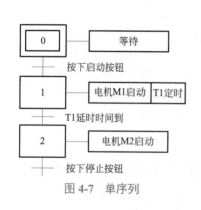

图 4-7　单序列

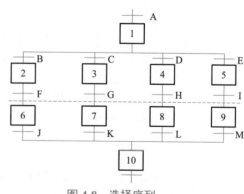

图 4-8　选择序列

（2）选择序列

选择分支分为两种，如图4-8所示虚线之上为选择分支开始，虚线之下为选择分支结束。选择分支开始是指一个前级步后面紧接着若干个后续步可供选择，各分支都有各自的转换条件，且转换条件的短线在各自分支中。图4-8中，当工步1为活动步时，若转换条件B=1，则工步2被激活，同时关断步1。类似地，若转换条件C=1，则工步3被激活，同时关断步1。步4、5的激活与此类似。

选择分支结束，又称选择分支合并，是指几个选择分支在各自的转换条件成立时转换到一个公共步上。图4-8中，当前级步6为活动步，且转换条件J成立时，激活步10，同时关断步6。类似地，当前级步7为活动步，且转换条件K成立时，激活步10，同时关断步7。步8、9的关断与此类似。

（3）并行序列

并行分支也分两种，图4-9中虚线之上为并行分支的开始，虚线之下为并行分支的结束，也称为合并。

并行分支的开始是指当转换条件实现后，同时使多个后续步激活。为了强调转换的同步实现，水平连线用双线表示。图4-9中，当工步1为活动步时，若转换条件A=1，则工步2、4、6、8同时启动，工步1必须在工步2、4、6、8都开启后才能关断。

并行分支的合并是指当多个前级步都为活动步且转换条件成立时，激活后续步，同时关断多个前级步，水平连线也用双线表示。图4-9中，当前级步3、5、7、9都为活动步，且转换条件H成立时，开通步10，同时关断步3、5、7、9。

（4）顺序功能图的特殊结构

① 跳步：在生产过程中，有时要求在一定条件下停止执行某些原定动作，可用图4-10（a）所示的跳步序列。这是一种特殊的选择序列，当步1为活动步时，若转换条件f成立，b不成立时，则步2、3不被激活而直接转入步4。

② 重复：在一定条件下，生产过程需重复执行某几个工步的动作，可按图4-10（b）绘制顺序功能图。它也是一种特殊的选择序列，当步4为活动步时，若转换条件e不成立而h成立时，序列返回步3，重复执行步3、4，直到转换条件e成立才转入步5。

③ 循环：在序列结束后，用重复的办法直接返回初始步，就形成了系统的循环，如图4-10（c）所示。一般顺序功能图都是循环的，表示顺控系统是多次重复同一工作过程。

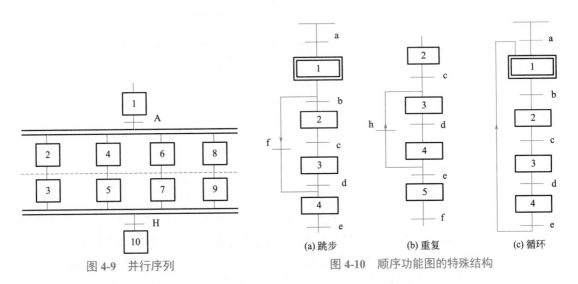

图4-9　并行序列　　　　图4-10　顺序功能图的特殊结构

4.2.4 采用启保停电路由顺序功能图转梯形图

使用启保停电路编程时，用辅助继电器 M 来代表步。转换条件大都是短信号，因此应使用有记忆（保持、自锁）功能的电路。此种编程的关键是找出启动条件和停止条件，使用与触点和线圈有关的指令来实现编程，可适用于任意型号的 PLC。

如图 4-11 所示，当 M0.0 为活动步且 I0.0 按下时，M0.1 得电并自锁，即 M0.1 变为活动步。而当 M0.2 变为活动步时，要将 M0.1 关闭，所以 M0.2 的常闭触点串联在 M0.1 的电路中。

（1）单序列的编程方法

顺序功能图及对应的梯形图如图 4-12 所示。SM0.1 在 PLC 进入"RUN"工作方式时，接通一个扫描周期，使 M0.0 为活动步。当 M0.0 为活动步时且 I0.0 按下时，M0.1 变为活动步，同时关断 M0.0，其余以此类推。

当 M0.3 为活动步且 I0.3 按下时，M0.0 变为活动步，同时关断 M0.3，所以 M0.0 的常闭触点串联在 M0.3 的电路中。

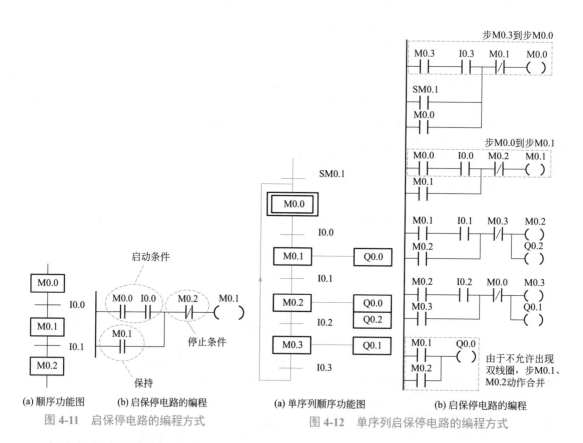

(a) 顺序功能图　(b) 启保停电路的编程
图 4-11　启保停电路的编程方式

(a) 单序列顺序功能图　(b) 启保停电路的编程
图 4-12　单序列启保停电路的编程方式

（2）选择序列的编程方法

① 选择序列分支编程　如果某一步的后面有一个由 N 条分支组成的选择序列，该步可能转换到不同的 N 步去；将 N 个后续步的存储位的常闭触点与该步的线圈串联，作为该步的停止条件。在图 4-13 中，步 M0.0 的后面有一个由 2 条分支组成的选择序列，则 M0.0 和 I0.0 的串联作为 M0.1 的启动条件，M0.0 和 I0.3 的串联作为 M0.3 的启动条件，而后续步

M0.1 和 M0.3 的常闭触点与 M0.0 的线圈串联，作为 M0.0 的停止条件。

② 选择序列合并编程　如果某一步之前有 N 个转换，代表该步的启动条件由 N 条支路并联而成，各支路由某一前级步对应的存储器位的常开触点与相应的转换条件对应的触点或电路并联而成。在图 4-13 中，步 M0.5 之前有 2 个转换，则 M0.2 串联 I0.2 和 M0.4 串联 I0.5 相并联作为 M0.5 的启动条件，M0.5 的常闭触点分别与 M0.2 和 M0.4 的线圈串联，作为 M0.2 和 M0.4 的停止条件。

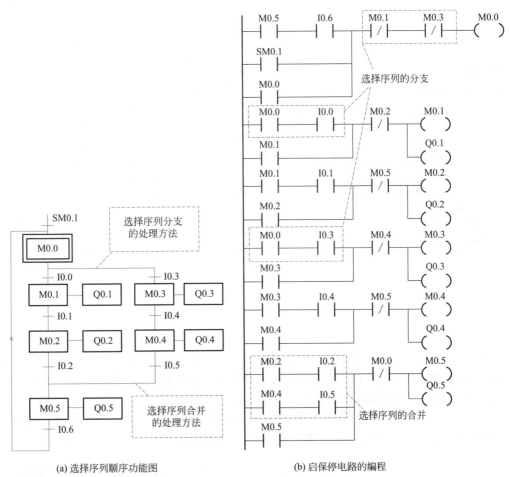

(a) 选择序列顺序功能图　　　　(b) 启保停电路的编程

图 4-13　选择序列启保停电路的编程方式

（3）并行序列的编程方法

① 并行序列分支编程　并行序列是同时变为活动步的，因此，只需将并行序列中某条或全部分支的常闭触点与该前级步线圈串联，作为该步的停止条件。在图 4-14 中，步 M0.0 的后面有一个由 2 条分支组成的并行序列，则 M0.0 和 I0.0 的串联作为 M0.1 和 M0.3 的启动条件，而后续步 M0.1 和 M0.3 的常闭触点与 M0.0 的线圈串联，作为 M0.0 的停止条件。

② 并行序列合并编程　所有的前级步都是活动步且转换条件得到满足时，并行序列合并。将并行序列中所有前级步的常开触点与转换条件串联，作为激活下一步的条件。在图 4-14 中，步 M0.5 之前有 2 个转换，则 M0.2、M0.4、I0.3 的串联作为 M0.5 的启动条件，M0.5 的常闭触点分别与 M0.2 和 M0.4 的线圈串联，作为 M0.2 和 M0.4 的停止条件。

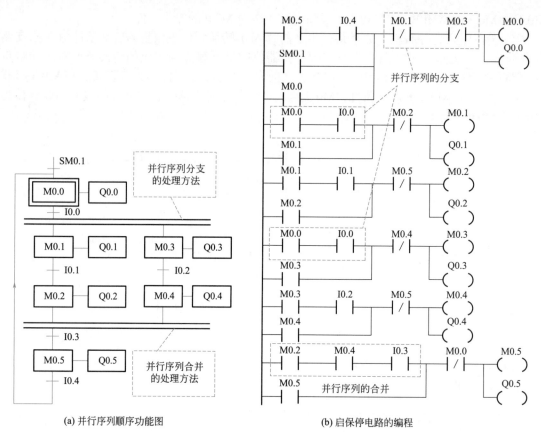

(a) 并行序列顺序功能图   (b) 启保停电路的编程

图 4-14 并行序列启保停电路的编程方式

（4）仅有两小步的小闭环的处理

图 4-15（a）中，当 M0.5 为活动步且转换条件 I1.0 接通时，线圈 M0.4 本来应该接通，但此时与线圈 M0.4 串联的 M0.5 常闭触点为断开状态，故线圈 M0.4 无法接通。出现这样问题的原因在于 M0.5 既是 M0.4 的前级步，又是 M0.4 的后续步。

如图 4-15（b）所示，在小闭环中增设步 M1.0，便可以解决此类问题。步 M1.0 在这里只起到过渡作用，延时时间很短，对系统的运行无任何影响。

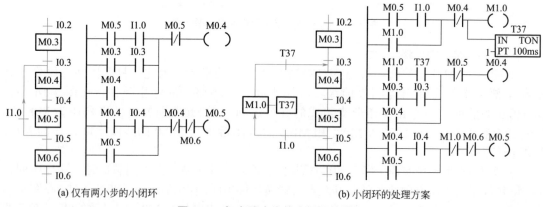

(a) 仅有两小步的小闭环   (b) 小闭环的处理方案

图 4-15 仅有两小步的小闭环的处理

4.2.5　采用置位复位指令由顺序功能图转梯形图

置位复位指令的顺序控制梯形图编程方法与转换实现的基本规则之间有着严格的对应关系。在任何情况下，代表步的存储器位的控制电路都可以使用这统一的规则来设计，每一个转换对应一个控制置位和复位电路块，有多少个转换就有多少个这样的电路块。这种编程方法特别有规律，特别是在设计复杂的顺序功能图的梯形图时，更能显示出它的优越性。如图 4-16 所示，当 M0.0 为活动步且 I0.0 按下时，M0.1 被置位，即 M0.1 变为活动步，同时复位 M0.0。同理，当 M0.1 为活动步且 I0.1 按下时，M0.2 被置位，同时复位 M0.1。

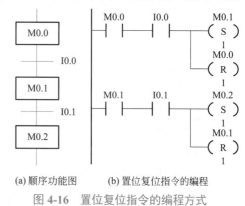

(a) 顺序功能图　　(b) 置位复位指令的编程

图 4-16　置位复位指令的编程方式

（1）单序列的编程方法

单序列置位复位指令的顺序功能图及对应的梯形图如图 4-17 所示。SM0.1 在 PLC 进入"RUN"工作方式时，接通一个扫描周期，使 M0.0 为活动步。当 M0.0 为活动步且 I0.0 按下时，置位 M0.1，同时复位 M0.0，其余以此类推。当 M0.3 为活动步时且 I0.3 按下时，置位 M0.0，复位 M0.3。

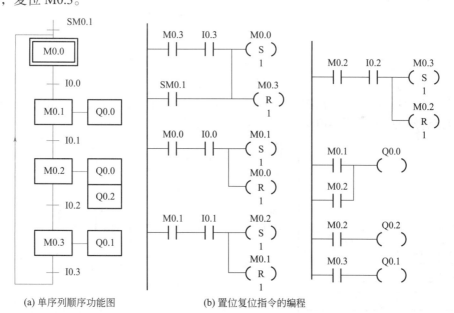

(a) 单序列顺序功能图　　　　(b) 置位复位指令的编程

图 4-17　单序列置位复位指令的编程方式

（2）选择序列的编程方法

① 选择序列分支编程　在图 4-18 中，步 M0.0 的后面有一个由 2 条分支组成的选择序列，当 M0.0 和 I0.0 的串联电路逻辑为 1 时置位 M0.1，复位 M0.0；当 M0.0 和 I0.3 的串联电路逻辑为 1 时置位 M0.3，复位 M0.0。

② 选择序列合并编程　在图 4-18 中，步 M0.5 之前有 2 个转换，当 M0.2 和 I0.2 的串联电路逻辑为 1 时置位 M0.5，复位 M0.2；当 M0.4 和 I0.5 的串联电路逻辑为 1 时置位 M0.5，复位 M0.4。

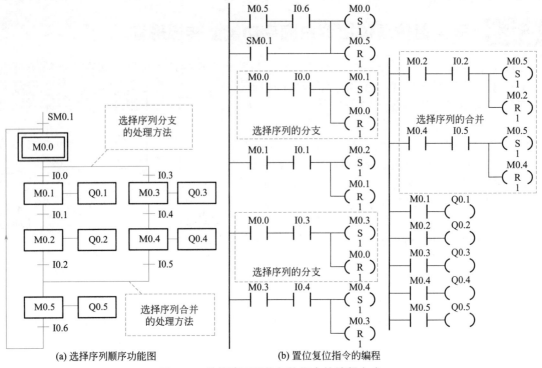

(a) 选择序列顺序功能图　　　　　　　(b) 置位复位指令的编程

图 4-18　选择序列置位复位指令的编程方式

（3）并行序列的编程方法

① 并行序列分支编程　在图4-19中，步M0.0的后面有一个由2条分支组成的并行序列，当 M0.0 和 I0.0 的串联电路逻辑为1时置位 M0.1 和 M0.3，复位 M0.0。

② 并行序列合并编程　在图4-19中，步M0.5之前有2个转换，当 M0.2、M0.4、I0.3 的串联电路逻辑为1时置位 M0.5，复位 M0.2 和 M0.4。

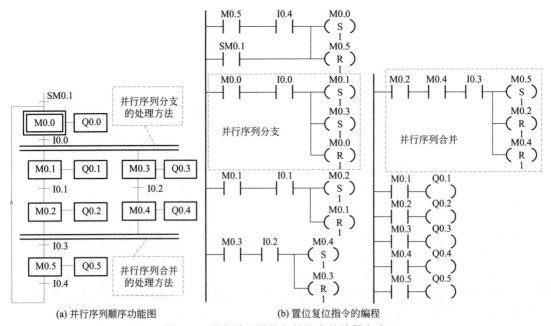

(a) 并行序列顺序功能图　　　　　　　(b) 置位复位指令的编程

图 4-19　并行序列置位复位指令的编程方式

4.2.6 采用步进（顺控）指令由顺序功能图转梯形图

顺序控制继电器指令是专门用于顺序控制系统设计的指令，有顺控开始指令（SCR）、顺控转换指令（SCRT）、顺控结束指令（SCRE）三种类型。顺控程序段从 SCR 开始到 SCRE 结束。如图 4-20 所示，当 S0.0 为活动步时，执行 S0.0 顺控程序段（从 SCR 到 SCRE），当 I0.0 按下时，通过 SCRT 指令，将 S0.1 置 1，同时复位 S0.0，则执行 S0.1 顺控程序段。

（1）单序列的编程方法

单序列顺控指令的顺序功能图及对应的梯形图如图 4-21 所示。SM0.1 在 PLC 进入 "RUN" 工作方式时，接通一个扫描周期，使 S0.0 为活动步。当 S0.0 为活动步且 I0.0 按下时，置位 S0.1，同时复位 S0.0，其余以此类推。当 S0.3 为活动步且 I0.3 按下时，置位 S0.0，复位 S0.3。

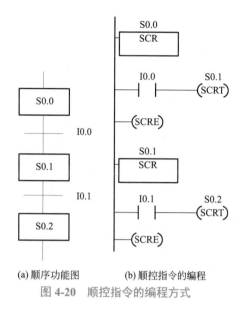

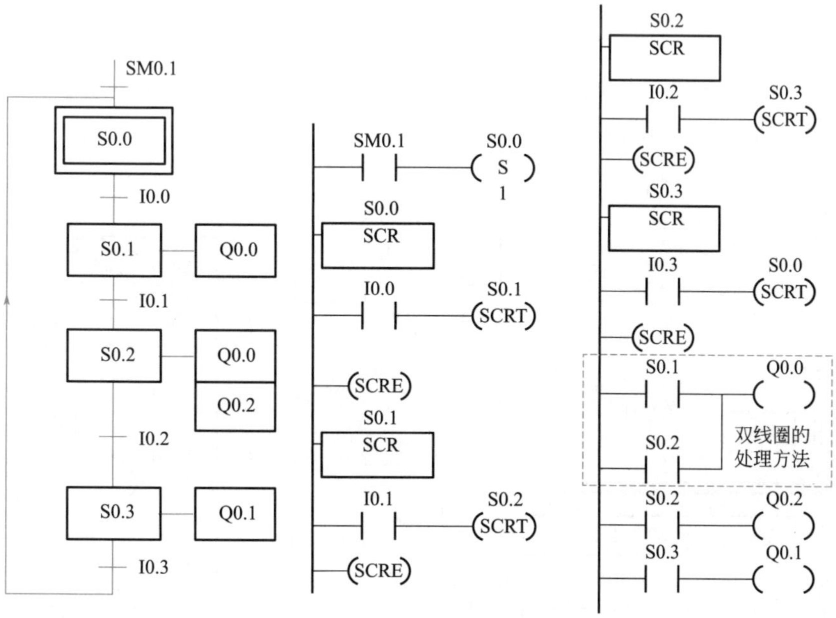

(a) 顺序功能图　　(b) 顺控指令的编程

图 4-20　顺控指令的编程方式

(a) 单序列顺序功能图　　(b) 顺控指令的编程

图 4-21　单序列顺控指令的编程方式

（2）选择序列的编程方法

① 选择序列分支编程　在图 4-22 中，步 S0.0 的后面有一个由 2 条分支组成的选择序列，当按下 I0.0 时，置位 S0.1，复位 S0.0；当按下 I0.3 时，置位 S0.3，复位 S0.0。

② 选择序列合并编程　在图 4-22 中，步 S0.5 之前有 2 个转换，当 S0.2 为活动步且 I0.2 闭合时置位 S0.5，复位 S0.2；当 S0.4 为活动步且 I0.5 闭合时置位 S0.5，复位 S0.4。

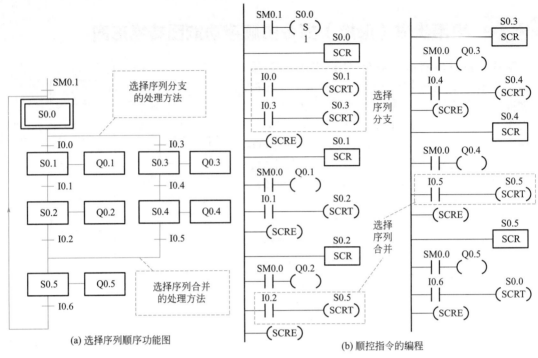

(a) 选择序列顺序功能图

(b) 顺控指令的编程

图 4-22　选择序列顺控指令的编程方式

（3）并行序列的编程方法

① 并行序列分支编程　在图 4-23 中，步 S0.0 的后面有一个由 2 条分支组成的并行序列，当按下 I0.0 时，置位 S0.1 和 S0.3，复位 S0.0。

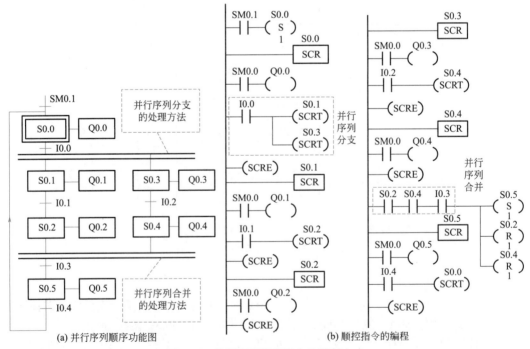

(a) 并行序列顺序功能图

(b) 顺控指令的编程

图 4-23　并行序列顺控指令的编程方式

② 并行序列合并编程 在图 4-23 中，步 S0.5 之前有 2 个转换，必须 S0.2 和 S0.4 同为活动步且 I0.3 闭合时，才置位 S0.5，复位 S0.2 和 S0.4，所以在顺控程序段 S0.2 和 S0.4 中不含顺控转换指令（SCRT），而是单独采用 S0.2、S0.4、I0.3 触点串联置位复位指令，实现由 S0.2 和 S0.4 向 S0.5 的转换。

4.3 模拟量控制

4.3.1 模拟量模块接线

模拟量类型的模块有三种：普通模拟量模块、RTD 模块和 TC 模块。

（1）普通模拟量模块接线

普通模拟量模块可以采集标准电流和电压信号，并将其转换成相应的数字量。其中，标准电流信号包括 0 ～ 20mA、4 ～ 20mA 两种，标准电压信号包括 ±10V、±5V、±2.5V 三种。对于双极性信号，其正常转换量程范围为 -27648 ～ +27648；对于单极性信号，其正常转换量程范围为 0 ～ 27648。

① 普通模拟量模块接线端子 普通模拟量模块接线端子分布如图 4-24 所示，以 EM AE04 为例，共有两排接线端子，上方为 X10，下方为 X11。将其端子从左向右分别编号为 1 ～ 7。

X10 的 1 号为 24V 电源正极，2 号为电源负极，3 号为功能接地，4 ～ 7 号为两个通道模拟量输入端子。每个模拟量通道都有两个接线端，其中 4 号为通道 0 的正端，5 号为通道 0 的负端，6、7 号分别为通道 1 的正端和负端。

X11 的 1 ～ 3 号没有定义，4、5 号分别为通道 2 的正端和负端，6、7 号分别为通道 3 的正端和负端。

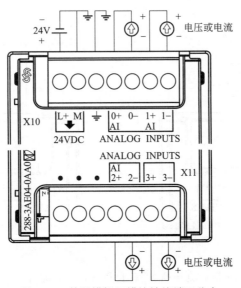

图 4-24 普通模拟量模块接线端子分布

② 模拟量传感器的接线 模拟量传感器根据线缆个数分成二线制、三线制、四线制三

种类型，不同类型的信号其接线方式不同。

a. 二线制接线方法。两线制信号指的是传感器上信号线和电源线加起来只有两个接线端子。一条线接电源正端，另一条线接模拟量通道正端。由于 S7-200 SMART CPU 模拟量模块通道没有供电功能，传感器需要外接 24V 直流电源。二线制信号的接线方式如图 4-25 所示。

b. 三线制接线方法。三线制信号是指传感器信号线和电源线加起来有 3 条线，一条线用来接电源正极，一条线用来接正信号线，负信号线与供电电源 M 线为公共线。三线制信号的接线方式如图 4-26 所示。

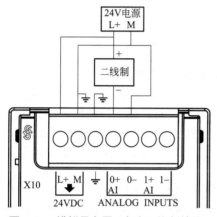

图 4-25　模拟量电压 / 电流二线制接线

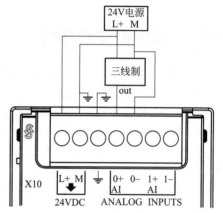

图 4-26　模拟量电压 / 电流三线制接线

c. 四线制接线方法。四线制信号指的是传感器上信号线和电源线加起来有 4 条线。传感器有单独的供电电源，四线制传感器有两条电源线和两条信号线。四线制信号的接线方式如图 4-27 所示。

d. 不使用的模拟量通道接线方法。对于不使用的模拟量通道，要将通道的两个信号端短接，接线方式如图 4-28 所示。

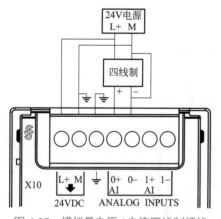

图 4-27　模拟量电压 / 电流四线制接线

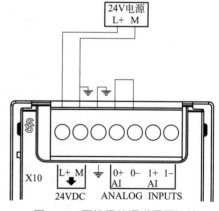

图 4-28　不使用的通道需要短接

（2）RTD 模块接线

RTD 模拟量输入模块为电阻测量提供端子 I+ 和 I- 电流端子。电流流经电阻，故测量电阻电压便能得到电阻的大小。

RTD 热电阻温度传感器有两线、三线和四线之分，S7-200 SMART EM RTD 模块支持二线制、三线制和四线制的 RTD 传感器信号，可以测量 PT100、PT1000、Ni100、Ni1000、

Cu100等常见的RTD温度传感器。RTD模拟量输入模块为四线制或三线制的测量可补偿线路阻抗，与二线制比较，测量结果精度较高。其中四线制传感器的测温值是最准确的。

S7-200 SMART EM RTD模块还可以检测电阻信号，电阻也有两线、三线和四线之分。RTD传感器/电阻信号的接线方法如图4-29所示。

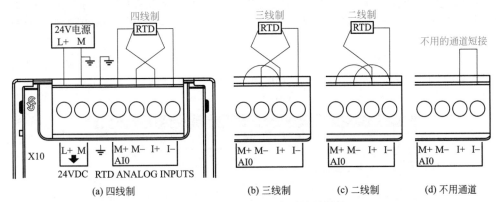

图 4-29　RTD 传感器 / 电阻信号接线

（3）TC模块接线

两种不同材质的导体组成闭合回路，当两端存在温度梯度时回路中就会有电流通过，此时两端之间就存在电动势，这便是热电偶测量温度的基本原理。

S7-200 SMART EM TC模块可以测量J、K、T、E、R&S和N型等热电偶温度传感器。TC模块的接线如图4-30所示。

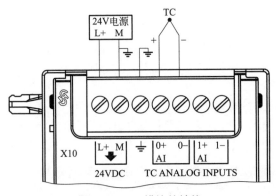

图 4-30　TC 模块的接线

4.3.2　组态模拟量

（1）组态模拟量输入

单击导航栏（或双击项目树）的"系统块"，出现"系统块"对话框，在顶部插入模拟量输入模块（如 EM AE04），此时，系统将自动分配其起始地址，如图4-31所示，分配的地址为AIW32。单击"模拟量输入"，选择通道。

① 类型组态　对于每条模拟量输入通道，类型可以选择电压或电流。为偶数通道选择的类型也适用于奇数通道：为通道0选择的类型也适用于通道1，为通道2选择的类型也适用于通道3。

② 范围组态　根据标准电压或电流信号，电压范围可以选择 ±2.5V、±5V 和 ±10V，电流范围可以选择 0～20mA。同一个通道组为同一种信号类型，不同的通道组可以接不同的信号类型。

③ 拒绝组态　传送模拟量信号至模块的信号线的长度和状况以及传感器的响应时间，会引起模拟量输入值的波动。如果波动值变化太快，将会导致程序无法有效响应，因此可以设定在某些频率点对信号进行抑制，以消除或最小化噪声。可组态的频率点为 10Hz、50Hz、60Hz 或 400Hz。

④ 平滑组态　为了平滑模拟量输入信号，可以通过取平均值的方法来实现。取平均值的采样次数有四种选择，分别为：无（无平滑）、弱、中、强。例如图 4-31 中选择"弱（4个周期）"，表示每 4 次采样算一次平均值。

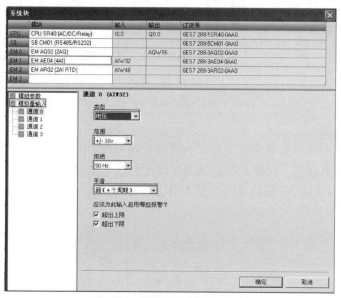

图 4-31　模拟量输入设置窗口

⑤ 报警组态　报警组态有超出上限、超出下限、用户电源三种，可以为所选模块的所选通道选择是启用还是禁用这些报警，其中用户电源报警的启用还是禁用在系统块的"模组参数"下组态，如图 4-32 所示。

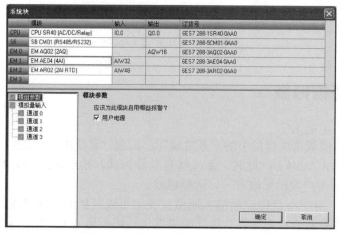

图 4-32　用户电源报警设置窗口

（2）组态RTD模拟量输入

单击导航栏的"系统块"，出现"系统块"对话框，并在顶部插入RTD模拟量输入模块，此时，系统将自动分配其起始地址，如图4-33所示，分配的地址为AIW48。单击"RTD"，例如选择通道0。

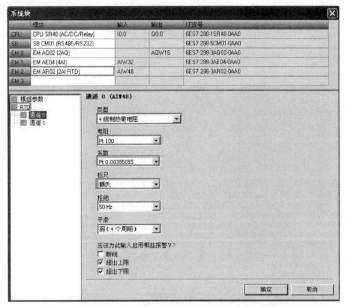

图4-33　RTD模拟量输入设置窗口

① RTD类型组态　对于每条RTD输入通道，根据实际情况可以选择的类型为：四线制电阻、三线制电阻、二线制电阻、四线制热敏电阻、三线制热敏电阻、二线制热敏电阻。

② 电阻组态　选择完类型后，可以对不同的RTD类型选择不同的RTD电阻。

③ 温度系数组态　所选RTD电阻，可为通道组态RTD温度系数。

④ 标尺组态　为通道组态温度标尺：可以选择摄氏度或华氏。对于四线制电阻、三线制电阻、二线制电阻等RTD类型和相关电阻，无法组态温度系数和温度标定。

⑤ 拒绝组态　传送RTD模拟量信号至模块的信号线的长度和状况以及传感器的响应时间，会引起RTD模拟量输入值的波动。如果波动值变化太快，将会导致程序无法有效响应，因此可以设定在某些频率点对信号进行抑制，以消除或最小化噪声。可组态的频率点为10Hz、50Hz、60Hz或400Hz。

⑥ 平滑组态　为了平滑模拟量输入信号，可以通过取平均值的方法来实现。取平均值的采样次数有四种选择，分别为：无（无平滑）、弱、中、强。

⑦ 报警组态　报警组态有断路、超出上限、超出下限、用户电源四种，可以为所选模块的所选通道选择是启用还是禁用这些报警，其中用户电源报警的启用还是禁用在系统块的"模组参数"下组态，如图4-34所示。

（3）组态模拟量输出

单击导航栏的"系统块"，出现"系统块"对话框，在顶部插入模拟量输出模块（如EM AQ02），如图4-35所示，系统自动分配起始地址，如AQW16。单击"模拟量输出"，选择通道。

① 类型组态　对于每条模拟量输出通道，都可以将类型组态为电压或电流。

② 范围组态　对于通道的电压范围或电流范围，可以根据实际情况选择。可以选择的

电压或电流范围：±10V 或 0～20mA。

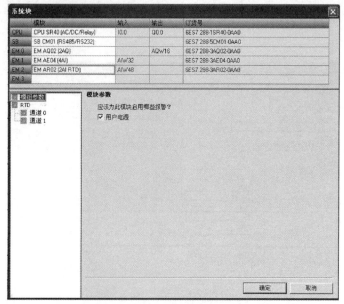

图 4-34　用户电源报警设置窗口

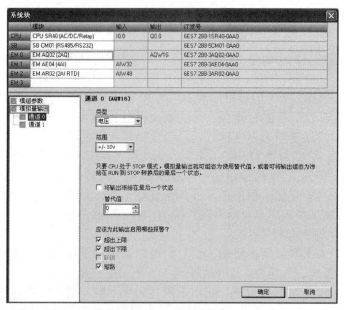

图 4-35　模拟量输出设置窗口

③"STOP"模式下的输出行为组态　当CPU处于"STOP"模式时，可以选择复选框"将输出冻结在最后一个状态"，也可以将模拟量输出点设置为一个替代值。其中，复选"将输出冻结在最后一个状态"时，就可在PLC进行"RUN"到"STOP"转换时将所有模拟量输出冻结在其最后值。如果没有复选"将输出冻结在最后一个状态"，只要CPU处于"STOP"模式就可使输出等于设置的替代值。替代值的设置范围为：–32512～32511。默认替代值为0。

④ 报警组态　报警组态有超出上限、超出下限、断路（仅限电流通道）、短路（仅限电压通道）、用户电源五种，可以为所选模块的所选通道选择是启用还是禁用这些报警，其中用户电源报警的启用还是禁用在系统块的"模组参数"下组态，如图 4-36 所示。

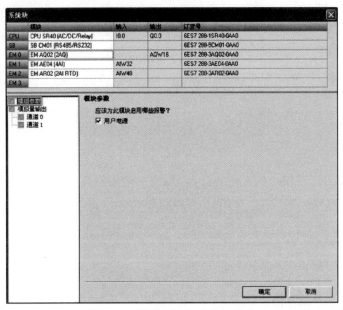

图 4-36　用户电源报警设置窗口

4.3.3　模拟量比例换算

A/D（模 / 数）、D/A（数 / 模）转换之间模拟量和数字量有对应关系，S7-200 SMART CPU 内部用数字值表示外部的模拟量信号，两者之间的数学关系便是模拟量 / 数字值的换算关系。

（1）模拟量比例换算

例 1：　假设压力变动器 A 的量程为 0 ～ 16MPa，输出信号为 0 ～ 20mA，模拟量模块的量程为 0 ～ 20mA，转换后的数字量数值范围为 0 ～ 27648；如果转换后得到的数字值为 10000，如图 4-37（a）所示为模拟量与转换值的关系曲线，则求解压力值 P 的关系式为：

$$\frac{P-0}{16-0}=\frac{10000-0}{27648-0} \tag{4-1}$$

解得此时的压力值为：P=5.79MPa。

例 2：　假设压力变动器 B 的量程为 0 ～ 16MPa，输出信号为 4 ～ 20mA，模拟量模块的量程为 0 ～ 20mA，转换后的数字量数值范围为 0 ～ 27648；如果转换后得到的数字值为 10000，如图 4-37（b）所示为模拟量与转换值的关系曲线，4 ～ 20mA 的信号输入，对应于数字量数值范围为 5530 ～ 27648，则求解压力值 P 的关系式为：

$$\frac{P-0}{16-0}=\frac{10000-5530}{27648-5530} \tag{4-2}$$

解得此时的压力值为：P=3.23MPa。

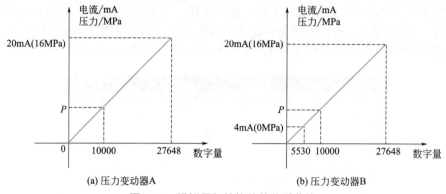

(a) 压力变动器A (b) 压力变动器B

图 4-37　模拟量与转换值的关系曲线

（2）模拟量比例换算公式

由例 1 和例 2 可以总结出模拟量的输入 / 输出的通用换算公式换算为：

$$O_{\mathrm{v}} = \frac{(O_{\mathrm{sh}} - O_{\mathrm{sl}}) \times (I_{\mathrm{v}} - I_{\mathrm{sl}})}{I_{\mathrm{sh}} - I_{\mathrm{sl}}} + O_{\mathrm{sl}} \tag{4-3}$$

式中　O_{v}——换算结果；

I_{v}——换算对象；

O_{sh}——换算结果的高限；

O_{sl}——换算结果的低限；

I_{sh}——换算对象的高限；

I_{sl}——换算对象的低限。

重要提示

① S7-200 SMART CPU 模拟量模块可以检测 0 ～ 20mA 和 4 ～ 20mA 的标准电流信号。两种电流信号的接线、在 STEP7-Micro/WIN SMART 软件中的参数设置都是一样的，区别在于：0 ～ 20mA 对应的通道值量程是 0 ～ 27648，而 4 ～ 20mA 对应的通道值量程是 5530 ～ 27648。

② S7-200 SMART EM RTD 和 TC 模块的输出量单位是 0.1℃，要改用℃作单位就要除以 10，即除以 10 就是实际的温度值。由于 RTD 和 TC 模块的通道值是整数值，需要把整数值转换成浮点数才能在计算后得到带有小数位的温度值。

③ 模拟量模块分辨率是指用多少位的数值来表示模拟量，它决定 A/D 模拟量转换芯片的转换精度。对于 0 ～ 20mA 的模拟量，如果分辨率为 10 位，则：

$$\frac{(20-0)\mathrm{mA}}{2^{10}} = \frac{20}{1024}\mathrm{mA} = 0.01953125\mathrm{mA} \tag{4-4}$$

因此，只有当外部电流信号的变化大于 0.01953125mA 时，模拟量 A/D 转换芯片才认为外部信号有变化。

如果分辨率为 11 位，则：

$$\frac{(20-0)\mathrm{mA}}{2^{11}} = \frac{20}{2048}\mathrm{mA} = 0.009765625\mathrm{mA} \tag{4-5}$$

因此，只有当外部电流信号的变化大于 0.009765625mA 时，模拟量 A/D 转换芯片才认为外部信号有变化。

对比分辨率为 10 位和 11 位的模拟量模块；显然，11 位的分辨率高，转换精度将比较高。

模拟量转换的精度除了取决于 A/D 转换的分辨率，还受到转换芯片的外围电路的影响。在实际应用中，输入的模拟量信号会有波动、噪声和干扰，内部模拟电路也会产生噪声、漂移，这些都会对转换的最后精度造成影响。这些因素造成的误差要大于 A/D 芯片的转换误差。

4.3.4 量程转化指令库

S7-200 SMART 可以集成两种类型的指令库，即西门子提供的标准指令库和用户自定义的指令库。西门子提供的标准指令库可以从相关网站下载，量程转化指令库的库文件为 scale.smartlib。

（1）添加库文件

① 将下载的库文件 scale.smartlib 复制到 Siemens\STEP 7-MicroWIN SMART\Lib 目录下，如图 4-38 所示。

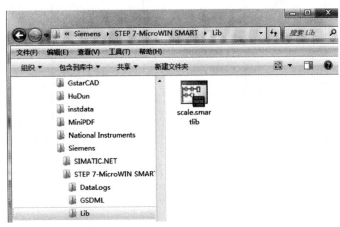

图 4-38 添加库文件

② 如图 4-39 所示，在指令树下用鼠标右键单击"库"，然后单击"刷新库"就可以看到新添加的库文件"Scale"。

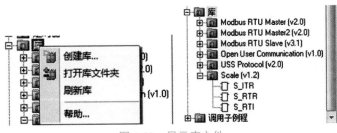

图 4-39 显示库文件

（2）指令库的子程序应用

① S_ITR 子程序　如图 4-40 所示的 S_ITR 子程序可用来将模拟量输入 4 ～ 20mA 的信号转换成 0.0 ～ 100.0 之间的值，存入 VD200 中。其中，4 ～ 20mA 对应的数字值为 5530 ～ 27648。此子程序各参数的含义如下。

Input：要线性转换的输入信号，输入信号取自 AIW32，此地址是在插入模拟量输入模块时，系统自动给出的起始地址。

ISH：输入值的上限，最大模拟量（20mA）对应的数字量值（27648）。

ISL：输入值的下限，最小模拟量（4mA）对应的数字量值（5530）。

OSH：输出值的上限，即测量范围最大值，此处为 100.0。

OSL：输出值的下限，即测量范围最小值，此处为 0.0。

Output：线性转换后的值，存入 VD200 中。

② S_RTI 子程序　如图 4-41 所示的 S_RTI 子程序可用来将模拟量量程 0.0 ～ 100.0 的数值转换成 4 ～ 20mA 的信号，并将结果存入 AQW16 中。此子程序各参数的含义如下。

Input：要转换的输入信号，输入信号取自 VD300。

ISH：输入值的上限，此处为 100.0。

ISL：输入值的下限，此处为 0。

OSH：输出值的上限，此处为 27648。

OSL：输出值的下限，此处为 5530。

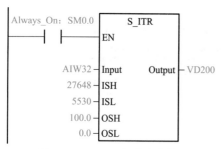

图 4-40　S_ITR 子程序举例

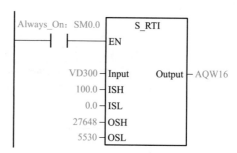

图 4-41　S_RTI 子程序举例

Output：转换后的值，存入 AQW16 中。此地址是在插入模拟量输出模块时，系统自动给出的起始地址。

第 5 章 西门子 PLC 控制变频器和电机

5.1 变频器及 PLC 控制

5.1.1 变频器简介

（1）变频器调速

异步电机调速系统的种类很多，但是效率很高、性能最好、应用最广的是变频调速，变频调速是以变频器向交流电机供电，并构成开环或闭环系统，从而实现对交流电机在宽范围内的无级调速。电机的转速公式为：

$$n = \frac{60f}{p}(1-s) \tag{5-1}$$

式中，n 为异步电机转速；f 为电机电源频率；s 为电机转差率；p 为电机磁极对数。

转速 n 与频率 f 成正比，改变频率 f 即可改变电机的转速，当频率 f 在 $0 \sim 50\text{Hz}$ 的范围内变化时，电机转速调节范围非常宽。变频器就是通过改变电机电源频率实现速度调节的，这是一种理想高效的调速手段。

（2）西门子 G120 变频器

① 基本操作面板　基本操作面板（BOP）如图 5-1（a）所示，图 5-1（b）是 G120 变频器的外形图。

② 操作面板功能　操作面板各功能键的作用如表 5-1 所示。

(a) 基本操作面板

(b) 外形图

图 5-1　G120 变频器

表 5-1　操作面板各功能键的作用

功能键	功能	说明
	启动键	可以启动电动机
	停止键	可以停止电动机
JOG	点动键	可以使电动机点动运行
	反转键	可以使电动机反转运行
P	参数键	用于进入要访问的参数和参数确认
△	增大键	在参数表中向后翻
▽	减小键	在参数表中向前翻
FN	功能键	显示器显示参数号时：短按，回参数表初始位置 显示器显示参数时：短按，跳到下一个参数 显示器显示故障或报警时：短按，对信息确认

③ 变频器参数　变频器常用参数如表 5-2 所示。

表 5-2　变频器常用参数

参数代号	参数意义	默认值	参数值说明
P0970	工厂复位	0	0：禁止工厂复位 1：参数复位 10：安全保护参数复位
P0010	调试参数过滤器	0	0：准备 1：快速调试 2：变频器 29：下载 30：工厂设置值 95：安全保护调试，仅适用于安全保护的控制单元
P0003	用户访问级	1	0：用户定义的参数表 1：标准级，可以访问常用的参数 2：扩展级，允许访问扩展功能参数，如变频器的 I/O 功能参数 3：专家级，只限于高级用户使用 4：维修级，只供授权的维修人员使用，具有密码保护
P0004	参数过滤器	0	0：全部参数 2：变频器参数 3：电机参数 4：速度传感器参数
P0005	显示选择	21	实际频率

续表

参数代号	参数意义	默认值	参数值说明
P0006	显示方式	2	在"运行准备"状态下，交替显示 P0005 的值和 r0020 的值。在"运行"状态下，只显示 P0005 的值
P0100	使用地区	0	0：欧洲【kW】50Hz 1：北美【hp】60Hz 2：北美【kW】60Hz
P0300	电动机型	2	1：异步电动机 2：同步电动机
P0304	额定电机电压	400V	这四个参数要根据具体的电机铭牌参数进行设置
P0305	额定电机电流	1.86A	
P0307	额定电机功率	0.75W	
P0310	额定电机频率	50Hz	
P0700	命令源的选择	2	0：工厂的缺省设置 1：BOP 操作面板 2：由端子控制 4：来自 RS232 的 USS 5：来自 RS485 的 USS 6：现场总线
P0701	数字输入 0 的功能	1	0：数字量输入禁用 1：ON（启动）/OFF1（常规停车） 2：ON（反转）/OFF1（常规停车）
P0702	数字输入 1 的功能	12	3：OFF2（自由停车） 4：OFF3（快速斜坡停车） 9：故障确认
P0703	数字输入 2 的功能	9	10：正向点动 11：反向点动 12：反向 13：增加速度
P0704	数字输入 3 的功能	15	14：降低速度 15：固定频率选择位 0 16：固定频率选择位 1
P0705	数字输入 4 的功能	16	17：固定频率选择位 2 18：固定频率选择位 3 25：使能直流制动 27：使能 PID
P0706	数字输入 5 的功能	17	29：外部跳闸信号 33：禁用附加频率设定 99：使能 BICO 参数化
P1000	选择频率设定 值的信号源	2	0：无主设定值 1：MOP 设定值 2：模拟量设定值 3：固定频率

续表

参数代号	参数意义	默认值	参数值说明
P1001	固定频率 1	0.00Hz	固定频率选择方式有两种： ①令参数 P1016=1，为直接选择方式。 在此运行方式下，每个 P1020 ~ P1023 参数选择 1 个固定频率，如果几个参数输入同时为 1，那么所选的固定频率将是它们的和。 ②令参数 P1016=2，为二进制编码选择方式。 采用这种选择方式可以选择多达 16 个不同的固定频率值
P1002	固定频率 2	5.00Hz	
P1003	固定频率 3	10.00Hz	
P1004	固定频率 4	15.00Hz	
P1005	固定频率 5	20.00Hz	
P1006	固定频率 6	25.00Hz	
P1007	固定频率 7	30.00Hz	
P1008	固定频率 8	40.00Hz	
P1016	频率选择方式	1	1：直接选择 2：二进制编码选择
P1120	斜坡上升时间	10.00s	
P1121	斜坡下降时间	10.00s	

5.1.2　PLC 和变频器控制电机正反转

（1）PLC的I/O分配表

如表 5-3 所示。

表 5-3　PLC 的 I/O 分配表

PLC 软元件	控制说明
I0.0	启动按钮，按下时，I0.0 的状态由 OFF → ON
I0.1	正转按钮，按下时，I0.1 的状态由 OFF → ON
I0.2	反转按钮，按下时，I0.2 的状态由 OFF → ON
I0.3	停止按钮，按下时，I0.3 的状态由 OFF → ON
Q0.0	数字输入 DIN0
Q0.1	数字输入 DIN1
Q0.2	数字输入 DIN2

（2）PLC与变频器的接线

PLC 与变频器的接线如图 5-2 所示。

（3）变频器的参数设置

变频器的参数设置如表 5-4 所示。由图 5-2 可知，DIN0、DIN1、DIN2 分别接 Q0.0、Q0.1、Q0.2，根据表 5-4 的参数设置，要求电机正转时，需要 Q0.0=Q0.2=1；要求电机反转时，需要 Q0.0= Q0.1=Q0.2=1。

注意　　如果 PLC 是继电器输出型，输出点可以直接接变频器数字输入端，否则，应通过中间继电器转换后再连接。

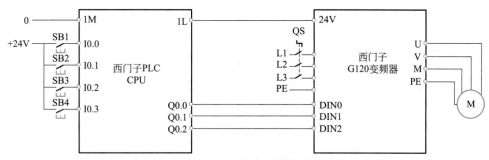

图 5-2　PLC 与变频器的接线

表 5-4　变频器的参数设置

参数代号	参数意义	设置值	设置值说明
P0010	调试参数过滤器	30	工厂设置值
P0970	工厂复位	1	恢复出厂值
P0003	参数访问权限	2	允许访问扩展功能参数，如变频器的 I/O 功能参数
P0700	选择命令源	2	命令信号源由端子排输入，而不是 MOP 面板
P0701	数字输入 DIN0 的功能	1	ON/OFF
P0702	数字输入 DIN1 的功能	12	反向
P0703	数字输入 DIN2 的功能	15	固定频率选择位 0
P1000	选择频率设定值的信号源	3	选择固定频率模式
P1001	固定频率 1	50Hz	固定频率为 50Hz
P1120	斜坡上升时间	0.5s	缺省值：10s
P1121	斜坡下降时间	0.5s	缺省值：10s

（4）程序实现

变频器控制电机正反转梯形图如图 5-3 所示。

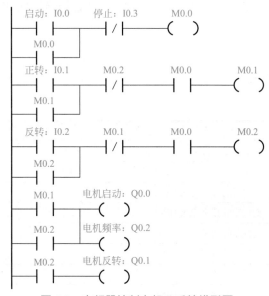

图 5-3　变频器控制电机正反转梯形图

程序说明

① 按下启动按钮 I0.0，启动标志 M0.0 得电自锁。

② 按下正转按钮 I0.1，正转标志 M0.1 得电自锁，Q0.0 和 Q0.2 得电，电机以 50Hz 的频率正转。同时常闭触点 M0.1 断开，使反转标志 M0.2 无法得电，按下停止按钮 I0.3，M0.0 失电，使 M0.1 失电，电机停止正转。

③ 按下反转按钮 I0.2，反转标志 M0.2 得电自锁，Q0.0、Q0.1 和 Q0.2 得电，电机以 50Hz 的频率反转。同时常闭触点 M0.2 断开，使正转标志 M0.1 无法得电，按下停止按钮 I0.3，M0.0 失电，使 M0.2 失电，电机停止反转。

④ 本程序必须先按下 I0.0，在启动准备条件下，按下 I0.1 开始正转，想要切换到反转，必须先按停止按钮 I0.3，使系统彻底停止后，再重新按下 I0.1 和 I0.2，启动反转。

5.1.3 综合实例

用变频器控制电机实现七段速的接线示意如图 5-4 所示。

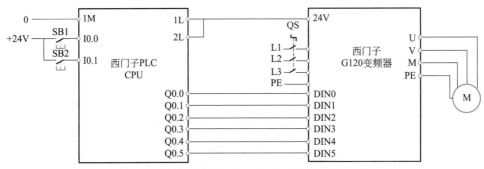

图 5-4　用变频器控制电机实现七段速的接线示意

控制要求

按下启动按钮，电机依次以 10Hz、30Hz、50Hz、20Hz 的速度正转运行，再以 15Hz、35Hz、50Hz、25Hz 的速度反转运行，如此循环，每 10s 切换一次速度。按下停止按钮后，电机停止运行。

元件说明

元件说明如表 5-5 所示。

表 5-5　元件说明

PLC 软元件	控制说明
I0.0	启动按钮，按下时，I0.0 的状态由 OFF → ON
I0.1	停止按钮，按下时，I0.1 的状态由 OFF → ON
Q0.0	变频器的数字输入 DIN0
Q0.1	变频器的数字输入 DIN1
Q0.2	变频器的数字输入 DIN2
Q0.3	变频器的数字输入 DIN3
Q0.4	变频器的数字输入 DIN4
Q0.5	变频器的数字输入 DIN5

参数设置

变频器的参数设置如表5-6所示。

表5-6 变频器的参数设置

序号	参数代号	参数意义	设置值	设置值说明
1	P0010	快速调试	30	工厂设置值
2	P0970	工厂复位	1	恢复出厂值
3	P0003	参数访问权限	2	允许访问扩展功能参数，如变频器 I/O 功能参数
4	P0700	选择命令源	2	命令信号源由端子排输入，而不是 MOP 面板
5	P0701	数字输入 DIN0 的功能	1	1=ON/OFF
6	P0702	数字输入 DIN1 的功能	12	反向
7	P0703	数字输入 DIN2 的功能	15	固定频率选择位 0
8	P0704	数字输入 DIN3 的功能	16	固定频率选择位 1
9	P0705	数字输入 DIN4 的功能	17	固定频率选择位 2
10	P0706	数字输入 DIN5 的功能	18	固定频率选择位 3
11	P1000	选择频率设定值的信号源	3	固定频率
12	P1001	固定频率 1	10.0Hz	第一段速：频率为 10Hz
13	P1002	固定频率 2	30.0Hz	第二段速：频率为 30Hz
14	P1003	固定频率 3	50.0Hz	第三段速：频率为 50Hz
15	P1004	固定频率 4	20.0Hz	第四段速：频率为 20Hz
16	P1005	固定频率 5	15.0Hz	第五段速：频率为 15Hz
17	P1006	固定频率 6	35.0Hz	第六段速：频率为 35Hz
18	P1007	固定频率 7	25.0Hz	第七段速：频率为 25Hz
19	P1016	频率选择方式	2	二进制码选择
20	P1120	斜坡上升时间	0.5s	缺省值：10s
21	P1121	斜坡下降时间	0.5s	缺省值：10s

根据图 5-4 可知，DIN0 ～ DIN5 分别接 Q0.0 ～ Q0.5，当数字输入端子 DIN5 ～ DIN2 为 0001 时，电机将以固定频率 1 的速度（第一段速）运行；为 0010 时电机将以固定频率 2 的速度（第二段速）运行。则七段速控制状态如表 5-7 所示。

表5-7 七段速控制状态表

频率控制				正反转控制	运行	运行频率	正 / 反转
Q0.5	Q0.4	Q0.3	Q0.2	Q0.1	Q0.0		
0	0	0	1	0	1	10.0Hz	正转
0	0	1	0	0	1	30.0Hz	
0	0	1	1	0	1	50.0Hz	
0	1	0	0	0	1	20.0Hz	

续表

频率控制				正反转控制	运行	运行频率	正/反转
Q0.5	Q0.4	Q0.3	Q0.2	Q0.1	Q0.0		
0	1	0	1	1	1	15.0Hz	反转
0	1	1	0	1	1	35.0Hz	
0	0	1	1	1	1	50.0Hz	
0	1	1	1	1	1	25.0Hz	

控制程序

控制程序见图 5-5。

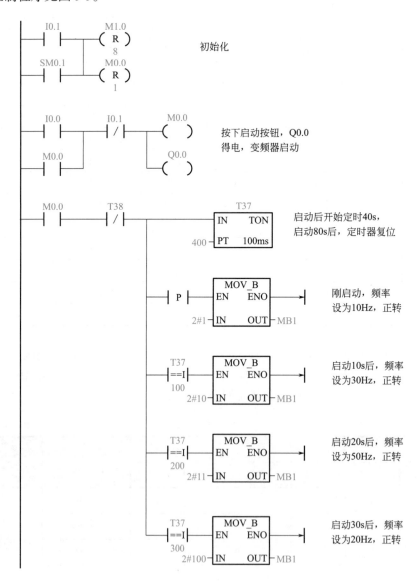

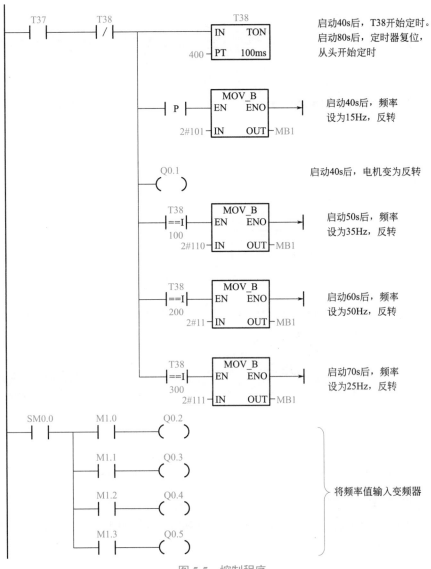

图 5-5 控制程序

启动40s后，T38开始定时。
启动80s后，定时器复位，
从头开始定时

启动40s后，频率
设为15Hz，反转

启动40s后，电机变为反转

启动50s后，频率
设为35Hz，反转

启动60s后，频率
设为50Hz，反转

启动70s后，频率
设为25Hz，反转

将频率值输入变频器

程序说明

① 按下启动按钮 I0.0，M0.0 得电并自锁，Q0.0 得电，启动变频器。MB1=2#1，即 Q0.5、Q0.4、Q0.3、Q0.2 为 2#0001，从而使电机以 10Hz 的速度正转。

② 启动 10s 后，MB1=2#10，即 Q0.5、Q0.4、Q0.3、Q0.2 为 2#0010，从而使电机以 30Hz 的速度正转，其余类似。

③ 启动 40s 后，T37 常开触点闭合，T38 开始计时，Q0.1 得电，Q0.0 保持得电。Q0.5、Q0.4、Q0.3、Q0.2 为 2#0101，从而使电动机以 15Hz 的速度反转，其余类似。

④ 启动 80s 后，T38 定时时间到，将定时器 T37 和 T38 复位。复位后 T37 又重新开始定时，重复下一个周期。

⑤ 按下停止按钮，系统停止。

5.2 高速脉冲输出

5.2.1 脉宽调制（PWM）

（1）脉宽调制PWM

PWM 是一种脉冲宽度调制技术，如图 5-6 所示，通过对脉冲的宽度进行调节，可以调节输出电压的大小。

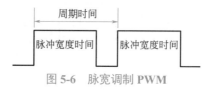

图 5-6　脉宽调制 PWM

如表 5-8 所示，设定脉宽等于周期（使占空比为 100%），输出连续接通；设定脉宽等于 0（使占空比为 0%），输出断开。

表 5-8　脉宽、周期和 PWM 功能的执行结果

脉宽 / 周期	结果
脉宽≥周期值	占空比为 100%；输出连续接通
脉宽 =0	占空比为 0%；输出断开
周期＜ 2 个时间单位	将周期缺省地设定为 2 个时间单位

（2）用指令向导编程方法实现输出周期为 2s、占空比为 50% 的脉冲

① 在"工具"菜单中的"向导"区域单击"PWM"，在脉宽调制向导中选择"PWM1"，单击"下一个"，如图 5-7 所示。

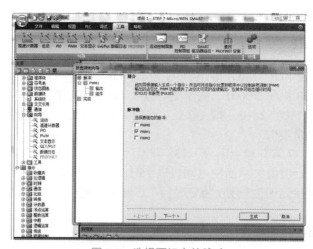

图 5-7　选择要组态的脉冲

② 在出现的脉冲命名窗口中，可以修改其名称，单击"下一个"，如图 5-8 所示。

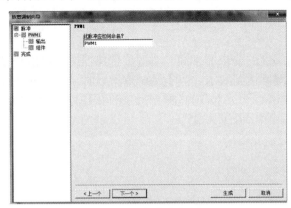

图 5-8　为脉冲命名

③ 在出现的输出窗口中，输出 Q0.1 与前面选择的 PWM1 相对应，不能修改，时基可以选择"毫秒"，单击"生成"，如图 5-9 所示。

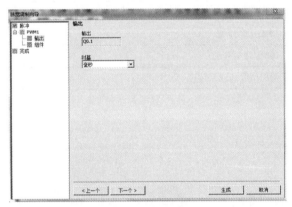

图 5-9　选择时基

④ 在指令树的"调用子例程"中，便出现了新生成的子程序［PWM1_RUN（SBR1）］，编写程序并将子程序拖到程序编辑区，如图 5-10 所示。使能端 EN 总是接通，周期设为2000ms，脉宽设为 1000ms，当 I0.0 接通时，Q0.1 输出相应参数的脉冲，当 I0.0 断开时，停止输出脉冲。

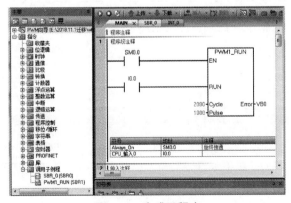

图 5-10　生成子程序

（3）综合实例

以智能灌溉为例。

控制要求

植物的生长对土壤湿度的要求非常高，对湿度传感器的测量值与设定值进行比较，决定水阀门的开度，使土壤湿度达到要求。当土壤严重干旱时，开关 I0.4 自动打开，控制阀门开度为 100%；当土壤干旱时，开关 I0.3 自动打开，控制阀门开度为 50%；当土壤比较干旱时，开关 I0.2 自动打开，控制阀门开度为 25%。

元件说明

元件说明见表 5-9。

表 5-9 元件说明

PLC 软元件	控制说明
I0.0	系统启动按钮，按下时，I0.0 状态由 OFF → ON
I0.1	系统关闭按钮，按下时，I0.1 状态由 OFF → ON
I0.2	25% 开度开关
I0.3	50% 开度开关
I0.4	100% 开度开关
Q0.0	阀门位置的驱动输出

控制程序

控制程序见图 5-11。

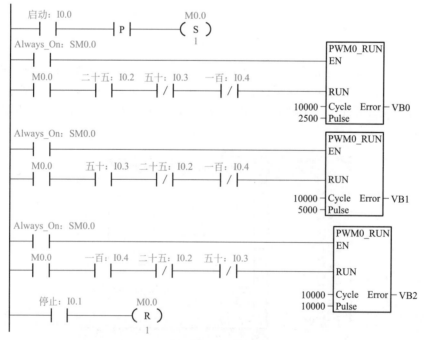

图 5-11 控制程序

程序说明

① 通过脉宽调制 PWM 指令来控制喷水阀门的开度。利用 PWM 指令向导生成子程序 PWM0_RUN。

② 按下系统启动按钮，I0.0=ON，M0.0 被置位，智能灌溉系统启动。

③ 当湿度传感器的测量值与设定值差距非常大时，即严重干旱，I0.4=ON，调用子程序 PWM0_RUN，脉宽和脉冲周期相等，喷水阀打开至 100% 开度位置。

④ 当湿度传感器的测量值与设定值差距较大时，即干旱，I0.3=ON，调用子程序 PWM0_RUN，脉宽为脉冲周期的 50%，喷水阀打开至 50% 开度位置。

⑤ 当湿度传感器的测量值与设定值存在差距较小时，即较干旱，I0.2=ON，调用子程序 PWM0_RUN，脉宽为脉冲周期的 25%，喷水阀打开至 25% 开度位置。

⑥ 按下系统关闭按钮，I0.1=ON，M0.0 被复位，喷水阀门停止喷水。

5.2.2 高速脉冲串输出（PTO）

（1）脉冲串输出（PTO）

PTO 固定输出占空比为 50% 的方波。方波的频率和脉冲数量可以根据需要指定，脉冲数量的取值范围为 1 ～ 2147483647。实践中，经常需要输出多个参数不同的脉冲串，则脉冲串排队，形成管道。当前脉冲串完成输出后，立即输出新脉冲串，这保证了脉冲串顺序输出的连续性。

（2）脉冲串输出的实现

① 控制要求　设计脉冲串输出程序，能够以 1000 个脉冲 /s 的速度连续输出，能够以 200 个脉冲 /s 的速度输出 2000 个脉冲后，再以 300 个脉冲 /s 的速度输出 6000 个脉冲，能够以 2000 个脉冲 /s 的速度输出 20000 个脉冲。在脉冲输出过程中，可以停止脉冲输出。

② 指令向导

a. 打开"STEP7-Micro/WIN SMART"软件，在"工具"菜单中的"向导"区域单击"运动"，如图 5-12 所示。在出现的新窗口下，选中"轴 0"。

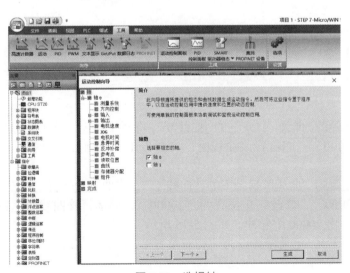

图 5-12　选择轴

b. 单击新窗口左侧的"测量系统",如图 5-13 所示,在出现的"选择测量系统"中选择"相对脉冲"。

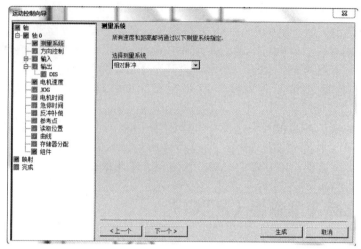

图 5-13　选择测量系统

c. 单击窗口左侧的"曲线",在窗口"曲线"中,单击"添加",添加三条曲线,并将名称修改为"曲线 0""曲线 1"和"曲线 2",根据需要添加注释,如图 5-14 所示。

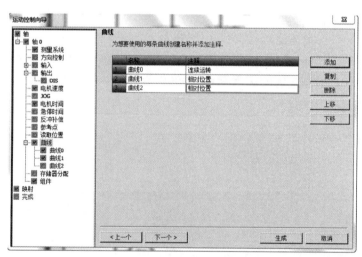

图 5-14　添加曲线

d. 单击窗口左侧的"曲线"目录下的"曲线 0",将曲线的运行模式设为"单速连续旋转",目标速度改为"1000",即运行该曲线时,PLC 以 1000 个脉冲 /s 的频率连续输出脉冲,如图 5-15 所示。

e. 单击窗口左侧的"曲线"目录下的"曲线 1",将曲线的运行模式设为"相对位置",目标速度改为"2000",修改终止位置为"20000",即运行该曲线时,PLC 以 2000 个脉冲 /s 的频率连续输出 20000 个脉冲,如图 5-16 所示。

f. 单击"曲线 2",运动模式设为"相对位置",单击"添加",添加一个"步",参数按图 5-17 设置。

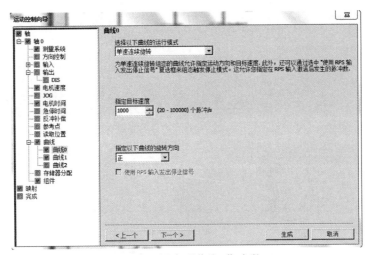

图 5-15 设定"曲线 0"参数

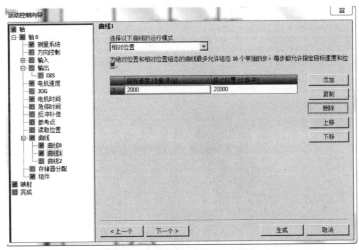

图 5-16 设定"曲线 1"参数

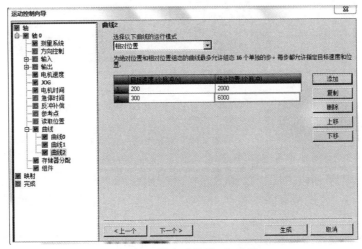

图 5-17 设定"曲线 2"参数

g. 单击窗口左侧的"存储器分配"，单击"建议"，存储区自动分配，如图 5-18 所示。

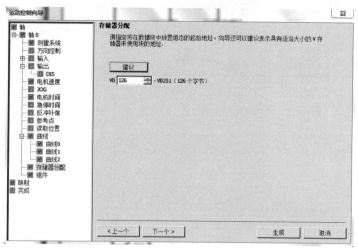

图 5-18　存储器分配

h. 单击窗口左侧的"组件"，为减少不必要程序存储空间的占用，用户可以选择需要用到的功能子程序，如果需要使用其他子程序，只需要重新配置指令向导即可。在 AXIS0_GOTO、AXIS0_MAN 和 AXIS0_RUN 选项后面打钩，如图 5-19 所示。

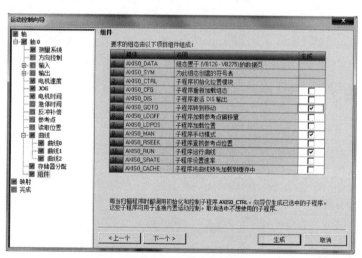

图 5-19　选择子程序

i. 单击"生成"，将生成四个子程序，如图 5-20 所示，可以根据需要编程，并调用这几个子程序。这几个子程序的功能分别为：

AXIS0_CTRL：初始化运动轴，对每个轴必须要启用一条初始化指令。而且要保证 EN 和 MOD_EN 一直是接通状态（SM0.0）。

AXIS0_MAN：手动模式控制运动。

AXIS0_GOTO：使机械设备按照"GOTO"命令给出的速度值、位置值、以指定的操作模式运动到相应的位置。

AXIS0_RUN：使设备按照预先定义好的运动轨迹包络，移动到指定的机械位置。

③ 控制程序　控制程序见图 5-21。

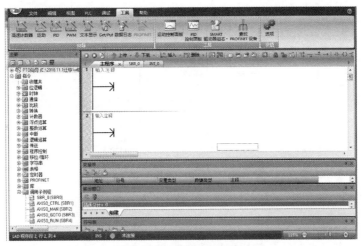

图 5-20 生成的子程序

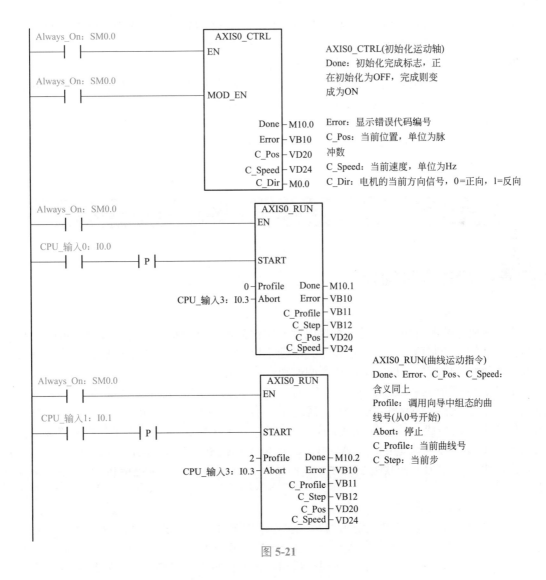

图 5-21

图 5-21 控制程序

程序说明

a. 按下 I0.0，按曲线 0 的参数执行运动。速度为 1000 个脉冲 /s，连续运转，按下 I0.3，脉冲输出停止。

b. 按下 I0.1，按曲线 2 的参数执行运动。由于曲线 2 中有两步，先以 200 个脉冲 /s 的速度输出，输出 2000 个脉冲后，再以 300 个脉冲 /s 的速度输出，输出 6000 个脉冲后，停止输出。在执行的过程中，按下 I0.3，脉冲输出停止。

c. 按下 I0.2，按曲线 1 的参数执行运动。以 2000 个脉冲 /s 的速度输出，输出 20000 个脉冲后，停止输出。在执行的过程中，按下 I0.3，脉冲输出停止。

d. 需要说明的是，参数 C_Pos 的值是相对上一曲线运动的执行结果累加的。C_Pos 在相对脉冲方式时单位为脉冲数，工程单位则为 mm；C_Speed 在相对脉冲方式时单位为 Hz，工程单位则为 mm/s。

5.3　步进电机及 PLC 控制

5.3.1　步进电机简介

（1）步进电机

步进电机又称脉冲电机，是一种将电脉冲转化为角位移的执行机构。步进电机可以通过控制脉冲个数来控制角位移量，从而达到准确定位的目的，同时可以通过控制脉冲频率来控制电机转动的速度和加速度，从而达到调速和定位的目的。

步进电机是按电磁吸引的原理工作的。错齿是其工作的关键，是推动其工作的根本原因。以反应式三相步进电机为例，其定子上有六个磁极，每个磁极上绕有励磁绕组，相对的两个磁极组成一相，分成 A、B、C 三相。转子无绕组，它是由带齿的铁芯做成的。当定子绕组按顺序轮流通电时，A、B、C 三对磁极就依次产生磁场，并每次对转子的某一对齿产生电磁引力，将其吸引过来，从而使转子一步步转动。步进电机的外形如图 5-22 所示。

（2）步进电机的通电方式

① 三相单三拍　步进电机绕组的每一次通断电操作称为一拍，每拍中只有一相绕组通电，其余绕组断电。通电顺序为 A → B → C → A → B → C。

由于每次只有一相绕组通电，在切换瞬间步进电机将失去自锁转矩，容易失步，易在平衡位置附近产生振荡，稳定性不佳，故实际应用中不采用单三拍工作方式。

② 三相双三拍　步进电机通电循环的每拍中都有两相绕组通电。通电顺序为 AB → BC → CA（或 AC → CB → BA）。

图 5-22　步进电机的外形

双三拍控制每次有两相绕组通电，而且切换时总保持一相绕组通电，所以工作比较稳定。

③ 三相六拍　步进电机通电循环的各拍中交替出现单、双相通电状态。通电顺序为 A → AB → B → BC → C → CA → A（或 A → AC → C → CB → B → BA）。

它比三相三拍控制方式步距角小一半，因而精度更高，且转换过程中始终保证有一个绕组通电，工作稳定，因此这种方式被大量采用。

（3）步进电机的基本参数

步进电机有步距角 α、齿数 z、转速 n 和频率 f 四个基本参数。

当步进电机驱动器接收到一个脉冲信号，它就驱动步进电机按设定的方向转动一个固定的角度，此角度被称为步距角。通电方式不仅影响步进电动机的矩频特性，对步距角也有影响。一个 m 相步进电机，如其转子上有 z 个小齿，则其步距角的计算公式为：

$$\alpha=\frac{360°}{kmz} \tag{5-2}$$

式中，k 为通电方式系数。当采用单相或双相通电方式，即相邻两次通电相数相同时，$k=1$；当采用单双相轮流通电方式，即相邻两次通电相数不同时，$k=2$。

由式（5-2）可知，采用单双相轮流通电方式时，k 为 2，与单相或双相通电方式相比，步距角减小一半。步距角越小，步进电机最小位移越小，位移的控制精度越高。

另外，步距角 α、频率 f 和转速 n 的关系为：

$$n=\frac{\alpha}{360}\times 60f=\frac{\alpha f}{6} \tag{5-3}$$

5.3.2　步进电机驱动器

当步进电机驱动器接收到一个脉冲信号，它就驱动步进电机按设定的方向转动一个固定的角度，它的旋转是以固定的角度一步一步运行的。TB6600 升级版两相步进电机驱动器的外形图如图 5-23 所示。

图 5-23　TB6600 升级版两相步进电机驱动器的外形图

（1）驱动器的接口和接线

驱动器的接口如表 5-10 所示。

表 5-10　驱动器的接口

接口		功能
信号输入	PUL+ PUL−	脉冲输入信号。默认脉冲上升沿有效。为了可靠响应脉冲信号，脉冲宽度应大于 1.2μs
	DIR+ DIR−	方向输入信号，高 / 低电平信号，为保证电机可靠换向，方向信号应先于脉冲信号至少 5μs 建立。电机的初始运行方向与电机绕组接线有关，互换任一相绕组（如 A+、A− 交换）可以改变电机初始运行方向
	ENA+ ENA−	使能输入信号（脱机信号），用于使能或禁止驱动器输出。使能时，驱动器将切断电机各相的电流使电机处于自由状态，不响应步进脉冲。当不需要此功能时，使能信号端悬空即可
电机绕组连接	A+，A−	电机 A 相绕组
	B+，B−	电机 B 相绕组
电源电压连接	VCC	直流电源正。范围 9 ～ 42VDC
	GND	直流电源负
状态指示	绿色 LED（上）	电源指示灯，故障指示灯。当驱动器接通电源时，该 LED 常亮；当驱动器切断电源时，该 LED 熄灭。若该 LED 不亮，代表出现故障。当故障被用户清除时，该 LED 常亮
	绿色 LED（下）	运行指示灯。驱动器接收脉冲，此灯闪烁。一旦停止发送脉冲，此灯常亮

① 驱动器的接线　输入信号接口有两种接法，接线如图 5-24 所示，用户可根据需要采用共阳极接法（低电平有效）或共阴极接法（高电平有效）。ENA 端可不接。ENA 有效时

电机转子处于自由状态（脱机状态），这时可以手动转动电机转轴，做适合的调节。手动调节完成后，再将 ENA 设为无效状态，以继续自动控制。

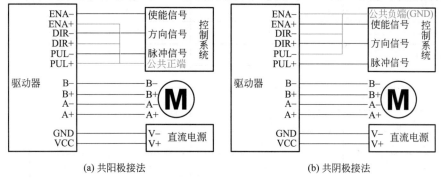

图 5-24　驱动器的接线

② 电机接线　两相四线、六线、八线电机接线如图 5-25 所示。

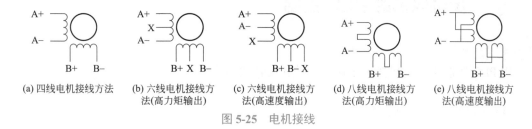

图 5-25　电机接线

（2）驱动器的细分精度、工作电流设定

驱动器采用六位拨码开关设定细分精度、工作电流，其中 SW1、SW2、SW3 用于细分精度设定，SW4、SW5、SW6 用于工作电流设定。

① 细分精度设定　如果步距角为 1.8°，则电机旋转一周需要 360°/1.8°=200 个脉冲。如果驱动器提供 8 细分模式，则需要 200×8=1600 个脉冲才能使电机旋转一周。所以，细分控制步进电机的精度。

细分精度设定如表 5-11 所示。

表 5-11　细分精度设定

细分	脉冲/圈	SW1	SW2	SW3
NC	NC	ON	ON	ON
1	200	ON	ON	OFF
2/A	400	ON	OFF	ON
2/B	400	OFF	ON	ON
4	800	ON	OFF	OFF
8	1600	OFF	ON	OFF
16	3200	OFF	OFF	ON
32	6400	OFF	OFF	OFF

注：NC 代表电机失能脱机；2/A 与 2/B 都是 2 细分。

② 工作电流设定　工作电流设定如表 5-12 所示。

表 5-12　工作电流设定

电流 /A	峰值 /A	SW1	SW2	SW3
0.5	0.7	ON	ON	ON
1.0	1.2	ON	OFF	ON
1.5	1.7	ON	ON	OFF
2.0	2.2	ON	OFF	OFF
2.5	2.7	OFF	ON	ON
2.8	2.9	OFF	OFF	ON
3.0	3.2	OFF	ON	OFF
3.5	4.0	OFF	OFF	OFF

5.3.3　步进电机的 PLC 控制

程序要求

用 PLC 控制步进电机按一定速度正转和反转的功能。

（1）PLC 的 I/O 分配表

PLC 的 I/O 分配表见表 5-13。

表 5-13　PLC 的 I/O 分配表

PLC 软元件	控制说明
I0.0	启动按钮，按下时，I0.0 的状态由 OFF → ON
I0.1	正转按钮，按下时，I0.1 的状态由 OFF → ON
I0.2	反转按钮，按下时，I0.2 的状态由 OFF → ON
I0.3	停止按钮，按下时，I0.3 的状态由 OFF → ON
Q0.0	高速脉冲输出端
Q0.1	方向控制端

（2）PLC 与驱动器和步进电机的接线

PLC 与驱动器和步进电机的接线如图 5-26 所示。

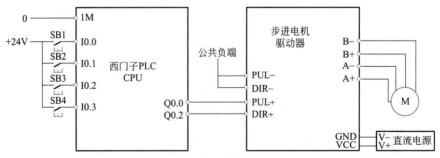

图 5-26　PLC 与驱动器和步进电机的接线

（3）程序实现

控制程序见图 5-27。

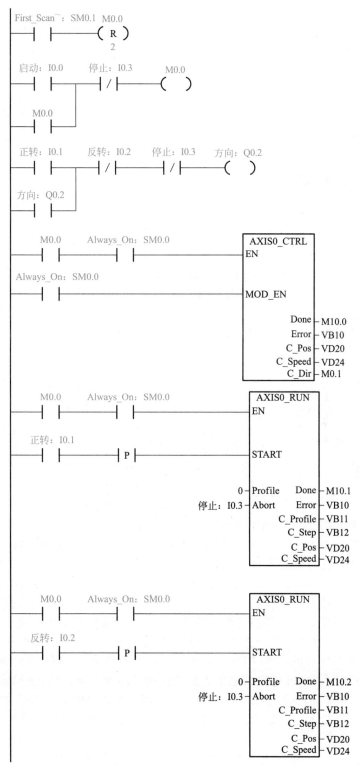

图 5-27 控制程序

程序说明

利用运动指令向导组态轴 0 的曲线 0 为"单速连续旋转"模式。

① 按下启动按钮 I0.0，M0.0 得电并自锁。

② 按下正转按钮 I0.1，高速脉冲从 Q0.0 端子输出，Q0.2 得电，正转。

③ 按下反转按钮 I0.2，高速脉冲从 Q0.0 端子输出，Q0.2 失电，反转。

④ 按下停止按钮 I0.3，停止脉冲输出，停转。

5.4 伺服电机及 PLC 控制

5.4.1 伺服电机简介

（1）伺服电机

伺服电机是指在伺服系统中控制机械元件运转的发动机，在闭环里使用，可以随时把信号传给系统，同时利用系统给出的信号来修正自己的运转。

伺服电机本身具备发出脉冲的功能，所以伺服电机每旋转一个角度，都会发出对应数量的脉冲，这样和伺服电机接收的脉冲进行呼应，形成了闭环。因此，系统知道发了多少脉冲给伺服电机，又收回了多少个脉冲回来，就能够很精确地控制电机的转动，从而实现精确的定位。某一伺服电机外形如图 5-28 所示。

图 5-28 伺服电机外形

（2）步进电机与伺服电机的性能比较

步进电机和交流伺服电机在脉冲串和方向信号等控制方式上相似，但在使用性能和应用场合上存在着较大的差异。

① 控制精度不同 两相混合式步进电机步距角一般为 1.8°、0.9°，五相混合式步进电机步距角一般为 0.72°、0.36°。也有一些高性能的步进电机通过细分后步距角可以设置为 1.8°、0.9°、0.72°、0.36°、0.18°、0.09°、0.072°、0.036°，兼容了两相和五相混合式步进电机的步距角。

交流伺服电机的控制精度由电机轴后端的旋转编码器保证。对于带 17 位编码器的电机而言，驱动器每接收 131072 个脉冲电机转一圈，即其脉冲当量为 $360°/131072=0.0027466°$，是步距角为 1.8°的步进电机的脉冲当量的 1/655。

② 低频特性不同 步进电机在低速时易出现低频振动现象。振动频率与负载情况和驱动器性能有关，一般认为振动频率为电机空载起跳频率的一半。这种由步进电机的工作原理所决定的低频振动现象对于机器的正常运转非常不利。交流伺服电机运转非常平稳，即使在低速时也不会出现振动现象。交流伺服系统具有共振抑制功能，可涵盖机械的刚性不足，并且系统内部具有频率解析机能（FFT），可检测出机械的共振点，便于系统调整。

③ 矩频特性不同 步进电机的输出力矩随转速升高而下降，且在较高转速时会急剧下降，所以其最高工作转速一般在 300 ～ 600r/min 之间。交流伺服电机为恒力矩输出，即在其额定转速（一般为 2000r/min 或 3000r/min）以内，都能输出额定转矩，在额定转速以上为恒功率输出。

④ 过载能力不同 步进电机一般不具有过载能力。交流伺服电机具有较强的过载能力。有些伺服电机其最大转矩为额定转矩的 2 ～ 3 倍，可用于克服惯性负载在启动瞬间的惯性力

矩。步进电机没有这种过载能力，所以，在选型时为了克服这种惯性力矩，往往需要选取较大转矩的电机，而机器在正常工作期间又不需要那么大的转矩，便出现了力矩浪费的现象。

⑤ 运行性能不同　步进电机控制为开环控制，启动频率过高或负载过大易出现丢步或堵转的现象，停止时转速过高易出现过冲的现象，所以为保证其控制精度，应处理好升、降速问题。交流伺服驱动系统为闭环控制，驱动器可直接对电机编码器反馈信号进行采样，内部构成位置环和速度环，一般不会出现步进电机丢步或过冲的现象，控制性能更为可靠。

⑥ 速度响应性能不同　步进电机从静止加速到工作转速（一般为每分钟几百转）需要200～400ms。交流伺服系统的加速性能较好，有些电机达到3000r/min仅需几毫秒，可用于要求快速启停的控制场合。

5.4.2　伺服电机的 PLC 控制

S7-200 SMART PLC 模块实现下述控制要求：启动以后，以 500 脉冲/s 的速度远离原点，限 15000 个脉冲，以 200 脉冲/s 的速度远离原点，限 5000 个脉冲。停留 20s 后，以 2000 脉冲/s 的速度接近原点，限 20000 个脉冲。

（1）元件说明

元件说明如表 5-14 所示。

表 5-14　元件说明

PLC 软元件	控制说明
I0.0	启动按钮，按下时，I0.0 的状态由 OFF → ON
I0.1	停止按钮，按下时，I0.1 的状态由 OFF → ON
Q0.0	高速脉冲输出
Q0.1	方向输出

（2）运动指令向导配置

利用运动指令向导配置曲线 0、1，如图 5-29 所示。

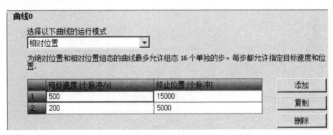

(a) 配置曲线0

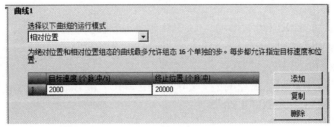

(b) 配置曲线1

图 5-29　曲线的配置

（3）控制程序

控制程序见图5-30。

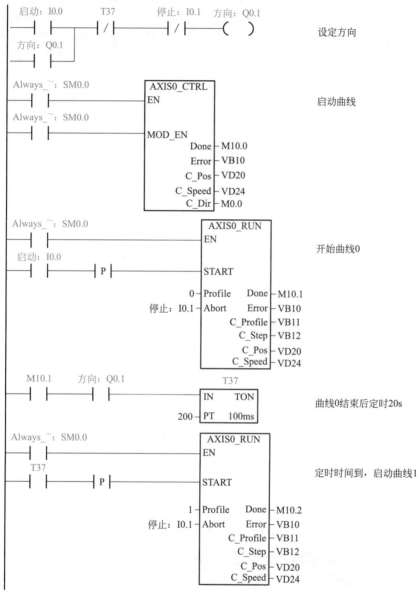

图5-30　控制程序

程序说明

① 按下启动按钮I0.0，Q0.1得电，以500脉冲/s的速度远离原点，共15000个脉冲，以200脉冲/s的速度远离原点，共5000个脉冲。

② 曲线0完成后，开始定时20s。

③ 20s时间到，T37常闭触点断开，Q0.1失电，T37常开触点闭合，启动曲线1，2000脉冲/s的速度接近原点，共20000个脉冲。

④ 按下停止按钮I0.1，停止。

第6章 西门子 S7-200 SMART PLC 通信

6.1 通信端口以及连接方式

每个 S7-200 SMART CPU 都提供一个以太网端口和一个 RS485 端口（端口 0），标准型 CPU 额外支持 SB CM01 信号板（端口 1），信号板可通过 STEP7-Micro/WIN SMART 软件组态为 RS232 通信端口或 RS485 通信端口。

6.1.1 CPU 通信端口引脚分配

（1）RS485 通信端口

S7-200 SMART CPU 集成的 RS485 通信端口是与 RS485 兼容的 9 针 D 形连接器。其通信端口的引脚分配如表 6-1 所示。

表 6-1　S7-200 SMART CPU 集成 RS485 通信端口的引脚分配

连接器	引脚标号	信号	引脚定义
	1	屏蔽	机壳接地
	2	24V 返回	逻辑公共端
	3	RS485 信号 B	RS485 信号 B
	4	发送请求	RTS（TTL）
	5	5V 返回	逻辑公共端
	6	+5V	+5V，100Ω 串联电阻
	7	+24V	+24V
	8	RS485 信号 A	RS485 信号 A
	9	不适用	10 位协议选择（输入）
	外壳	屏蔽	机壳接地

（2）SB CM01信号板

① 引脚分配　标准型 CPU 额外支持 SB CM01 信号板，其引脚分配如表 6-2 所示。

表 6-2　S7-200 SMART SB CM01 信号板端口的引脚分配表

连接器	引脚标号	信号	引脚定义
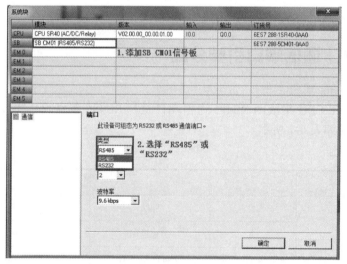	1	接地	机壳接地
	2	Tx/B	RS232-Tx/RS485-B
	3	RTS（TTL）	发送请求
	4	M 接地	逻辑公共端
	5	Rx/A	RS232-Rx/RS485-A
	6	+5V	+5V，100Ω 串联电阻

② 组态为 RS232 通信端口或 RS485 通信端口的方法　使用 STEP7-Micro/WIN SMART 软件可以将 SB CM01 信号板组态为 RS485 通信端口或 RS232 通信端口。首先，双击项目树（或单击导航栏）的系统块，出现系统块窗口。在系统块窗口上端 SB 栏选择添加 SB CM01 信号板，并且选择 "RS485" 或 "RS232" 类型，设定地址和波特率，便实现了将 SB CM01 信号板组态为 RS485 通信端口或 RS232 通信端口，如图 6-1 所示。

图 6-1　SB CM01 信号板组态过程

6.1.2　以太网端口连接

S7-200 SMART CPU 的以太网端口有两种连接方法：直接连接和网络连接。

（1）直接连接

当一个 S7-200 SMART CPU 与一个编程设备、HMI 或者另外一个 S7-200 SMART CPU 通信时，实现的是直接连接。直接连接不需要使用交换机，使用网线直接连接两个设备即可，如图 6-2 所示。

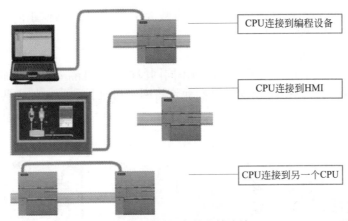

图 6-2　通信设备的直接连接

（2）网络连接

当两个以上的通信设备进行通信时，需要使用交换机来实现网络连接。可以使用导轨安装的西门子 CSM1277 四端口交换机来连接多个 CPU 和 HMI 设备。多个通信设备的网络连接如图 6-3 所示。

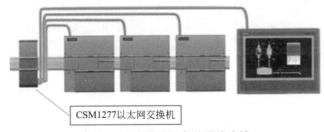

图 6-3　多个通信设备的网络连接

6.1.3 RS485 网络连接

（1）RS485网络的传输距离和波特率

RS485 网络为采用屏蔽双绞线电缆的线性总线网络，总线两端需要终端电阻。RS485 网络允许每一个网段的最大通信节点数为 32 个，允许的最大电缆长度则由通信端口是否隔离以及通信波特率大小两个因素所决定。RS485 网段电缆的最大长度如表 6-3 所示。

表 6-3　RS485 网段电缆的最大长度

波特率	S7-200 SMART CPU 端口	隔离型 CPU 端口
9.6 ～ 187.5kbps	50m	1000m
500kbps	不支持	400m
1 ～ 1.5Mbps	不支持	200m
3 ～ 12Mbps	不支持	100m

S7-200 SMART CPU 集成的 RS485 端口以及 SB CM01 信号板都是非隔离型通信端口，与网段中其他节点通信时需要做好参考点电位的等电位连接，允许的最大通信距离为 50m。

如果需要为网络提供隔离或网络中的通信节点数大于 32 个或者通信距离大于 50m，则需要添加 RS485 中继器拓展网络连接。

（2）RS485 中继器的作用

RS485 中继器可用于延长网络距离，对不同网段进行电气隔离以及增加通信节点数量。

① 延长网络距离　网络中添加中继器允许将网络再延长 50m，如果两台中继器连接在一起，中间无其他节点，则可将网络延长 1000m，一个网络中最多可以使用 9 个西门子中继器。使用 RS485 中继器拓展网络的接线如图 6-4 所示。

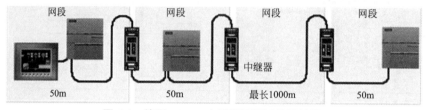

图 6-4　使用 RS485 中继器拓展网络的接线

重要提示

　　S7-200 SMART CPU 自由口通信、Modbus RTU 通信和 USS 通信时，不能使用西门子中继器拓展网络。

② 电气隔离不同网段　RS485 中继器可以使参考点电位不相同的网段相互隔离，从而确保通信传输质量。

③ 增加网络设备　在一个 RS485 网段中，最多可以连接 32 个通信节点。使用中继器可以拓展一个网段，即可再连接 32 个通信节点，但是中继器本身也占用一个通信节点位置，所以拓展的网段只能再连接 31 个通信节点。

（3）RS485 网络连接器

① RS485 网络连接器种类　西门子提供了两种类型的 RS485 网络连接器，一种是标准型网络连接器，另一种则增加了可编程接口。带有可编程接口的网络连接器可以将 S7-200 SMART CPU 集成的 RS485 端口所有通信引脚扩展到编程接口，其中 2 号、7 号引脚对外提供 24VDC 电源，可以用于连接 TD400C。

② 网络连接器终端和偏置电阻　如图 6-5 所示，网络连接器上有两组连接端子，用于连接输入电缆和输出电缆。网络连接器上具有终端和偏置电阻的选择开关，网络两端的通信节点必须将网络连接器的选择开关设置为 ON，网络中间的通信节点需要将选择开关设置为

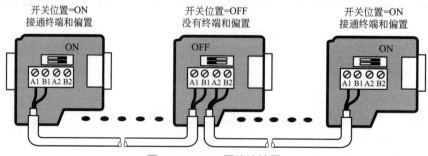

图 6-5　RS485 网络连接器

OFF。当信号传输到网络末端时，如果电缆阻抗很小或者没有阻抗，则会引起信号反射，在网络的两端接一个与电缆的特性阻抗相同的终端电阻，使电缆阻抗连续，则会消除这种反射。另外，当网络上没有通信节点发送数据时，网络总线处于空闲状态，增加偏置电阻可使总线上有一个确定的空闲电位，保证了逻辑信号"0""1"的稳定性。

典型的网络连接器终端和偏置电阻的接线如图6-6所示。

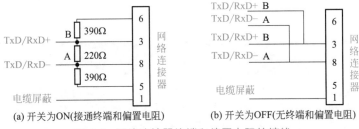

图 6-6 网络连接器终端和偏置电阻的接线

使用SB CM01信号板可用于连接RS485网络，当信号板为终端通信节点时需要连接终端和偏置电阻，典型的电路图如图6-7所示。

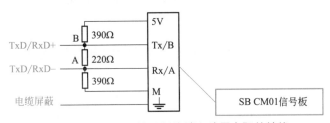

图 6-7 SB CM01 信号板终端和偏置电阻的接线

（4）RS232连接

RS232网络为两台设备之间的点对点连接，最大通信距离为15m，通信速率最大为115.2kbps。RS232连接可用于连接扫描器、打印机、调制解调器等设备。SB CM01信号板通过组态可以设置为RS232通信端口，典型的RS232接线方式如图6-8所示。

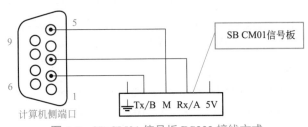

图 6-8 SB CM01 信号板 RS232 接线方式

6.2 S7-200 SMART 之间的以太网通信

6.2.1 S7-200 SMART CPU Get/Put 向导编程

CPU1为主机，其IP地址为192.168.2.100，CPU2为从机，其IP地址为192.168.2.101。

通信任务是把 CPU1 的 VB100 ~ VB107 写入 CPU2 的 VB0 ~ VB7 中，把 CPU2 中的 VB100 ~ VB107 读写到 CPU1 的 VB0 ~ VB7 中。

（1）S7-200 SMART CPU Get/Put 向导

S7-200 SMART CPU Get/Put 向导最多允许组态 16 项独立 Get/Put 操作，并生成代码块来协调这些操作。Get/Put 向导编程步骤为：

① STEP7 Micro/WIN SMART 在"工具"菜单的"向导"区域单击"Get/Put"按钮，启动 Get/Put 向导，如图 6-9 所示。

图 6-9　启动 Get/Put 向导

② 如图 6-10 所示，在弹出的"Get/Put 向导"界面中，单击"添加"按钮（a 处），进行添加 Get/Put 操作。单击每个操作的"Name"和"Comment"，为其创建名称并添加注释（b 处）。

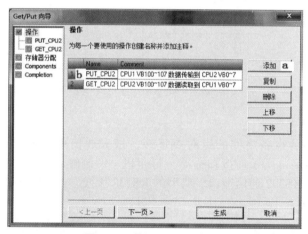

图 6-10　添加 Get/Put 操作

③ 定义 Get/Put 操作。

定义 PUT_CPU2：单击左侧操作名称 PUT_CPU2，出现定义界面，如图 6-11 所示，定义 Get/Put 操作，读取本地 CPU 的 VB100 ~ VB107 的数值传入远程 CPU 的 VB0 ~ VB7 中。

a. 在 Put 或 Get 两种操作类型中选择操作的类型为"Put"。

b. 设置通信的数据长度为 8 个字节。

c. 定义远程 CPU 的 IP 地址为 192.168.2.101。

d. 定义本地 CPU 的通信区域和起始地址 VB100。

e. 定义远程 CPU 的通信区域和起始地址 VB0。

定义 GET_CPU2：单击左侧操作名称 GET_CPU2，出现定义界面，如图 6-12 所示，定义 Get/Put 操作，读取远程 CPU 的 VB100 ~ VB107 的数值传入本地 CPU 的 VB0 ~ VB7 中。

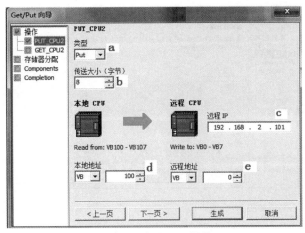

图 6-11　定义 Put 操作

a. 在 Put 或 Get 两种操作类型中选择操作的类型为"Get"。

b. 设置通信的数据长度为 8 个字节。

c. 定义远程 CPU 的 IP 地址为 192.168.2.101。

d. 定义本地 CPU 的通信区域和起始地址 VB0。

e. 定义远程 CPU 的通信区域和起始地址 VB100。

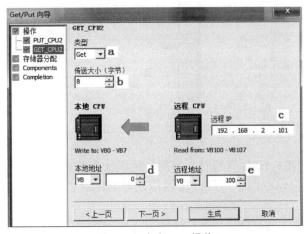

图 6-12　定义 Get 操作

④ 定义 Get/Put 向导存储器地址分配。

单击左侧"存储器分配"，出现"存储器分配"界面，如图 6-13 所示。单击"建议"按钮向导会自动分配存储器地址。需要确保程序中已经占用的地址、Get/Put 向导中使用的通信区域不能与存储器分配的地址重复，否则将导致程序不能正常工作。

⑤ 在图 6-13 中，单击"生成"按钮将自动生成网络读写指令以及符号表。需要时只需在主程序中调用向导所生成的网络读写指令即可，如图 6-14 所示。

NET_EXE 子程序用于启用程序内部的网络通信，调用时，NET_EXE 子程序将依次执行已组态的 Get 和 Put 操作。执行全部已组态的操作后，子程序将触发循环输出，表示完成一个循环。如果其中一台远程设备不可用（未连接或断电），NET_EXE 将等待设备响应，等待时间最长为 100ms。如果远程设备无响应，CPU 将在操作状态字节中设置激活位并继续下一操作。NET_EXE 的最短循环时间为 50ms，这样可为网络上的其他设备预留时间访问 CPU。

195

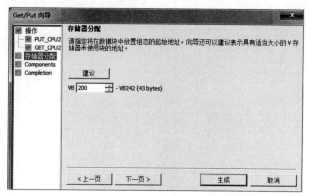

图 6-13　分配存储器地址

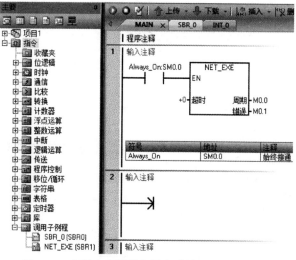

图 6-14　主程序中调用向导生成的网络读写指令

由图 6-14 可见，NET_EXE 有超时、周期、错误 3 个参数，它们的含义如下：

超时：超时输入为整数值，用以设定通信超时时限，范围为 1 ～ 32767s，若为 0，则不计时。

周期：输出开关量，所有网络读/写操作每完成一次则切换一次状态，即在一个周期为假值（0），下一周期为真值（1），第三个周期为假值（0）。

错误：输出开关量，发生错误时为 1，无错误时为 0。

（2）控制程序

控制程序见图 6-15。

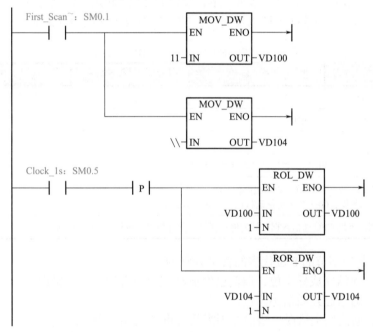

(a) 主机PLC1程序

(b) 从机PLC2程序

图 6-15　控制程序

程序说明

① 如图 6-15（a）所示，每隔 1s，主机 PLC1 的 VB100 ～ VB107 变化一次，通过调用子程序 NET_EXE，将 VB100 ～ VB107 的数值传入从机的 VB0 ～ VB7 中。

② 如图 6-15（b）所示，每隔 1s，从机 PLC2 的 VB100 ～ VB107 变化一次，然后将 VB100 ～ VB107 存储的数值传入主机的 VB0 ～ VB7 中。

6.2.2　通过指令编程实现通信

（1）PUT/GET指令

S7-200 SMART CPU 提供了 PUT/GET 指令，用于 S7-200 SMART CPU 之间的以太网通信。

PUT/GET 指令只需要在主动建立连接的 CPU 中调用执行，被动建立连接的 CPU 不需要进行通信编程。

① PUT/GET 指令的指令格式及功能　PUT/GET 指令的指令格式及功能如表 6-4 所示。

表 6-4　PUT/GET 指令的指令格式及功能

指令名称	梯形图	语句表	功能
PUT 指令	PUT EN ENO TABLE	PUT TABLE	启动以太网端口上的通信操作，将数据写入远程设备。PUT 指令可向远程设备写入最多 212 个字节的数据
GET 指令	GET EN ENO TABLE	GET TABLE	启动以太网端口上的通信操作，从远程设备获取数据。GET 指令可从远程设备读取最多 222 个字节的数据

② 操作数 TABLE 参数定义　表 6-5 中，操作数 TABLE 用于定义远程 CPU 的 IP 地址、本地 CPU 和远程 CPU 的数据区域以及通信长度，其参数定义如表 6-5 所示。

表 6-5　PUT/GET 指令的 TABLE 参数定义

字节偏移量	bit7	bit6	bit5	bit4	bit3	bit2	bit1	bit0
0	D	A	E	0	错误代码			
1～4	远程 CPU 的 IP 地址							
5～6	预留（必须设置为 0）							
7～10	指向远程 CPU 通信数据区域的地址指针（允许数据区域包括：I、Q、M、V）							
11	通信数据长度，指需要访问远程 CPU 通信数据的字节个数，PUT 指令可向远程设备写入最多 212 个字节的数据，GET 指令可从远程设备读取最多 222 个字节的数据							
12～15	指向本地 CPU 通信数据区域的地址指针（允许数据区域包括：I、Q、M、V）							

表 6-5 中，起始字节的 8 位代表的含义分别为：

D（bit7）：通信完成标志位，通信已经成功完成或者通信发生错误。

A（bit6）：通信已经激活标志位。

E（bit5）：通信发生错误，错误原因需要查询"错误代码"。

错误代码（bit0～bit3）：PUT 和 GET 指令 TABLE 参数的错误代码，详情如表 6-6 所示。

表 6-6　PUT 和 GET 指令 TABLE 参数的错误代码

错误代码	描述
0	通信无错误
1	PUT/GET TABLE 参数表中存在非法参数： 本地 CPU 通信区域不包括 I、Q、M 或 V。 本地 CPU 不足以提供请求的数据长度。 对于 GET 指令数据长度为零或大于 222 字节。对于 PUT 指令数据长度大于 212 字节。 远程 CPU 通信区域不包括 I、Q、M 或 V。 远程 CPU 的 IP 地址是非法的（0.0.0.0）。 远程 CPU 的 IP 地址为广播地址或组播地址。 远程 CPU 的 IP 地址与本地 CPU 的 IP 地址相同。 远程 CPU 的 IP 地址位于不同的子网

续表

错误代码	描述
2	同一时刻处于激活状态的 PUT/GET 指令过多（仅允许 16 个）
3	无可以连接资源，当前所有的连接都在处理未完成的数据请求（S7-200 SAMRT CPU 主动连接资源数为 8 个）
4	从远程 CPU 返回的错误： 请求或发送的数据过多。 STOP 模式下不允许对 Q 存储器执行写入操作。 存储区处于写保护状态
5	与远程 CPU 之间无可用连接： 远程 CPU 无可用的被动连接资源（S7-200 SMART CPU 被动连接资源数为 8 个）。 与远程 CPU 之间的连接丢失（远程 CPU 断电或者物理断开）
6～9	预留

（2）通信资源数量

S7-200 SMART CPU 以太网端口含有 8 个 PUT/GET 主动连接资源和 8 个 PUT/GET 被动连接资源。

① 主动连接资源和被动连接资源　调用 PUT/GET 指令的 CPU 占用主动连接资源数。相应的远程 CPU 占用被动连接资源。

② 8 个 PUT/GET 主动连接资源

a. S7-200 SMART CPU 程序中可以包含多于 8 个 PUT/GET 指令的调用，但是在同一时刻最多只能激活 8 个 PUT/GET 连接资源。

b. 同一时刻对同一个远程 CPU 的多个 PUT/GET 指令的调用，只会占用本地 CPU 的一个主动连接资源和远程 CPU 的一个被动连接资源。本地 CPU 与远程 CPU 之间只会建立一条连接通道，同一时刻触发的多个 PUT/GET 指令将会在这条连接通道上顺序执行。

c. 同一时刻最多能对 8 个不同 IP 地址的远程 CPU 进行 PUT/GET 指令的调用，第 9 个远程 CPU 的 PUT/GET 指令调用将报错，无可用连接资源。已经成功建立的连接将被保持，直到远程 CPU 断电或者物理断开。

③ 8 个 PUT/GET 被动连接资源

a. S7-200 SMART CPU 调用 PUT/GET 指令，执行主动连接的同时也可以被动地被其他远程 CPU 进行通信读写。

b. S7-200 SMART 最多可以与 8 个不同 IP 地址的远程 CPU 建立被动连接。已经成功建立的连接将被保持，直到远程 CPU 断电或者物理断开。

④ CPU1 调用 PUT/GET 指令与 CPU2 ～ CPU9 建立 8 个主动连接的同时，还可以与 CPU10 ～ CPU17 建立 8 个被动连接（CPU10 ～ CPU17 调用 PUT/GET 指令），这样的话 CPU1 可以同时与 16 台 CPU（CPU2 ～ CPU17）建立连接。

（3）指令编程举例

CPU1 为主动端，其 IP 地址为 192.168.2.100，调用 PUT/GET 指令。CPU2 为被动端，其 IP 地址为 192.168.2.101，不需调用 PUT/GET 指令。CPU 通信网络配置如图 6-16 所示。通信任务是把 CPU1 的 VB100 ～ VB103 数值传输到远程 CPU2 的 VB0 ～ VB3 中，将 CPU2 的 VB100 ～ VB103 数值读取到 CPU1 的 VB0 ～ VB3 中。

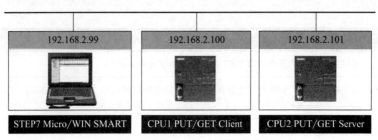

图 6-16　CPU 通信网络配置

控制程序

控制程序见图 6-17。

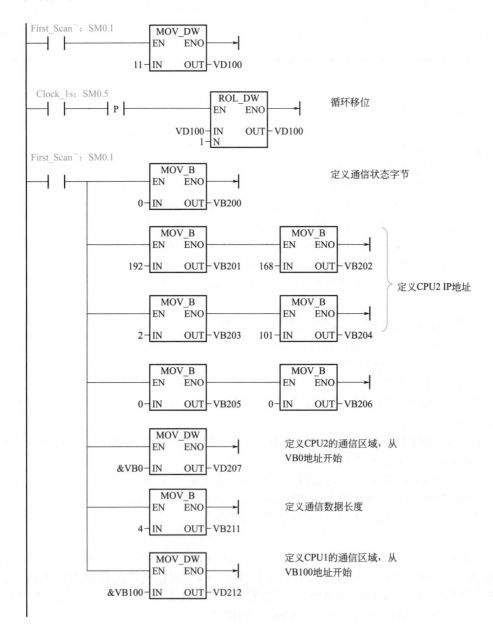

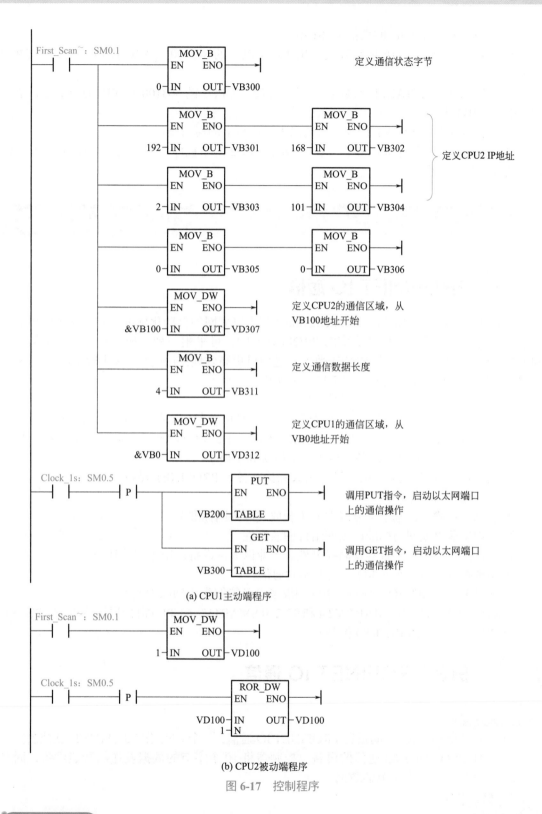

图 6-17　控制程序

程序说明

① CPU1 主动端程序如图 6-17（a）所示，该程序实现以下功能。

　　a. 将 VB100 ～ VB103 的数值循环移位。

　　b. 定义 PUT 指令 TABLE 参数表，用于将 CPU1 的 VB100 ～ VB103 传输到远程 CPU2 的 VB0 ～ VB3 中。

　　c. 定义 GET 指令 TABLE 参数表，用于将远程 CPU2 的 VB100 ～ VB103 读取到 CPU1 的 VB0 ～ VB3 中。

　　d. 调用 PUT 指令和 GET 指令，启动以太网端口上的通信操作。

　　② CPU2 被动端程序如图 6-17（b）所示，CPU2 的主程序只需包含将 VB100 ～ VB103 的数值循环移位的程序。

6.3　S7-200 SMART 之间 PROFINET IO 通信

6.3.1　PROFINET IO 通信

　　PROFINET IO 是 PROFIBUS International 基于以太网的自动化标准。它定义了跨供应商通信、自动化和工程组态模型。借助 PROFINET IO，可采用一种交换技术使所有站随时访问网络。因此，多个节点可同时传输数据，进而可更高效地使用网络。数据的同时发送和接收功能可通过交换式以太网的全双工操作来实现。

　　（1）PROFINET IO 系统的设备组成

　　① PROFINET 控制器：控制自动化任务，一般是可编程控制器，它能够执行自动化程序。

　　② PROFINET 设备：是连接到 PROFINET 网络中的现场设备，由 PROFINET 控制器进行监视和控制。PROFINET 设备可包含多个模块和子模块。

　　③ 软件：通常基于 PC，用于设置参数和诊断各个 PROFINET 设备。

　　（2）PROFINET 的目标

　　① 实现工业联网，基于工业以太网（开放式以太网标准）。

　　② 实现工业以太网与标准以太网组件的兼容性。

　　③ 凭借工业以太网设备实现高稳健性。工业以太网设备适用于工业环境。

　　④ 实现控制器与分布式 I/O 之间的实时通信。

　　⑤ 通过 PROFINET IO，分布式 I/O 和现场设备能够集成到以太网通信中。

　　从 STEP7-Micro/WIN SMART V2.4 和 S7-200 SMARTV2.4 CPU 固件开始，标准型 CPU（ST/SR 型 CPU）支持 PROFINET IO 控制器。

6.3.2　例说 PROFINET IO 通信

　控制要求

　　两个 S7-200 SMART 之间进行 PROFINET IO 通信，一个 CPU 作 PROFINET IO 控制器，一个 CPU 作 PROFINET IO 通信的设备。控制器将 10 个字节的数据发送给智能设备，同时从智能设备中读取 10 个字节的数据。

　使用软件

　　STEP7 Micro/WIN SMART V2.5。

使用硬件

① IO 控制器，CPU 采用 ST20，CPU 固件为 V2.5，其 IP 地址是 192.168.0.20。

② IO 设备，CPU 采用 ST40，CPU 固件为 V2.5，其 IP 地址是 192.168.0.40，设备名称为 ST40。

硬件目录组态

（1）智能设备组态

① 新建空白项目，打开系统块，选择 CPU ST40，CPU 的固件选择 V2.5，单击窗口左侧的"启动"，并将"选择 CPU 启动后的模式"设置为"RUN"（运行），如图 6-18 所示。

图 6-18　系统块添加 CPU

② 有两种方法可以打开 PROFINET 向导，方法一为打开项目树的向导文件夹后双击"PROFINET"，方法二为单击菜单栏的工具后单击"PROFINET"。任选其中一种打开向导，如图 6-19 所示。

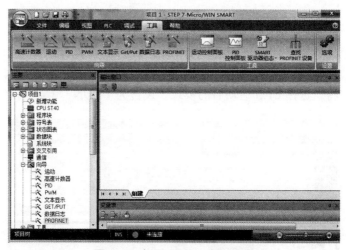

图 6-19　打开 PROFINET 向导

③ 勾选 PLC 角色为"智能设备"，以太网端口选择"固定 IP 地址及站名"，IP 地址是 192.168.0.40，子网掩码是 255.255.255.0，设备名称是 ST40，如图 6-20 所示。

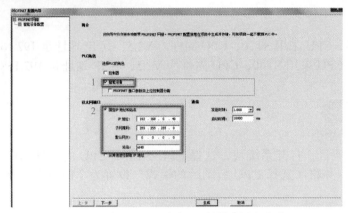

图 6-20　设置 PLC 角色 IP 地址及设备名称

④ 添加传送区。传送区是智能设备与控制器循环交换数据的存储区。设置两个传送区，第一个条目是从 IB1152 开始的 10 个字节区域，第二个条目是从 QB1152 开始的 10 个字节区域，如图 6-21 所示。

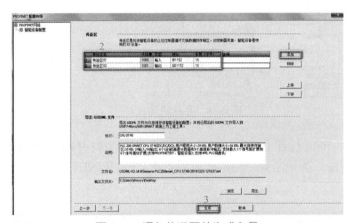

图 6-21　添加传送区并生成向导

（2）控制器侧组态

① 新建空白项目，打开系统块，选择 CPU ST20，CPU 的固件选择 V2.5，单击窗口左侧的"启动"，并将"选择 CPU 启动后的模式"设置为"RUN"（运行），如图 6-22 所示。

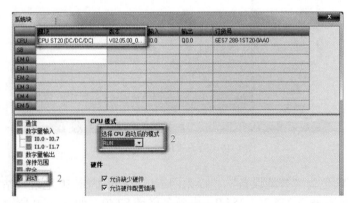

图 6-22　系统块添加 CPU

② 打开 PROFINET 向导。有两种方法，任选其中一种打开向导，如图 6-19 所示。

③ 在向导中选择 PLC 角色为"控制器"，并且设置控制器的 IP 地址，如图 6-23 所示。

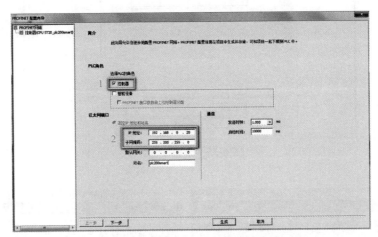

图 6-23　设置 PLC 角色和 IP 地址

④ 从硬件目录中选择作为智能设备的 CPU ST40，可直接拖拽至设备列表中，手动修改设备名称为"st40"，与智能设备侧组态的设备名称保持一致，IP 地址选择"固定 IP"，如图 6-24 所示。

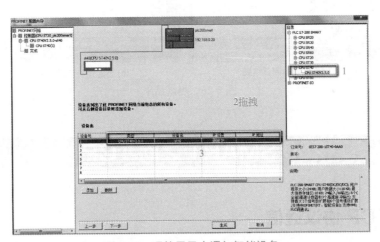

图 6-24　硬件目录中添加智能设备

⑤ 从控制器侧组态添加传送区，与智能设备侧组态条目交叉对应，即智能设备侧输出区（Q 区）对应控制器侧输入区（I 区），设置合适的更新时间及数据保持，如图 6-25 所示。

⑥ 无特殊需求，可以一直单击"下一步"，然后单击"生成"。

通信测试

分别下载控制器和智能设备的程序，在状态图表中添加相应的地址区域观察数据交换情况，如图 6-26 所示，即 QB128 的数值与 IB1152 的数值相同，QB1152 的数值与 IB128 的数值相同。

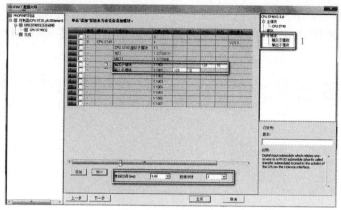

图 6-25　添加传送区

(a) 控制器测试结果　　　　　(b) 智能设备测试结果

图 6-26　测试结果

6.4　S7-200 SMART 之间 TCP 通信

6.4.1　TCP 协议通信

（1）TCP协议

TCP 是一个因特网核心协议。在通过以太网通信的主机上运行的应用程序之间，TCP 提供了可靠、有序并能够进行错误校验的消息发送功能。TCP 能保证接收和发送的所有字节内容和顺序完全相同。TCP 协议在主动设备（发起连接的设备）和被动设备（接受连接的设备）之间创建连接。一旦连接建立，任一方均可发起数据传送。

TCP 协议是一种"流"协议。这意味着消息中不存在结束标志。所有接收到的消息均被认为是数据流的一部分。

（2）OUC指令库

OUC 指令库又称为开放式用户通信库。OUC 指令库中有 TCP_CONNECT、TCP_SEND、TCP_RECV、DISCONNECT 等指令，如图 6-27 所示。

　　开放式用户通信库需要使用 50 个字节的 V 存储器，其连接资源包括 8 个主动连接和 8 个被动连接。只可以从主程序或中断程序中调用库函数，但不可同时从这两个程序中调用。

图 6-27　开放式用户通信库

　　① 连接指令 TCP_CONNECT　其梯形图如图 6-28（a）所示，各个参数的含义为：

　　EN：使能输入端。

　　Req：操作触发信号。

　　Active：值为"ON"时，表示为主动连接端（客户端）；值为"OFF"时，表示为被动连接（服务器）。

　　ConnID：连接标识符，是请求操作的连接 ID 号，取值范围为 0 ～ 65534。

　　IPaddr1 ～ IPaddr4：IP 地址的四个八位字节。IPaddr1 是 IP 地址的最高有效字节，IPaddr4 是 IP 地址的最低有效字节。

　　RemPort：远程设备上的端口号。远程端口号范围为 1 ～ 49151。对于被动连接，可使用零。

　　LocPort：本地设备端口号。范围为 1 ～ 49151，但是不能使用端口号 20、21、25、80、102、135、161、162、443 以及 34962 ～ 34964，这些端口具有特定用途。建议采用的端口号范围为 2000 ～ 5000。对于被动连接，本地端口号必须唯一，不能重复。

　　Done：当连接操作完成且没有错误时，此位输出"1"。

　　Busy：当连接操作正在进行时，此位输出"1"。

　　Error：当连接操作完成但发生错误时，此位输出"1"。

　　Status：如果指令 Error 端输出"1"，Status 输出会显示错误代码。如果 Busy 或 Done 端输出"1"，Status 端输出"0"。

　　② 发送数据指令 TCP_SEND　其梯形图如图 6-28（b）所示，各个参数的含义为：

　　ConnID：此发送操作的连接 ID 号。

　　DataLen：要发送的字节数，取值范围为 1 ～ 1024。

　　DataPtr：指向待发送数据的指针。

　　EN、Req、Done、Busy、Error、Status 等参数的含义与指令 TCP_CONNECT 参数含义相同。

　　③ 接收数据指令 TCP_RECV　其梯形图如图 6-28（c）所示，各个参数的含义为：

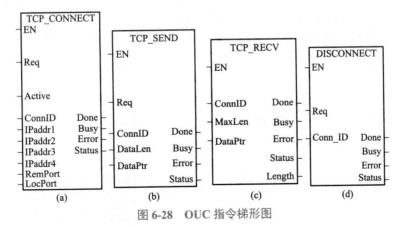

图 6-28　OUC 指令梯形图

　　ConnID：连接标识符，此接收操作的连接 ID 号。

　　MaxLen：接收的最大字节数。

DataPtr: 指向待接收数据的指针。

Length: 接收数据的长度。

EN、Done、Busy、Error、Status 等参数的含义与指令 TCP_CONNECT 参数含义相同。

④ 终止通信连接指令 DISCONNECT   其梯形图如图 6-28（d）所示，各个参数的含义为：

Conn_ID: 连接标识符，此终止操作的连接 ID 号。

EN、Req、Done、Busy、Error、Status 等参数的含义与指令 TCP_CONNECT 参数含义相同。

（3）所需条件

① 软件版本：STEP7-Micro/WIN SMART V2.2。

② SMARTCPU 固件版本：V2.2。

③ 通信硬件：以太网电缆。

6.4.2 TCP 协议通信举例

🔖 控制要求

将作为客户端的 PLC（IP 地址为 192.168.0.101）中 VB0 ~ VB3 的数据传送到作为服务器端的 PLC（IP 地址为 192.168.0.102）的 VB2000 ~ VB2003 中。

（1）S7-200 SMART 客户端编程

① 设置本机 IP 地址   双击项目树的系统块，在出现的系统块窗口设置本机的 IP 地址为 192.168.0.101，如图 6-29 所示。

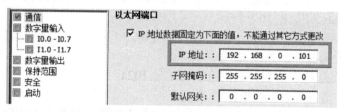

图 6-29 设置本机 IP 地址

② 建立 TCP 连接   如图 6-30 所示，当 M10.0 接通且 M10.1 闭合时，调用 TCP_CONNECT 指令建立 TCP 连接。设置连接伙伴地址为 192.168.0.102，远端端口为 2001，本地端口为 5000，连接标识 ID 为 1。利用 SM0.0 使 Active 为 "ON"，即设置为主动连接。

```
    M10.0                           ┌─────────────────┐
    ─┤ ├─────────────────────────────┤ TCP_CONNECT     │
                                    │ EN              │
    M10.1                           │                 │
    ─┤ ├──────────────┤P├───────────┤ Req             │
                                    │                 │
    Always_On                       │                 │
    ─┤ ├─────────────────────────────┤ Active          │
                                    │                 │
                                1 ──┤ ConnID    Done ├─ M11.0
                              192 ──┤ IPaddr1   Busy ├─ M11.1
                              168 ──┤ IPaddr2  Error ├─ M11.2
                                0 ──┤ IPaddr3 Status ├─ MB14
                              102 ──┤ IPaddr4         │
                             2001 ──┤ RemPort         │
                             5000 ──┤ LocPort         │
                                    └─────────────────┘
```

图 6-30 调用 TCP_CONNECT 指令

③ 调用发送数据指令 TCP_SEND　如图 6-31 所示，利用 1s 的时钟触发 TCP_SEND 指令，将以 VB0 为起始的缓冲区，数据长度为 DataLen 的数据发送到 ConnID 为 1 的指定的远程设备。

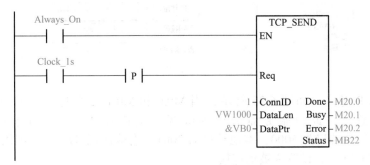

图 6-31　调用 TCP_SEND 指令

④ 终止通信连接　如图 6-32 所示，当 M30.0 接通且 M30.1 闭合时，用户可通过 DISCONNECT 指令终止与 ConnID 为 1 的远程设备的连接。

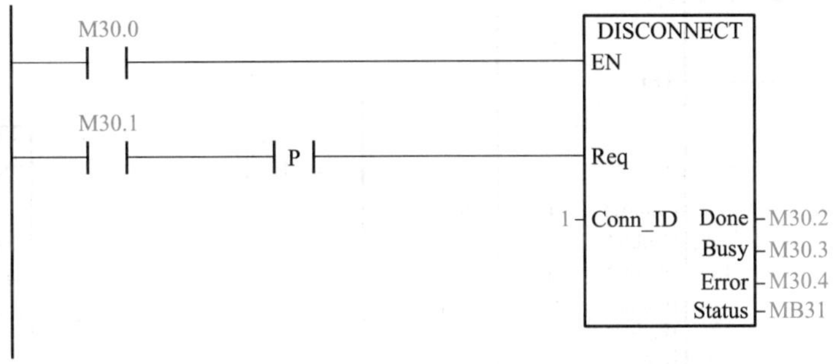

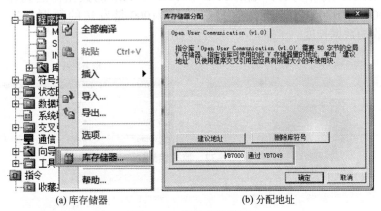

图 6-32　调用 DISCONNECT 指令

⑤ 分配库存储区　开放式用户通信库需要使用 50 个字节的 V 存储器，用户需手动分配。在指令树的程序中，用鼠标右键单击程序块，在弹出的快捷菜单中选择库存储器，如图 6-33（a）所示。在弹出的选项卡中设置库指令数据区，如图 6-33（b）所示。

（a）库存储器　　　　　　（b）分配地址

图 6-33　分配库存储区

（2）S7-200 SMART 服务器端编程

① 设置本机 IP 地址　设置 IP 地址为 192.168.0.102，如图 6-34 所示。

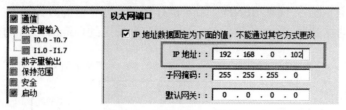

图 6-34　设置本机 IP 地址

② 建立 TCP 连接　如图 6-35 所示，当 M0.0 和 M0.1 接通时，调用 TCP_CONNECT 指令建立 TCP 连接，此时服务器被动等待客户端连接请求。设置连接伙伴地址为 192.168.0.101，远端端口为 5000，本地端口为 2001，连接标识 ID 为 1。利用 SM0.0 常闭触点使 Active 为"OFF"，设置为被动连接。

③ 接收数据　如图 6-36 所示，调用 TCP_RECV 指令接收指定 ID 连接的数据。接收的缓冲区长度为 MaxLen（数据长度存储在 VW1000 中），数据接收缓冲区以 VB2000 为起始。

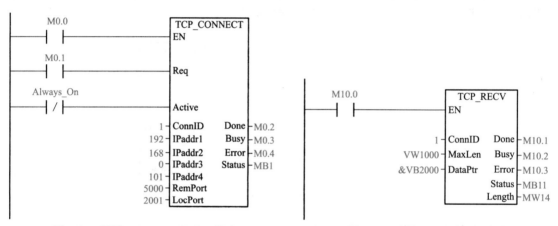

图 6-35　调用 TCP_CONNECT 指令　　　　图 6-36　调用 TCP_RECV 指令

（3）监控结果

如图 6-37 所示，将作为客户端的 PLC 中 VB0 ~ VB3 的数据传送到作为服务器端的 PLC 的 VB2000 ~ VB2003 中。其中客户端的 VW1000 是发送的数据长度，服务器端的 VW1000 是接收的数据长度。

客户端

	地址	格式	当前值
1	VB0	无符号	1
2	VB1	无符号	2
3	VB2	无符号	3
4	VB3	无符号	4
5		有符号	
6	VW1000	有符号	+4

服务器端

	地址	格式	当前值
1	VB2000	无符号	1
2	VB2001	无符号	2
3	VB2002	无符号	3
4	VB2003	无符号	4
5		有符号	
6	VW1000	有符号	+4

图 6-37　监控结果

第2篇

零起步学三菱 FX3U PLC

第7章 三菱FX3U系列PLC概述

7.1 三菱PLC的型号和基本结构

7.1.1 三菱PLC常见的CPU模块型号、参数

（1）常见的CPU模块型号

如图7-1所示，CPU模块型号分别表明了系列名称、输入输出点数总和、单元标识（M为基本单元、E为输入输出扩展单元）以及电源和输入输出方式，其中，电源和输入输出方式有多种类型，具体如表7-1所示。

FX3U	-	○○	M	□/□
系列名称		输入输出点数总和	基本单元	电源和输入输出方式

图7-1　CPU模块型号

表7-1　电源和输入输出方式与型号对应的关系

型号	对应的电源和输入输出方式
R/ES	AC电源/DC24V（漏型/源型）输入/继电器输出
T/ES	AC电源/DC24V（漏型/源型）输入/晶体管（漏型）输出
T/ESS	AC电源/DC24V（漏型/源型）输入/晶体管（源型）输出
S/ES	AC电源/DC24V（漏型/源型）输入/晶闸管（SSR）输出
R/DS	DC电源/DC24V（漏型/源型）输入/继电器输出
T/DS	DC电源/DC24V（漏型/源型）输入/晶体管（漏型）输出
T/DSS	DC电源/DC24V（漏型/源型）输入/晶体管（源型）输出
R/UA1	AC电源/AC100V输入/继电器输出

（2）常见CPU模块的参数

常见CPU模块的参数如表7-2所示。

表7-2　常见CPU模块的参数

AC电源/DC24V漏型/源型输入通用型				DC电源/DC24V漏型/源型输入通用型			
型号	点数		输出方式	型号	点数		输出方式
	输入	输出			输入	输出	
FX3U-16MR/ES（-A）	8	8	继电器	FX3U-16MR/DS	8	8	继电器
FX3U-16MT/ES（-A）	8	8	晶体管（漏型）	FX3U-16MT/DS	8	8	晶体管（漏型）
FX3U-16MT/ESS	8	8	晶体管（源型）	FX3U-16MT/DSS	8	8	晶体管（源型）
FX3U-32MR/ES（-A）	16	16	继电器	FX3U-32MR/DS	16	16	继电器
FX3U-32MT/ES（-A）	16	16	晶体管（漏型）	FX3U-32MT/DS	16	16	晶体管（漏型）
FX3U-32MT/ESS	16	16	晶体管（源型）	FX3U-32MT/DSS	16	16	晶体管（源型）
FX3U-32MS/ES	16	16	晶闸管	FX3U-48MR/DS	24	24	继电器
FX3U-48MR/ES（-A）	24	24	继电器	FX3U-48MT/DS	24	24	晶体管（漏型）
FX3U-48MT/ES（-A）	24	24	晶体管（漏型）	FX3U-48MT/DSS	24	24	晶体管（源型）
FX3U-48MT/ESS	24	24	晶体管（源型）	FX3U-64MR/DS	32	32	继电器
FX3U-64MR/ES（-A）	32	32	继电器	FX3U-64MT/DS	32	32	晶体管（漏型）
FX3U-64MT/ES（-A）	32	32	晶体管（漏型）	FX3U-64MT/DSS	32	32	晶体管（源型）
FX3U-64MT/ESS	32	32	晶体管（源型）	FX3U-80MR/DS	40	40	继电器
FX3U-64MS/ES	32	32	晶闸管	FX3U-80MT/DS	40	40	晶体管（漏型）
FX3U-80MR/ES（-A）	40	40	继电器	FX3U-80MT/DSS	40	40	晶体管（源型）
FX3U-80MT/ES（-A）	40	40	晶体管（漏型）	AC电源/AC100V输入专用型			
FX3U-80MT/ESS	40	40	晶体管（源型）	型号	点数		输出方式
FX3U-128MR/ES（-A）	64	64	继电器		输入	输出	
FX3U-128MT/ES（-A）	64	64	晶体管（漏型）	FX3U-32MR/UA1	16	16	继电器
FX3U-128MT/ESS	64	64	晶体管（源型）	FX3U-64MR/UA1	32	32	继电器

7.1.2　三菱PLC的硬件结构

（1）正面结构

如图7-2所示为三菱PLC的正面结构，其各部分的功能介绍如下。

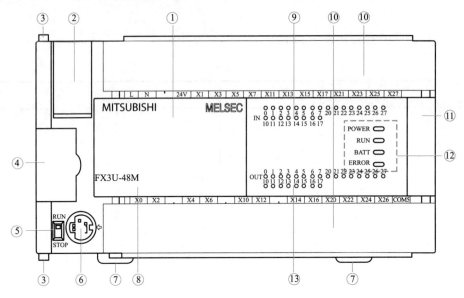

图 7-2　三菱 PLC 的正面结构

① 上盖板。存储器盒安装在这个盖板的下方。

② 电池盖板。电池（标配）位于这个盖板的下方，如果需要更换电池，则要打开这个盖板。

③ 连接特殊适配器用的卡扣。连接特殊适配器时，需要使用这两个卡扣进行固定。

④ 功能扩展板部分的空盖板。需要安装功能扩展板时，拆下这个空盖板。

⑤ RUN/STOP 开关。可以使 PLC 在 "RUN" 和 "STOP" 之间进行切换，当执行运算处理时，设置为 "RUN"（开关拨动到上方），而在成批写入顺控程序或停止运算时，置为 "STOP"（开关拨动到下方）。

⑥ 连接外围设备用的连接口。此连接口用于连接编程工具，以便执行顺控程序。

⑦ 安装 DIN 导轨用的卡扣。可以在 DIN46277（宽度: 35mm）的 DIN 导轨上安装基本单元。

⑧ 型号显示。显示基本单元的型号名称。

⑨ 显示输入用红色的 LED。输入信号接通时灯亮。

⑩ 端子排盖板。接线时，可以将这个盖板打开到 90° 后进行操作。运行（通电）时，应该关上这个盖板。

⑪ 连接扩展设备用的连接口盖板。对于输入输出扩展单元 / 模块和特殊功能单元 / 模块，其扩展电缆连接到此盖板下面的连接扩展设备用的连接口上。

⑫ 显示运行状态的 LED。可以通过 LED 的显示情况确认可编程控制器的运行状态。LED 灯呈现的不同情况代表 PLC 不同的工作状态，详情如表 7-3 所示。

表 7-3　LED 与 PLC 的状态

LED 名称	显示颜色	PLC 的状态
POWER	绿色	通电状态下灯亮
RUN	绿色	运行中灯亮
BATT	红色	电池电压降低时灯亮
ERROR	红色	程序错误时闪烁
	红色	CPU 错误时灯亮

⑬ 显示输出用的红色 LED。输出信号接通时灯亮。

（2）打开端子排盖板的状态

如图 7-3 所示为三菱 PLC 打开端子排盖板的状态，其各部分的功能为：

① 拆装端子排用螺钉。需要更换基本单元时，松开这几个螺钉后，端子排上方会脱开。（FX3U-16M □ 不能拆装）。

② 电源端子。用来连接对基本单元供电的电源。

③ 输入（X）端子。连接传感器或开关等输入设备的端子。

④ 端子名称。标明了电源、输入端子、输出端子的信号名称。

⑤ 输出（Y）端子。连接接触器或电磁阀等负载的端子。

⑥ 保护端子的盖板。为保障安全，防止手指误碰到端子，在端子排的下层安装有保护端子的盖板。

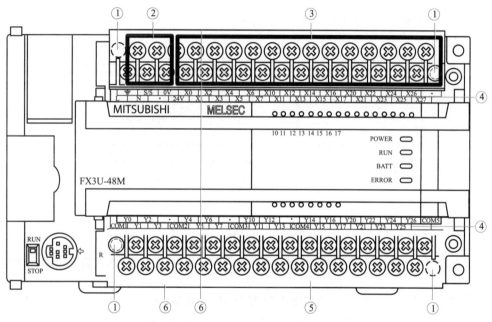

图 7-3　三菱 PLC 打开端子排盖板的状态

（3）侧面结构

如图 7-4 所示为三菱 PLC 的侧面结构，其各部分的功能介绍如下。

① 连接特殊适配器用的连接口盖板。当安装有功能扩展板连接口时，拆下这个盖板后，将第 1 台特殊适配器连接到连接口上。未安装功能扩展板时，没有连接口。

② 连接高速输入输出特殊适配器用的连接口盖板。拆下这个盖板后，将第 1 台高速输入特殊适配器（FX3U-4HSX-ADP）或是高速输出特殊适配器（FX3U-2HSY-ADP）连接到连接口上。此连接口不能用于连接通信 / 模拟量 /CF 卡特殊适配器。

③ 固定功能扩展板用的螺钉孔。固定功能扩展板所需的孔所需的螺钉孔。

④ 铭牌。铭牌标明了产品型号名称、管理号、电源规格等。

⑤ DIN 导轨安装槽。可以安装在 DIN46277（宽度：35mm）的 DIN 导轨上。

（4）三菱 PLC 基本单元的端子排列

FX3U-32MR/ES（-A）基本单元的端子排列如图 7-5 所示。

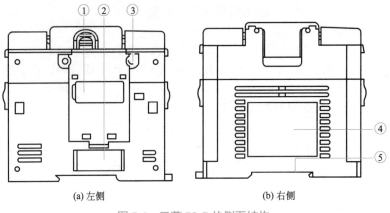

(a) 左侧   (b) 右侧

图 7-4 三菱 PLC 的侧面结构

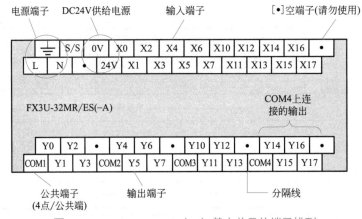

图 7-5 FX3U-32MR/ES（-A）基本单元的端子排列

① 电源端子的标注。如果电源类型为 AC 电源型，则标注为 L、N。如果为 DC 电源型，则标注为 ⊕、⊖。

② DC24V 供给电源的标注。如果电源类型为 AC 电源型，则通过 PLC 内部的 AC/DC 电路，PLC 可以向外提供 24V 直流电源，其正负两个端子标注为 24V、0V。如果为 DC 电源型，则直接使用外部直流电源给扩展模块供电，而不使用这两个端子，标注为（0V）、（24V），所以请勿在（0V）、（24V）端子上接线。

③ 输入端子的标注。对于 AC 电源型和 DC 电源型，其输入端子标注相同，但输入的外部接线不同。

④ 公共端、输出端子和分隔线。利用分隔线将使用不同公共端的输出端子分隔开，如图 7-5 所示，Y0～Y3 共用公共端 COM1，Y4～Y7 共用公共端 COM2，利用分隔线将这两组分隔，其他两组与此类似。

7.1.3 CPU 模块的数字量输入接线

（1）数字量输入接线原理图

如图 7-6、图 7-7 所示，数字量输入电路采用光电耦合电路，当外部触点接通时，电路中有电流通过，发光二极管发光，使光敏三极管饱和导通；当外部触点断开时，发光二极管熄灭，使光敏三极管截止。光敏三极管导通或截止的信号经内部电路传送给 CPU 模块。

① AC电源型　图7-6为AC电源型的两种接线方法，电源接线端子L、N接入100～240V的交流电压，经过PLC内部电路，PLC可以向外提供24V的直流电源。

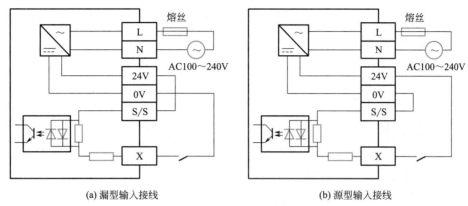

(a) 漏型输入接线　　　　　　　　　　(b) 源型输入接线

图7-6　AC电源型的数字量输入接线

图7-6（a）为漏型输入接线，当连接输入端子X的开关闭合时，电流从24V端子经S/S端子、右侧发光二极管、电阻从输入端子X流出，然后流回0V，形成一个闭合回路，发光二极管发光，使光敏三极管饱和导通。反之，使光敏三极管截止。

图7-6（b）为源型输入接线，当连接输入端子X的开关闭合时，电流从24V端子经输入端子X、电阻、左侧发光二极管、S/S端子流回0V，形成一个闭合回路，光敏三极管饱和导通。反之，光敏三极管截止。

② DC电源型　图7-7为DC电源型的两种接线方法，电源接线端子⊕、⊖接入24V的直流电源，"（24V）""（0V）"两个端子不再接线。

图7-7（a）为漏型输入接线，当连接输入端子X的开关闭合时，电流从24V直流电源正极经熔丝、S/S端子、右侧发光二极管、电阻从输入端子X流出，然后流回直流电源负极，形成一个闭合回路，发光二极管发光，使光敏三极管饱和导通。反之，使光敏三极管截止。

图7-7（b）为源型输入接线，当连接输入端子X的开关闭合时，电流从24V直流电源正极经熔丝、输入端子X、电阻、左侧发光二极管、S/S端子流回直流电源负极，形成一个闭合回路，光敏三极管饱和导通。反之，光敏三极管截止。

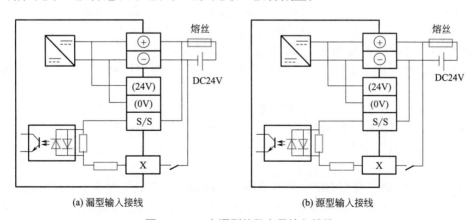

(a) 漏型输入接线　　　　　　　　　　(b) 源型输入接线

图7-7　DC电源型的数字量输入接线

（2）CPU模块的数字量输入接线示例

① AC电源型　图7-8中的"[1]"为基本单元或输入输出扩展单元，"[2]"为输入扩展

模块。PLC 基本单元或扩展单元的接线端子 L、N 接入 100 ~ 240V 的交流电压，交流电压经过 PLC 内部 AC/DC 转换电路，得到 24V 和 5V 的直流电压。这两个电压可以通过扩展电缆提供给扩展模块，而且 PLC 还可以向外提供 24V 的直流电源。此直流电源作为输入端子和传感器的供电电源。当输入端子连接的开关闭合时，构成闭合回路，使 PLC 内部光电耦合电路的光敏三极管饱和导通。

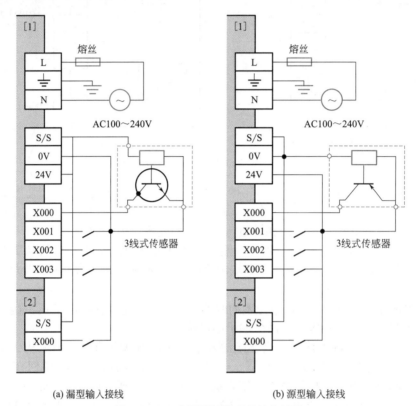

(a) 漏型输入接线　　　　　　　　　　(b) 源型输入接线

图 7-8　AC 电源型的数字量输入接线

从图 7-8 中可以看出，扩展单元和扩展模块存在一定差别，扩展单元内部有电源电路，可以向外输出电压，而扩展模块只能从外部输入电压，没有内部电源电路。

图 7-8（a）中，S/S 端子与 24V 端子相连，3 线式传感器为 NPN 型传感器，24V 直流电源为其供电，发射极连接电源的 0V 端子。三极管的集电极连接输入端子，当三极管导通时，PLC 内部光电耦合电路的发光二极管发光，光敏三极管饱和导通。反之，光敏三极管截止。

图 7-8（b）中，S/S 端子与 0V 端子相连，3 线式传感器为 PNP 型传感器，24V 直流电源为其供电，发射极连接电源的 24V 端子。三极管的集电极连接输入端子，当三极管导通时，PLC 内部光电耦合电路的发光二极管发光，光敏三极管饱和导通。反之，光敏三极管截止。

② DC 电源型　图 7-9 为 DC 电源型的两种接线方法，"[1]"为基本单元或输入输出扩展单元，"[2]"为输入输出扩展模块，电源接线端子⊕、⊖接入 24V 的直流电源，此直流电源经过 PLC 内部 DC/DC 转换电路，得到 5V 的直流电压，这个电压通过扩展电缆提供给扩展模块。扩展模块所需的 DC24V 电源直接由外部电源提供，不能接到"（24V）""（0V）"两个端子上。其余接线方法与 AC 型电源类似，在此不再赘述。

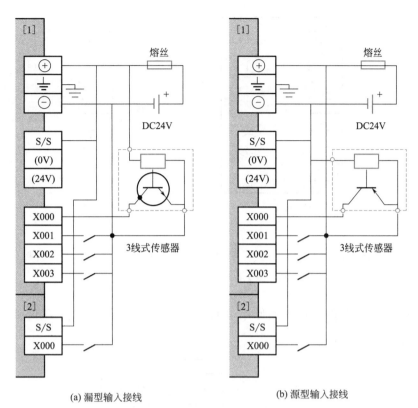

(a) 漏型输入接线　　　　　　　　(b) 源型输入接线

图 7-9　DC 电源型的数字量输入接线

7.1.4　CPU 模块的数字量输出接线

（1）继电器输出型

对于继电器输出型，电源可以选用直流，也可以选用交流，在接线时可以不考虑正负的问题，如图 7-10 所示。

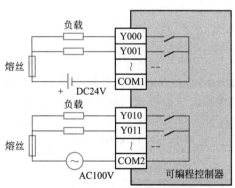

图 7-10　继电器输出型输出接线

（2）晶体管输出型

晶体管输出的 PLC 有源型输出和漏型输出两种，只能采用直流电源。

从 PLC 的型号看，如果其型号的"电源和输入输出方式"有 T/ES 或 T/DS，则为晶体管漏型输出型，其公共端为负，用"COM"表示，如图 7-11（a）所示。

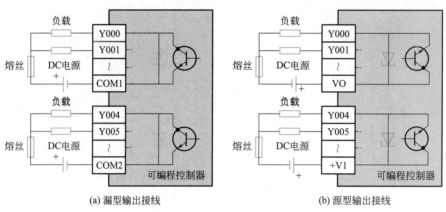

(a) 漏型输出接线   (b) 源型输出接线

图 7-11 晶体管输出型输出接线

如果型号的"电源和输入输出方式"有 T/ESS 或 T/DSS，则为晶体管源型输出型，公共端为正，用"+V"表示，如图 7-11（b）所示。

（3）晶闸管输出型

如图 7-12 所示，晶闸管输出型使用电源为交流电源，所以在接线的时候可以不考虑方向。

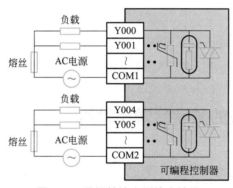

图 7-12 晶闸管输出型输出接线

7.2 三菱 PLC 编程软件的使用

GX Works2 是三菱电机推出的在 Windows 环境下使用的三菱综合 PLC 编程软件，具有简单工程和结构化工程两种编程方式，可支持梯形图、指令表、SFC、ST 及结构化梯形图等语言设计程序，可进行程序编辑、参数设定、网络设定、监控、调试及在线更改、智能功能模块设置、打印等操作，还能够兼容 GX Developer 软件，并提高了功能及操作性能，变得更加容易使用。

7.2.1 GX Works2 编程软件安装

以下编程软件安装以 GX Works2Ver 1591R 版本为例。

（1）安装条件

操作系统：Windows Xp 32bit、Windows Xp 64bit、Windows Vista 32bit、Windows Vista

64bit、Windows7 32bit、Windows7 64bit、Windows8 32bit、Windows8 64bit 和 Windows10 均兼容。

计算机配置：内存需要 1.87GB 以上，需要 1GB 空余的硬盘。

（2）软件安装

① 解压 GX Works2 的安装包，打开软件所在文件夹 GX Works2 Ver 1591R，找到安装图标 setup，双击此图标，弹出"安装向导"界面，如图 7-13 所示，再单击"下一步"按钮。

② 进入"用户信息"填写界面，在"姓名"和"公司名"处可以填写操作者和公司的名称，也可默认，然后在"产品 ID"中输入序列号，如图 7-14 所示，然后单击"下一步"按钮。

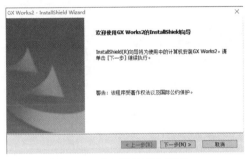
图 7-13　"安装向导"界面

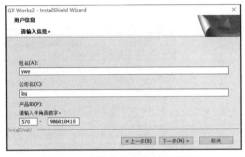
图 7-14　"用户信息"填写界面

③ 进入"选择安装目标"界面，如图 7-15 所示，软件默认安装在 C 盘，也可以单击"更改"，指定希望安装的目录，再单击"下一步"按钮。

④ 进入"安装信息确认"界面，如图 7-16 所示，如果无误单击"下一步"按钮。

图 7-15　"选择安装目标"界面

图 7-16　"安装信息确认"界面

⑤ 进入"安装状态"界面，如图 7-17 所示，请耐心等待，直至 GX Works2 安装完毕。

⑥ 进入"安装完成"界面，如图 7-18 所示，单击"完成"关闭"安装向导"界面。

图 7-17　"安装状态"界面

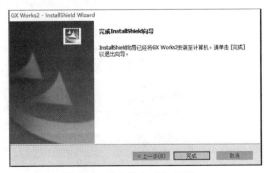
图 7-18　"安装完成"界面

7.2.2 GX Works2 编程软件的使用

GX Works2 编程软件的操作界面如图 7-19 所示。该操作界面主要包括以下几部分：

① 标题栏：标题栏用来显示工程名称、编辑模式、程序步数等。

② 主菜单：主菜单包含工程、编辑、搜索/替换、转换/编译、视图、在线、调试、诊断、工具、窗口、帮助 11 个菜单。

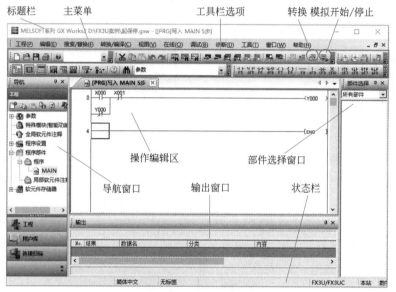

图 7-19　操作界面

a. 软元件搜索功能：搜索功能可以在一个较长的程序中查找到一个软元件。单击"搜索/替换"→"软元件搜索"之后，弹出"搜索/替换"对话框，如图 7-20 所示，在方框中输入要搜索的软元件，单击"搜索下一个"按钮，光标便移动到要搜索的软元件上。

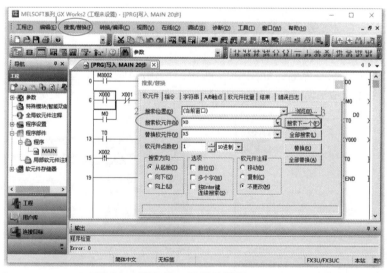

图 7-20　软元件搜索

　　b. 软元件替换功能：单击菜单栏中的"搜索/替换"→"软元件替换"之后，弹出"搜索/替换"对话框，如图 7-21 所示，在"搜索软元件"方框中输入要被替换的软元件，在"替换软元件"方框中输入新的软元件，单击"替换"按钮；如果需要替换所有旧元件，则单击"全部替换"。

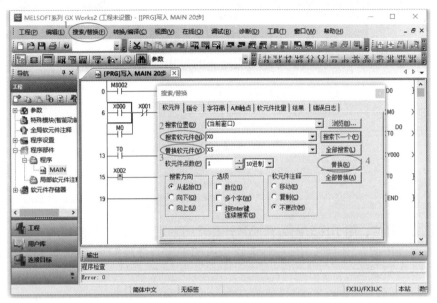

图 7-21　软元件替换

　　③ 工具栏选项：工具栏由工程、编辑、搜索/替换、转换/编译、视图、在线、工具等菜单中的常用功能组成，主要有以下几类。
　　a. 工程通用工具栏：用于工程的创建、打开和关闭等操作，如图 7-22 所示。

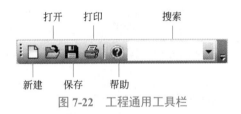

图 7-22　工程通用工具栏

　　b. 程序通用工具栏：用于梯形图的剪切、复制、粘贴、撤销、搜索，PLC 程序的读写、运行监视等操作，如图 7-23 所示。

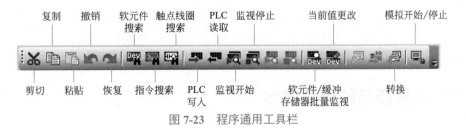

图 7-23　程序通用工具栏

　　c. 切换折叠窗口/工程数据工具栏：用于导航、部件选择、输出、软件元件使用列表、监视等窗口的打开/关闭操作，如图 7-24 所示。

图 7-24　切换折叠窗口 / 工程数据工具栏

d. 智能功能模块工具栏：用于特殊功能模块的操作，如图 7-25 所示。

图 7-25　智能功能模块工具栏

e. 梯形图工具栏：用于梯形图编辑的常开和常闭触点、线圈、功能指令、画线、删除线、边沿触发触点等按钮，用于软元件注释编辑、声明编辑、注解编辑、梯形图放大 / 缩小等操作按钮，如图 7-26 所示。

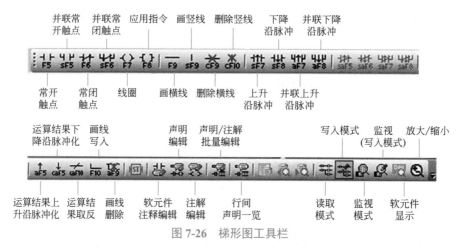

图 7-26　梯形图工具栏

④ 导航窗口：对显示的视窗进行选择，并根据当前选择的视窗显示视窗的内容。

⑤ 操作编辑区：完成程序的编辑、修改、监控的区域。

⑥ 部件选择窗口：将用于程序创建的部件以列表形式进行显示。

⑦ 输出窗口：对编译操作的结果、出错信息以及报警信息进行显示。

⑧ 状态栏：显示程序执行的状态。

7.2.3　工程项目的相关操作

（1）创建一个新工程

① 打开软件：单击"开始"→"程序"→"MELSOFT"→"GX Works2"，或者双击桌面上的图标，打开 GX Works2 编程软件。

② 创建新工程：单击工具栏中的图标 ▢ 或单击菜单栏的"工程"→"新建"，创建一个新工程。

③ 设置相关选项：在弹出的"新建"对话框中设置相关选项，如图 7-27 所示。

a. 系列：选择 PLC 的 CPU 类型，主要类型包括 QCPU（Q 模式）、LCPU、FXCPU、QCPU（A 模式）、QSCPU、QnACPU、ACPU 等。

b. 机型：用来选择 PLC 的型号。

c. 工程类型：有简单工程或结构化工程两种选择。

d. 程序语言：用来选择使用的编程语言。

④ 编辑窗口：设置完相关选项，单击"确定"后，显示如图 7-28 所示的编辑窗口，可以在此窗口进行编程。

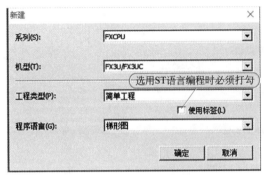

图 7-27 "新建"对话框

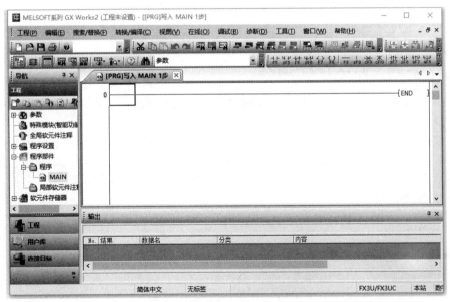

图 7-28 创建工程编辑窗口

（2）保存工程

① 单击菜单栏中的"工程"→"保存"或单击工具栏中的图标 💾，在对工程初次保存时将弹出"工程另存为"对话框，如图 7-29 所示。

② 在出现的对话框中选择路径，并输入工程名，单击"保存"按钮，如图 7-29 所示。

（3）打开、关闭和删除工程

单击菜单栏中的"工程"→"打开"或单击工具栏中的图标 📂，弹出"打开工程"对话框，如图 7-30 所示，选择路径和工程名，单击"打开"按钮，便可打开所选工程。单击菜单栏中的"工程"→"关闭"便可关闭工程。

图 7-29 "工程另存为"对话框

图 7-30 "打开工程"对话框

需要删除已经建立的工程时，单击菜单栏的"工程"→"删除"，将会弹出"删除工程"对话框，选择要删除的工程，单击"删除"按钮，则会删除工程；如果不执行删除操作，则单击"取消"按钮即可。

7.2.4 三菱 PLC 程序输入

程序输入时，可以采用工具栏输入或快捷键输入两种方法。

（1）工具栏输入

如果需要输入常开触点 X1，按照图 7-31（a）所示顺序，首先单击工具栏中的按钮 ，在弹出的"梯形图输入"对话框中，输入"X1"，然后，单击"确定"按钮，这样就完成了常开触点 X1 的输入。输入的常开触点为灰色，如图 7-31（b）所示。

（2）快捷键输入

工具栏的快捷键及其代表的软元件和相应的画线操作如图 7-32 所示。常用的快捷键为：

① 单用功能键，如 F5、F6、F7、F8 等。

② Shift+ 功能键，如 sF5、sF6、sF7、sF8 等。

③ Ctrl+ 功能键，如 cF9、cF10 等。

④ Alt+ 功能键，如 aF5、aF7、aF8 等。

⑤ Ctrl+Alt+ 功能键，如 caF5、caF10 等。

如果需要输入常开触点 X1，单击键盘功能键"F5"，在弹出的"梯形图输入"对话框中，输入"X1"，然后，单击"确定"按钮，这样就完成了常开触点 X1 的输入。输入的常开触点为灰色，与图 7-31（b）的结果相同。

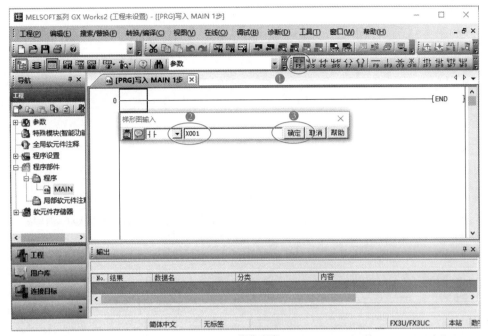

(a) 操作步骤

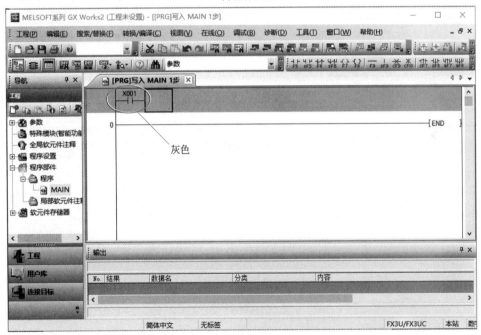

(b) 操作结果

图 7-31 梯形图输入

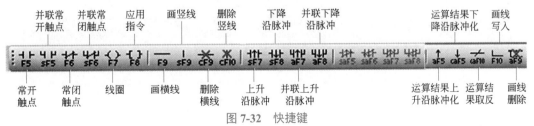

图 7-32 快捷键

（3）程序输入

输入如图 7-33 所示梯形图，其程序输入方法和输入后的程序如图 7-34 所示。

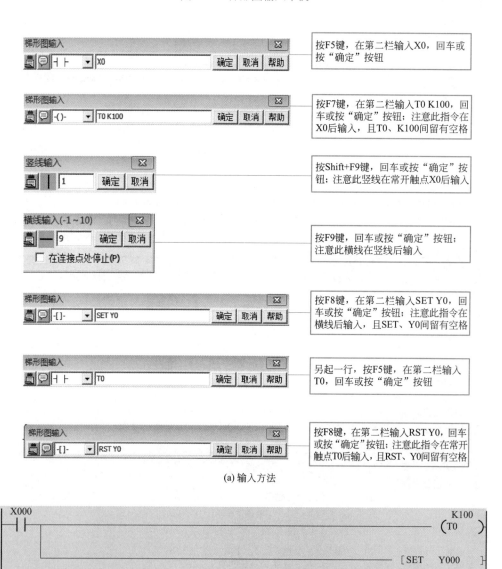

图 7-33　梯形图输入举例

（a）输入方法

（b）输入结果

图 7-34　软件中的梯形图程序

（4）程序转换

程序输入完成后，程序为灰色，此时的程序不能被保存，也不能下载。所以输入完程序后必须经过转换，转换后的程序变为白色。而且，每一次编辑，相应的程序段也将变为灰色，也需要经过转换，才能下载或保存。

常用的程序转换方法有三种，单击主菜单中的"转换/编译"→"转换"，或单击键盘上功能键 F4，或单击程序通用工具栏中的图标圐，都能实现程序的转换。

（5）程序检查

为防止程序出错，在程序下载之前，最好先进行程序检查。单击菜单栏中的"工具"→"程序检查"，将会弹出如图 7-35（a）所示的"程序检查"对话框。单击"执行"按钮后，开始执行程序检查，程序检查执行完毕后，若无错误则在界面中会显示如图 7-35（b）所示的提示。

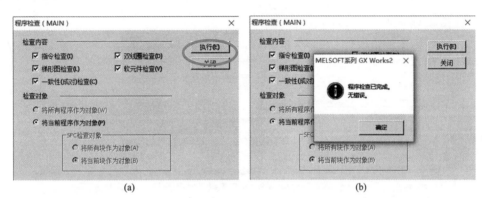

图 7-35　程序检查

7.2.5　三菱 PLC 程序注释

为增加程序的可读性，对于比较长的程序，常常需要添加注释，添加注释后的程序比较容易被别人看懂，也为以后自己对程序的维护提供方便。

（1）软元件的注释

软元件的注释是对软元件的功能进行描述，最多能输入 32 个字符。有以下两种方法可以为软元件添加注释。

① 以给软元件 X0 添加注释为例，单击菜单栏中的"编辑"→"文档创建"→"软元件注释编辑"［见图 7-36（a）］或单击梯形图工具栏中的图标砛后，双击要注释的软元件（如X0），弹出"软元件注释"对话框，输入要注释的内容（如启动），单击"确定"即可［见图 7-36（b）］。添加注释后的梯形图如图 7-36（c）所示。

② 如图 7-37 所示，按照图中标注的顺序，双击导航窗口中的"全局软元件注释"，弹出"软元件注释 COMMENT"窗口，然后输入软元件的注释，这时在梯形图编辑窗口中可以显示出注释的内容。

（2）功能块的声明

声明通常是对功能块进行描述，最多能输入 64 个字符。

如图 7-38（a）所示，首先单击梯形图工具栏中的图标砋，然后双击所要声明的功能块的行首，将会出现"行间声明输入"窗口。在出现的窗口中输入功能块的声明内容，单击"确定"按钮，将会出现如图 7-38（b）所示的程序声明界面，单击菜单栏的"转换/编译"→"转换"便可完成功能块声明。

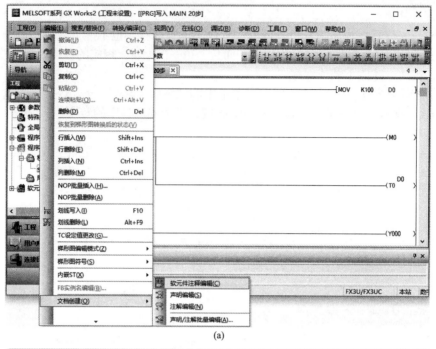

(a)

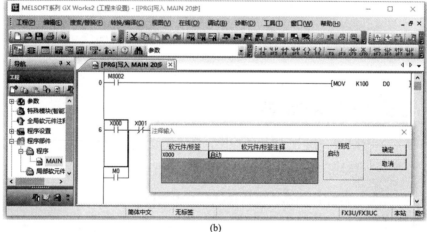

(b)

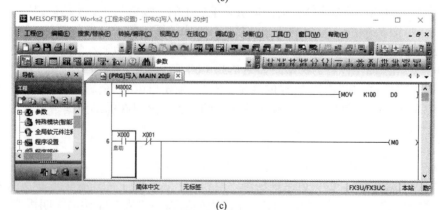

(c)

图 7-36 X0 注释编辑

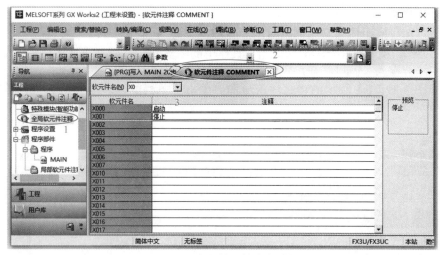

图 7-37　全局软元件注释编辑

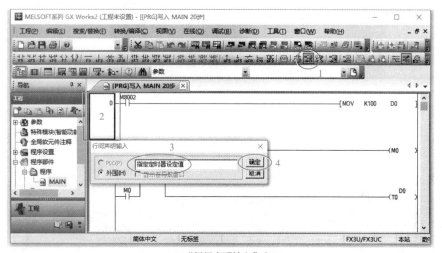

(a)"行间声明输入"窗口

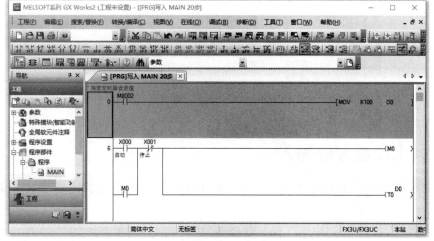

(b) 程序声明界面

图 7-38　声明编辑

（3）应用指令注解

注解通常是对应用指令的功能进行描述，最多能输入 32 个字符。

如图 7-39（a）所示，首先单击梯形图工具栏中的图标，然后双击所要注解的应用指令，将会出现"注解输入"窗口。在出现的窗口中输入对应用指令的注解，单击"确定"按钮，将会出现如图 7-39（b）所示的程序注解界面，单击菜单栏的"转换 / 编译"便可完成应用指令注解。

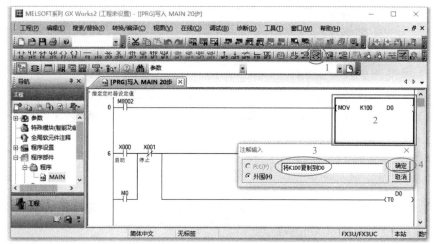

(a)"注解输入"窗口

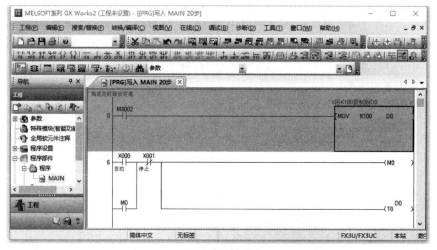

(b) 程序注解界面

图 7-39　注解编辑

7.2.6　PLC 程序的写入

使用专用的数据线，将电脑与 PLC 连接好以后，便可以实现程序的读写和监控等操作。

① 执行菜单栏中的"在线"→"PLC 写入"，在编程软件中会弹出"在线数据操作"窗口，如图 7-40 所示。在此弹窗中，先选择参数和程序，然后单击"执行"按钮。因 PLC 的存储器不超过 8KB 只能写入程序和参数，所以不能写入注释信息。

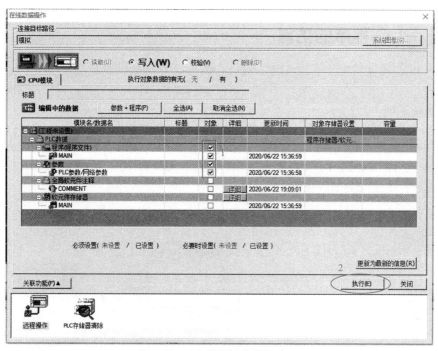

图 7-40　"在线数据操作"窗口

② 接着会弹出"MELSOFT 应用程序"提示窗口，单击"是"按钮，等待下载进度，如图 7-41（a）所示。

③ 进度达 100% 时，会弹出图 7-41（b）所示的提示窗口，依然单击"是"按钮，完成后，可以直接关闭窗口。

④ 单击菜单栏中的"在线"→"监视"→"监视模式"，即可进入在线监视功能，可以监看程序的执行情况。

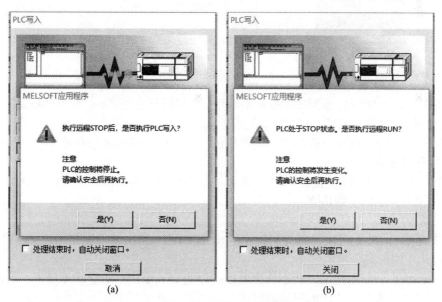

图 7-41　"应用程序"提示窗口

7.2.7 PLC 程序的仿真

在缺乏 PLC 硬件的条件下，可以采用 GX Works2 自带的仿真功能，验证 PLC 程序的正确性。

（1）模拟调试

① 单击菜单栏中的"调试"→"模拟开始/停止"或单击工具栏中的"模拟开始/停止"图标🖥️后，弹出两个窗口。图 7-42（a）是"GX Simulator2"对话框，用来监视程序运行"RUN"/停止"STOP"；图 7-42（b）是"PLC 写入"对话框，模拟程序下载到 PLC 的进度显示窗口，当写入完成后，单击"关闭"按钮。

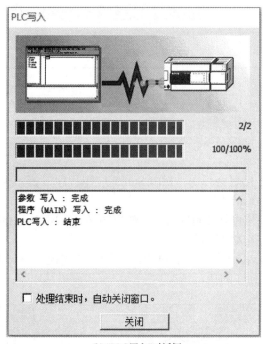

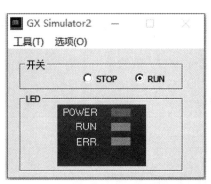

(a) "GX Simulator2"对话框   (b) "PLC写入"对话框

图 7-42 模拟开始/停止控制

② 如图 7-43（a）所示，按照图示标注的顺序，模拟运行开始后，对需要调试的软元件（如 X0）单击右键，执行"调试"→"当前值更改"。

③ 如图 7-43（b）所示，弹出"当前值更改"对话框。输入或选择软元件，更改软元件的数据类型和设定值。

④ 图 7-43（c）为 X0 被置为"ON"的程序运行效果。类似的方法可以实现其他开关量或模拟量（缓冲存储器）的仿真。

（2）模拟停止

单击图 7-43（a）中的开关可以控制程序的 RUN/STOP，再次单击程序通用工具栏中的"模拟开始/停止"图标🖥️，模拟停止。

当模拟停止后，需要把编辑状态从读取模式改为写入模式，才能修改程序。可以通过单击菜单栏中的"编辑"→"梯形图编辑模式"→"写入模式"或单击工具栏中的图标🖉，将编辑状态变为"写入模式"，如图 7-44 所示。

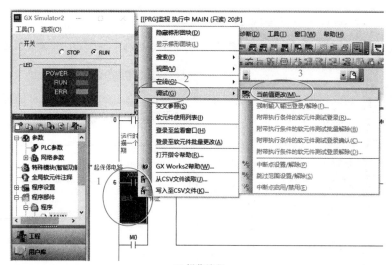

(a) 操作流程

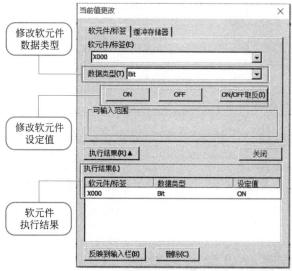

(b) "当前值更改" 对话框

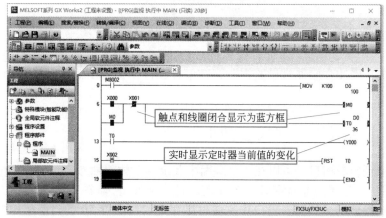

(c) 模拟过程

图 7-43　程序模拟调试

图 7-44　更改编辑状态

7.2.8　PLC 编程软件的监视功能

（1）软元件/缓冲存储器批量监视

监视是通过计算机界面实时监视软元件/缓冲存储器的变化情况。

单击工具栏中的"软元件/缓冲存储器批量监视"图标■或单击菜单栏中的"在线"→"监视"→"软元件/缓冲存储器批量监视"，在编程软件中会弹出监视窗口，如图 7-45（a）所示。

如图 7-45（b）所示，以 D0 为例，在监视窗口中，先输入要监视的软元件名 D0，再改变软元件的显示格式，便可以实时显示 D0 中存储数值的变化。

（2）登录软元件并进行监看

软元件登录到监看窗口，可以在 1 个画面中登录多个软元件/标签，同时进行监看。

右击软元件→"登录至监看窗口"，在编程软件中会弹出"监看"窗口，如图 7-46(a)所示，以 T0 为例，T0 将被登录到监看窗口中，便可以在此窗口监看 T0 的当前值的变化。用同样的方法可以将 X0、X1、X2 和 Y0 登录到监看窗口中，可以实时监视 PLC 程序的执行情况，如图 7-46（b）所示。

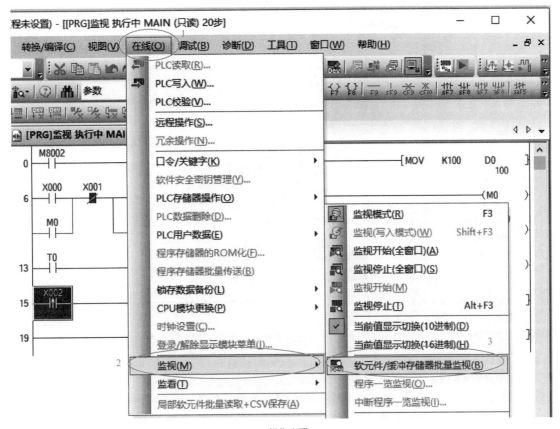

(a) 操作步骤

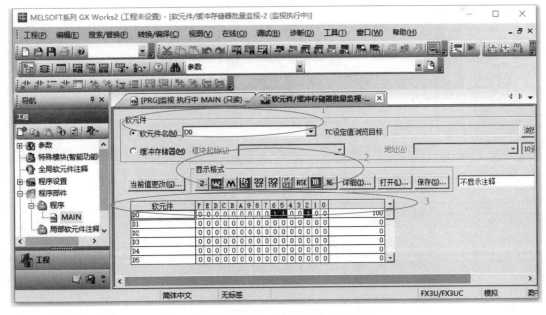

(b) "软元件/缓冲存储器批量监视"窗口

图 7-45 软元件/缓冲存储器批量监视

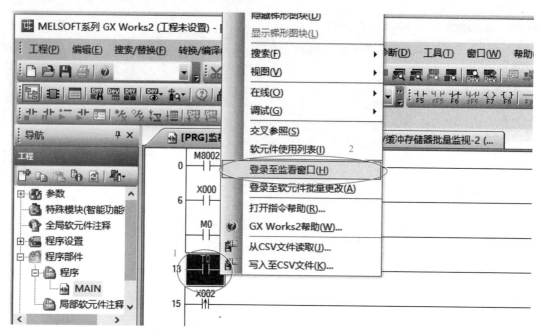

(a) 操作步骤

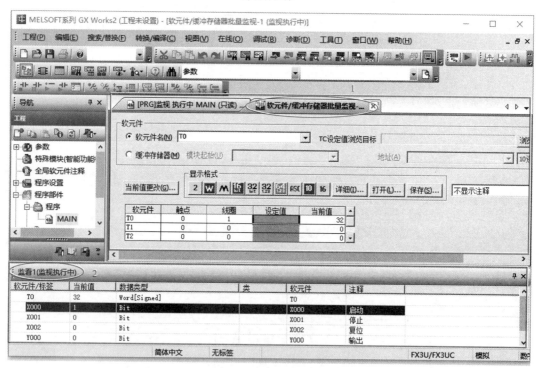

(b)"软元件/缓冲存储器监看"窗口

图 7-46　软元件 / 缓冲存储器监看

第 8 章　三菱 FX3U PLC 指令

8.1　三菱 FX3U PLC 编程

8.1.1　编程语言

（1）编程语言的种类

① 指令表编程　指令表编程方式是通过"LD""AND""OUT"等指令语言输入顺控指令的方式。该方式是顺控程序中基本的输入形态。

② 梯形图编程　梯形图编程方式就是使用顺序符号和软元件编号在图示的画面上画顺控梯形图的方式。因为顺控回路是通过触点符号和线圈符号来表现的，所以程序的内容更加容易理解。常用的启保停控制梯形图如图 8-1 所示。

图 8-1　启保停控制梯形图

③ SFC 编程　SFC（顺序功能图）编程就是根据机械的动作流程设计顺控的方式。SFC程序可以和指令表程序及梯形图程序相互转换，如果依照一定的规则编制，也可以倒过来转换成 SFC 图。

④ ST 编程　ST（结构文本）编程具有与 C 语言等相似的语法构造、文本形式，可以采用条件语句进行选择分支、利用循环语句进行重复等。

⑤ 结构化梯形图编程　结构化梯形图编程可以使用触点、线圈、功能、功能模块等回路符号，将程序以图形的形式描述。结构化梯形图比较直观、容易理解，因此普遍用于顺控程序。回路总是从左侧的母线开始。

⑥ FBD 编程　FBD（功能模块表）编程可以使用特定处理的部件，如功能、功能模块、变量部件、常数部件等，将程序用图形的形式描述。沿着数据以及信号的走向连接部件，可以方便地创建程序，提高编程效率。

（2）软元件

①输入（X）/输出（Y）继电器　各基本单元中，都按照 X0 ～ X7、X10 ～ X17、…、Y0 ～ Y7、Y10 ～ Y17、…分配了 8 进制的输入继电器、输出继电器的编号，所以不存在"8""9"的数值。

扩展单元和扩展模块的编号也是从基本单元开始按连接顺序分别取 X、Y 各自的 8 进制的连续编号。

②辅助继电器（M）　可编程控制器中有多个辅助继电器。这些辅助继电器的线圈与输出继电器相同，是通过可编程控制器中的各种软元件的触点来驱动的。辅助继电器有无数对电子常开触点和常闭触点，可在可编程控制器中随意地使用。但是，不能通过这个触点直接驱动外部负载，外部负载必须通过输出继电器进行驱动。还有断开可编程控制器的电源后也能够记忆 ON/OFF 状态的保持用的继电器。

③状态（S）　状态是对工序步进形式的控制进行简易编程所需的重要软元件，需要与步进梯形图指令 STL 组合使用。而且，在使用 SFC 图的编程方式中也可以使用它。不作为工程编号使用的时候，它和辅助继电器相同，可以作为一般的触点/线圈来编程。状态还可以作为信号报警器用于诊断外部故障。

④定时器（T）　用定时器来控制开关或工作时间。定时器是用加法计算可编程控制器中的 1ms、10ms、100ms 等的时钟脉冲，当加法计算的结果达到所指定的设定值时，输出触点就动作的软元件。作为设定值，可使用程序内存中的常数（K），也可通过数据寄存器（D）的内容间接指定。

⑤计数器（C）　计数器有普通计数器和高速计数器两种。根据目的和用途不同可以分开使用。普通计数器其响应速度为 10kHz 以下，有 16 位、32 位计数器两种。高速计数器基本单元中，内置了 32 位增减计数器（单相单计数、单相双计数以及双相双计数）。

⑥数据寄存器、文件寄存器（D）　数据寄存器是保存数值数据用的软元件，文件寄存器是处理这种数据寄存器的初始值的软元件。它们全都是 16 位数据（最高位为正负符号），将 2 个数据寄存器、文件寄存器组合后可以保存 32 位（最高位为正负符号）的数值数据。和其他的软元件相同，数据寄存器也有一般用的和停电保持用的。

⑦扩展寄存器（R）、扩展文件寄存器（ER）　扩展寄存器是扩展数据寄存器用的软元件。此外，扩展寄存器的内容也可以保存在扩展文件寄存器中。但是，这个扩展文件寄存器为 FX3U 可编程控制器时，只有在使用了存储器盒的情况下才可以使用这种扩展文件寄存器。

⑧变址寄存器（V、Z）　变址寄存器是除了可与数据寄存器的使用方法相同以外，还可以通过在应用指令的操作数中组合使用其他的软元件编号和数值，从而在程序中更改软元件的编号和数值内容的特殊寄存器。形式为：软元件编号 +V □或是 +Z □。如 V0、Z0=4 时，D100V0=D104，C20Z0=C24。

⑨指针（P、I）　在指针中，有分支用指针（P）和中断用指针（I）两种。分支用指针（P）是用于指定 CJ 条件转移和 CALL 子程序调用的对象目的地。中断是用于指定输入中断、定时器中断或是计数器中断的中断子程序。

⑩常数（K、H、E）　可编程控制器中使用的各种数值中，K 表示 10 进制数，H 表示 16 进制数，E 表示实数（浮点数）。10 进制数的数值中附加 K（例如 K100），16 进制数的数值中附加 H（例如 H64），浮点数（实数）的数值中附加 E 后输入（例如 E1.23 或 E1.23+10）。

（3）软元件和常数的表示方法

①常数

a. 常数 K（十进制数）。"K"是表示十进制整数的符号，主要用于指定定时器和计数器的设定值，或应用指令的操作数中的数值。例如：K1234。

使用字数据（16 位）时，其范围为：K-32768 ～ K32767。

使用双字数据（32 位）时，其范围为：K-2147483648 ～ K2147483647。

b. 常数 H（十六进制数）。"H"是表示 16 进制数的符号。主要用于指定应用指令的操作数的数值。例如：H1234。其十六进制的每一位数值在 0 ～ 9 的范围内时，可用来指定 BCD 数据。

十六进制常数的设定范围如下所示。

使用字数据（16 位）时，其范围为：H0 ～ HFFFF（BCD 数据的时候为 H0 ～ H9999）。

使用双字数据（32 位）时，其范围为：H0 ～ HFFFFFFFF（BCD 数据的时候为 H0 ～ H99999999）。

c. 常数 E（实数）。"E"是表示实数（浮点数数据）的符号，主要用于指定应用指令的操作数的数值。例如：E1.234 或 E1.234+3。实数的范围为：-1.0×2^{128} ～ -1.0×2^{-126}、0、1.0×2^{-126} ～ 1.0×2^{128}。

在顺控程序中，实数的普通指定方法，如 10.2345 就以 E10.2345 指定。指数指定方法，如 1234 以 E1.234+3 指定。

② 位的位数指定（Kn □ ***） 诸如 X、Y、M、S，仅处理 ON/OFF 信息的软元件被称为位软元件。与此相对，T、C、D、R 等处理数值的软元件被称为字软元件。位软元件，通过组合后也可以处理数值。

每四个二进制位为 1 个位组合。位的位数指定，以位数（Kn）和起始软元件的编号（□ ***）的组合来表示。例如，K2M0，指从 M0 为起点的 2 个位组合数，即 8 位数（M0 ～ M7）。

③ 连续字的指定 所谓以 D1 开头的一连串的数据寄存器，就是 D1、D2、D3、D4、…。在字的场合，通过指定位数也可以将其作为一连串的字进行处理。如 K1X0、K2Y10、K3M0、K4S16、K4S32、K4S48 等，但是，32 位运算中使用了 K4Y0 的时候，高 16 位被视为 0。所以，需要 32 位数据的时候，要使用 K8Y0。

④ 字软元件的位指定（D □ .b） 指定字软元件的位，可以将其作为位数据使用。例如：D0.0…D0.F 表示数据寄存器的 0…F 位编号。

8.1.2 应用指令和操作数

（1）应用指令的格式

例如图 8-2 所示的 SMOV（位移动）的指令。

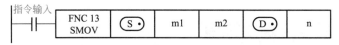

图 8-2 应用指令格式示例

① 功能号：FNC13。

② 助记符 SMOV：表示指令内容的符号，一般用英文单词或单词缩写表示助记符。

③ 源操作数 S：其内容不会因执行指令而发生变化。如果有多个源操作数时，可以用 S1、S2 等表示。

④ 目标操作数 D：当指令执行后，其内容会因执行指令而发生变化，如果有多个目标操作数时，可以用 D1、D2 等表示。

⑤ 其他操作数 m1、m2、n：不符合源操作数也不符合目标操作数的操作数以 m 和 n 表示，如常数等，操作数有多个时，以 m1、m2、n1、n2 等表示。

（2）指令执行的数据长度

如图 8-3（a）所示，为 16 位指令，功能是将 D10 的内容传送到 D12。

如图 8-3（b）所示，为 32 位指令，功能是将（D21，D20）的内容传送到（D23，D22）的指令。

32 位指令的时候，在 DMOV 中添加了"D"的符号来表示。

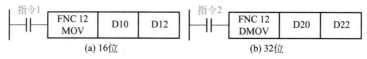

(a) 16位　　　　　　　　(b) 32位

图 8-3　两种数据长度的指令

指定软元件的地址编号可以使用偶数或是奇数，该号码与紧接其后的软元件组合使用。为了避免混乱，建议在 32 位指令的操作数中指定低位侧软元件使用偶数号码。

 32 位计数器（C200 ~ C255）的 1 个软元件为 32 位，不可以作为 16 位指令的操作数使用。

（3）指令执行的形式

如图 8-4（a）所示，为脉冲执行型的指令，X0 从"OFF"变成"ON"的时候，只执行一次指令，除此以外的情况都不执行。因此，不需要一直执行的情况下，建议使用脉冲执行型指令。P 的符号表示脉冲执行型的指令。DMOVP 也相同。

(a) 脉冲执行型　　　　　　　　(b) 连续执行型

图 8-4　两种不同执行形式的指令

如图 8-4（b）所示，为连续执行型的指令，X1 为"ON"的时候，每个运算周期都会执行。例如 INC（FNC24）、DEC（FNC 25）等指令，如使用连续执行型指令时，每个扫描周期目标操作数都会加 1 或减 1。

8.2　位逻辑指令

8.2.1　输入指令与输出指令

（1）指令格式与功能

输入指令与输出指令的指令格式及功能如表 8-1 所示。

表 8-1　输入指令与输出指令的格式及功能

指令名称	梯形图	语句表	功能	操作数
取常开触点	〈位地址〉	LD〈位地址〉	用于逻辑运算的开始，当输入映像区寄存器值为 1 时常开触点闭合	X、Y、M、S、T、C、D □ .b

指令名称	梯形图	语句表	功能	操作数
取常闭触点	〈位地址〉	LDI〈位地址〉	用于逻辑运算的开始，当输入映像区寄存器值为1时常闭触点断开	X、Y、M、S、T、C、D□.b
线圈输出指令	〈位地址〉( )	OUT〈位地址〉	用于线圈的驱动	Y、M、S、T、C、D□.b

（2）例说输入指令与输出指令

输入指令与输出指令PLC接线图和梯形图见图8-5。

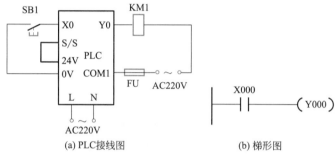

(a) PLC接线图　　　　　　(b) 梯形图

图8-5　输入指令与输出指令PLC接线图和梯形图

程序说明

① 当按下按钮时，X0处导通，Y0得电（即接触器线圈得电，接触器主触点闭合），电机得电启动运转。

② 松开按钮时，X0处断开，Y0失电（即接触器线圈失电，接触器主触点断开），电机失电停止运转。

8.2.2　触点串、并联指令

（1）指令格式及功能

触点串、并联指令的指令格式及功能如表8-2所示。

表8-2　触点串、并联指令的指令格式及功能

指令名称	梯形图	语句表	功能	操作数
与指令	〈位地址〉	AND〈位地址〉	与单个常开触点的串联	X、Y、M、S、T、C、D□.b
与反转指令	〈位地址〉	ANI〈位地址〉	与单个常闭触点的串联	
或指令	〈位地址〉	OR〈位地址〉	和单个常开触点的并联	

续表

指令名称	梯形图	语句表	功能	操作数
或反转指令	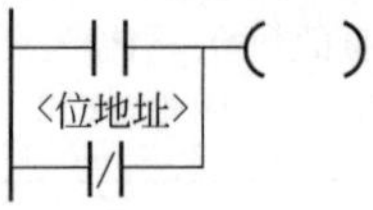 （ ）〈位地址〉	ORI ＜位地址＞	和单个常闭触点的并联	X、Y、M、S、T、C、D □ .b

（2）启保停控制

启保停控制程序见图8-6。

图 8-6　控制程序

程序说明

控制程序如图 8-6 所示。此程序是典型的启保停电路。

① 按下启动按钮时，X0 得电，其常开触点闭合，Y0 得电并保持，电机开始运转。与 X0 并联的常开触点 Y0 闭合，保证 Y0 持续得电，这就相当于继电控制线路中的自锁。松开启动按钮后，由于自锁的作用，电机仍保持运转状态。

② 按下停止按钮时，X1 得电，X1 常闭触点断开，电机失电停止运转。

③ 要想再次启动，重复步骤①。

8.2.3　电路块串联指令与并联指令

（1）指令格式及功能

电路块串联指令与并联指令的指令格式及功能如表 8-3 所示。

表 8-3　电路块串联指令与并联指令的指令格式及功能

指令名称	梯形图	语句表	功能	操作数
电路块串联指令	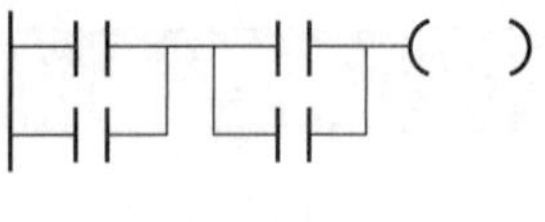	ANB	电路块的串联关系	无
电路块并联指令	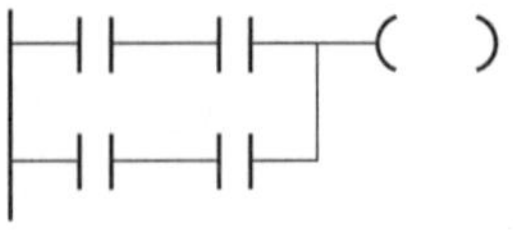	ORB	电路块的并联关系	无

（2）例说指令

电路块串联指令与并联指令梯形图见图8-7。

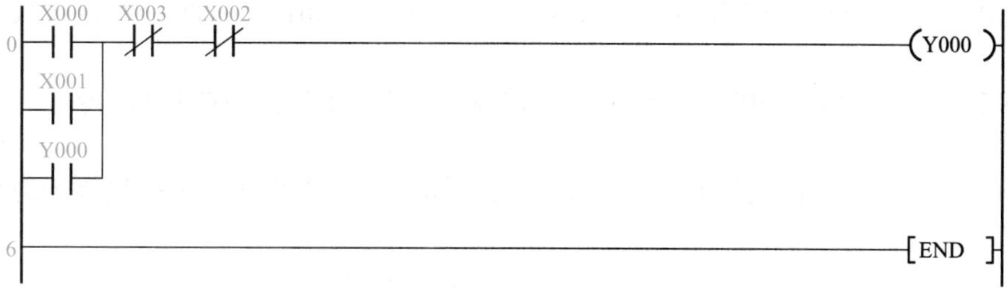

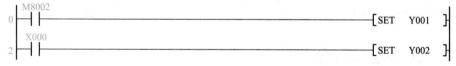

图 8-7　电路块串联指令与并联指令梯形图

本程序可以实现在甲、乙两地都可以控制电机运转的功能。

① 按下甲地启动按钮 X0 时，X0 得电，即 X0=ON，则 Y0=ON，并自锁，电机启动且持续运转。

② 按下甲地停止按钮 X2 时，X2 常闭触点断开，Y0=OFF，电机失电停止运转。

③ 按下乙地启动按钮 X1 时，X1 得电，即 X1=ON，Y0=ON，并自锁，电机持续运转。

④ 按下乙地停止按钮 X3 时，X3 常闭触点断开，Y0=OFF，电机失电停止运转。

8.2.4　置位与复位指令

（1）置位与复位指令

① 指令格式及功能　置位与复位指令的指令格式及功能如表 8-4 所示。

表 8-4　置位与复位指令的指令格式及功能

指令名称	梯形图	指令表	功能	操作数
置位指令	— SET 对象软元件 —	SET ＜位地址＞	对操作元件进行置1，并保持其动作	S、Y、M、D□.b
复位指令	— RST 对象软元件 —	RST ＜位地址＞	对操作元件进行清零，并取消其动作保持	Y、M、S、T、C、V、Z、D、R、D□.b

② 置位程序　控制程序见图 8-8。

图 8-8　控制程序

PLC 运行初期，M8002 闭合一个扫描周期时间，将 Y1 置为 1。按下按钮 X0，将 Y2 置为 1。

PLC 中存在大量的特殊功能继电器，它们都具有各自特定的功能。其中比较常用的有以下几个继电器：

M8000：用于运行监控，只要 PLC 运行，M8000 就一直处于闭合状态，直到 PLC 停止运行。

M8001：与 M8000 的逻辑相反，只要 PLC 运行，M8001 就一直处于断开状态，直到 PLC 停止运行。

M8002：初始化脉冲，PLC 运行初期，M8002 闭合一个扫描周期时间，然后一直处于断开状态。

M8003：与 M8002 的逻辑相反，PLC 运行初期，M8003 断开一个扫描周期时间，然后一直处于闭合状态。

M8011：占空比为 50% 的时间源脉冲，其周期为 10ms。

M8012：占空比为 50% 的时间源脉冲，其周期为 100ms。

M8013：占空比为 50% 的时间源脉冲，其周期为 1s。

M8014：占空比为 50% 的时间源脉冲，其周期为 1min。

（2）成批复位指令

① 指令格式及功能　成批复位指令的指令格式及功能如表 8-5 所示。

表 8-5　成批复位指令的指令格式及功能

功能号	指令名称	助记符	梯形图	功能	操作数
40	成批复位指令	ZRST ZRSTP	─[ZRST D1 D2]	成批复位 D1 和 D2 之间的单元，两个元件需同类型	D1、D2：Y、M、S、T、C、D、R

注：1. 具有功能号的为应用型指令，在程序编辑区输入时，可按 F8 或单击工具栏中的图标 🔧。
2. ZRST 为连续执行型，即只要输入条件满足，每一个扫描周期执行一次。
3. ZRSTP 为脉冲执行型，即只在输入条件满足的第一个扫描周期执行一次。

② 例说成批复位指令　成批复位指令梯形图见图 8-9。

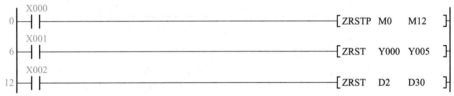

图 8-9　成批复位指令梯形图

🔖 **程序说明**

在 X0 闭合的第一个扫描周期，将 M0 ～ M12 共 13 个位单元置 0。在每一个扫描周期，当 X1 闭合时，将 Y0 ～ Y5 共 6 个位单元置 0；当 X2 闭合时，将 D2 ～ D30 共 29 个字单元清零。

8.2.5　脉冲触点指令

（1）指令格式及功能

脉冲触点指令的指令格式及功能如表 8-6 所示。

表 8-6　脉冲触点指令的指令格式及功能

指令名称	梯形图	语句表	功能	操作数
取脉冲上升沿触点指令	＜位地址＞ ─┤↑├─（ ）	LDP ＜位地址＞	上升沿检测运算，当检测到信号的上升沿时闭合一个扫描周期	X、Y、M、S、T、C、D □.b

续表

指令名称	梯形图	语句表	功能	操作数
取脉冲下降沿触点指令	〈位地址〉	LDF〈位地址〉	下降沿检测运算,当检测到信号的下降沿时闭合一个扫描周期	X、Y、M、S、T、C、D□.b
与脉冲上升沿触点指令	〈位地址〉	ANDP〈位地址〉	与脉冲上升沿触点串联	
与脉冲下降沿触点指令	〈位地址〉	ANDF〈位地址〉	与脉冲下降沿触点串联	
或脉冲上升沿触点指令	〈位地址〉	ORP〈位地址〉	与脉冲上升沿触点并联	
或脉冲下降沿触点指令	〈位地址〉	ORF〈位地址〉	与脉冲下降沿触点并联	

（2）例说脉冲触点指令

输入信号边沿检测程序时序图和梯形图见图8-10。

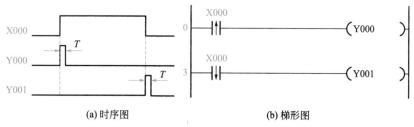

(a) 时序图　　　　　　　　　　(b) 梯形图

图 8-10　输入信号边沿检测程序时序图和梯形图

程序说明

① 在 X0 接通的瞬间，X0 产生一个正跳变，使 Y0 得到一个扫描周期的脉冲。

② 在 X0 断开的瞬间，X0 产生一个负跳变，使 Y1 得到一个扫描周期的脉冲。

8.2.6 脉冲输出指令

（1）指令格式及功能

脉冲输出指令的指令格式及功能如表8-7所示。

表 8-7　脉冲输出指令的指令格式及功能

指令名称	梯形图	语句表	功能	操作数
上升沿脉冲输出指令	PLS Y、M	PLS〈位地址〉	当检测到输入信号上升沿时,操作元件会有一个扫描周期的脉冲输出	Y、M
下降沿脉冲输出指令	PLF Y、M	PLF〈位地址〉	当检测到输入信号下降沿时,操作元件会有一个扫描周期的脉冲输出	

(2) 例说上升沿脉冲输出指令

上升沿脉冲输出指令梯形图和时序图见图8-11。

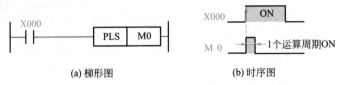

X000
PLS
M0
X000
ON
M 0
1个运算周期ON
(a) 梯形图
(b) 时序图

图 8-11　上升沿脉冲输出指令梯形图和时序图

程序说明

当检测到输入信号X0上升沿时，M0会有一个扫描周期的脉冲输出。

(3) 例说下降沿脉冲输出指令

下降沿脉冲输出指令梯形图和时序图见图8-12。

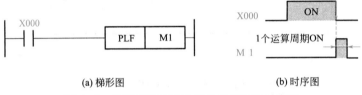

X000
PLF
M1
X000
ON
1个运算周期ON
M 1
(a) 梯形图
(b) 时序图

图 8-12　下降沿脉冲输出指令梯形图和时序图

程序说明

当检测到输入信号X0下降沿时，M1会有一个扫描周期的脉冲输出。

(4) 例说抽水泵控制电路

控制程序见图8-13。

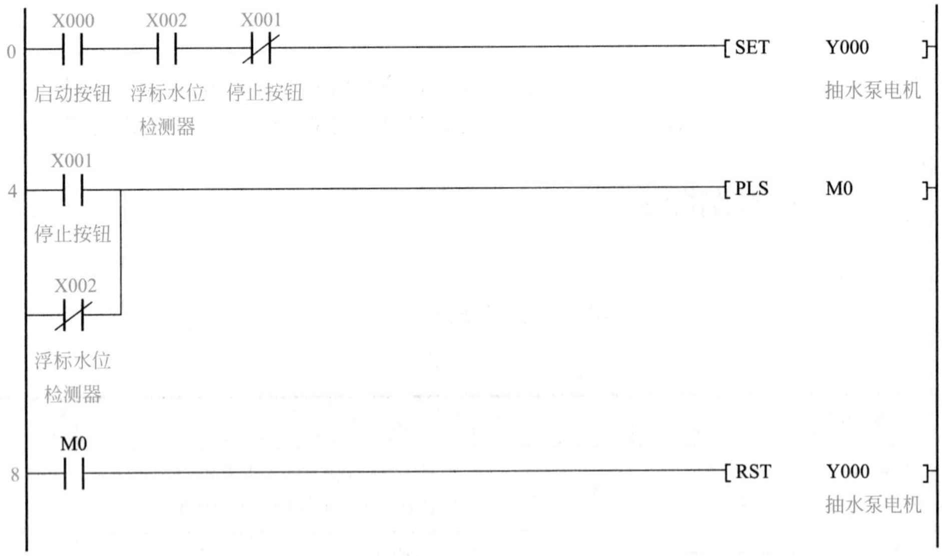

0
X000
X002
X001
SET
Y000
启动按钮
浮标水位检测器
停止按钮
抽水泵电机
4
X001
PLS
M0
停止按钮
X002
浮标水位检测器
8
M0
RST
Y000
抽水泵电机

图 8-13　控制程序

程序说明

① 如果检测到容器中有水，X2 的常开触点闭合，按下启动按钮时，X0 得电，置位操作指令被执行，Y0 得电，抽水泵电机开始抽水。

② 当按下停止按钮时，X1 的常闭触点断开、常开触点闭合，通过上升沿指令将 X1 的不规则信号转换为瞬时触发信号，M0 接通一个扫描周期，复位操作指令执行，Y0 失电，抽水泵电机停止抽水。

③ 另外，当容器中的水被抽干后，X2 的常闭触点接通，M0 接通一个扫描周期，复位操作指令执行，Y0 被复位，抽水泵电机停止抽水。

8.2.7 取反、空操作与结束指令

（1）指令格式及功能

取反、空操作与结束指令的指令格式及功能如表 8-8 所示。

表 8-8　取反、空操作与结束指令的指令格式及功能

指令名称	梯形图	语句表	功能	操作数
取反指令	┤├／─( )	INV	将该指令以前的运算结果取反	无
空操作指令	─────	NOP	不执行任何操作	无
程序结束指令	┤ [END]	END	用于程序的结束或调试	无

（2）例说取反指令

取反指令梯形图和时序图见图 8-14。

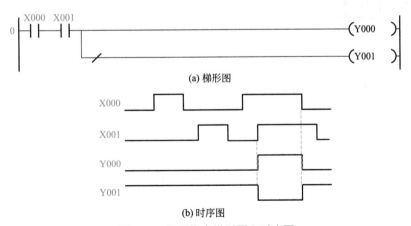

(a) 梯形图

(b) 时序图

图 8-14　取反指令梯形图和时序图

程序说明

① 如图 8-14（a）所示，常开触点 X0 和 X1 必须都闭合才能激活使 Y0 为 1。

② INV 指令用作取反。在 "RUN" 模式下，Y0 和 Y1 的逻辑状态相反。其时序图如图 8-14（b）所示。

8.2.8 逻辑堆栈指令

（1）指令格式及功能

堆栈指令的指令格式及功能如表 8-9 所示。

表 8-9 堆栈指令的指令格式及功能

指令名称	梯形图	语句表		功能
堆栈指令	MPS MRD MPP	入栈指令	MPS	将触点运算结果存入栈顶，同时让堆栈原有数据顺序下移一层
		读栈指令	MRD	仅读出栈顶数据，堆栈中其他层数据不变
		出栈指令	MPP	将栈顶的数据取出，同时让堆栈每层数据顺序上移一层

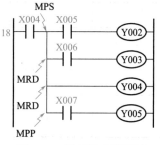

图 8-15　堆栈指令梯形图

（2）例说堆栈指令

堆栈指令梯形图见图 8-15。

程序说明

① 使用 MPS 指令存储运算的中间结果后，驱动输出 Y2。

② 使用 MRD 指令读取该存储内容后，驱动输出 Y3。MRD 指令可以多次编程。

③ 在最终输出回路中使用 MPP 指令替代 MRD 指令，从而在读出上述存储内容的同时将其复位。

重要提示

① MPS、MPP 指令可以重复使用，但是连续使用不能超过 11 次，且两者必须成对使用，缺一不可，MRD 指令有时可以不用。

② MPS、MRD、MPP 指令之后若有单个常开或常闭触点串联，则应该使用 AND 或 ANI 指令。

③ MPS、MRD、MPP 指令之后若有触点组成的电路块串联，则应该使用 ANB 指令。

④ MPS、MRD、MPP 指令之后若无触点串联，直接驱动线圈，则应该使用 OUT 指令。

⑤ 指令使用可以有多层堆栈。

8.2.9 主控指令

（1）指令格式及功能

主控指令的指令格式及功能如表 8-10 所示。

表 8-10 主控指令的指令格式及功能

指令名称	梯形图	语句表	功能	操作数
主控指令	MC N 操作元件	MC N <操作元件位地址>	主控区的开始	Y、M（特殊M除外）嵌套层数N的范围：N0～N7
主控复位指令	MCR N	MCR N	主控区结束	

（2）例说主控指令

在编程时，通常会遇到许多线圈同时受一个或一组触点控制的情况。如果在每个线圈的控制电路中都串联同样的触点，将占用很多存储单元。为避免这个问题，常使用主控指令。

主控指令梯形图见图 8-16。

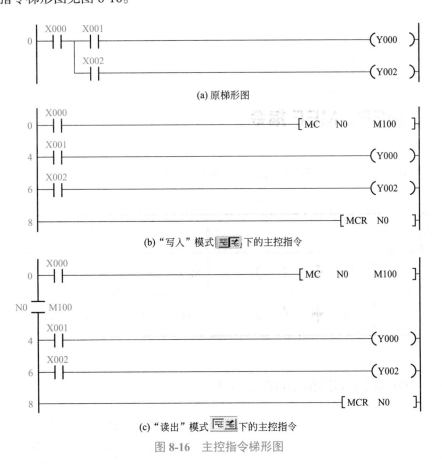

(a) 原梯形图

(b) "写入"模式下的主控指令

(c) "读出"模式下的主控指令

图 8-16 主控指令梯形图

🖊 程序说明

① 如图 8-16（a）所示，线圈 Y0 和 Y2 同时受触点 X0 的控制，将占用很多存储单元。

② 采用主控指令，如图 8-16（b）所示，X0 接通将接通主控触点 M100。

执行 MC 后，左母线移到 MC 触点的后面，即产生一个临时左母线。

③ MCR 是主控复位指令，它是 MC 指令的复位指令，即利用 MCR 指令恢复原左母线

的位置。

④ 利用 MC N0 M100 实现左母线右移，其中 N0 表示嵌套等级，利用 MCR N0 恢复到原先左母线的位置。如果 X0 断开，则会跳过 MC，MCR 之间的指令向下执行。

⑤ 主控触点在梯形图中与一般触点垂直，如图 8-16（c）所示。工具栏有"写入""读出"按钮，当"读出"按钮被按下时，将显示垂直触点 M100，即从图 8-16（b）变为图 8-16（c）。

重要提示

① MC 指令的操作软元件 Y、M 中，M 不能是特殊辅助继电器。

② 主控指令（MC）后，母线（LD、LDI）临时移到主控触点后，MCR 为其将临时母线返回原母线的位置的指令。

③ MC/MCR 指令可以嵌套使用，即 MC 指令内可以再使用 MC 指令，但是必须使嵌套级编号从 N0 到 N7 按顺序增加，顺序不能颠倒。而主控返回则嵌套级标号必须从大到小，即按 N7 到 N0 的顺序返回，不能颠倒，最后一定是 MCR N0 指令。

8.2.10 MEP、MEF 指令

（1）指令格式及功能

MEP 与 MEF 指令的指令格式及功能如表 8-11 所示。

表 8-11　MEP 与 MEF 指令的指令格式及功能

指令名称	梯形图表达方式	指令表 表达方式	功能	操作数
MEP	┤├─┤├──↑──（　）	MEP ＜位地址＞	上升沿时导通	无
MEF	┤├─┤├──↓──（　）	MEF ＜位地址＞	下降沿时导通	无

（2）例说 MEP 与 MEF 指令

MEP 与 MEF 指令梯形图和时序图见图 8-17。

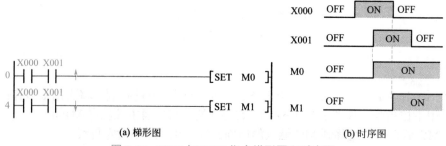

（a）梯形图　　　　　　　　　　　（b）时序图

图 8-17　MEP 与 MEF 指令梯形图和时序图

程序说明

① MEP 指令仅在该指令左边触点电路的逻辑运算结果从 OFF → ON 的一个扫描周期，有能流流过它。MEF 指令仅在该指令左边触点电路的逻辑运算结果从 ON → OFF 的一个扫描周期，有能流流过它。

② MEP、MEF 指令是根据到 MEP/MEF 指令前面为止的运算结果而动作的。

8.3 定时器指令

8.3.1 定时器指令

（1）定时器指令的指令格式及功能

定时器及指令的指令格式及功能如表 8-12 所示。

表 8-12　定时器指令的指令格式及功能

指令名称	梯形图	功能	操作数
普通定时器	Km ─(Tn)─	当指令输入端闭合时，定时器位 Tn 延时接通。当指令输入端 IN 断开时，定时器位 Tn 瞬时断开	Tn：T0 ～ T245，T256 ～ T511
累计定时器		可以对启动输入端 IN 的多个间隔进行累计计时	Tn：T246 ～ T255

定时器的分辨率有 1ms、10ms 和 100ms 共 3 个等级。分辨率等级和定时器编号如表 8-13 所示。

表 8-13　分辨率等级和定时器编号

定时器类型	分辨率 /ms	计时范围 /s	定时器编号
普通型	1	0.001 ～ 32.767s	T256 ～ T511（256 点）
	10	0.01 ～ 327.67s	T200 ～ T245（46 点）
	100	0.1 ～ 3276.7s	T0 ～ T199（200 点）T192 ～ T199（子程序用）
累计型	1	0.001 ～ 32.767s	T246 ～ T249（4 点）
	100	0.1 ～ 3276.7s	T250 ～ T255（6 点）

（2）例说通电延时型定时器指令

通电延时型定时器指令梯形图和时序图见图 8-18。

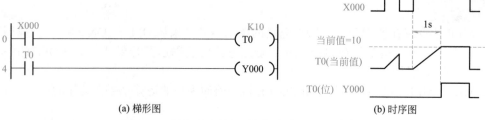

(a) 梯形图   (b) 时序图

图 8-18　通电延时型定时器指令梯形图和时序图

🖳 程序说明

从图 8-18（a）所示梯形图来看，当 X0 接通，定时器 T0 开始计时，当计时 1s（由表 8-13 知，T0 分辨率为 100ms。其设定值为 10 时，定时时间为 1s）时间到，T0 触点闭合，使线圈 Y0 得电。

从时序图 8-18（b）所示时序图来看，X0 共接通两次。

① 第一次　当 X0 接通时，定时器 T0 开始计时，其当前值从 0 开始递增。其当前值还没达到预设值 10 时，X0 断开，则定时器当前值被清零。

② 第二次　当 X0 接通时，定时器 T0 开始计时，其当前值从 0 开始递增，其当前值达到预设值 10 时，定时器位 T0 接通，从而使线圈 Y0 吸合。当 X0 断开时，T0 定时器位立刻复位，同时当前值清 0，输出 Y0 变为 0。

（3）例说用普通定时器构成的断电延时型定时器

断电延时型定时器指令梯形图和时序图见图 8-19。

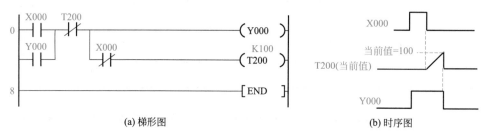

(a) 梯形图   (b) 时序图

图 8-19　断电延时型定时器指令梯形图和时序图

🖳 程序说明

① 当 X0 接通，线圈 Y0 立即得电，并自锁，X0 的常闭触点断开，定时器不定时。

② 当 X0 断电时，其常闭触点闭合，同时 T200 开始计时，1s 后，当前值等于预设值，T200 常闭打开，线圈 Y0 失电。

（4）例说累计型定时器指令

累计型定时器指令梯形图和时序图见图 8-20。

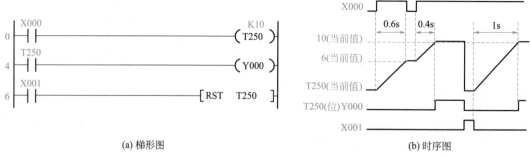

(a) 梯形图   (b) 时序图

图 8-20　累计型定时器指令梯形图和时序图

程序说明

从图 8-20（a）所示梯形图来看，当 X0 的累计接通时间达到 1s 时，T250 触点立刻接通，线圈 Y0 得电，当 X1 接通时，定时器 T250 被复位，线圈 Y0 失电。

从图 8-20（b）所示时序图来看，X0 共接通两次。

① 第一次　当 X0 第一次接通时，定时器 T250 开始计时，其当前值从 0 开始递增。当计时时间达到 0.6s 时，X0 断开，其当前值保持现在的值不变。

② 第二次　当 X0 第二次接通时，定时器 T250 当前值从原有基础上继续增加，当第二次接通时间达到 0.4s，即累计接通时间达到 1s 时，定时器位 T250 置 1，从而使线圈 Y0 吸合。当前值不再增加。当 X1 闭合，定时器被复位，触点 T250 断开，使 Y0 失电，同时当前值被清零。当 X1 断开后，只要 X0 接通，定时器将又开始计时，其当前值从 0 开始递增，定时到 1s 后，Y0 又会得电。

③ 复位　对于累计型定时器的复位只能使用复位指令 RST 对其进行复位操作。

（5）例说用普通定时器产生每隔 3s 接通一个扫描周期的方波

梯形图和时序图见图 8-21。

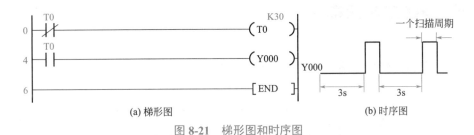

图 8-21　梯形图和时序图

程序说明

① 当程序执行时，T0 开始计时，定时时间到 3s 时，其常开触点 T0 闭合，Y0 得电。

② 下一个扫描周期，其常闭触点断开，T0 当前值被清零，其定时触点 T0 置 0，Y0 失电。

③ 再一个扫描周期，其常闭触点 T0 重新闭合，T0 又开始计时。由此分析，此电路每隔 3s，Y0 将接通一个扫描周期。

（6）例说多个定时器实现长计时

控制要求

每一种 PLC 的定时器都有它自己的最大计时时间，如果需计时的时间超过了定时器的最大计时时间，可以多个定时器联合使用，以延长其计时时间。

控制程序

控制程序见图 8-22。

程序说明

① 按下 X0 启动按钮，M0=ON，T0 开始计时，2000s 后 T0 计时时间到，T0=ON，T1 开始计时，2000s 后 T1 计时时间到，T1=ON，T2 开始计时，2000s 后 T2 计时时间到，T2=ON，Y0=ON，计时完成指示灯亮。

② 按下 X1，复位 M0，系统停止。

图 8-22　控制程序

8.3.2　特殊定时器指令

（1）指令格式及功能

特殊定时器指令的指令格式及功能如表 8-14 所示。

表 8-14　特殊定时器指令的指令格式及功能

功能号	指令名称	助记符	梯形图	功能	操作数
65	特殊定时器指令	STMR	STMR S m D	用于产生断开延时定时、单脉冲定时和闪动定时	S：T。 m：D、R、K、H。 D：Y、M、S

（2）例说特殊定时器指令

特殊定时器指令梯形图和时序图见图 8-23。

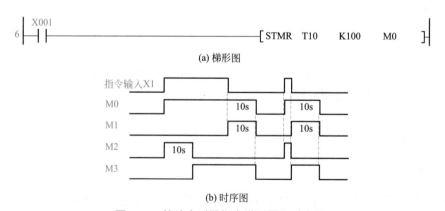

(a) 梯形图

(b) 时序图

图 8-23　特殊定时器指令梯形图和时序图

程序说明

梯形图如图 8-23（a）所示，STMR 指令执行时，将会使 M0 ～ M3 产生不同的脉冲，定时器的设定时间为 10s，其时序图如图 8-23（b）所示。

① M0 在 X1 接通时，瞬时接通，在 X1 断开时，延时 10s 断开，为断开延时定时器。

② M1 在 X1 从"ON"变为"OFF"时接通，延时 10s 后断开，为单脉冲定时器。

③ M2、M3 可以产生闪烁的定时脉冲。

8.4　计数器指令

8.4.1　指令格式及功能

计数器指令的指令格式及功能如表 8-15 所示。

表 8-15　计数器指令的指令格式及功能

指令名称	梯形图	功能	操作数
16 位计数器（增计数）		当复位端的信号为 0 时，在计数端 CU 每个脉冲输入的上升沿，计数器的当前值进行加 1 操作	Cn：C0～C99（一般用），C100～C199（停电保持用）。Km：1～32767，或者是数据寄存器
32 位计数器（增减计数）	—（Cn）— Km	在复位端 R 的信号为 0 时，CU 端上升沿到来时，计数器的当前值进行加 1 操作。CD 端上升沿到来时，计数器的当前值进行减 1 操作	Cn：C200～C219（一般用），C220～C234（停电保持用）。Km：−2147483648～2147483647，或者是数据寄存器，但数据寄存器需要成对（2 个）出现

重要提示

对于 32 位计数器，其增减的切换取决于其对应的辅助继电器是"ON"还是"OFF"，辅助继电器如果是"ON"时为减计数器，是"OFF"时为增计数器。如表 8-16 所示为 32 位计数器及其对应的辅助继电器。

表 8-16　32 位计数器及其对应的辅助继电器

计数器号	切换方向	计数器号	切换方向	计数器号	切换方向	计数器号	切换方向
C200	M8200	C209	M8209	C218	M8218	C227	M8227
C201	M8201	C210	M8210	C219	M8219	C228	M8228
C202	M8202	C211	M8211	C220	M8220	C229	M8229
C203	M8203	C212	M8212	C221	M8221	C230	M8230
C204	M8204	C213	M8213	C222	M8222	C231	M8231
C205	M8205	C214	M8214	C223	M8223	C232	M8232
C206	M8206	C215	M8215	C224	M8224	C233	M8233
C207	M8207	C216	M8216	C225	M8225	C234	M8234
C208	M8208	C217	M8217	C226	M8226		

8.4.2 例说计数器指令

（1）例说16位增计数器指令

16位增计数器指令梯形图和时序图见图8-24。

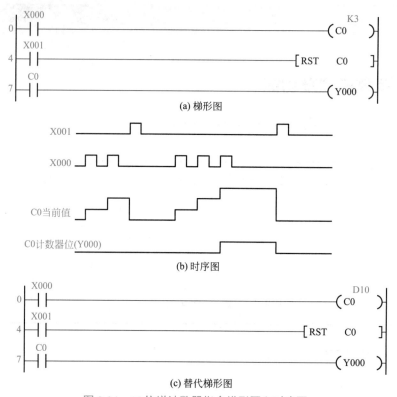

图8-24　16位增计数器指令梯形图和时序图

程序说明

从图8-24（a）所示梯形图来看，当X1断开，X0持续有上升沿脉冲输入时，计数器的当前值加1，当C0的当前值增加到预设值（K3）时，计数器位被置1，其常开触点C0闭合，使Y0得电。

若此时X0依然有上升沿脉冲输入，C0当前值不变，其常开触点C0保持闭合，Y0保持得电。

当X1闭合时，计数器被复位，其当前值被清零，计数器位变为0，使Y0失电。此时，即使脉冲输入端有上升沿脉冲输入，计数器不再计数，直到X1断开，计数器才会重新工作。

如果D10的内容是3，则图8-24（a）的梯形图可以用8-24（c）代替。

从图8-24（b）所示时序图来看，X1共有三段为OFF。

① 第一次　在X1第一次为OFF期间，X0有两个脉冲上升沿，计数器的当前值有两次递增，此时当前值为2，还没有达到预设值3，计数器位保持为0。随后，X1闭合时，计数器被复位，其当前值被清零。

② 第二次　在X1第二次为OFF期间，X0有三个脉冲上升沿，每来一个上升沿，计数器加1。计数器的当前值加到3时，正好等于预设值，计数器位变为1，其常开触点C0

闭合，使 Y0 得电；随后，X1 闭合时，计数器被复位，其当前值被清零，计数器位变为 0，其常开触点 C0 断开，使 Y0 失电。

③ 第三次　在 X1 第三次为 OFF 期间，计数器开始工作，但因为脉冲输入依然没有上升沿脉冲输入，计数器当前值和计数器位没有改变。

重要提示

如果可编程控制器的电源断开，则计数值会被清除，但是对于停电保持用计数器，会记住停电之前的计数值，所以能够继续在上一次的值上进行累计计数。

（2）例说 32 位增减计数器指令

32 位增减计数器指令梯形图和时序图见图 8-25 所示。

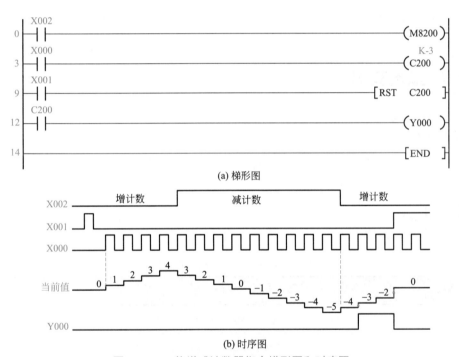

(a) 梯形图

(b) 时序图

图 8-25　32 位增减计数器指令梯形图和时序图

程序说明

从图 8-25（a）所示梯形图来看，对于 C200 计数器，当 X2 闭合时，驱动 M8200 后为减计数器，不驱动时为增计数器。当 X1 闭合时，计数器被复位，计数器当前值清零。

当 X1 断开，M8200 不驱动时，计数器为增计数器，脉冲输入端 X0 每来一个上升沿，计数器的当前值就增 1，当前值由 "-4" 增加到 "-3" 时，其计数器位 C200 变为 1，线圈 Y0 得电。

从图 8-25（b）所示时序图来看，X1 共闭合两次。

① 第一次　当 X1 第一次闭合时，计数器被复位，计数器的当前值为 0。

X1 断开以后，M8200 不被驱动，计数器为增计数器，当 X0 迎来第四个上升沿时，计数器的当前值增为 4，随后 M8200 被驱动，计数器为减计数器。在由 "-3" 减少到 "-4" 的时候，输出触点被复位，线圈 Y0 保持为 0。

当计数器的当前值减为 -5 时，M8200 不被驱动，计数器为增计数器，在计数器当前值由 "-4" 增加到 "-3" 时，其计数器位 C200 变为 1，线圈 Y0 得电。如果 X0 再来脉冲上升沿，计数器当前值继续增加。

② 第二次　当 X1 第二次闭合时，计数器 C200 清零，计数器的当前值变为 0。

重要提示

① 当增计数器的当前值等于预设值时，其计数器触点置 1。当减计数的当前值等于预设值后再减 1 时，计数器触点被复位。

② C200 的设定值可以是常数 K，也可以是数据寄存器 D 的内容，设定值可以使用正负的值。在用数据寄存器的情况下，将编号连续的软元件视为一对，设定值为 32 位数据。例如，指定 D0 的情况下，32 位的设定值是（D1，D0）这一对编号连续的软元件中的内容。

8.4.3　综合实例

以打卡计数为例。

控制要求

打卡器开启，每检测到一张磁卡，计数器加 1，当数值达到应上班的总人数时，指示灯变亮，按下复位键，计数器清零。

元件说明

元件说明见表 8-17。

表 8-17　元件说明

PLC 软元件	控制说明
X0	电磁传感器，磁卡接近时，X0 状态由 OFF → ON
X1	清零键，按下时，X1 状态由 OFF → ON，计数器清零
C0	计数器
Y0	指示灯

控制程序

控制程序见图 8-26。

程序说明

① 打卡器开启后，每有一张磁卡靠近，X0 的常开触点闭合，C0 计数一次。

② 当 C0 当前值达到应上班的总人数 100 时，C0 的常开触点闭合，Y0 得电，指示灯变亮。

③ 按下复位键 X1 时，X1 常开触点闭合，计数器清零。

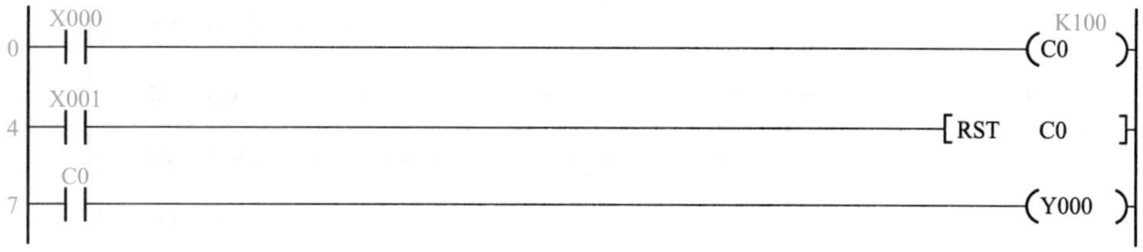

```
     X000                                                          K100
  0 ──┤├──────────────────────────────────────────────────────────( C0 )──
     X001
  4 ──┤├────────────────────────────────────────────────[ RST   C0 ]──
     C0
  7 ──┤├──────────────────────────────────────────────────────────( Y000 )──
```

图 8-26　控制程序

8.5　数据传送指令

8.5.1　传送指令

（1）指令格式及功能

传送指令的指令格式及功能如表 8-18 所示。

表 8-18　传送指令的指令格式及功能

功能号	指令名称	助记符	梯形图	功能	操作数
12	传送指令	MOV MOVP DMOV DMOVP	─[MOV | S | D]─	将源操作数 S 中的内容传送至目标操作数 D 中，源操作数 S 中的内容保持不变	S：K、H、KnX、KnY、KnS、KnM、T、C、D、V、Z。 D：KnY、KnS、KnM、T、C、D、V、Z
112	浮点数传送指令	DEMOV DEMOVP	─[EMOV | S | D]─	将源操作数 S 中的内容传送到目标操作数 D 中	S：D、R、E。 D：D、R

注：1. MOV、MOVP 为 16 位数据传送，其中 MOV 如果输入条件允许，每一个扫描周期传送一次，而 MOVP 仅在输入条件接通的第一个扫描周期传送一次。DMOV、DMOVP 为 32 位数据传送。后面章节的指令形式类似，不再一一说明。

2. DEMOV 为浮点数传送，浮点数为 32 位数。

3. S：源操作数的软元件的起始编号。D：目标操作数的软元件的起始编号。

（2）例说 16 位传送指令

16 位传送指令梯形图和传送示意图见图 8-27。

程序说明

如图 8-27（a）所示，当程序开始执行时，M8002 接通一个扫描周期，使 M0 ～ M7=2#01100101，当 X0 接通时，将 K2M0 存储区里的数传入 D0 的低八位，D0 存储区内低八位的数也变成 2#01100101，K2M0 内的数据不变。执行过程如图 8-27（b）所示。

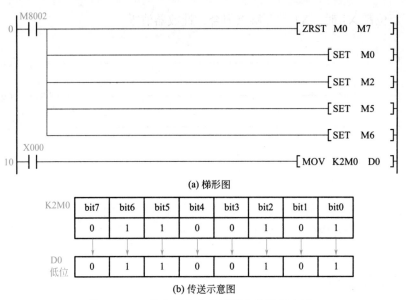

(a) 梯形图

K2M0	bit7	bit6	bit5	bit4	bit3	bit2	bit1	bit0
	0	1	1	0	0	1	0	1
D0 低位	0	1	1	0	0	1	0	1

(b) 传送示意图

图 8-27　16 位传送指令梯形图和传送示意图

重要提示

① M8002 为特殊标志位存储器，当 PLC 由"STOP"转为"RUN"时，M8002 接通一个扫描周期，常用来初始化。

② K2M0 是一个字节，包含 M0 ~ M7 共 8 位。

③ 当短数据向长数据传送数据时，短数据传送给长数据的低位，长数据的高位自动为 0。

④ 传送指令如果用 MOV，则在 X0 接通时，每一个扫描周期传送一次。传送指令如果用 MOVP，则只在 X0 接通的第一个扫描周期传送一次。

（3）例说 32 位传送指令

32 位传送指令梯形图和传送示意图见图 8-28。

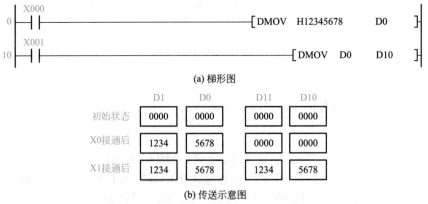

(a) 梯形图

	D1	D0		D11	D10
初始状态	0000	0000		0000	0000
X0接通后	1234	5678		0000	0000
X1接通后	1234	5678		1234	5678

(b) 传送示意图

图 8-28　32 位传送指令梯形图和传送示意图

程序说明

假设初始状态全为 0。

① 当 X0 闭合时,将常数 H12345678 传入 D0、D1 存储区,其中 D0 存储低 16 位,D1 存储高 16 位。

② 当 X1 闭合时,D0、D1 存储区的内容传送到 D10、D11。

(4)例说浮点数传送指令

浮点数传送指令梯形图和仿真结果见图 8-29。

```
     M8002
0 ───┤├──────────────────────────────────────[DEMOV   E266111.2        D0  ]
```

(a) 梯形图

软元件	F	E	D	C	B	A	9	8	7	6	5	4	3	2	1	0	
D0	1	1	1	0	1	1	1	1	1	1	1	0	0	0	0	0	2.661110E+005
D1	0	1	0	0	1	0	0	0	1	0	0	0	0	0	0	1	

(b) D0、D1 仿真结果

图 8-29　浮点数传送指令梯形图和仿真结果

程序说明

程序上电后执行 DEMOV 指令,将 E266111.2 送到 D1、D0。

重要提示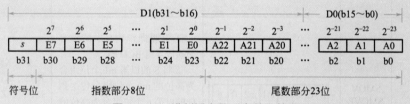

① 浮点数的二进制存储方式如图 8-30 所示。

	D1(b31~b16)											D0(b15~b0)		
	2^7	2^6	2^5	...	2^1	2^0	2^{-1}	2^{-2}	2^{-3}	...	2^{-21}	2^{-22}	2^{-23}
s	E7	E6	E5	...	E1	E0	A22	A21	A20	...	A2	A1	A0
b31	b30	b29	b28	...	b24	b23	b22	b21	b20	...	b2	b1	b0

符号位　　　指数部分8位　　　　　　　尾数部分23位

图 8-30　二进制浮点数(实数)处理

该浮点数的值用十进制表示为:

$$(-1)^s \times (1+x) \times 2^{(e-127)}$$

式中,s 为符号位;e 为第 30 ~ 23 位对应的二进制数;x 为第 22 ~ 0 位表示的纯小数;权值如图 8-30 所示。

② 由 D0、D1 仿真结果可以得知,符号位为 0,指数部分为 1001 0001,尾数部分为 0000 0011 1101 1111 1100 000,即 A5 ~ A11=1、A13 ~ A16=1、E0=1、E4=1、E7=1,其余为 0,则:

$$s=0$$

$$x=A22 \times 2^{-1}+A21 \times 2^{-2}+\cdots+A0 \times 2^{-23}=0.015132904$$

$$e=E7 \times 2^7+E6 \times 2^6+\cdots+E0 \times 2^0=145$$

二进制浮点数(实数)为:

$$(-1)^s \times (1+x) \times 2^{(e-127)}=266111$$

（5）例说使用变址寄存器传送指令

使用变址寄存器传送指令梯形图见图8-31。

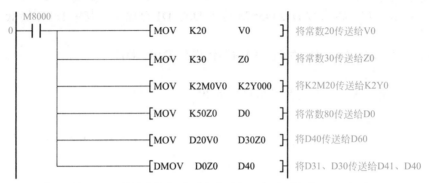

图 8-31　使用变址寄存器传送指令梯形图

程序说明

变址 K2M0V0 就是将 M0 的地址加上 20（即 M20），所以 K2M0V0 便是 K2M20。其他与此类似。

8.5.2 移位传送指令

（1）指令格式及功能

移位传送指令的指令格式及功能如表8-19所示。

表 8-19　移位传送指令的指令格式及功能

功能号	指令名称	助记符	梯形图	功能	操作元件
13	移位传送指令	SMOV SMOVP	SMOV S m1 m2 D n	①将源操作数 S 中的内容转换成 4 组 BCD 码。 ②将 S 的以第 m1 个位组合为高位的 m2 个位组合传送到 D 的以第 n 个位组合为高位的对应位组合中。传送后的目标操作数 D 的 BCD 码自动转换成二进制数	S：KnX、KnY、KnS、KnM、T、C、D、V、Z。D：KnY、KnS、KnM、T、C、D、V、Z

（2）例说移位传送指令

移位传送指令梯形图和传送示意图见图8-32。

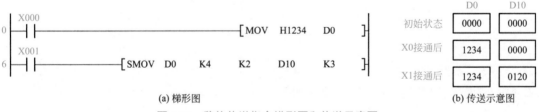

(a) 梯形图　　　　　　　　　　(b) 传送示意图

图 8-32　移位传送指令梯形图和传送示意图

程序说明

假设初始状态全为 0。

① 当 X0 闭合时，将常数 H1234 传入 D0 存储区，即 16#1234，化为二进制为 2#0001 0010 0011 0100，共存储 16 位数，每四位为一位组合，共 4 个位组合。

② 当 X1 闭合时，执行 SMOV 指令。将 D0 中从第四个位组合（K4）起往低位的共两组（K2）位组合，即将 16#12 移动到 D10 从第三个位组合（K3）开始往低位的共两组位组合存储区中。

8.5.3 取反传送指令

（1）指令格式及功能

取反传送指令的指令格式及功能如表 8-20 所示。

表 8-20　取反传送指令的指令格式及功能

功能号	指令名称	助记符	梯形图	功能	操作数
14	取反传送指令	CML CMLP DCML DCMLP	CML　S　D	将源操作数 S 按二进制逐位取反后存入目标操作数 D	S：K、H、KnX、KnY、KnS、KnM、T、C、D、V、Z。 D：KnY、KnS、KnM、T、C、D、V、Z

（2）例说取反传送指令

取反传送指令梯形图和传送示意图见图 7-33。

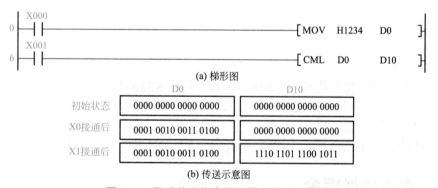

(a) 梯形图

(b) 传送示意图

图 8-33　取反传送指令梯形图和传送示意图

程序说明

假设初始状态全为 0。

① 当 X0 闭合时，将常数 H1234 传入 D0 存储区，即 2#0001 0010 0011 0100。

② 当 X1 闭合时，将 D0 内的数据逐位取反，传送到 D10 中。

8.5.4 成批传送指令

（1）指令格式及功能

成批传送指令的指令格式及功能如表 8-21 所示。

表 8-21   成批传送指令的指令格式及功能

功能号	指令名称	助记符	梯形图	功能	操作数
15	成批传 送指令	BMOV BMOVP	BMOV S D n	将从源操作数 S 开始 的 n 个位组合数据传送 到目标操作数 D 开始的 n 组位组合中	S：KnX、KnY、KnS、 KnM、T、C、D。 D：KnY、KnS、KnM、T、 C、D。 n：D、K、H

（2）例说成批传送指令

成批传送指令梯形图和传送示意图见图 8-34。

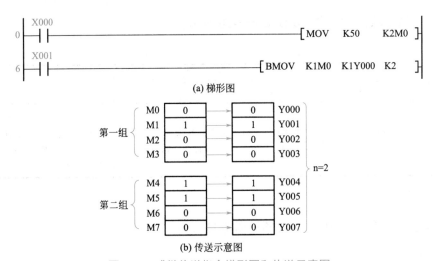

(a) 梯形图

(b) 传送示意图

图 8-34   成批传送指令梯形图和传送示意图

程序说明

① 当 X0 闭合时，将常数 K50（2#00110010）传入 K2M0（M0～M7）存储区。

② 当 X1 闭合时，将从 M0 开始的两组（K2）数的数据传入从 Y0 开始的两组数的存储区，M0～M7 内的数值不变。

③ 成批传送指令执行完毕，与 PLC 输出端子 Y1、Y4 和 Y5 相连的灯将会被点亮。

8.5.5 多点传送指令

（1）指令格式及功能

多点传送指令的指令格式及功能如表 8-22 所示。

表 8-22   多点传送指令的指令格式及功能

功能号	指令名称	助记符	梯形图	功能	操作数
16	多点传送 指令	FMOV FMOVP DFMOV DFMOVP	FMOV S D n	将源操作数 S 中的 内容传送到目标操作 数 D 开始的 n 个寄存 器中	S：KnX、KnY、 KnS、KnM、T、C、D、V、Z。 D：KnY、KnS、 KnM、T、C、D。 n：K、H

（2）例说多点传送指令

多点传送指令梯形图和传送示意图见图 8-35。

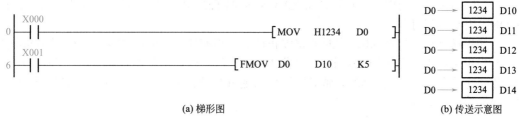

(a) 梯形图

(b) 传送示意图

图 8-35 多点传送指令梯形图和传送示意图

程序说明

① 当 X0 闭合时，将常数 16#1234 传入 D0 存储区。

② 当 X1 闭合时，将 D0 中的数据传送到以 D10 开始的五个（K5）寄存器（D10 ~ D14）中，这五个寄存器中的内容都相同。

8.5.6 综合实例

以自动售水机为例。

控制要求

顾客向投币口投入硬币，按下启动按钮售水机出水口出水，松开按钮停止出水，不论售水机有几次暂停出水，保证顾客得到完整的 2min 的使用时间。

元件说明

元件说明见表 8-23。

表 8-23 元件说明

PLC 软元件	控制说明
X0	启动按钮，按下时，X0 状态由 OFF → ON
X1	投币感应装置，有硬币投入时，X1 状态由 OFF → ON
T251	时基为 100ms 的累计型定时器
Y0	出水阀门

控制程序

控制程序见图 8-36。

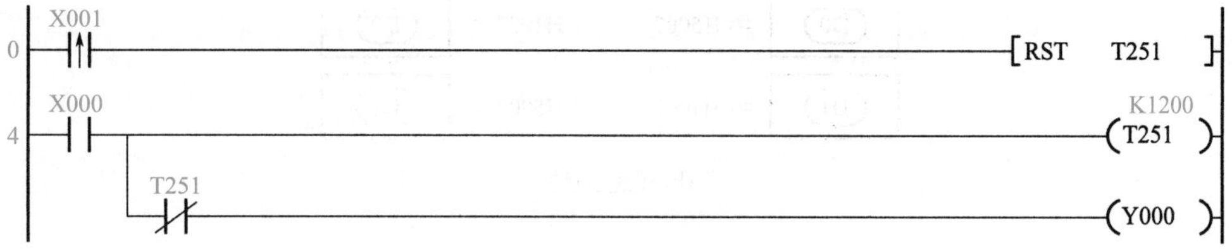

图 8-36 控制程序

程序说明

① 当顾客投入适当的硬币时，X1=ON，产生一个上升沿，将定时器 T251 复位。

② 当顾客按着启动按钮 X0 后，使得 X0=ON，同时 T251 开始计时（计时时间为 120s），此时，Y0=ON，出水阀门打开。

③ 如果松开启动按钮 X0，定时器将停止计时，当前使用的时间被保存，暂时中断出水。

④ 当再次按下启动按钮 X0 时，定时器 T251 会从上次保存的时间开始继续计时。因此，即使出水过程有多次中断，T251 都将从停止的地方继续计时。这样就可以保证顾客得到完整的 2min 的出水时间。

8.6 数据处理和移位类指令

8.6.1 数据交换指令

（1）指令格式及功能

数据交换指令的指令格式及功能如表 8-24 所示。

表 8-24　数据交换指令的指令格式及功能

功能号	指令名称	助记符	梯形图	功能	操作数
17	交换指令	XCH XCHP DXCH DXCHP	─[XCH D1 D2]─	在目标操作数 D1 和 D2 之间进行数据交换	S：KnY、KnS、KnM、T、C、D、V、Z。 D：KnY、KnS、KnM、T、C、D、V、Z
147	高低字节互换指令	SWAP SWAPP DSWAP DSWAPP	─[SWAP S]─	执行低 8 位和高 8 位的互换	S：KnY、KnM、KnS、T、C、D、R、V、Z

（2）例说交换指令

交换指令梯形图和传送示意图见图 8-37。

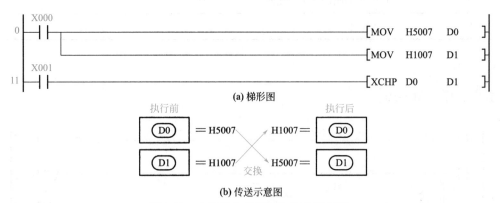

(a) 梯形图

(b) 传送示意图

图 8-37　交换指令梯形图和传送示意图

程序说明

① 如图 8-37（a）所示，当 X0 闭合时，将常数 H5007 传入 D0 存储区，常数 H1007 传入 D1 存储区。

② 当 X1 闭合时，将 D0 和 D1 的数据进行交换，执行结果如图 8-37（b）所示。

（3）例说高低字节互换指令

高低字节互换指令梯形图和执行过程见图 8-38。

(a) 梯形图

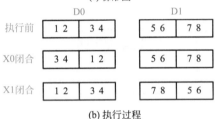

(b) 执行过程

图 8-38 高低字节交换指令梯形图和执行过程

程序说明

① 如图 8-38（a）所示，第一个扫描周期：将会将实数 H1234 传入 D0 存储区，H5678 传入 D1 存储区。

② X0 闭合时，执行 SWAPP 指令，将 D0 的高 8 位和低 8 位的数据进行交换。

③ X1 闭合时，执行 DSWAPP 指令，将 D0、D1 的高 8 位和低 8 位的数据分别进行交换，执行结果如图 8-38（b）所示。

8.6.2 数据处理指令

（1）指令格式及功能

数据处理指令的指令格式及功能如表 8-25 所示。

表 8-25　数据处理指令的指令格式及功能

功能号	指令名称	助记符	梯形图	功能	操作数
141	字节分离指令	WTOB WTOBP	—[WTOB S D n]	将 S 开始的 n/2 点软元件中保存的 16 位数据分离成 n 个字节，保存到以 D 开始的 n 点软元件中	S、D：T、C、D、R。 n：D、R、K、H

续表

功能号	指令名称	助记符	梯形图	功能	操作数
142	字节结合指令	BTOW BTOWP	BTOW S D n	将 S 开始的 n 点软元件中的 16 位数据的低字节（8 位）结合在一起后的 16 位数据，保存到以 D 开始的 n/2 点软元件中	S、D：T、C、D、R。 n：D、R、K、H
143	16 位数据的 4 位结合指令	UNI UNIP	UNI S D n	将 S 开始的 n 点软元件中的 16 位数据的低 4 位结合后的 16 位数据，保存到 D 中	
144	16 位数据的 4 位分离指令	DIS DISP	DIS S D n	将 S 的 16 位数据以 4 位为一组分离后，保存在 D 开始的 n 点软元件的低 4 位中，高 12 位设为 0	

（2）例说数据处理指令

数据处理指令梯形图和仿真结果见图 8-39。

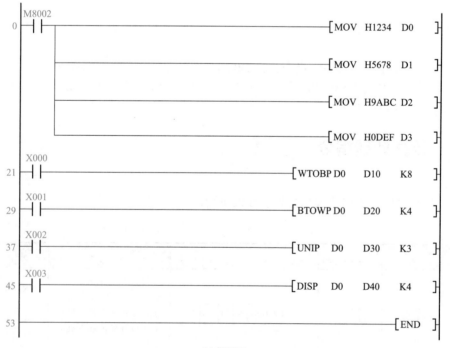

(a) 梯形图

软元件	
D0	1234
D1	5678
D2	9ABC
D3	0DEF

执行WTOBP →

软元件	
D10	0034
D11	0012
D12	0078
D13	0056
D14	00BC
D15	009A
D16	00EF
D17	000D

软元件	
D0	1234
D1	5678
D2	9ABC
D3	0DEF

执行BTOWP →

软元件	
D20	7834
D21	EFBC

软元件	
D0	1234
D1	5678
D2	9ABC

执行UNIP →

软元件	
D30	0C84

软元件	
D0	1234

执行DISP →

软元件	
D40	0004
D41	0003
D42	0002
D43	0001

(b) 仿真结果

图 8-39　数据处理指令梯形图和仿真结果

程序说明

① 第一个扫描周期：分别将实数 H1234、H5678、H9ABC 和 H0DEF 传入 D0、D1、D2 和 D3 存储区。

② X0 闭合时，执行 WTOBP 指令，将 D0 ～ D3 的四个字单元的数据分离，每个单元分成两个字节（共分成 8 个字节），然后保存到 D10 ～ D17 的低 8 位中，其高 8 位保存 00H。

例如，将从 D0 分离的两个字节的数据 12 和 34 存入 D11 和 D10 的低八位中，其高 8 位为 00H。

③ X1 闭合时，执行 BTOWP 指令，将 D0 ～ D3 的数据的低 8 位数据（34、78、BC、EF）结合成 2 个字节，然后保存到 D20 ～ D21 中，D0 ～ D3 的高八位被忽略。

④ X2 闭合时，执行 UNIP 指令，将 D0 ～ D2 的数据的低 4 位结合成 16 位数据，然后保存到 D30 中，由于 n=K3，D0 ～ D2 的数据的低 4 位共计 12 位，D30 的高 4 位为 0。

⑤ X3 闭合时，执行 DISP 指令，将 D0 的 16 位数据以 4 位结合为单位分离后，然后保存到 D40 ～ D43 中，其高 12 位保存 000H。

8.6.3　移位指令

（1）指令格式及功能

移位指令的指令格式及功能如表 8-26 所示。

表8-26　移位指令的指令格式及功能

功能号	指令名称	助记符	梯形图	功能	操作数
213	右移指令	SFR SFRP	SFR D n	目标操作数 D 中的数据右移 n 位，最后移出的 1 位移入进位标志位 M8022 中	D：KnY、KnS、KnM、T、C、D、R、V、Z。 n：KnY、KnS、KnM、T、C、D、R、V、Z、D、R、K、H
214	左移指令	SFL SFLP	SFL D n	目标操作数 D 中的数据左移 n 位，最后移出的 1 位移入进位标志位 M8022 中	

（2）例说右移指令

右移指令梯形图和右移示意图见图 8-40。

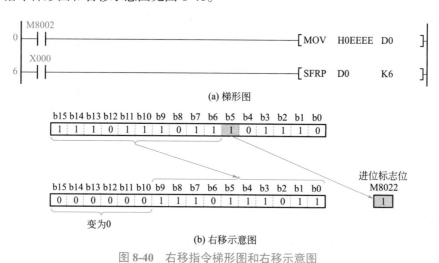

(a) 梯形图

(b) 右移示意图

图 8-40　右移指令梯形图和右移示意图

 程序说明

① 如图 8-40（a）所示，PLC 从 "STOP" 到 "RUN" 时，M8002 接通一个扫描周期，使 D0 中的数据为 2#1110 1110 1110 1110。

② 当 X0 闭合时，D0 中的数据向右移动 6 位。移出的 b0 ~ b4 舍弃，移出的 b5 移入进位标志位 M8022 中，左侧空出的单元添加 0，如图 8-40（b）所示。

重要提示

当 n 的数值大于 16 时，则根据 $n/16$ 的余数移动。例如，如 $n=18$ 时，18/16=1 余 2，所以右移 2 位。

（3）例说左移指令

左移指令梯形图和左移示意图见图 8-41。

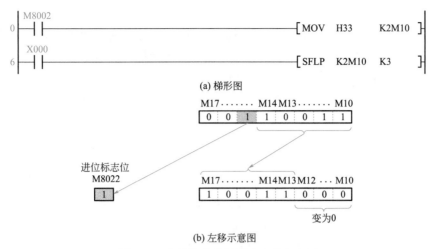

(a) 梯形图

(b) 左移示意图

图 8-41　左移指令梯形图和左移示意图

程序说明

① 如图 8-41（a）所示，PLC 从"STOP"到"RUN"时，M8002 接通一个扫描周期，使 M10 ～ M17 中的数据为 2#0011 0011。

② 当 X0 闭合时，M10 ～ M17 中的数据向左移动 3 位。移出的 M17、M16 舍弃，移出的 M15 移入进位标志位 M8022 中，右侧空出的单元添加 0，如图 8-41（b）所示。

8.6.4　循环移位指令

（1）指令格式及功能

循环移位指令的指令格式及功能如表 8-27 所示。

表 8-27　循环移位指令的指令格式及功能

功能号	指令名称	助记符	梯形图	功能	操作数
30	循环右移指令	ROR RORP DROR DRORP	ROR D n	目标操件数 D 中的数据循环右移 n 位，最后移出的 1 位移入 D 的最高位和进位标志位 M8022 中	D：KnY、KnS、KnM、T、C、D、R、V、Z。 n：D、R、K、H
31	循环左移指令	ROL ROLP DROL DROLP	ROL D n	目标操件数 D 中的数据循环左移 n 位，最后移出的 1 位移入 D 的最低位和进位标志位 M8022 中	

（2）例说循环移位指令

循环移位指令梯形图和循环左移示意图见图 8-42。

程序说明

① 如图 8-42（a）所示，PLC 从"STOP"到"RUN"时，M8002 接通一个扫描周期，使 D0 中的数据为 5000（2#0001 0011 1000 1000）。

② 当 X0 闭合时，D0 中的数据向左移动 4 位。移出的数据 0001 填充到右侧空出的单元，同时，也将移出的 b12 位中的数据存入 M8022（若该位为 1，M8022 为"ON"，Y0 接通）。

并将移位后的结果输出到 D0 中。

③ 图 8-42（b）是循环左移 4 位的示意图。从图中可以看出，循环移位是环形移位，左侧单元移出的数据补充到右侧空出的单元。同理，对于循环右移指令，右侧单元移出的数据补充到左侧空出的单元。操作方式类似，在此不再赘述。

图 8-42　循环左移指令梯形图和循环左移示意图

8.6.5　带进位循环移位指令

（1）指令格式及功能

带进位循环移位指令的指令格式及功能如表 8-28 所示。

表 8-28　带进位循环移位指令的指令格式及功能

功能号	指令名称	助记符	梯形图	功能	操作数
32	带进位循环右移指令	RCR RCRP DRCR DRCRP	RCR　D　n	目标操作数 D 和 M8022 中的数据循环右移 n 位，最后移出的 1 位移入进位标志位 M8022 中	D：KnY、KnM、KnS、T、C、D、R、V、Z。 n：D、R、K、H
33	带进位循环左移指令	RCL RCLP DRCL DRCLP	RCL　D　n	目标操作数 D 和 M8022 中的数据循环左移 n 位，最后移出的 1 位移入进位标志位 M8022 中	

（2）例说带进位循环移位指令

带进位循环左移指令梯形图和带进位循环左移示意图见图 8-43。

程序说明

① 如图 8-43（a）所示，PLC 从"STOP"到"RUN"时，M8002 接通一个扫描周期，使 D0 中的数据为 5000（2#0001 0011 1000 1000）。

② 当 X0 闭合时，进位标志 M8022 和 D0 中的共 17 位数据向左移动 4 位。其中，移位前的 M8022、b15、b14、b13 的数据 1000 填充到 D0 右侧空出的单元，同时，b12 位中的数据 1 存入 M8022。

③ 图 8-43（b）是带进位循环左移 4 位的示意图。从图中可以看出，带进位循环移位是进位标志 M8022 和 D0 中的共 17 位数据进行环形移位。同理，对于带进位循环右移指令，操作方式类似，在此不再赘述。

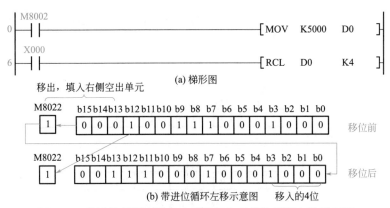

(a) 梯形图

移出，填入右侧空出单元

(b) 带进位循环左移示意图　　移入的4位

图 8-43 带进位循环左移指令梯形图和带进位循环左移示意图

8.6.6 位移位指令

（1）指令格式及功能

位移位指令的指令格式及功能如表 8-29 所示。

表 8-29　位移位指令的指令格式及功能

功能号	指令名称	助记符	梯形图	功能	操作数
34	位右移指令	SFTR SFTRP	SFTR S D n1 n2	将目标操作数 D 开始的 n1 位单元中的数据右移 n2 位，左侧空出的单元用源操作数 S 开始的 n2 位单元中的数据补充	S: X、Y、S、M、D □ .b。D: Y、S、M。n1、n2: K、H、D、R
35	位左移指令	SFTL SFTLP	SFTL S D n1 n2	将目标操作数 D 开始的 n1 位单元中的数据左移 n2 位，右侧空出的单元用源操作数 S 开始的 n2 位单元中的数据补充	

（2）例说位移位指令

位移位指令梯形图和位移位示意图见图 8-44。

程序说明

① PLC 从 "STOP" 到 "RUN" 时，M8002 接通一个扫描周期，使 M0 ～ M15 中的数据为 2#0001 0011 1000 0010，使 M20 ～ M35 中的数据为 2#0011 1000 1001 0001。

② 当 X0 闭合时，将 M21 开始的 10 位（M21 ～ M30）右移 4 位，左侧空出的 4 个单元用源操作数从 M5 开始的 4 位（M5 ～ M8）填充。

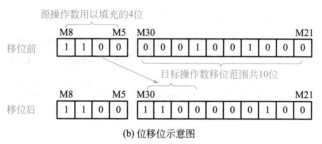

(a) 梯形图

源操作数用以填充的4位

| | M8 | | | M5 | M30 | | | | | | | | | | M21 |
移位前

M8 M5 M30 M21
移位前 | 1 | 1 | 0 | 0 | | 0 | 0 | 0 | 1 | 0 | 0 | 1 | 0 | 0 | 0 |

目标操作数移位范围共10位

M8 M5 M30 M21
移位后 | 1 | 1 | 0 | 0 | | 1 | 1 | 0 | 0 | 0 | 0 | 0 | 1 | 0 | 0 |

(b) 位移位示意图

图 8-44   位移位指令梯形图和位移位示意图

8.6.7 字移位指令

（1）指令格式及功能

字移位指令的指令格式及功能如表 8-30 所示。

表 8-30   字移位指令的指令格式及功能

功能号	指令名称	助记符	梯形图	功能	操作数
36	字右移指令	WSFR WSFRP	WSFR S D n1 n2	将目标操作数 D 开始的 n1 个组合右移 n2 个单元，左侧空出的单元用源操作数 S 开始的 n2 个组合补充	S：KnX、KnY、KnS、KnM、T、C、D、R。D：KnY、KnS、KnM、T、C、D、R。n1：K、H。n2：K、H、D、R
37	字左移指令	WSFL WSFLP	WSFL S D n1 n2	将目标操作数 D 开始的 n1 个组合左移 n2 个单元，右侧空出的单元用源操作数 S 开始的 n2 个组合补充	

（2）例说字移位指令

例1：　字移位指令梯形图和字移位示意图（1）见图 8-45。

```
      M8002
0 ─┤├──┬──────────────────────[MOV   H1382   K4M0 ]
        │
        └──────────────────────[MOV   H3891   K4M20]
      X000
11 ─┤├────────────────────[WSFRP   K1M0   K1M20   K3   K2 ]
```

(a) 梯形图

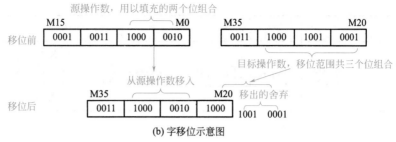

图 8-45　字移位指令梯形图和字移位示意图（1）

程序说明

① 如图 8-45（a）所示，第一个扫描周期，M8002 接通，M0 ～ M15、M20 ～ M35 存储的数据如图 8-45（b）所示。

② 当 X0 闭合时，执行移位指令，将 K1M20 开始的 3 个（K3）位组合右移 2 个单元，左侧空出的 2 个单元用源操作数从 K1M0 开始的 2 个位组合填充，右侧移出的位组合舍弃。

例 2：字移位指令梯形图和字移位示意图（2）见图 7-46。

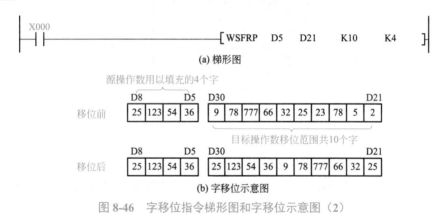

图 8-46　字移位指令梯形图和字移位示意图（2）

程序说明

① 如图 8-46（a）所示，设移位前，D21 ～ D30、D5 ～ D8 存储的数据如图 8-46（b）所示。

② 当 X0 闭合时，将 D21 开始的 10 个字单元（D21 ～ D30）右移 4 个字，左侧空出的 4 个字单元用源操作数从 D5 开始的 4 个字（D5 ～ D8）填充，右侧移出的数字舍弃。

8.6.8 移位写入读出指令

（1）指令格式及功能

移位写入读出指令的指令格式及功能如表 8-31 所示。

表 8-31　移位写入读出指令的指令格式及功能

功能号	指令名称	助记符	梯形图	功能	操作数
38	移位写入指令	SFWR SFWRP	SFWR S D n	为先进先出和先进后出控制准备的数据写入	S：K、H、KnX、KnY、KnS、KnM、T、C、D、R、V、Z。 D：KnY、KnS、KnM、T、C、D、R； n：K、H

续表

功能号	指令名称	助记符	梯形图	功能	操作数
39	移位读出指令	SFRD SFRDP	SFRD S D n	为先进先出控制准备的数据读出	S: KnY、KnS、KnM、T、C、D、R; D: KnY、KnS、KnM、T、C、D、R、V、Z。 n: K、H

（2）例说移位写入指令

移位写入指令梯形图和示意图见图8-47。

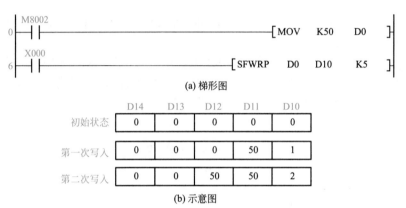

(a) 梯形图

	D14	D13	D12	D11	D10
初始状态	0	0	0	0	0
第一次写入	0	0	0	50	1
第二次写入	0	0	50	50	2

(b) 示意图

图8-47　移位写入指令梯形图和示意图

程序说明

① 第一个扫描周期，M8002接通，使D0里的数为50。

② SFWRP指令要在从D11为起点的共5-1个单元中写入源操作数的内容。D10的数据为指针。

③ 当X0第一次闭合时，将源操作数D0里面的数50移入D11中，D10的数据为1。

④ 当X0第二次闭合时，将源操作数D0里面的数50移入D12中，D10的数据为2。

⑤ 当D11～D14都被填入50时，D10的数据为4，再闭合X0，不再填入数据。

（3）例说移位读出指令

移位读出指令梯形图和示意图见图8-48。

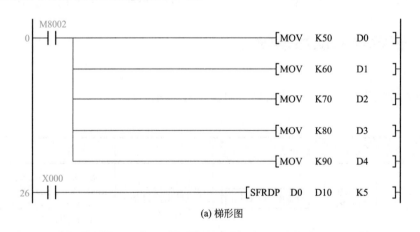

(a) 梯形图

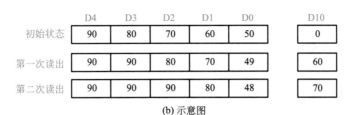

(b) 示意图

图 8-48 移位读出指令梯形图和示意图

程序说明

① 如图 8-48（a）所示，第一个扫描周期，M8002 接通，使 D0 ~ D4 里的数如图 8-48（b）所示。

② SFRDP 指令要在从 D1 为起点的共 5-1 个单元中读出源操作数的内容，将其存入 D10 中。D0 的数据为指针。

③ 当 X0 第一次闭合时，将源操作数 D1 里面的数 60 存入 D10 中，同时 D2 ~ D4 的数据右移一个单元，D4 的数据保存不变。指针 D0 的数据减 1，变为 49。

④ 当 X0 第二次闭合时，将源操作数 D1 里面的数 70 存入 D10 中，同时 D2 ~ D4 的数据右移一个单元。指针 D0 的数据减 1，变为 48。

⑤ 当数据 90 被读出时，再闭合 X0，D10 中保存 90，指针 D0 继续减 1。

8.6.9 综合实例

以啤酒灌装生产线的 PLC 控制为例。

控制要求

啤酒灌装生产线上，需要检测玻璃瓶的好坏，如果玻璃瓶完好，则罐装啤酒；如果玻璃瓶有损坏，就不能用来灌装啤酒，之后使用推杆将其推离生产线至坏瓶筐中。

元件说明

元件说明见表 8-32。

表 8-32 元件说明

PLC 软元件	控制说明
X0	启动按钮，按下时，I0.0 状态由 OFF → ON
X1	停止按钮，按下时，I0.1 状态由 OFF → ON
X2	有瓶到位检测开关，触碰时，I0.2 状态由 OFF → ON
X5	检测传感器，检测到损坏玻璃瓶时，I0.5 状态由 OFF → ON
T0	计时 10s 定时器，时基为 100ms 的定时器
T1	计时 4s 定时器，时基为 100ms 的定时器
T2	计时 2s 定时器，时基为 100ms 的定时器
Y3	灌装接触器
Y4	推杆电磁阀
Y5	传送带接触器
Y6	连续坏瓶指示灯

控制程序

控制程序见图 8-49。

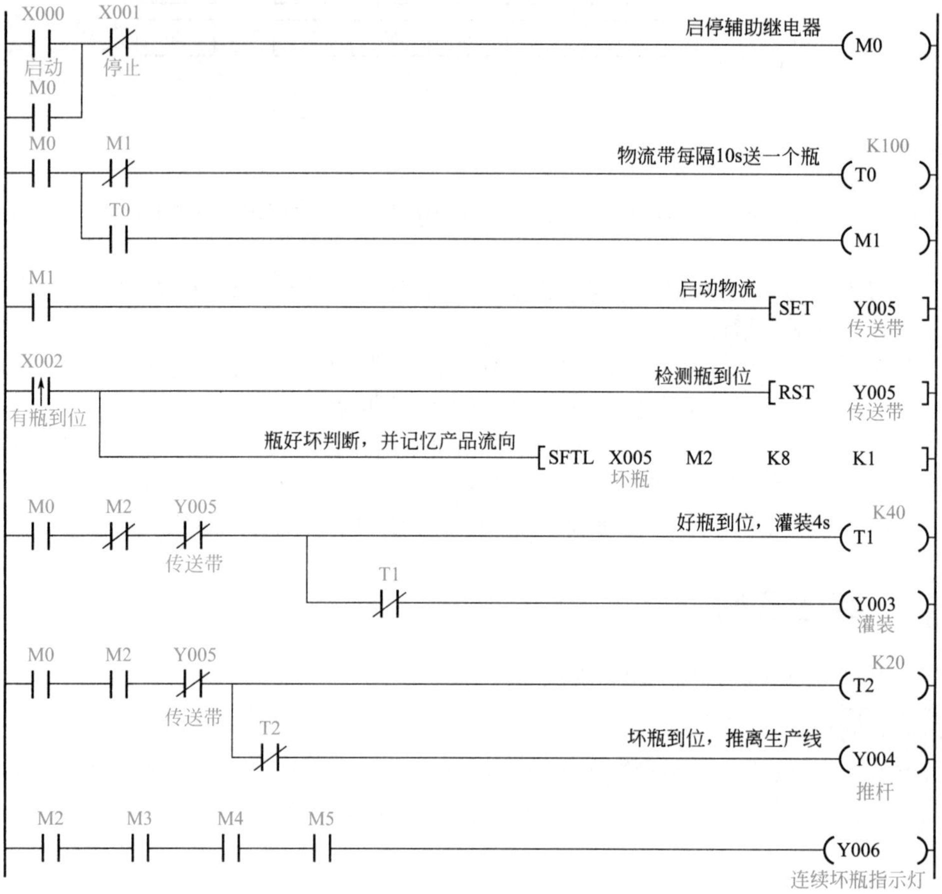

图 8-49　控制程序

程序说明

①按下启动按钮 X0，X0 常开触点闭合，M0 得电并自锁。

②M0 常开触点闭合，T0 开始计时 10s，10s 后 T0 常开触点闭合，M1 得电导通，M1 的常闭触点断开，T0 复位，T0 复位又使 M1 断开，常闭触点 M1 闭合，进行下一轮定时。故 M1 每隔 10s 闭合一次。

③M1 接通时，Y5 置 1，传送带开始前进运行。

④传送带运行时，如果玻璃瓶到位，X2 闭合，Y5 被复位，传送带停止，同时玻璃瓶传感器 X5 的好坏信号移入 M2。

⑤若检测到完好的玻璃瓶，M2 常闭触点接通，Y3 得电，则进行灌装，同时 T1 计时 4s。定时时间到，停止灌装。

⑥若检测到损坏的玻璃瓶，M2 常开触点接通，Y4 得电，则玻璃瓶被推出至坏瓶筐中，同时 T2 计时 2s。2s 后推杆动作完成，T2 常闭接点断开，Y4 失电。当灌装和推坏瓶等动作完成后，重新启动传送带，反复上面的动作，一直到停止。

⑦如果连续有四个坏瓶，指示灯 Y6 亮。

8.7　数学运算类指令

8.7.1　整数四则混合运算指令

（1）指令格式及功能

整数四则混合运算指令的指令格式及功能如表 8-33 所示。

表 8-33　整数四则混合运算指令的指令格式及功能

功能号	指令名称	助记符	梯形图	功能	操作数
20	整数加法运算指令	ADD ADDP DADD DADDP	─┤ ADD │ S1 │ S2 │ D ├─	将 S1、S2 中的数据相加存入 D 中	S1、S2：KnX、KnY、KnM、KnS、T、C、D、R、V、Z、K、H； D：KnY、KnM、KnS、T、C、D、R、V、Z
21	整数减法运算指令	SUB SUBP DSUB DSUBP	─┤ SUB │ S1 │ S2 │ D ├─	将 S1、S2 中的数据相减存入 D 中	
22	整数乘法运算指令	MUL MULP DMUL DMULP	─┤ MUL │ S1 │ S2 │ D ├─	将 S1、S2 中的数据相乘存入 D 中	S1、S2：K、H、KnX、KnY、KnS、KnM、T、C、D、R、Z。 D：KnY、KnS、KnM、T、C、D、R、Z（其中 Z 不能用于 32 位）
23	整数除法运算指令	DIV DIVP DDIV DDIVP	─┤ DIV │ S1 │ S2 │ D ├─	将 S1、S2 中的数据相除，商送至指定的目标操作数 D 中，余数送至 D 的下一个元件中	

（2）例说16位四则混合运算指令

编程计算（6+7）×5-3。

16 位四则混合运算指令梯形图和仿真结果见图 8-50。

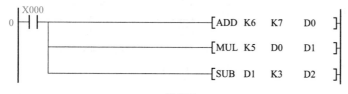

(a) 梯形图　　　　　　　　　　(b) 仿真结果

图 8-50　16 位四则混合运算指令梯形图和仿真结果

程序说明

当 X0 接通时，6+7 的结果放入 D0，D0×5 的结果放入 D1，D1-3 的结果放入 D2，则 D2 里面存放的结果就是（6+7）×5-3 值。

（3）例说32位四则混合运算指令

例1： 编程计算 10213÷100。

除法指令梯形图和仿真结果见图 8-51。

(a) 梯形图

软元件	数值
D0	10213
D1	0
D2	100
D3	0
D4	102
D5	0
D6	13
D7	0

D0=10213

D2=100

相除结果：

高32位(D7, D6)=13(余数)

低32位(D5, D4)=102(商)

(b) 仿真结果

图 8-51　除法指令梯形图和仿真结果

程序说明

① X0 接通时，将 10213 存入 D1、D0，100 存入 D3、D2 中。

② X1 接通时，执行除法指令，得到 64 位结果存入 D7、D6、D5、D4 中，余数存于高 32 位 D7、D6，商存于低 32 位 D5、D4 中。

例2： 编程计算 （369-15）×5÷21。

32 位四则混合运算指令梯形图和仿真结果见图 8-52。

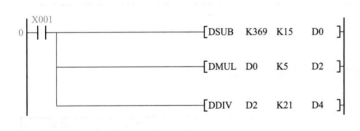

(a) 梯形图

软元件	数值
D0	354
D1	0
D2	1770
D3	0
D4	84
D5	0
D6	6
D7	0

(b) 仿真结果

图 8-52　32 位四则混合运算指令梯形图和仿真结果

程序说明

梯形图如图 8-52（a）所示，程序仿真结果如图 8-52（b）所示，当 X1 接通时：

① 369-15 的结果放入 D1、D0。

②（D1，D0）×5 的结果放入 D3、D2。

③（D3，D2）÷21，所得的商放入 D5、D4，余数放在 D7、D6。

重要提示

由于 32 位的四则混合运算指令的数据类型为 32 位有符号整数，故程序中使用地址的方式是 D0、D2、D4。

8.7.2 浮点数四则混合运算指令

（1）指令格式及功能

浮点数四则混合运算指令的指令格式及功能如表 8-34 所示。

表 8-34 浮点数四则混合运算指令的指令格式及功能

功能号	指令名称	助记符	梯形图	功能	操作数
120	浮点数加法指令	DEADD DEADDP	EADD S1 S2 D	将 S1、S2 中的数据相加存入 D 中	S1、S2：D、R、K、H、E。D：D、R
121	浮点数减法指令	DESUB DESUBP	ESUB S1 S2 D	将 S1、S2 中的数据相减存入 D 中	
122	浮点数乘法指令	DEMUL DEMULP	EMUL S1 S2 D	将 S1、S2 中的数据相乘存入 D 中	S1、S2：D、R、K、H、E。D：D、R
123	浮点数除法指令	DEDIV DEDIVP	EDIV S1 S2 D	将 S1、S2 中的数据相除存入 D 中	

注：浮点数为 32 位。

（2）例说浮点数四则混合指令

编程计算（888.9-5）×2.1÷5.3。

浮点数四则混合运算指令梯形图和仿真结果见图 8-53。

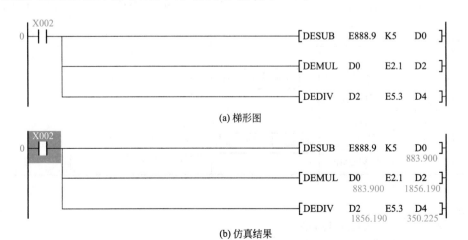

(a) 梯形图

(b) 仿真结果

图 8-53 浮点数四则混合运算指令梯形图和仿真结果

程序说明

梯形图如图 8-53（a）所示，程序仿真结果如图 8-53（b）所示，当 X2 接通时：

① 888.9-5.0 的结果放入 D1、D0。

②（D1，D0）×2.1 的结果放入 D3、D2。

③（D3，D2）÷5.3 的结果放入 D5、D4，则 D5、D4 里面存放的结果就是（888.9-5）×2.1÷5.3 值。

8.7.3 数学函数指令

（1）指令格式及功能

数学函数指令的指令格式及功能如表 8-35 所示。

表 8-35 数学函数指令的指令格式及功能

功能号	指令名称	助记符	梯形图	功能	操作数
124	指数运算指令	DEXP DEXPP	— EXP | S | D —	将源操作数 S 做指数运算，结果保存到目标操作数 D 中	S：D、R、E。 D：D、R
125	自然对数指令	DLOGE DLOGEP	— LOGE | S | D —	将源操作数 S 做自然对数运算，结果保存到目标操作数 D 中	
126	常用对数指令	DLOG10 DLOG10P	— LOG10 | S | D —	将源操作数 S 做常用对数运算，结果保存到目标操作数 D 中	
127	开方指令	DESQR DESQRP	— ESQR | S | D —	将源操作数 S 做开方运算，结果保存到目标操作数 D 中	S：D、R、K、H、E。 D：D、R
45	平均值指令	MEAN MEANP DMEAN DMEANP	— MEAN | S | D | n —	用来求 n 个源操作数 S 的平均值，结果存入目标操作数 D 中，余数略去	S：KnX、KnY、KnS、KnM、T、C、D、R。 D：KnY、KnS、KnM、T、C、D、R、Y、Z。 n：D、R、K、H
48	平方根指令	SQR SQRP DSQR DSQRP	— SQR | S | D —	用来求源操作数 S 的平方根。结果存入目标操作数 D 中	S：D、R、K、H。 D：D、R
140	求和指令	WSUM WSUMP DWSUM DWSUMP	— WSUM | S | D | n —	将 S 开始的 n 点 16 位数据求和，其 32 位结果保存在目标操作数 D 中	S、D：T、C、D、R n：D、R、K、H

（2）例说数学函数指令

例 1： 求 $\sqrt{e^{11}} \times \ln 32.5 + \lg 69.3$。

数学函数指令梯形图和仿真结果（1）见图 8-54。

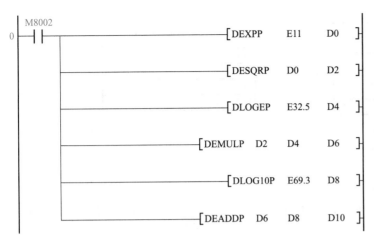

(a) 梯形图   (b) 仿真结果

图8-54 数学函数指令梯形图和仿真结果（1）

程序说明

梯形图如图8-54（a）所示，程序上电后：

① 执行指令DEXPP，计算e^{11}，将结果存入D0、D1存储区。

② 执行指令DESQRP，将D0、D1内的数据开方，即计算$\sqrt{e^{11}}$，将结果存入D2、D3存储区。

③ 执行指令DLOGEP，计算ln32.5，将结果存入D4、D5存储区。

④ 执行指令DEMULP，将D2、D3内的数据与D4、D5内的数据相乘，即计算$\sqrt{e^{11}} \times$ ln32.5，将结果存入D6、D7存储区。

⑤ 执行指令DLOG10P，计算lg69.3，将结果存入D8、D9存储区。

执行指令DEADDP，将D6、D7内的数据与D8、D9内的数据相加，即计算$\sqrt[2]{e^{11}} \times$ ln32.5+lg69.3，将结果存入D10、D11存储区，计算结束。执行结果如图8-54（b）所示。

例2： 求平均值、平方根、数据和。

数学函数指令梯形图和仿真结果（2）见图8-55。

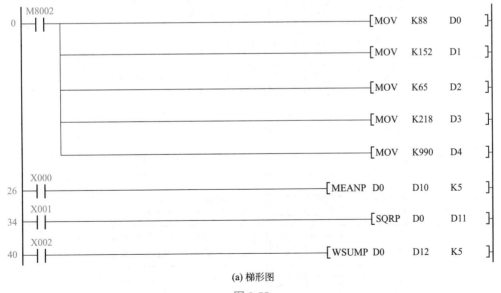

(a) 梯形图

图8-55

软元件	
D0	88
D1	152
D2	65
D3	218
D4	990

X0、X1、X2闭合

软元件	
D10	302
D11	9
D12	1513
D13	0

(b) 仿真结果

图 8-55　数学函数指令梯形图和仿真结果（2）

程序说明

① 第一个扫描周期：分别将常数 K88、K152、K65、K218 和 K990 传入 D0、D1、D2、D3 和 D4 存储区。

② X0 闭合时，执行 MEANP 指令，求 D0～D4 共 5 个数据的平均值，结果保存到 D10 中，余数舍弃。

③ X1 闭合时，执行 SQRP 指令，求 D0 的平方根，结果保存到 D11 中，舍去小数，仅保留整数。

④ X2 闭合时，执行 WSUMP 指令，求 D0～D4 共 5 个数据的和，然后将结果以 32 位数据形式保存到 D12、D13 中。

8.7.4　三角函数指令

（1）指令格式及功能

三角函数指令的指令格式及功能如表 8-36 所示。

表 8-36　三角函数指令的指令格式及功能

功能号	指令名称	助记符	梯形图	功能	操作数
130	正弦运算指令	DSIN DSINP	SIN S D	求源操作数 S 的 SIN 值，结果存入目标操作数 D 中	
131	余弦运算指令	DCOS DCOSP	COS S D	求源操作数 S 的 COS 值，结果存入目标操作数 D 中	
132	正切运算指令	DTAN DTANP	TAN S D	求源操作数 S 的 TAN 值，结果存入目标操作数 D 中	
133	反正弦运算指令	DASIN DASINP	ASIN S D	对源操作数 S 执行 SIN^{-1} 运算，结果存入目标操作数 D 中	S：D、R、E。D：D、R
134	反余弦运算指令	DACOS DACOSP	ACOS S D	对源操作数 S 执行 COS^{-1} 运算，结果存入目标操作数 D 中	
135	反正切运算指令	DATAN DATANP	ATAN S D	对源操作数 S 执行 TAN^{-1} 运算，结果存入目标操作数 D 中	
136	角度转弧度指令	DRAD DRADP	RAD S D	将源操作数 S 的角度值转换成弧度，结果存入目标操作数 D 中	
137	弧度转角度指令	DDEG DDEGP	DEG S D	将源操作数 S 的弧度值转换成角度，结果存入目标操作数 D 中	

（2）例说三角函数指令

求 60° 余弦值。

三角函数指令梯形图见图 8-56。

图 8-56 三角函数指令梯形图

程序说明

程序依次实现将浮点数 60 存入 D0，将 D0 的角度转换为弧度，求其余弦值，存入 D4 中。

8.7.5 递增、递减指令

（1）指令格式及功能

递增、递减指令的指令格式及功能如表 8-37 所示。

表 8-37 递增、递减指令的指令格式及功能

功能号	指令名称	助记符	梯形图	功能	操作数
24	加 1 指令	INC，INCP，DINC，DINCP	INC D	将目标操作数 D 中的内容加 1，结果存入目标操作数 D 中	D：KnY、KnS、KnM、T、C、D、R、V、Z
25	减 1 指令	DEC，DECP，DDEC，DDECP	DEC D	将目标操作数 D 中的内容减 1，结果存入目标操作数 D 中	

（2）例说递增指令

递增指令梯形图及执行结果见图 8-57。

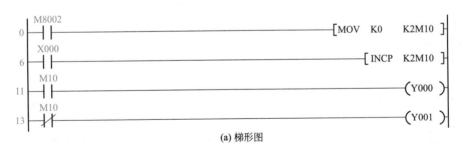

(a) 梯形图

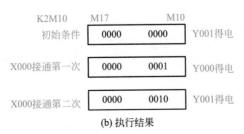

(b) 执行结果

图 8-57 递增指令梯形图及执行结果

程序说明

① 如图 8-57 所示，M8002 接通一个扫描周期，使 K2M10=2#00000000。

② X0 接通一次，K2M10 的内容加 1 并将结果存入 K2M10 中，执行过程如图 8-57（b）所示。

③ 此程序可用于单一开关控制两灯，甲灯亮（甲组设备工作），乙灯不亮（乙组设备不工作）。按一次按钮，乙灯亮（乙组设备工作），甲灯不亮（甲组设备不工作）。再按一次按钮，甲灯亮（甲组设备工作），乙灯不亮（乙组设备不工作）。依次类推。

8.7.6 综合实例

以停车场车辆统计系统为例。

控制要求

检测停车厂里有多少辆车，当停车场里满位或非满位时，分别给出不同的信号。

元件说明

元件说明见表 8-38。

表 8-38 元件说明

PLC 软元件	控制说明
X0	感应器，有车经过时，X0 状态由 OFF → ON
X1	感应器，有车经过时，X1 状态由 OFF → ON
X2	信号显示开关，按下时，X2 状态由 OFF → ON
Y0	满位信号灯，车位满时，Y0 状态由 OFF → ON
Y1	非满位信号灯，车位未满时，Y1 状态由 OFF → ON

控制程序

控制程序见图 8-58。

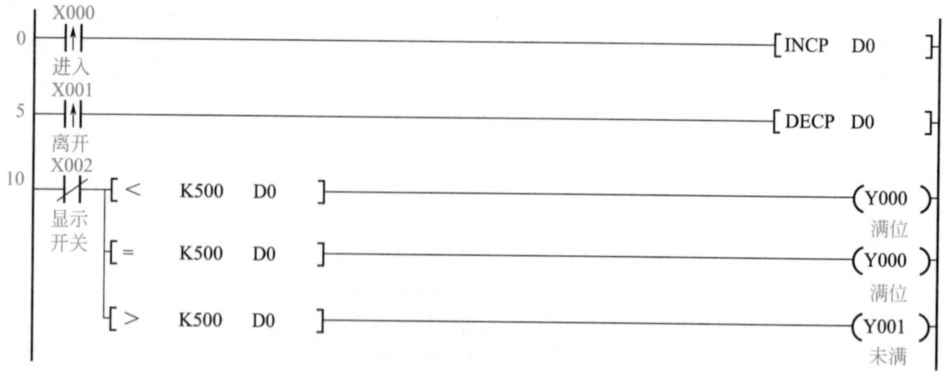

图 8-58 控制程序

本例以停车场能容纳 500 辆车进行编程。

① 通过比较指令，判定 D0 内的数值与 500 的大小关系。信号显示开关 X2 常闭触点闭合，当 D0 < 500 时，Y0=OFF，Y1=ON，即车位未满，非满位信号灯亮。当 D0 ≥ 500 时，Y0=ON，Y1=OFF，即车位已满，满位信号灯亮。

② 当有车进入停车场时，X0=ON，D0 加 1；当有车离开停车场时，X1=ON，D0 减 1。

8.8　逻辑运算指令

8.8.1　指令格式及功能

逻辑运算指令的指令格式及功能如表 8-39 所示。

表 8-39　逻辑运算指令的指令格式及功能

功能号	指令名称	助记符	梯形图	功能	操作数
26	逻辑与指令	WAND，WANDP，DAND，DANDP	─┤ WAND │ S1 │ S2 │ D ├─	将源操作数 S1、S2 中的数据按二进制对应位相与，其结果存入目标操作数 D 中	S1、S2：KnX、KnY、KnS、KnM、T、C、D、R、V、Z、K、H。　D：KnY、KnS、KnM、T、C、D、R、V、Z
27	逻辑或指令	WOR，WORP，DOR，DORP	─┤ WOR │ S1 │ S2 │ D ├─	将源操作数 S1、S2 中的数据按二进制对应位相或，其结果存入目标操作数 D 中	
28	逻辑异或指令	WXOR，WXORP，DXOR，DXORP	─┤ WXOR │ S1 │ S2 │ D ├─	将源操作数 S1、S2 中的数据按二进制对应位相异或，将其结果存入目标操作数 D 中	
29	求补指令	NEG，NEGP，DNEG，DNEGP	─┤ NEG │ D ├─	将目标操作数 D 中的数据逐位取反再在末位加 1，结果存入 D 中	

8.8.2　例说逻辑运算指令

逻辑运算指令梯形图和执行结果见图 8-59。

① 如图 8-59 所示，当 X0 闭合时，将源操作数 S1 和 S2 的输入值逐位进行逻辑与、逻辑或和逻辑异或运算，运算结果如图 8-59（b）所示。

② 当 X1 闭合时，将操作数 D1 和 D2 的值逐位取反，并在末位加 1，运算结果如图 8-59（b）所示。

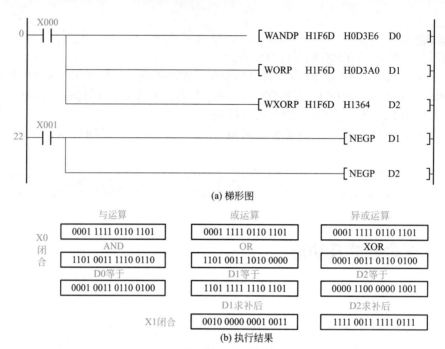

图 8-59　逻辑运算指令梯形图和执行结果

8.9　比较指令

8.9.1　比较指令

（1）指令格式及功能

比较指令的指令格式及功能如表 8-40 所示。

表 8-40　比较指令的指令格式及功能

功能号	指令名称	助记符	梯形图	功能	操作数
10	比较指令	CMP CMPP DCMP DCMPP	— CMP | S1 | S2 | D —	将源操作数 S1 和 S2 进行比较，根据其结果使以目标操作数 D 为起始位软元件的三个单元之一为"ON"	S1、S2：KnX、KnY、KnM、KnS、T、C、D、R、V、Z、K、H。 D：Y、M、S、D □ .b
110	浮点数比较指令	DECMP DECMPP	— ECMP | S1 | S2 | D —	将源操作数 S1 和 S2 进行比较，根据其结果使以目标操作数 D 为起始位软元件的三个单元之一为"ON"	S1、S2：D、R、K、H、E。 D：Y、M、S、D □ .b

（2）例说 16 位比较指令

16 位比较指令梯形图见图 8-60。

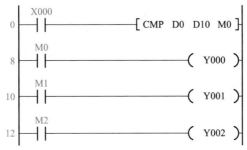

图 8-60　16 位比较指令梯形图

程序说明

X0 闭合时,执行比较指令。

① D0 > D10 时,则 M0 置 1,M1、M2 为 0,Y0 得电。

② D0=D10 时,则 M1 置 1,M0、M2 为 0,Y1 得电。

③ D0 < D10 时,则 M2 置 1,M0、M1 为 0,Y2 得电。

(3)例说 32 位比较指令

32 位比较指令梯形图见图 8-61。

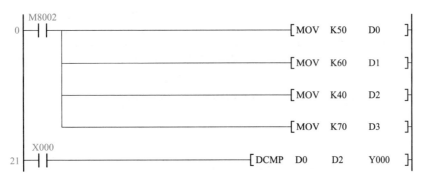

图 8-61　32 位比较指令梯形图

程序说明

当 X0 闭合时,将十进制数值(D1,D0)与(D3,D2)的数值进行比较,显然(D1,D0)的数值小于(D3,D2)的数值,所以线圈 Y2 得电。

(4)例说浮点数比较指令

浮点数比较指令梯形图见图 8-62。

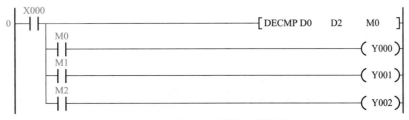

图 8-62　浮点数比较指令梯形图

程序说明

当 X0 闭合时,将十进制数值(D1,D0)与(D3,D2)的数值进行比较:

① 当（D1，D0）＞（D3，D2）时，M0 接通，线圈 Y0 得电。

② 当（D1，D0）＝（D3，D2）时，M1 接通，线圈 Y1 得电。

③ 当（D1，D0）＜（D3，D2）时，M2 接通，线圈 Y2 得电。

8.9.2 区间比较指令

（1）指令格式及功能

区间比较指令的指令格式及功能如表 8-41 所示。

表 8-41　区间比较指令的指令格式及功能

功能号	指令名称	助记符	梯形图	功能	操作数
11	区间比较指令	ZCP ZCPP DZCP DZCPP	ZCP S1 S2 S D	将比较源 S 中的内容与 S1 和 S2 进行比较，根据其结果使以目标操作数 D 为起始位软元件的三个单元之一为"ON"	S1、S2：K、H、KnX、KnY、KnS、KnM、T、C、D、R、V、Z。 D：Y、M、S、R
111	浮点数区间比较指令	DEZCP DEZCPP	EZCP S1 S2 S D	将比较源 S 中的内容与 S1 和 S2 进行比较，根据其结果使以目标操作数 D 为起始位软元件的三个单元之一为"ON"	S、D、R、K、H、E。 D：Y、M、S、 D □ .b

注：要求比较值 S1 ＜比较值 S2，如果比较值 S1 ＞比较值 S2，则认为 S2 中的数值等于 S1 中的数值。

（2）例说 16 位区间比较指令

16 位区间比较指令梯形图见图 8-63。

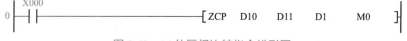

```
   X000
0 ─┤ ├────────────────────[ZCP   D10    D11    D1    M0 ]─
```

图 8-63　16 位区间比较指令梯形图

程序说明

X0 闭合时，执行区间比较指令。

① D1 ＜ D10 时，M0 为 1。

② D10 ≤ D1 ≤ D11 时，M1 为 1。

③ D1 ＞ D11 时，M2 为 1。

（3）例说 32 位区间比较指令

32 位区间比较指令梯形图见图 8-64。

程序说明

① 当 X0 闭合时，由于（D1，D0）＜（D5，D4）＜（D3，D2），所以线圈 Y1 得电。

② 当 X1 闭合时，由于（D3，D2）＞（D1，D0），则认为（D1，D0）＝（D3，D2），而（D5，D4）＜（D3，D2），所以线圈 Y3 得电。

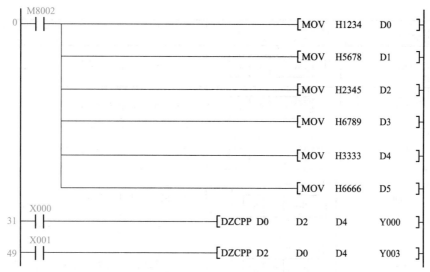

图 8-64 32 位区间比较指令梯形图

8.9.3 触点比较指令

（1）指令格式及功能

触点比较指令的指令格式及功能如表 8-42 所示。

表 8-42 触点比较指令的指令格式及功能

功能号	助记符	梯形图	功能	操作数
224	LD=	LD= S1 S2	S1=S2 时触点接通	
225	LD＞	LD＞ S1 S2	S1 ＞ S2 时触点接通	
226	LD＜	LD＜ S1 S2	S1 ＜ S2 时触点接通	
228	LD＜＞	LD＜＞ S1 S2	S1 ≠ S2 时触点接通	
229	LD≦	LD<= S1 S2	S1 ≦ S2 时触点接通	S1，S2：KnX、KnY、KnM、KnS、T、C、D、R、V、Z、K、H
230	LD≧	LD>= S1 S2	S1 ≧ S2 时触点接通	
232	AND=	AND= S1 S2	S1=S2 时串联类触点接通	
233	AND＞	AND＞ S1 S2	S1 ＞ S2 时串联类触点接通	
234	AND＜	AND＜ S1 S2	S1 ＜ S2 时串联类触点接通	

续表

功能号	助记符	梯形图	功能	操作数
236	AND <>	AND<> S1 S2	S1 ≠ S2 时串联类触点接通	
237	AND ≦	AND<= S1 S2	S1 ≤ S2 时串联类触点接通	
238	AND ≧	AND>= S1 S2	S1 ≥ S2 时串联类触点接通	
240	OR=	OR= S1 S2	S1=S2 时并联类触点接通	
241	OR >	OR> S1 S2	S1 > S2 时并联类触点接通	S1，S2: KnX、KnY、KnM、KnS、T、C、D、R、V、Z、K、H
242	OR <	OR< S1 S2	S1 < S2 时并联类触点接通	
244	OR <>	OR<> S1 S2	S1 ≠ S2 时并联类触点接通	
245	OR ≦	OR<= S1 S2	S1 ≤ S2 时并联类触点接通	
246	OR ≧	OR>= S1 S2	S1 ≥ S2 时并联类触点接通	

（2）例说触点比较指令

触点比较指令梯形图见图 8-65。

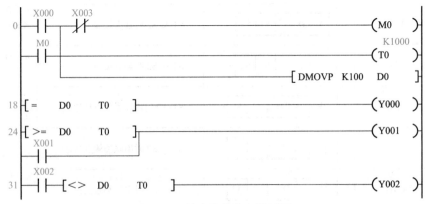

图 8-65　触点比较指令梯形图

程序说明

① X0 接通时，M0 得电并自锁，D0 中的数据为 100，定时器 T0 开始定时。

② 当 T0 当前值等于 100 时，Y0 得电。

③ 当 D0 ≥ T0 或者 X1 接通时，Y1 得电。

④ 当 X2 接通并且 D0 ≠ T0 时，Y2 得电。

重要提示

① "≥" 在程序输入时为 "＞＝"。

② "≠" 在程序输入时为 "＜＞"。

③ 对于 "LD" "AND" "OR" 等助记符，在编写程序时无须输入。

8.10 数据转换指令

8.10.1 数据类型转换指令

（1）指令格式及功能

数据类型转换指令的指令格式及功能如表 8-43 所示。

表 8-43　数据类型转换指令的指令格式及功能

功能号	指令名称	助记符	梯形图	功能	操作数
18	BIN/BCD 码转换指令	BCD BCDP DBCD DBCDP	BCD S D	将源操作数 S 转换成 BCD 码，存入目标操作数 D 中	S：KnX、KnY、KnS、KnM、T、C、D、R、V、Z。
19	BCD/BIN 码转换指令	BIN BINP DBIN DBINP	BIN S D	将源操作数 S 中的 BCD 码转换成二进制数，存入目标操作数 D 中	D：KnY、KnS、KnM、T、C、D、R、V、Z
49	BIN 整数 / 二进制浮点数转换指令	FLT FLTP DFLT DFLTP	FLT S D	将 S 中的 BIN 整数值数据转换成二进制浮点数（实数）值后，保存在 D+1、D 中	S：D、R。 D：D、R
118	二进制浮点数 / 十进制浮点数转换指令	DEBCD DEBCDP	EBCD S D	将 S+1、S 的二进制浮点数转换成十进制浮点数后，传送到 D+1、D 中	S：D、R。 D：D、R
119	十进制浮点数 / 二进制浮点数转换指令	DEBIN DEBINP	EBIN S D	将 S+1、S 的十进制浮点数转换成二进制浮点数后，传送到 D+1、D 中	S：D、R。 D：D、R
128	二进制浮点数符号翻转指令	DENEG DENEGP	ENEG D	将 D+1、D 的二进制浮点数数据的符号翻转，保存在 D+1、D 中	D：D、R

续表

功能号	指令名称	助记符	梯形图	功能	操作数
129	二进制浮点数/BIN整数转换指令	INT INTP DINT DINTP	 INT | S | D	将S+1、S的二进制浮点数转换成BIN整数后，传送到D中	S: D、R。 D: D、R

重要提示

浮点数表示方法如图8-66所示。

① 二进制浮点数，32位数中最高位为符号位，指数部分共8位，尾数部分共23位。

② 十进制浮点数，32位数中指数部分共16位，尾数部分共16位。

③ 在浮点数运算中，都以二进制浮点数执行。但是，由于二进制浮点数本身不直观，所以转换成十进制浮点数运算，便于在外围设备上进行监控等。

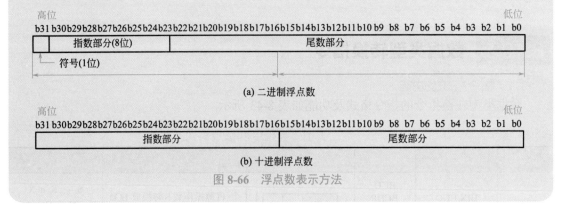

图8-66　浮点数表示方法

（2）例说BIN/BCD、BCD/BIN码转换指令

BIN/BCD、BCD/BIN码转换指令梯形图和仿真结果见图8-67。

(a) 梯形图

软元件	+F E D C	+B A 9 8	+7 6 5 4	+3 2 1 0
D0	0 0 0 0	0 1 1 1	1 1 0 1	0 0 0 0
D1	0 0 1 0	0 0 0 0	0 0 0 0	0 0 0 0
D2	0 0 0 0	0 1 1 1	1 1 0 1	0 0 0 0

(b) 仿真结果

图8-67　BIN/BCD码转换指令梯形图和仿真结果

程序说明

① 当X0闭合时，将常数2000（K2000）传给D0。

② 2000 的 BCD 码形式是 0010 0000 0000 0000，将该 BCD 码传给 D1。

③ 将 D1 里面的数变为 BIN 码传给 D2。

（3）例说二进制浮点数 /BIN 整数转换指令

二进制浮点数 /BIN 整数转换指令梯形图见图 8-68。

图 8-68　二进制浮点数 /BIN 整数转换指令梯形图

程序说明

将实数 3.141592 传给 D1、D0，通过转换指令将 32 位浮点数（3.141592）转换为 32 位整数形式，存入 D3、D2 中。

8.10.2　译码与编码指令

（1）指令格式及功能

译码与编码指令的指令格式及功能如表 8-44 所示。

表 8-44　译码与编码指令的指令格式及功能

功能号	指令名称	助记符	梯形图	功能	操作数
41	译码指令	DECO DECOP	DECO S D n	将源操作数的低 n 位二进制数翻译成目标操作数的位号，并将该位置 1	S: X、Y、M、S、T、C、D、R、V、Z、K、H。D: Y、M、S、T、C、D、R、K、H。n: K、H
42	编码指令	ENCO ENCOP	ENCO S D n	以源操作数为起始位的 2^n 个单元中，将数值为 1 的最高位的位号转化为二进制数，存放在 D 中	S: X、Y、M、S、T、C、D、R、V、Z。D: T、C、D、R、V、Z。n: K、H

（2）例说译码指令

译码指令梯形图和时序图见图 8-69。

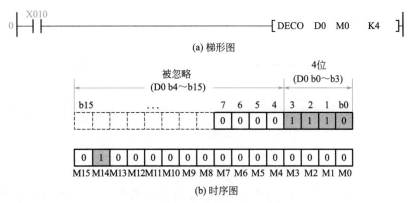

图 8-69　译码指令梯形图和时序图

程序说明

① 假设 D0 里存放的数据为 14，化为八位二进制数为 2#0000 1110。

② 当 X10 闭合时，截取 D0 的低 4 位（十进制数 14），则将目标操作数中的从 M0 开始的第 15 个位单元 M14 置 1。

（3）例说编码指令

编码指令梯形图见图 8-70。

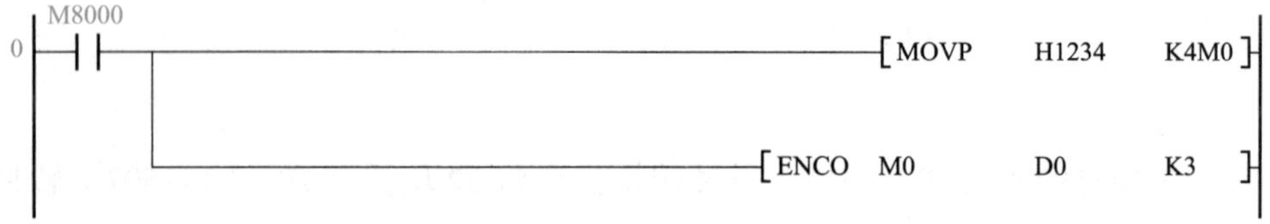

```
      M8000
   0 ──┤├──────────────────────────────[ MOVP   H1234    K4M0 ]
        │
        └──────────────────────────────[ ENCO   M0       D0      K3 ]
```

图 8-70   编码指令梯形图

程序说明

以 M0 为起始位的 $2^3=8$ 个存储单元（M0 ～ M7）中，存储的数值为 2#0011 0100，数值为 "1" 的最高位为 M5，故将其位号编码的结果为 D0=2#101。

8.10.3 段码指令

（1）指令格式及功能

段码指令的指令格式及功能如表 8-45 所示。

表 8-45   段码指令的指令格式及功能

功能号	指令名称	助记符	梯形图	功能	操作数
73	段码指令	SEGD SEGDP	SEGD S D	将源操作数 S 中的低 4 位转换成 7 段码，存入目标操作数 D 中	S：KnX、KnY、KnS、KnM、T、C、D、R、V、Z、K、H。 D：KnY、KnS、KnM、T、C、D、R、V、Z

（2）例说七段译码指令

七段译码指令梯形图见图 8-71。

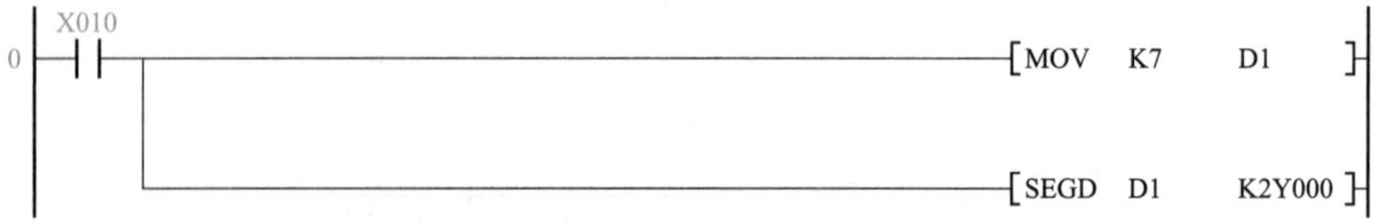

```
      X010
   0 ──┤├──────────────────────────────[ MOV   K7      D1 ]
        │
        └──────────────────────────────[ SEGD  D1      K2Y000 ]
```

图 8-71   七段译码指令梯形图

程序说明

当 X10=ON 时，将 K7 传送到 D1 中，则 D1 存储的数值为 2#0000 0000 0000 0111，将

其低 4 位转换成段码，存入 K2Y0，使对应的输出端子得电。

8.10.4 综合实例

以拔河比赛为例。

控制要求

用七个灯排成一条直线，开始时，按下开始按钮 X2，中间一个灯 Y3 表示拔河绳子的中点，游戏的双方各持一个按钮 X0、X1。游戏开始，双方都快速不断地按动按钮，每按一次按钮，亮点向本方移动一位。当亮点移动到本方的端点时，这一方获胜，保持灯一直亮，并得一分，双方的按钮不再起作用。用两个数码管显示双方得分。

当按下开始按钮时，亮点回到中间，即可重新开始。比赛结束时，可按下复位 X3 时，比分复位。

元件说明

元件说明见表 8-46。

表 8-46 元件说明

PLC 软元件	控制说明
X0	模拟甲方拔河启动按钮，按下时，X0 状态由 OFF → ON
X1	模拟乙方拔河启动按钮，按下时，X1 状态由 OFF → ON
X2	拔河开始启动按钮，按下时，X2 状态由 OFF → ON
X3	复位按钮，按下时，X3 状态由 OFF → ON
Y0 ～ Y6	灯 HL1 ～ HL7，灯 1 ～ 灯 7，模拟绳子的运动状态
Y10 ～ Y16	七段数码管，显示甲方得分
Y20 ～ Y26	七段数码管，显示乙方得分

控制程序

控制程序见图 8-72。

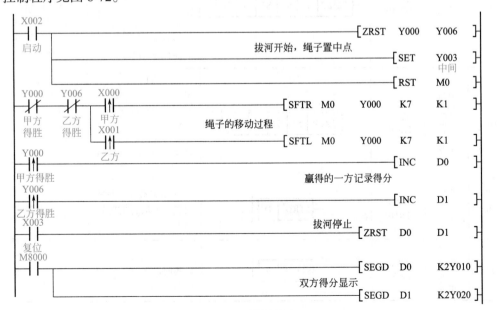

图 8-72 控制程序

程序说明

① 当裁判员按下开始按钮 X2 时，Y0 ～ Y6 全部复位后再将 Y3 置位，即拔河绳子的中点 Y3 点亮。

② 游戏开始后，甲方启动按钮 X0，每按一次，亮点向甲方右移一位。同样，若乙方启动按钮 X1，每按一次，亮点向乙方左移一位。

③ 双方都不断地快速按下按钮，假如甲方移动快，当亮点移动到甲方的端点，Y0 得电，即灯 1 亮，此时 Y0 常闭触点断开，不执行移位指令，双方的按钮不再起作用。Y0 常开触点闭合瞬间，执行加 1 指令，甲方得 1 分，Y0 灯持续点亮。经 SEGD 译码，数码管显示得分。如果乙方移动快，亮点移动至乙方的端点时，Y6 得电，乙方则得 1 分。

④ 再按下开始按钮 X2 时，亮点回到中间，即可重新开始。比赛结束时，可按下复位 X3 时，比分复位。

8.11 时钟指令

8.11.1 时钟指令

（1）指令格式及功能

时钟指令的指令格式及功能如表 8-47 所示。

表 8-47 时钟指令的指令格式及功能

功能号	指令名称	助记符	梯形图	功能	操作数
160	时钟数据比较指令	TCMP TCMPP	TCMP S1 S2 S3 S D	将比较基准时间（时、分、秒）（S1、S2、S3）与时间数据（时、分、秒）（S、S+1、S+2）进行大小比较。根据比较的结果将从 D 开始的 3 点软元件置 "0" 或 "1"	S1、S2、S3：KnX、KnY、KnM、KnS、T、C、D、R、V、Z、K、H S：T、C、D、R D：Y、M、S、D □ .b
161	时钟数据区间比较指令	TZCP TZCPP	TZCP S1 S2 S D	将（S1、S1+1、S1+2）、（S2、S2+1、S2+2）的基准时间与（S、S+1、S+2）进行比较。根据比较的结果将从 D 开始的 3 点软元件置 "0" 或 "1"	S1、S2、S：T、C、D、R D：Y、M、S
166	时钟数据读出指令	TRD TRDP	TRD D	读出可编程控制器内置实时时钟的时钟数据	S：T、C、D、R
167	时钟数据写入指令	TWR TWRP	TWR S	向可编程控制器内置实时时钟写入时钟数据	

重要提示

　　可编程控制器内置实时时钟的时钟数据存储于 D8013 ～ D8019 中，具体如表 8-48 所示。

表 8-48　实时时钟数据存储单元

软元件	项目	始终数据
D8018	年	0 ～ 99
D8017	月	1 ～ 12
D8016	日	1 ～ 31
D8015	时	0 ～ 23
D8014	分	0 ～ 59
D8013	秒	0 ～ 59
D8019	星期	0（日）～ 6（六）

（2）例说时钟数据比较指令

时钟数据比较指令梯形图和示意图见图 8-73。

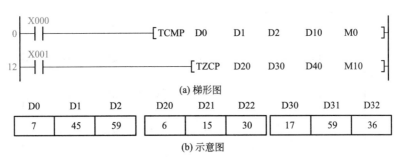

(a) 梯形图

(b) 示意图

图 8-73　时钟数据比较指令梯形图和示意图

程序说明

　　梯形图如图 8-73（a）所示，示意图如图 8-73（b）所示，各个字单元存储的数分别是时、分、秒。如 D0、D1、D2 存储的时间是 7:45:59。

　　① 当 X0 接通时，如果 D10、D11、D12 存储的时间小于 7:45:59，则 M0 为 1；等于 7:45:59，则 M1 为 1；大于 7:45:59，则 M2 为 1。虽然当 X0 断开时，TCMP 指令不被执行，但 M0、M1、M2 的数值保持 X0 断开之前的状态。

　　② 当 X1 接通时，如果 D40、D41、D42 存储的时间小于 6:15:30，则 M10 为 1；时间大于等于 6:15:30 且小于等于 17:59:36，则 M11 为 1；大于 17:59:36，则 M12 为 1。虽然当 X1 断开时，TZCP 指令不被执行，但 M10、M11、M12 的数值保持 X1 断开之前的状态。

　　（3）例说实时时钟读取指令

实时时钟读取指令梯形图见图 8-74。

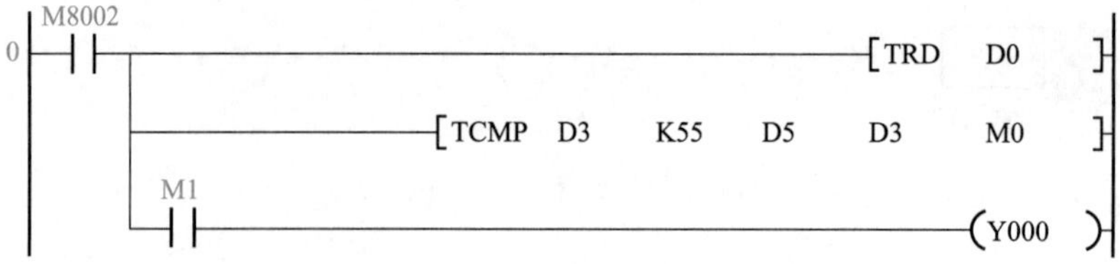

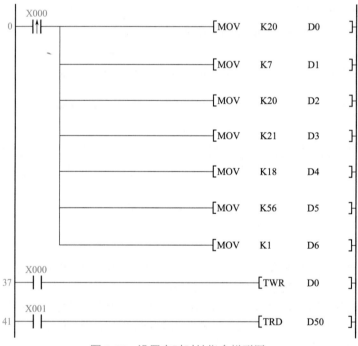

图 8-74 实时时钟读取指令梯形图

程序说明

① 从 D8013 ~ D8019 读取当前时间和日期，并将其装载到 D0 ~ D6 中，分别是年、月、日、时、分、秒、星期，如表 8-49 所示。

② 利用时钟数据比较指令，当分钟计时到 55 时，M1 常开触点闭合，使 Y0 为 1。

表 8-49 读取的实时时钟存储单元

软元件	D0	D1	D2	D3	D4	D5	D6
项目	年	月	日	时	分	秒	星期

（4）例说设置实时时钟指令

设置实时时钟指令梯形图见图 8-75。

图 8-75 设置实时时钟指令梯形图

程序说明

在利用 PLC 进行控制时，为能准确地控制时间，需要将 CPU 的时钟设定成正确的时钟。

① 当 X0 接通时，可以将如表 8-50 所示的时间写入 PLC。

② 当 X1 接通时，读出实时时钟，存入以 D50 开始的 7 个软元件。

表 8-50　每个字节存放的数据的具体含义

字节	D0	D1	D2	D3	D4	D5	D6
含义	年	月	日	小时	分钟	秒	星期
具体	20（2020 年）	07	20	21	18	56	01（星期一）

8.11.2　综合实例一

以定时闹钟为例。

控制要求

用 PLC 控制一个闹钟，要求除周六日外，每天早上 5：56 响 20s，按下复位按钮闹钟停止。不按复位按钮，每隔 1min 再响 20s，共响 5 次结束。

元件说明

元件说明见表 8-51。

表 8-51　元件说明

PLC 软元件	控制说明
X0	复位按钮，按下时，X0 的状态由 OFF → ON
Y0	闹钟
C0	计数值为 6 的计数器
T0	计时 60s 定时器，时基为 100ms 的定时器
T1	计时 20s 定时器，时基为 100ms 的定时器
M8000	特殊寄存器，PLC 为 RUN 状态时一直为 ON
M0 ~ M2	内部辅助继电器

控制程序

控制程序见图 8-76。

程序说明

① 执行指令，将 PLC 中的实时时钟的时间传送到 D0 ~ D6 中。

② 当时间为 5 时 56 分 0 秒时，M0 得电，当既不是星期六（D6≠6），也不是星期日（D6≠0）时，M1 得电自锁。

③ M1 得电，Y0 得电，T0、T1 开始计时。20s 后，T1 得电，其常闭触点断开，Y0 失电，暂停闹钟。T0 延时 1min 断开一次，C0 对 T0 接通次数计数，当计数值为 6 时，C0 常闭触点断开，M1 失电，C0 常开触点闭合，M2 得电，对 C0 复位。

④ 若在响铃时按下复位按钮 X0，C0 被复位，X0 的常闭触点断开，M1 失电，Y0 失电，闹钟停止。

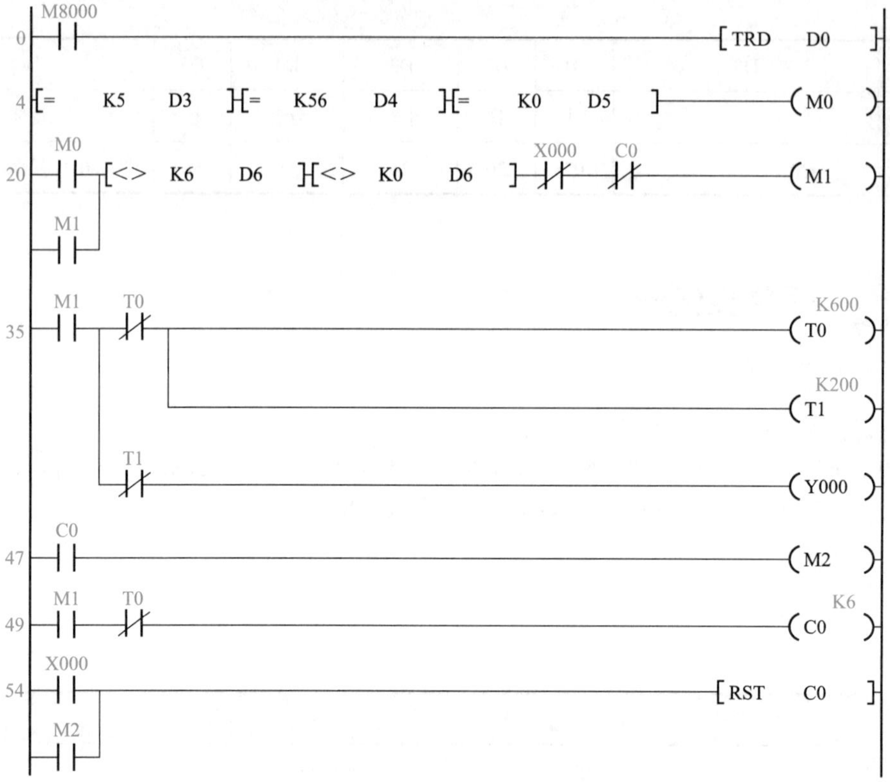

图 8-76　控制程序

8.11.3　综合实例二

以迟到人数统计系统为例。

控制要求

某学校周一8点正式上课，要求统计周一 8:00 ～ 8:30 期间进入某班级教室的人数，即迟到人数。0 ～ 1 人迟到，教室门口的绿灯亮；2 ～ 5 人迟到，教室门口的黄灯亮；6 人及以上迟到，教室门口的红灯亮。要求通过 PLC 编程实现。

元件说明

元件说明见表 8-52。

表 8-52　元件说明

PLC 软元件	控制说明
X0	启动按钮，按下时，X0 的状态由 OFF → ON
X1	停止按钮，按下时，X1 的状态由 OFF → ON
X3、X4	传感器，有学生进入教室时，X3 先得电，X4 后得电
Y0、Y1、Y2	指示灯，Y0 为绿灯，Y1 为黄灯，Y2 为红灯

控制程序

控制程序见图 8-77。

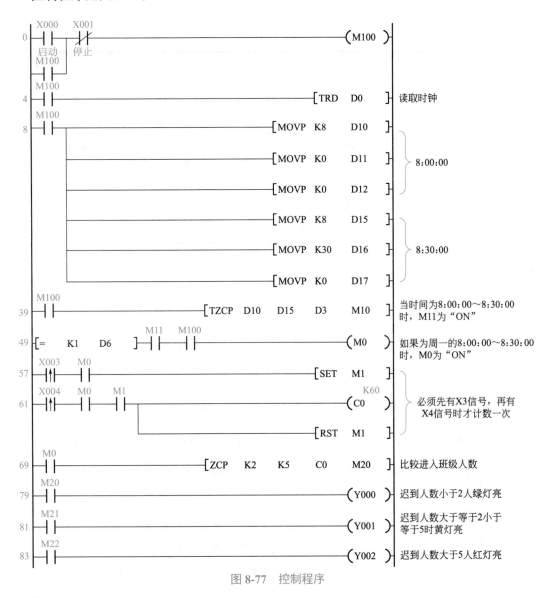

图 8-77 控制程序

程序说明

该程序实现了周一返校班级学生迟到人数的自动统计，并根据迟到人数亮绿灯、黄灯、红灯，有助于教学秩序的规范管理。

详见程序注释，此处不再赘述。

8.11.4 综合实例三

以正常教学周学校铃声及广播自动播放系统为例。

某学校正常教学周上下课时间、广播体操时间、英语听力播放时间等要求如表 8-53 所示，要求通过 PLC 编程实现该控制要求。

表 8-53　控制要求

星期一到星期五	时间段	控制要求
第一大节	8:00 ～ 9:40	上下课时间播放铃声各 1min
广播体操	9:45 ～ 9:55	播放广播体操
第二大节	10:00 ～ 11:40	上下课时间播放铃声各 1min
第三大节	14:00 ～ 15:40	上下课时间播放铃声各 1min
第四大节	15:55 ～ 17:35	上下课时间播放铃声各 1min
英语听力	18:40 ～ 19:10	播放英语听力

控制程序见图 8-78。

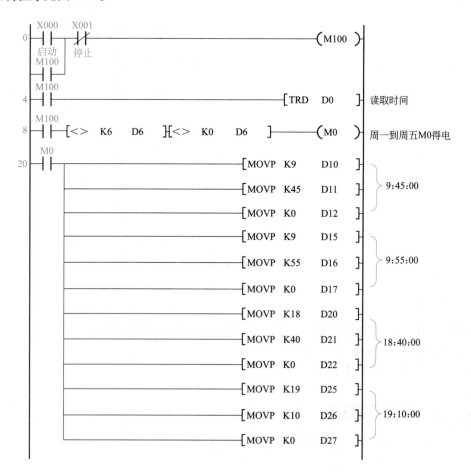

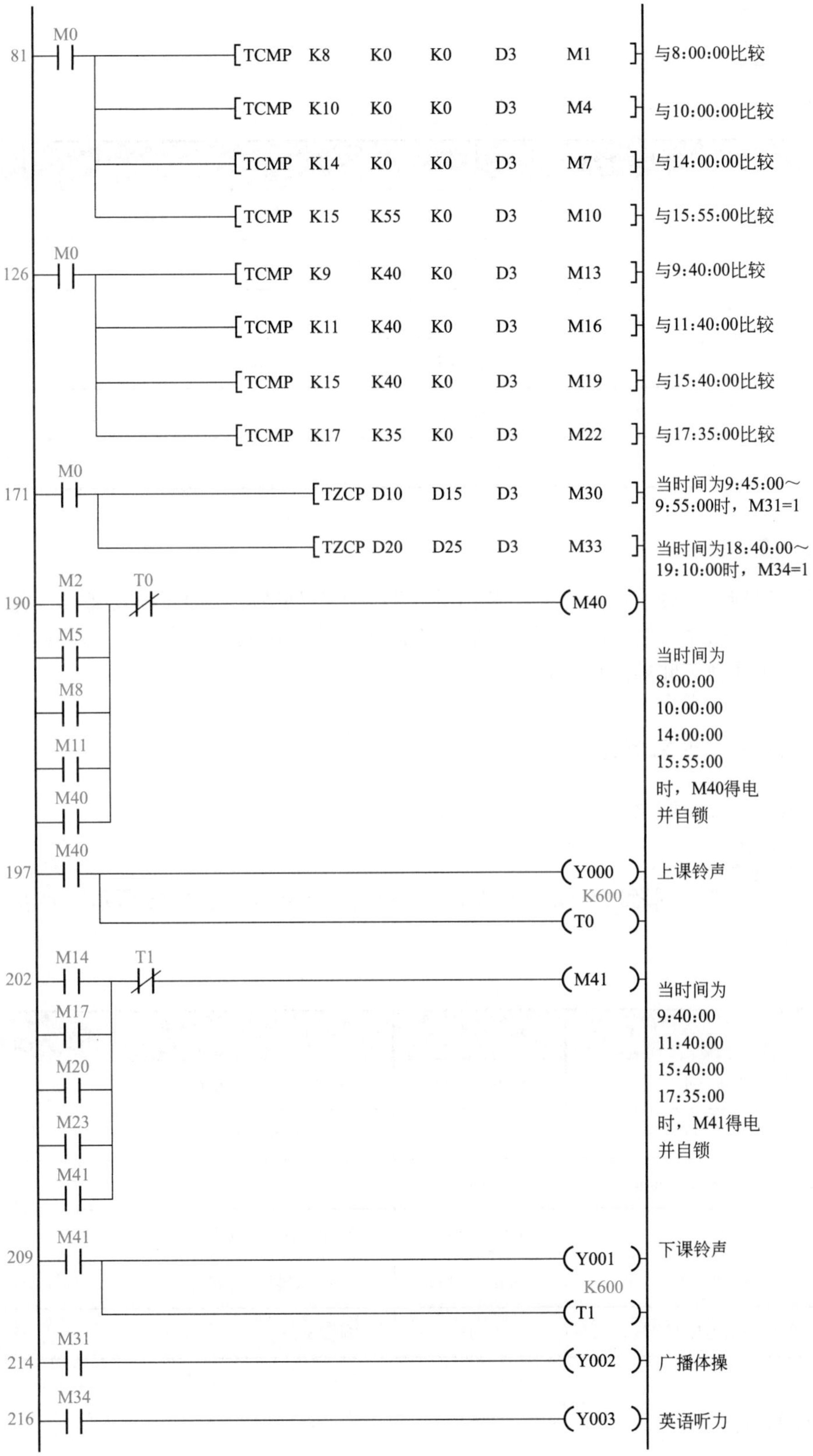

```
       M0
81     ├┤├────────┬──[TCMP  K8    K0    K0    D3    M1  ]    与8:00:00比较
                  │
                  ├──[TCMP  K10   K0    K0    D3    M4  ]    与10:00:00比较
                  │
                  ├──[TCMP  K14   K0    K0    D3    M7  ]    与14:00:00比较
                  │
                  └──[TCMP  K15   K55   K0    D3    M10 ]    与15:55:00比较
       M0
126    ├┤├────────┬──[TCMP  K9    K40   K0    D3    M13 ]    与9:40:00比较
                  │
                  ├──[TCMP  K11   K40   K0    D3    M16 ]    与11:40:00比较
                  │
                  ├──[TCMP  K15   K40   K0    D3    M19 ]    与15:40:00比较
                  │
                  └──[TCMP  K17   K35   K0    D3    M22 ]    与17:35:00比较
       M0
171    ├┤├────────┬──[TZCP  D10   D15   D3    M30 ]    当时间为9:45:00~
                  │                                    9:55:00时，M31=1
                  └──[TZCP  D20   D25   D3    M33 ]    当时间为18:40:00~
                                                       19:10:00时，M34=1
       M2     T0
190    ├┤├────┤/├──────────────────────────(M40 )
       M5                                              当时间为
       ├┤├─┤                                           8:00:00
       M8                                              10:00:00
       ├┤├─┤                                           14:00:00
       M11                                             15:55:00
       ├┤├─┤                                           时，M40得电
       M40                                             并自锁
       ├┤├─┘
       M40
197    ├┤├──┬───────────────────────────────(Y000 )    上课铃声
            │                           K600
            └───────────────────────────(T0 )
       M14    T1
202    ├┤├────┤/├──────────────────────────(M41 )
       M17                                             当时间为
       ├┤├─┤                                           9:40:00
       M20                                             11:40:00
       ├┤├─┤                                           15:40:00
       M23                                             17:35:00
       ├┤├─┤                                           时，M41得电
       M41                                             并自锁
       ├┤├─┘
       M41
209    ├┤├──┬───────────────────────────────(Y001 )    下课铃声
            │                           K600
            └───────────────────────────(T1 )
       M31
214    ├┤├──────────────────────────────────(Y002 )    广播体操
       M34
216    ├┤├──────────────────────────────────(Y003 )    英语听力
```

图 8-78 控制程序

元件说明

元件说明见表 8-54。

表 8-54　元件说明

PLC 软元件	控制说明
X0	启动按钮，按下时，X0 的状态由 OFF → ON
X1	停止按钮，按下时，X1 的状态由 OFF → ON
Y0	上课铃声
Y1	下课铃声
Y2	广播体操
Y3	英语听力

程序说明

该程序实现了上课、广播体操、英语听力播放等各环节的自动铃声及播放，有效规范了学校的教育教学秩序，适当修改程序可满足不同企事业单位的作息安排等自动提示。

详见程序注释，此处不再赘述。

8.11.5　综合实例四

以考试周学校铃声及广播自动播放系统为例。

控制要求

某学校期末考试周考试时间、考场纪律播放时间等要求如表 8-55 所示，要求通过 PLC 编程实现。

表 8-55　控制要求

星期一到星期五	时间段	控制要求	备注
播放考场纪律	8:40 ～ 8:55	该时段播放考场纪律	
上午考试时间	9:00 ～ 11:00	考试开始结束时间各响铃 1min	
距离考试结束还有 15min	10:45	响铃 5s	
播放考场纪律	14:40 ～ 14:55	该时段播放考场纪律	
下午考试时间	15:00 ～ 17:00	考试开始结束时间各响铃 1min	
距离考试结束还有 15min	16:45	响铃 5s	

控制程序

控制程序见图 8-79。

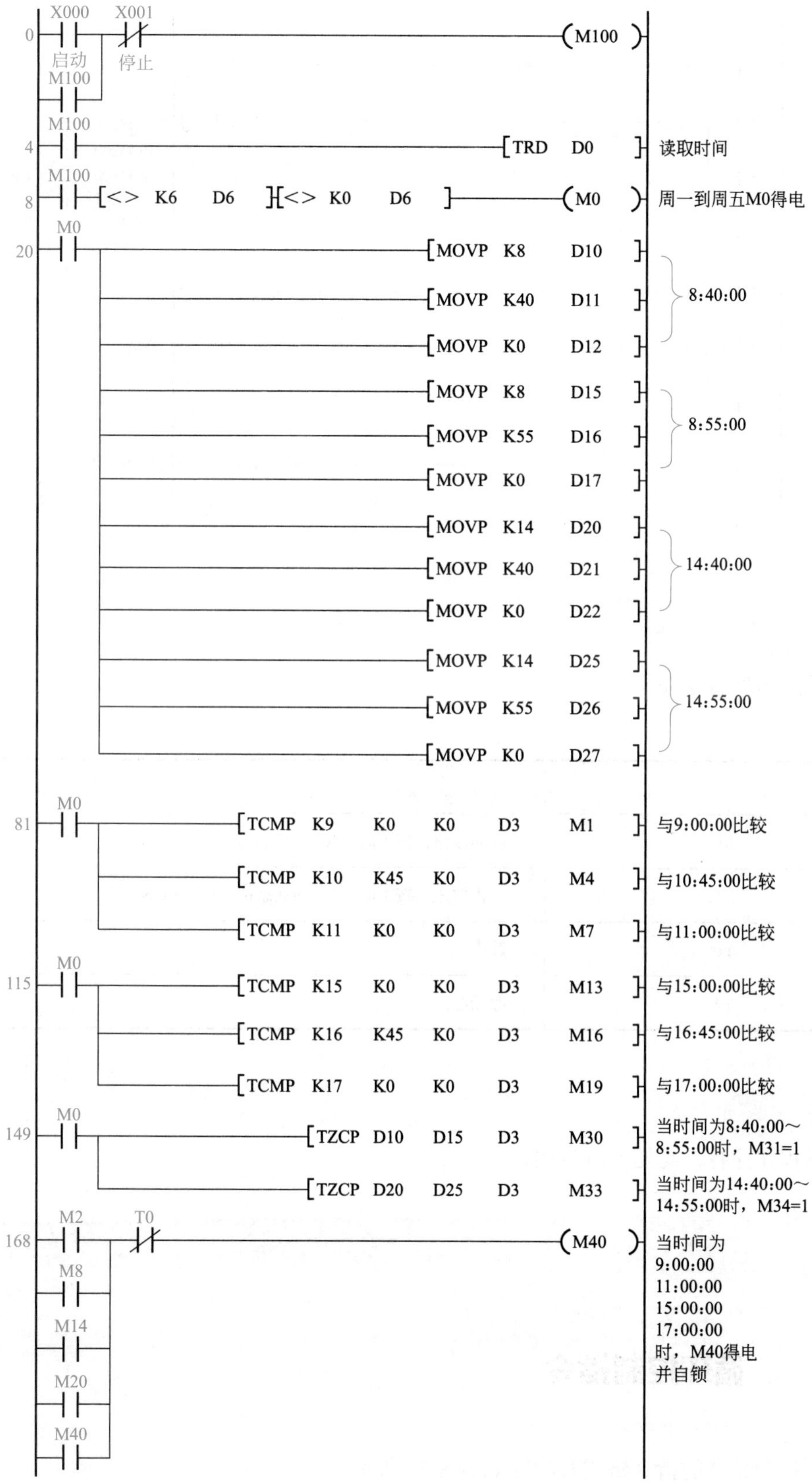
X000
X001
M100
启动
停止
M100
M100
TRD D0
读取时间
M100
<> K6 D6
<> K0 D6
M0
周一到周五M0得电
M0
MOVP K8 D10
MOVP K40 D11
MOVP K0 D12
8:40:00
MOVP K8 D15
MOVP K55 D16
MOVP K0 D17
8:55:00
MOVP K14 D20
MOVP K40 D21
MOVP K0 D22
14:40:00
MOVP K14 D25
MOVP K55 D26
MOVP K0 D27
14:55:00
M0
TCMP K9 K0 K0 D3 M1
与9:00:00比较
TCMP K10 K45 K0 D3 M4
与10:45:00比较
TCMP K11 K0 K0 D3 M7
与11:00:00比较
M0
TCMP K15 K0 K0 D3 M13
与15:00:00比较
TCMP K16 K45 K0 D3 M16
与16:45:00比较
TCMP K17 K0 K0 D3 M19
与17:00:00比较
M0
TZCP D10 D15 D3 M30
当时间为8:40:00~8:55:00时，M31=1
TZCP D20 D25 D3 M33
当时间为14:40:00~14:55:00时，M34=1
M2
T0
M40
M8
M14
M20
M40
当时间为9:00:00 11:00:00 15:00:00 17:00:00时，M40得电并自锁
0
4
8
20
81
115
149
168

图 8-79

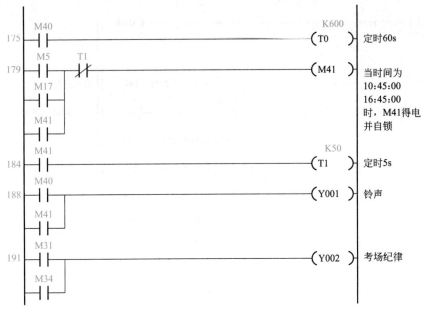

图 8-79　控制程序

元件说明

元件说明见表 8-56。

表 8-56　元件说明

PLC 软元件	控制说明
X0	启动按钮，按下时，X0 的状态由 OFF → ON
X1	停止按钮，按下时，X1 的状态由 OFF → ON
Y0	铃声
Y1	考场纪律

程序说明

详见程序注释，此处不再赘述。

8.12　程序控制类指令

8.12.1　循环控制指令

（1）指令格式及功能

循环控制指令的指令格式及功能如表 8-57 所示。

表 8-57　循环控制指令的指令格式及功能

功能号	指令名称	助记符	梯形图	功能	操作数
08	循环开始指令	FOR	FOR S	FOR 指令与 NEXT 指令之间的程序按指定次数重复运行	S：KnX、KnY、KnM、KnS、T、C、D、R、V、Z、K、H
09	循环结束指令	NEXT	NEXT		

（2）例说循环控制指令

循环控制指令梯形图见图 8-80。

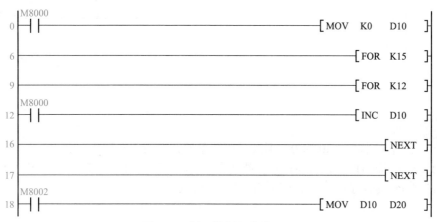

图 8-80　循环控制指令梯形图

程序说明

在循环控制指令中 FOR 和 NEXT 指令必须成对使用，FOR 和 NEXT 可以嵌套，每一对 FOR 和 NEXT 指令构成一层循环，最多能嵌套 5 层。

① 首先将 D10 的数清零。

② 本程序嵌套内外两个循环，外循环每执行 1 次，内循环执行 12 次，内循环每执行一次，D10 的数值加 1。所以，外循环每执行 1 次，D10 的数值加 12。

③ 外层循环共执行 15 次，所以，内外循环执行结束时，D10 的数据为 180。

④ 在第一个扫描周期，将 D10 的数值存入 D20 中。

8.12.2　条件跳转指令

（1）指令格式及功能

条件跳转指令的指令格式及功能如表 8-58 所示。

表 8-58　条件跳转指令的指令格式及功能

功能号	指令名称	助记符	梯形图	功能	操作数
00	条件跳转指令	CJ CJP	CJ Pn	跳过顺序程序中的某一部分，减少扫描时间	Pn：P。n=0 ～ 4095，P63 为 END 跳转

（2）例说程序跳转指令

程序跳转指令梯形图见图 8-81。

图 8-81　程序跳转指令梯形图

程序说明

① 第一个扫描周期，M0 为 0，不满足跳转条件，执行 M0 加 1，使 M0=1。

② 第二个扫描周期，由于 M0=1，执行跳转指令 CJ，则跳过 INC 指令和 Y0 的点动控制指令，跳到 P0 的程序段执行，按下 X1 则 Y1 得电，按下 X2 则 Y2 得电。

由于 Y0 的点动控制指令被跳过，所以按下 X0 时，Y0 是不会得电的。

8.12.3　顺控继电器指令

（1）指令格式及功能

顺控继电器指令的指令格式及功能如表 8-59 所示。

表 8-59　顺控继电器指令的指令格式及功能

指令名称	助记符	梯形图	功能	操作数
步进开始指令	STL	─┤ STL │ D ├─	步进阶段开始标志	D：S
步进结束指令	RET	─┤ RET ├─	步进阶段结束标志	无

（2）例说顺控继电器指令

编程实现：有三台电机，电机 1 运行 50s 后停止，电机 2 开始运行，40s 后停止，电机 3 开始运行，30s 后停止，电机 2 开始运行，以后电机 2 和电机 3 交替运行。

顺控继电器指令梯形图见图 8-82。

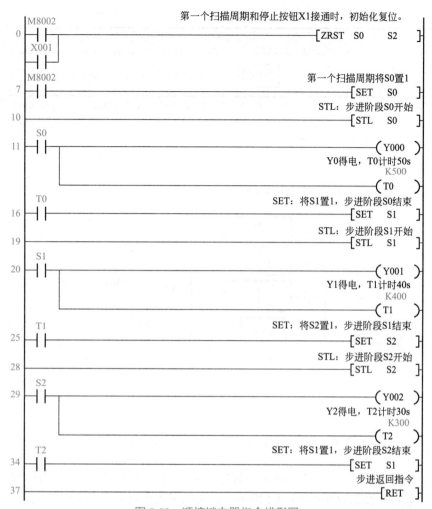

图 8-82　顺控继电器指令梯形图

程序说明

如图 8-82 所示，此例使用步进指令编程法。

①第一个扫描周期，初始化复位，将 S0 置 1。

②进入顺控程序段 S0 执行，Y0 得电，T0 开始计时。

③T0 计时 50s 后，转到顺控程序段 S1 执行，Y1 得电，T1 开始计时。

④T1 计时 40s 后，转到顺控程序段 S2 执行，Y2 得电，T2 开始计时。T2 计时 30s 后，转到顺控程序段 S1 执行，Y1 得电，T1 开始计时。

⑤如此循环。

⑥按下停止按钮 X1，停止运行。

8.12.4　看门狗定时复位指令

（1）指令格式及功能

看门狗定时复位指令的指令格式及功能如表 8-60 所示。

表 8-60　看门狗定时复位指令的指令格式及功能

功能号	指令名称	助记符	梯形图	功能	操作数
07	看门狗复位指令	WDT WDTP	─[WDT]	通过顺控程序对看门狗定时器进行刷新	无

注：可编程控制器的运算周期（0 ~ END 或 FEND 指令的执行时间）如要超出 200ms 时，可编程控制器会出现看门狗定时器错误（检测出运算异常），然后 ERROR（ERR）LED 灯亮后停止。类似这样的运算周期较长的情况，在程序中间插入 WDT 指令，可以避免出现这样的错误。

（2）例说看门狗定时复位指令

看门狗定时复位指令梯形图见图 8-83。

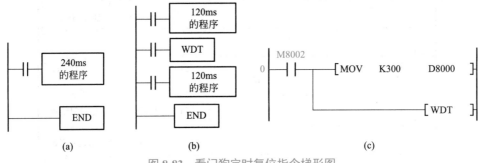

图 8-83　看门狗定时复位指令梯形图

程序说明

① 如图 8-83（a）所示，如果程序的运算时间超过 200ms（如 240ms），将会出现看门狗定时器错误。

② 如图 8-83（b）所示，将 240ms 的程序一分为二，在其中间编写 WDT 指令后，前半部分和后半部分都变成 200ms 以下（120ms），可以避免出现看门狗定时器错误。

③ 如图 8-83（c）所示，D8000 存放看门狗定时器时间，其初始值为 200ms，最大可以设定到 32767ms。利用 MOV 指令将看门狗定时器时间设置为 300ms，再编写 WDT 指令，也可以避免出现看门狗定时器错误。

8.13　子程序指令

8.13.1　指令格式及功能

子程序指令的指令格式及功能如表 8-61 所示。

表 8-61　子程序指令的指令格式及功能

功能号	指令名称	助记符	梯形图	功能	操作数
01	子程序调用指令	CALL CALLP	CALL Pn	在顺控程序中，对想要共同处理的程序进行调用的指令	Pn：P。 n=0 ~ 62、64 ~ 4095

续表

功能号	指令名称	助记符	梯形图	功能	操作数
02	子程序返回指令	SRET	─[SRET]─	从子程序返回到主程序的指令	无
06	主程序结束指令	FEND	─[FEND]─	表示主程序结束的指令	无

子程序调用示意图如图 8-84 所示。

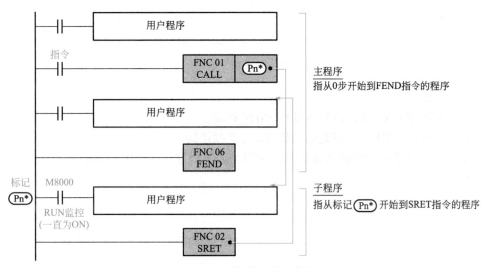

图 8-84　子程序调用示意图

① 当指令输入为"ON"时，执行 CALL 指令，调用标记为 Pn 的子程序。
② 执行 SRET 后，返回到 CALL 指令的下一步。
③ 主程序用 FEND 指令结束。所以 CALL 指令用的标记（P），要在 FEND 指令后编程。
④ 标记"Pn"的输入，只需要单击左母线的左侧。

8.13.2　例说子程序指令

子程序指令梯形图见图 8-85。

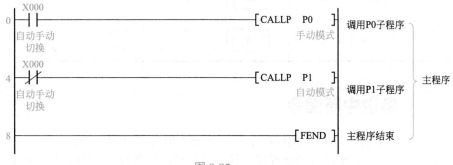

图 8-85

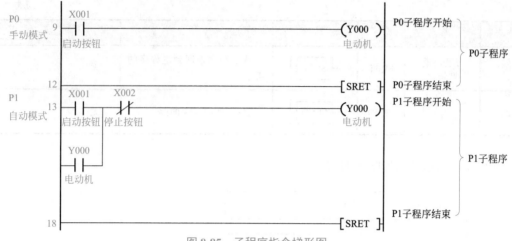

图 8-85　子程序指令梯形图

 程序说明

①手动子程序：X1 可以控制电动机 Y0 的点动。

②自动子程序：X1 可以控制电动机 Y0 的连续运转。

③主程序：当 X0 常开触点接通时，调用手动子程序，当 X0 常闭触点接通时，调用自动子程序。

8.14　中断指令

8.14.1　指令格式及功能

中断指令的指令格式及功能如表 8-62 所示。

表 8-62　中断指令的指令格式及功能

功能号	指令名称	助记符	梯形图	功能	操作数
03	中断返回指令	IRET	IRET	从中断子程序返回到主程序的指令	无
04	允许中断指令	EI	EI	变为允许中断的状态	无
05	禁止中断指令	DI	DI	禁止中断，DI 指令以后产生的中断（要求），在执行了 EI 指令后方可处理	无

8.14.2　例说中断指令

所谓中断，是指当 PLC 正执行程序时，系统中出现了某些急需处理的异常情况或特殊请求，这时系统暂时停止执行当前程序，转去执行中断服务程序，当该事件处理完毕后，系统自动回到原来断点处继续执行。中断功能用于实时控制、通信控制和高速处理等场合。

中断事件可分为输入中断、定时器中断和计数器中断 3 类，如表 8-63 所示。

表 8-63　中断事件的种类

功能	中断编号	内容
输入中断	I00× ～ I50×	通过输入（X）信号的 ON/OFF 执行中断处理
定时器中断	I6×× ～ I8××	每隔指定的时间间隔（固定周期）执行中断处理
计数器中断	I010 ～ I060	高速计数器增计数时执行中断处理

（1）输入中断指令

① 输入中断指针的编号　输入中断指针的编号如表 8-64 所示，编号的规则如图 8-86 所示。

表 8-64　输入中断指针的编号

输入编号	指针编号		禁止中断的寄存器
	上升沿中断	下降沿中断	
X0	I001	I000	M8050
X1	I101	I100	M8051
X2	I201	I200	M8052
X3	I301	I300	M8053
X4	I401	I400	M8054
X5	I501	I500	M8055

注：1. 在程序中使 M8050 ～ M8055 置"ON"后，则其各自支持的输入编号的中断被禁止。

2. M8050 ～ M8055 从 RUN → STOP 时被清除。

I □ 0 □

0：下降沿中断。1：上升沿中断

根据输入X000～X005为0～5

图 8-86　输入中断指针编号的规则

② 例说输入中断指令　输入中断指令梯形图见图 8-87。

程序说明

a. 开中断。

b. 当 X0 从断开到闭合（上升沿）时，触发中断（编号 I001），PLC 将会去执行中断子程序 I1。中断程序中，M0 被置 1，返回主程序后，M0 的常开触点闭合，Y0 将以 1s 为周期闪亮。

c. 当 X0 从闭合到断开（下降沿）时，触发中断（编号 I000），PLC 将会去执行中断子程序 I0。中断程序中，M0 被置 0，返回主程序后，M0 的常闭触点闭合，Y0 将以 60s 为周期闪亮。

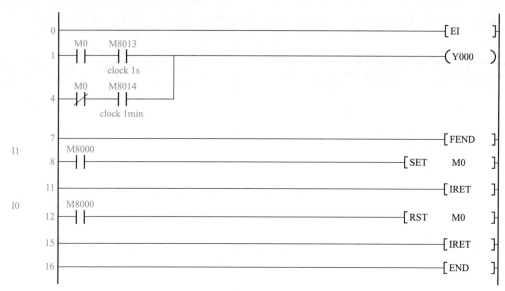

图 8-87　输入中断指令梯形图

（2）定时器中断指令

① 定时器中断指针的编号　定时器中断指针的编号如表 8-65 所示，编号的规则如图 8-88 所示。

表 8-65　定时器中断指针的编号

输入编号	中断周期	禁止中断的寄存器
I6 □□	在指针名的□□中，输入 10 ~ 99 的整数。例如：I610 表示每 10ms 的定时器中断	M8056
I7 □□		M8057
I8 □□		M8058

注：1. 在程序中使 M8056 ~ M8058 置 "ON" 后，则其各自支持的输入编号的中断被禁止。

2.M8056 ~ M8058 从 RUN → STOP 时被清除。

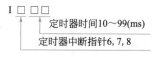

图 8-88　定时器中断指针编号的规则

② 例说定时器中断指令　定时器中断指令梯形图见图 8-89。

图 8-89　定时器中断指令梯形图

程序说明

a. 开启中断，将 Y0 的初值设为 1。

b. 当 PLC 运行时，每隔 50ms，中断 I650 发生，即每隔 50ms，Y0 ～ Y15 循环左移一位。

（3）计数器中断指令

计数器中断是使用高速计数器的当前值的中断。计数器中断指令与比较置位指令 DHSCS 一起使用，当高速计数器的当前值达到规定值时执行中断程序。

计数器中断指针的编号如表 8-66 所示，编号的规则如图 8-90 所示。

表 8-66　计数器中断指针的编号

输入编号	禁止中断的寄存器
I010、I020、I030、I040、I050、I060	M8059

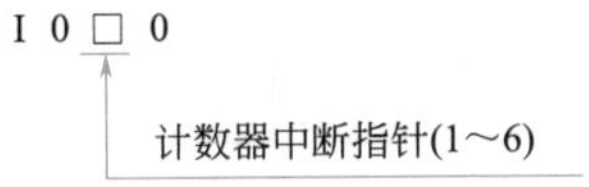

I 0 □ 0

计数器中断指针(1～6)

图 8-90　计数器中断指针编号的规则

8.15　高速计数器

8.15.1　高速计数器基础知识

DC 输入型的基本单元支持高速计数器，基本单元中，内置了 21 个 32 位增减计数器的高速计数器，编号为 C235 ～ C255。不同类型的高速计数器可以同时使用，但是它们的高速计数器输入不能冲突。

（1）高速计数器输入端子

各高速计数器输入端子对应的元件号如表 8-67 所示，表 8-67 中的 U、D 分别为加、减计数输入，A、B 分别为 A、B 相输入，R 为复位输入，S 为置位输入。

表 8-67　高速计数器输入端子对应的元件号

高速计数器种类	计数器编号	区分	输入端子分配								增减计数寄存器 ON：减计数。 OFF：增计数
			X0	X1	X2	X3	X4	X5	X6	X7	
无启动 / 复位输入端的单相单计数	C235	H/W	U/D								M8235
	C236	H/W		U/D							M8236
	C237	H/W			U/D						M8237
	C238	H/W				U/D					M8238
	C239	H/W					U/D				M8239
	C240	S/W						U/D			M8240

续表

高速计数器种类	计数器编号	区分	输入端子分配								增减计数寄存器 ON：减计数。 OFF：增计数
			X0	X1	X2	X3	X4	X5	X6	X7	
带启动／复位输入端的单相单计数	C241	S/W	U/D	R							M8241
	C242	S/W			U/D	R					M8242
	C243	S/W					U/D	R			M8243
	C244	S/W	U/D	R					S		M8244
	C245	S/W			U/D	R				S	M8245
单相双计数	C246	H/W	U	D							M8246
	C247	S/W	U	D	R						M8247
	C248	S/W				U	D	R			M8248
	C249	S/W	U	D	R				S		M8249
	C250	S/W				U	D	R		S	M8250
双相双计数	C251	S/W	A	B							M8251
	C252	S/W	A	B	R						M8252
	C253	H/W				A	B	R			M8253
	C254	S/W	A	B	R				S		M8254
	C255	S/W				A	B	R		S	M8255

注：1. M8235～M8245为控制寄存器，通过控制其"ON"或"OFF"控制是增计数还是减计数。

2. M8246～M8255为状态寄存器，通过监控其"ON"或"OFF"，可以监视是增计数还是减计数。

3. C251、C252、C254用M8198切换1倍/4倍计数，C253、C255用M8199切换1倍/4倍计数。

4. H/W：硬件计数器。S/W：软件计数器。U：增计数输入。D：减计数输入。A：A相输入。B：B相输入。R：外部复位输入。S：外部启动输入。

（2）高速计数器的种类

高速计数器分为单相单计数、单相双计数以及双相双计数三类，其中双相双计数有1倍计数和4倍计数两种。其示意图如图8-91所示。

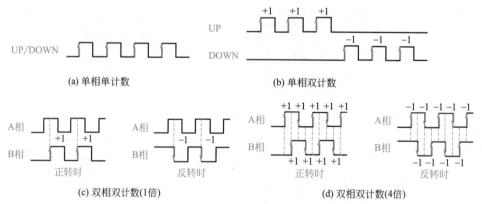

(a) 单相单计数　　　　　　　　(b) 单相双计数

(c) 双相双计数(1倍)　　　　　　(d) 双相双计数(4倍)

图8-91　高速计数器的种类

（3）例说单相单计数高速计数器

C235 ～ C240 为无启动 / 复位输入端的单相单计数高速计数器，可用 M8235 ～ M8240 来设置计数方向，为"ON"时为减计数，为"OFF"时为增计数。C235 ～ C240 只能用 RST 指令来复位。C241 ～ C245 为带启动 / 复位输入端的单相单计数高速计数器，可用 M8241 ～ M8245 来设置计数方向，为"ON"时为减计数，为"OFF"时为增计数。C241 ～ C245 可以通过外部输入端子复位。

如表 8-67 所示，以 C244 为例，计数脉冲来自输入端子 X0，当计数条件满足且 X0 有脉冲输入时，开始计数。令 M8244=ON 时为减计数，反之为增计数。利用输入端子 X1 可以将其复位，输入端子 X6 可以将其启动。它们的复位和启动与扫描工作方式无关，其作用是立即的和直接的。

程序说明

如图 8-92（a）所示，C235 为无启动和复位输入端的单相单计数高速计数器，需要在程序中控制复位。

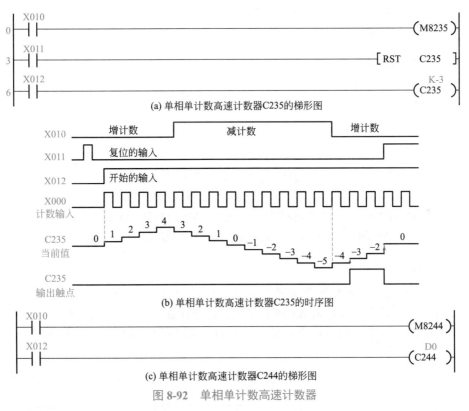

(a) 单相单计数高速计数器C235的梯形图

(b) 单相单计数高速计数器C235的时序图

(c) 单相单计数高速计数器C244的梯形图

图 8-92　单相单计数高速计数器

① 当 X11 闭合时，计数器被复位，计数器当前值清零。X10 用来控制增计数或减计数，X10 闭合即 M8235 为"ON"时为减计数器，X10 断开即 M8235 为"OFF"时为增计数器。

② 当开关X12闭合时开始计数，当脉冲输入端X0每来一个上升沿，如果M8235为"ON"，计数器的当前值就减 1。如果 M8235 为"OFF"，当脉冲输入端 X0 每来一个上升沿，计数器的当前值就增 1。

③ 当当前值由"-4"增加到"-3"时，计数器 C235 的输出触点变为 1。

从图 8-92（b）所示时序图来看：

① 当 X11 第一次闭合时，计数器被复位，计数器的当前值为 0。

② X11 断开且 X12 闭合后开始计数，X0 断开使 M8235 为 "OFF"，计数器为增计数器。当 X0 迎来第四个上升沿时，M8235 变为 "ON"，计数器变为减计数器。

③ 当计数器的当前值减为 -5 时，M8235 为 "OFF"，计数器为增计数器，在计数器当前值由 "-4" 增加到 "-3" 时，计数器 C235 的输出触点变为 1，计数器当前值继续增加。

④ 当 X11 第二次闭合时，计数器 C235 清零，计数器的当前值变为 0，输出触点也变为 0。

如图 8-91（c）所示，C244 为有启动和复位的单相单计数高速计数器，不需要在程序中控制复位。

① 当 X1 闭合时，计数器被复位，计数器当前值清零。X10 用来控制增计数或减计数，X10 闭合即 M8244 为 "ON" 时为减计数器，X10 断开即 M8244 为 "OFF" 时为增计数器。

② 当开关 X12 闭合并且启动端子 X6 为 "ON" 时开始计数，当脉冲输入端 X0 每迎来一个上升沿，如果 M8244 为 "ON"，计数器的当前值就减 1。如果 M8244 为 "OFF"，当脉冲输入端 X0 每迎来一个上升沿，计数器的当前值就增 1。

③ 设定值是间接指定的数据寄存器（D1，D0）的内容，如果其内容为 "-3"，则当当前值由 "-4" 增加到 "-3" 时，计数器 C244 的输出触点变为 1。

重要提示

通过控制 M8235 ～ M8245 的 ON/OFF，使计数器 C235 ～ C245 在减 / 增计数之间变化。

（4）例说单相双计数高速计数器

C246 ～ C250 为单相双计数高速计数器，有一个增计数输入端和一个减计数输入端。

如表 8-67 所示，以 C249 为例，其增、减计数输入端分别是 X0 和 X1，当计数器的线圈通电时，在 X0 的上升沿，计数器的当前值加 1，M8249 为 "OFF"。在 X1 的上升沿，计数器的当前值减 1，M8249 为 "ON"。复位端为 X2，启动输入端为 X6。

程序说明

① 从图 8-93（a）所示梯形图来看，对于 C246，当 X12 闭合时，启动计数器，若输入 X0 迎来脉冲，为增计数，若输入 X1 迎来脉冲，为减计数。当 X11 闭合时，计数器被复位，计数器当前值清零。C246 的设定值是间接指定的数据寄存器（D3，D2）的内容。

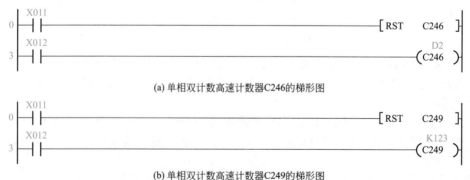

(a) 单相双计数高速计数器C246的梯形图

(b) 单相双计数高速计数器C249的梯形图

图 8-93 单相双计数高速计数器

② 从图 8-93（b）所示梯形图来看，对于 C249，当 X12 闭合且输入 X6 闭合时，若输入 X0 迎来脉冲，为增计数，若输入 X1 迎来脉冲，为减计数。当 X11 闭合时，计数器被复位，计数器当前值清零。当 X2（X2 为 C249 的外部复位输入端子）闭合时计数器也会被立即复位，因此，此段复位程序可以省略。

重要提示

通过观察 M8246 ～ M8250 的 ON/OFF，可以监控计数器 C246 ～ C250 在减 / 增计数之间变化。

（5）例说 A、B 双相双计数高速计数器

C251 ～ C255 为 A、B 双相双计数高速计数器，它们有两个计数输入端。

如表 8-67 所示，以 C254 为例，其 A、B 计数输入端分别是 X0（A 相）和 X1（B 相），当计数条件满足且 A 相脉冲超前 B 相时，为增计数，反之为减计数。复位端为 X2，启动输入端为 X6。通过 M8254 可监视 C254 的增 / 减计数状态，增计数时 M8254 为 "OFF"，减计数时 M8254 为 "ON"。

程序说明

① 从图 8-94（a）所示梯形图来看，对于 C251 计数器，当 X12 闭合时，C251 通过中断对输入 X0（A 相）、X1（B 相）的动作进行计数。当 X11 闭合时，计数器被复位，计数器当前值清零。当前值超出设定值时，C251 常开触点闭合使 Y2 为 "ON"，在设定值以下范围内变化时为 "OFF"。Y3 根据计数方向而 "ON"（减）、"OFF"（增）。

② 从图 8-94（b）所示梯形图来看，对于 C254 计数器，当 X12 闭合且输入 X6 闭合时，开始计数。计数的输入为 X0（A 相）、X1（B 相）。闭合 X2 可以复位计数器。当前值超出设定值（D1、D0）时，C254 常开触点闭合使 Y4 为 "ON"，在设定值以下范围内变化时为 "OFF"。Y5 根据计数方向而 "ON"（减）、"OFF"（增）。

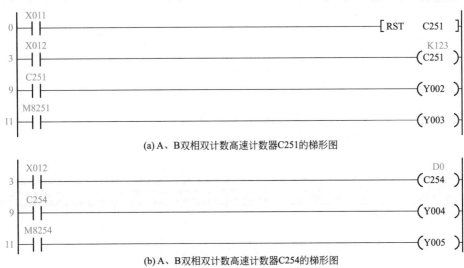

(a) A、B 双相双计数高速计数器 C251 的梯形图

(b) A、B 双相双计数高速计数器 C254 的梯形图

图 8-94　A、B 双相双计数高速计数器

重要提示

　　通过 M8251 ～ M8255 的 ON/OFF，可以监控计数器 C251 ～ C255 在减 / 增计数之间变化。

　　（6）高速计数器的切换
　　① 功能切换　　高速计数器的功能切换用特殊寄存器如表 8-68 所示。

表 8-68　高速计数器的功能切换用特殊寄存器

软元件	名称	功能
M8388	高速计数器的功能变更用触点	高速计数器的功能变更用触点
M8389	功能切换软元件	外部复位输入的逻辑切换
M8390		C244 用功能切换软元件
M8391		C245 用功能切换软元件
M8392		C248、C253 用功能切换软元件
M8198		C251、C252、C254 用的 1 倍 /4 倍的切换软元件
M8199		C253、C255、C253（OP）用的 1 倍 /4 倍的切换软元件

　　a. 高速计数器的 C241 ～ C245、C247 ～ C250 和 C252 ～ C255 的外部复位输入，通常在 "ON" 的时候复位。可以通过编写程序，使逻辑反转，也就是可以改为当输入为 "OFF" 的时候复位。外部复位输入信号的逻辑反转以后，C253 会变为软件计数器。切换示例如表 8-69 所示。

表 8-69　逻辑反转示例

高速计数器编号	梯形图示例	变化的内容
C241 ～ C245 C247 ～ C250 C252 ～ C255	M8388 ⊣⊢——(M8389) (K○○○) ⊣⊢——(C2□□)	将外部复位输入的逻辑反转，也就是在 "OFF" 的时候复位（对象的计数器编号所有的逻辑都反转）

　　b. 软件计数器 C244、C245、C248 和 C253 可以通过和特殊辅助继电器组合使用，使输入端子的分配和功能产生变化。切换示例如表 8-70 所示。

表 8-70　输入端子和功能切换示例

计数器编号	梯形图示例	变化的内容
C244（OP）	M8388 ⊣⊢——(M8390) (K○○○) ⊣⊢——(C244)	计数输入从 X0 变为 X6。 没有复位输入。 没有启动输入。 作为硬件计数器动作

续表

计数器编号	梯形图示例	变化的内容
C245（OP）	M8388 —[M8391]— K○○○ —[C245]—	计数输入从 X2 变为 X7。 没有复位输入。 没有启动输入。 作为硬件计数器动作
C248（OP）	M8388 —[M8392]— K○○○ —[C248]—	没有复位输入。 作为硬件计数器动作
C253（OP）	M8388 —[M8392]— K○○○ —[C253]—	没有复位输入。 作为软件计数器动作

注：计数器 C244 功能转换后用 C244（OP）表示，但在程序输入时，不能输入 OP。

② 硬件计数器和软件计数器的切换　硬件计数器就是通过硬件进行计数，根据使用条件，也可以切换成软件计数器。软件计数器是通过 CPU 的中断处理进行计数，需要在最大响应频率和综合频率的两个限制条件下使用。对应的特殊寄存器如表 8-71 所示。

表 8-71　硬件 / 软件计数器切换的特殊寄存器

软元件	切换内容	ON	OFF
M8380	C235、C241、C244、C246、C247、C249、C251、C252、C254		
M8381	C236		
M8382	C237、C242、C245		
M8383	C238、C248、C248（OP）、C250、C253、C255	软件计数器	硬件计数器
M8384	C239、C243		
M8385	C240		
M8386	C244		
M8387	C245		

8.15.2　高速计数器的相关指令

高速计数器相关指令的指令格式及功能如表 8-72 所示。

表 8-72 高速计数器相关指令的指令格式及功能

功能号	指令名称	助记符	梯形图	功能	操作数
53	比较置位指令	DHSCS	HSCS S1 S2 D	当 S2 中的当前值,等于预设值(S1+1,S1)时,位软元件 D 被置位(ON),与运算周期无关	S1:KnX、KnY、KnM、KnS、T、C、D、R、Z、K、H S2:C D:Y、M、S、D □ .b、P
54	比较复位指令	DHSCR	HSCR S1 S2 D	当 S2 中的当前值,等于预设值(S1+1,S1)时,位软元件 D 被复位(OFF)	S1:KnX、KnY、KnM、KnS、T、C、D、R、Z、K、H S2:C D:Y、M、S、D □ .b、C
55	区间比较指令	DHSZ	HSZ S1 S2 S D	将 S 中的当前值和(S1+1,S1)、(S2+1,S2)进行区间比较,根据比较结果将 D、D+1、D+2 中的一个置"ON"	S1、S2:KnX、KnY、KnM、KnS、T、C、D、R、Z、K、H S:C D:Y、M、S\D □ .b
56	脉冲密度指令	SPD DSPD	SPD S1 S2 D	只在〔S2〕×1ms 时间内对输入 S1 的脉冲进行计数,测量值保存到 D,当前值保存到 D+1,剩余时间(ms)保存到 D+2 中	S1:X S2:KnX、KnY、KnM、KnS、T、C、D、R、V、Z、K、H D:T、C、D、R、V、Z

8.16 高速脉冲输出指令

8.16.1 高速脉冲输出指令和特殊存储器

（1）指令格式及功能

高速脉冲输出指令的指令格式及功能如表 8-73 所示。

表 8-73 高速脉冲输出指令的指令格式及功能

功能号	指令名称	助记符	梯形图	功能	操作元件
57	脉冲输出指令	PLSY DPLSY	PLSY S1 S2 D	从输出 D 中输出 S2 个频率为 S1 的脉冲串	S1、S2:KnX、KnY、KnM、KnS、T、C、D、R、V、Z、K、H D:Y

注：M8029 为指令执行结束的标志位。ON 表示指定的脉冲数的发生结束。OFF 表示不到指定脉冲量时的中断以及停止发出连续脉冲时。

重要提示

① 16 位 PLSY 指令

a. 最高脉冲频率 S1 设定范围：1 ~ 32767Hz。

b. 脉冲数 S2 设定范围：1 ~ 32767PLS。

c. 脉冲输出信号允许设定范围：Y0、Y1。

② 32 位 DPLSY 指令

a. 最高脉冲频率（S1+1，S1）设定范围：使用高速输出特殊适配器时，允许设定范围为 1 ~ 200000Hz，在使用可编程控制器基本单元时，允许设定范围为 1 ~ 100000Hz。

b. 脉冲数（S2+1，S2）设定范围：1 ~ 2, 147, 483, 647PLS。

c. 脉冲输出信号允许设定范围：Y0、Y1。

（2）高速脉冲输出特殊存储器

高速脉冲输出脉冲数的当前值监控如表 8-74 所示。

表 8-74　高速脉冲输出脉冲数的当前值监控

软元件		内容	指令名称
高位	低位		
D8141	D8140	Y0 的输出脉冲数累计	使用 PLSY 指令，PLSR 指令从 Y0 输出的脉冲数的累计
D8143	D8142	Y1 的输出脉冲数累计	使用 PLSY 指令，PLSR 指令从 Y1 输出的脉冲数的累计
D8137	D8136	Y0、Y1 输出脉冲数的合计累计数	使用 PLSY 指令，PLSR 指令从 Y0 和 Y1 输出的脉冲数的合计累计

高速脉冲输出停止控制如表 8-75 所示。

表 8-75　高速脉冲输出停止控制

软元件		内容
FX3S、FX3G、FX3GC	FX3U、FX3UC	
M8145、M8349	M8349	停止 Y0 脉冲输出（即刻停止）
M8146、M8359	M8359	停止 Y1 脉冲输出（即刻停止）

重要提示

特殊辅助继电器（M）置 1 后，脉冲输出会停止，如果需要再次输出脉冲时，可将特殊辅助继电器置 0，再执行脉冲输出指令。

（3）例说PLSY指令

用PLSY指令法实现从Y0输出频率为2Hz的脉冲。脉冲个数为30，脉冲输出完成后，令Y1得电。

PLSY指令梯形图见图8-95。

图8-95　PLSY指令梯形图

从Y0输出频率为2Hz的PTO脉冲。脉冲个数为30，脉冲输出完成后，指令执行结束的标志位M8029为"ON"，线圈Y1得电。

8.16.2 带加减速脉冲输出指令

（1）指令格式及功能

带加减速脉冲输出指令的指令格式及功能如表8-76所示。

表8-76　带加减速脉冲输出指令的指令格式及功能

功能号	指令名称	助记符	梯形图	功能	操作数
59	带加减速脉冲输出指令	PLSR DPLSR	PLSR | S1 | S2 | S3 | D	从D输出脉冲，最高频率为S1，输出脉冲数为S2，执行S3（ms）的加减速	S1、S2：KnX、KnY、KnM、KnS、T、C、D、R、V、Z、K、H。D：Y

注：M8029为指令执行结束标志位。OFF表示指令输入为"OFF"或脉冲输出过程中（在输出脉冲中途中断时，不置"ON"）。ON表示S2或（S2+1，S2）中设定的脉冲数的输出结束。

重要提示

带加减速的脉冲输出的形式如图8-96所示。

① 16位PLSR指令

a.最高脉冲频率S1设定范围：10～32767Hz。

b.脉冲数S2设定范围：1～32767PLS。

c.加减速时间S3允许设定范围：50～5000ms。

d.脉冲输出信号允许设定范围：Y0、Y1。

② 32位DPLSR指令

a.最高脉冲频率（S1+1，S1）设定范围：使用高速输出特殊适配器时，允许设定范围为10～200000Hz；在使用可编程控制器基本单元时，允许设定范围为10～100000Hz。

b.脉冲数（S2+1，S2）设定范围：1～2147483647PLS。

c.加减速时间（S3+1，S3）允许设定范围：50～5000ms。

d.脉冲输出信号允许设定范围：Y0、Y1。

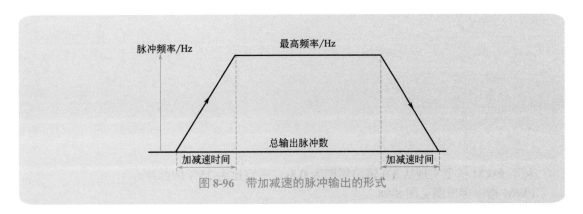

图 8-96 带加减速的脉冲输出的形式

其高速脉冲输出脉冲数的当前值监控如表 8-74 所示。高速脉冲输出停止控制如表 8-75 所示。

（2）例说PLSR指令

PLSR 指令梯形图见图 8-97。

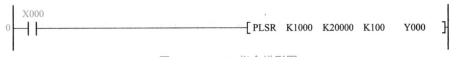

图 8-97 PLSR 指令梯形图

程序说明

当 X0 接通时，在 Y0 输出频率为 1000Hz、加减速时间为 100ms 的脉冲共 20000 个。

8.16.3 脉宽调制指令

（1）指令格式及功能

脉宽调制指令的指令格式及功能如表 8-77 所示。

表 8-77 脉宽调制指令的指令格式及功能

功能号	指令名称	助记符	梯形图	功能	操作数
58	脉宽调制指令	PWM	PWM S1 S2 D	在 D 中输出周期为 S2（ms）、脉冲宽度为 S1（ms）的脉冲	S1、S2：KnX、KnY、KnM、KnS、T、C、D、R、V、Z、K、H。D：Y

注：脉冲输出过程中监控（BUSY/READY）的标志位置"ON"时，不能执行使用了相同输出的脉冲输出指令和定位指令。当脉冲输出监控的标志位为"OFF"后，经过 1 个扫描周期以上后再次执行指令。输出软元件和监控标志的对应关系为Y0（M8340）、Y1（M8350）、Y2（M8360）、Y3（M8370）。

重要提示

① 晶体管输出型 PLC
a. 对于晶体管输出型输出为 Y0、Y1、Y2
b. 脉冲宽度 S1 设定范围：0 ～ 32767ms。

c. 周期 S2 设定范围: 0 ~ 32767ms。

② 高速输出特殊适配器

a. 高速输出特殊适配器输出为 Y0、Y1、Y2、Y3。

b. 脉冲宽度 S1 设定范围: 0 ~ 32767ms。

c. 周期 S2 设定范围: 0 ~ 32767ms。

（2）例说 PWM 指令

利用 PWM 指令实现从 Y0 输出周期为 0.8s、占空比为 25% 的脉冲。

PWM 指令梯形图见图 8-98。

图 8-98　PWM 指令梯形图

程序说明

如图 8-98 所示，接通 X0，从 Y0 持续输出周期为 0.8s、脉宽为 0.2s 的脉冲。

第 9 章 三菱 FX3U PLC 控制系统设计

9.1 PLC 控制系统设计的步骤

（1）系统设计与方案制定

分析需要控制的设备或系统，根据主要的控制功能大致确定一个初步的控制方案，然后再完善细节。

将所有的输入输出控制列表，需要监控、显示的部分等功能全部列出，与现场工程技术人员、工程管理者共同确立一个控制系统整体方案。

（2）I/O 赋值（分配输入输出）

将需要控制的设备或系统的输入、输出信号与 PLC 的输入编号相对应。根据需要的 I/O 点数，选择合适的 PLC 机型和考虑是否需要扩展。一般需要保留 10% 的余量，以保证设备的生产和技术发展的需求。另外还要考虑到存储容量、质量执行速度和执行精度的要求，尽量选择大品牌的产品。

（3）设计控制原理图

首先设计出较完整的控制草图，然后通过分配的 I/O 端子与各输入输出执行元件对应，编写控制程序。同时，在达到控制目的的前提下尽量简化程序。

（4）程序写入 PLC，安装硬件

将程序写入可编程控制器，先进行仿真测试，这样可以在不受外界条件影响的情况下找出一些错误，更好地保证程序质量。然后，根据总体的控制要求安装硬件电路、布线、调试。

（5）编辑调试，修改程序

将编辑好的程序下载到 PLC 中，然后进行联机调试。调试时可以将各个控制系统分成功能块插入结束符，进行逐块调试，最后进行联机调试。调试过程中如果有什么不合适的地方，要及时进行程序和硬件的调整。调试完成后书写产品使用说明书等相应的技术文件，为后续现场操作提供技术指导。

（6）监视运行情况

在监视方式下，监视控制程序的每个动作是否正确，如不正确返回步骤（5），重新调试修改程序。为了减少后期维护和调整的工作量，应该备份自己的程序，并添加必要的注释。

9.2 PLC 系统控制程序设计的一般方法

PLC 的控制作用是靠执行用户程序实现的，程序编制就是通过特定的语言将控制要求描述出来的过程。梯形图程序设计是 PLC 应用中最关键的环节。

PLC 用户程序是用户根据被控对象工艺过程的控制要求和现场信号，利用 PLC 厂家提供的程序编制语言编写的应用程序。程序设计的一般方法有很多，包括经验设计法、逻辑设计法、移植设计法等。

9.2.1 经验设计法

（1）经验设计法

经验设计法沿用了设计继电器电路图的方法，应用已有的典型梯形图，根据被控对象对控制的要求，经过反复的调试和修改，不断地增加中间编程元件和触点，最后得到一个较为满意的梯形图。这种设计方法没有规律可循，设计所用时间和设计质量与设计者的经验有很大关系。经验设计法主要用于简单的梯形图设计，其设计步骤如下。

① 准确了解系统的控制要求，合理确定输入输出端子。

② 根据输入输出关系，表达出程序的关键点。关键点的表达往往通过一些典型的环节，如启保停电路、互锁电路、延时电路等。需要强调的是，这些典型电路是掌握经验设计法的基础。

③ 在完成关键点的基础上，针对系统的最终输出进行梯形图程序的编制，即初步绘出草图。

④ 检查完善梯形图程序。在草图的基础上，按梯形图的编制原则检查梯形图，补充遗漏功能，更改错误，合理优化，从而达到最佳的控制要求。

（2）经验设计法举例

① 控制要求　按下启动按钮，电机 1 启动，然后每隔 2s "电机 2 → 电机 3" 顺序启动；按下停止按钮，电机停止运行。

② 元件说明　根据输入输出设备确定 I/O 分配表，如表 9-1 所示。

表 9-1　I/O 分配表

PLC 元件	控制说明
X0	启动按钮，按下时，X0 的状态由 OFF → ON
X1	停止按钮，按下时，X1 的状态由 OFF → ON
Y0	电机 1
Y1	电机 2
Y2	电机 3

③ 经验设计分析　由电机顺序启动的工作过程可知，首先应该构造启保停电路，使松开启动按钮时，系统能照常工作。又因为启动完一台电机后，每隔 2s 启动另一台电机，所以用 2 个定时器，分别定时 2s、4s。用定时器常开触点控制电机。其控制程序如图 9-1 所示。

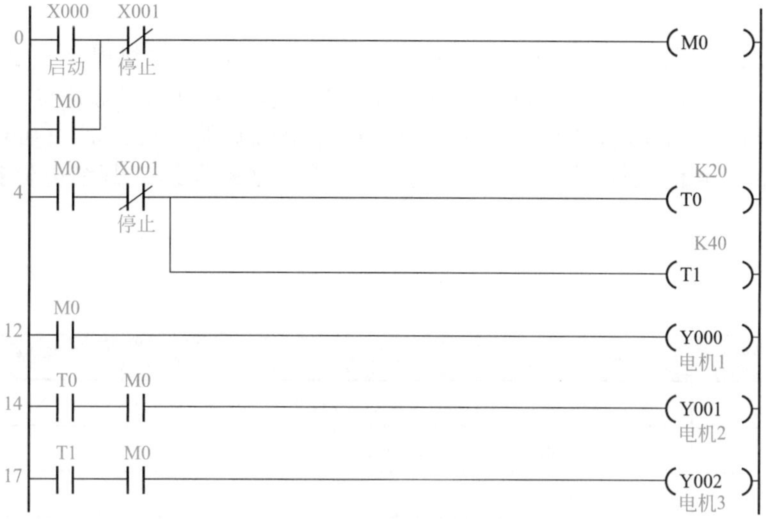

图 9-1　控制程序

程序说明

　　a. 常开触点 X0 闭合，线圈 M0 得电自锁，M0 常开触点闭合，T0、T1 开始计时，Y0 得电，电机 1 启动。

　　b. 当 T0 定时时间 2s 到时，T0 常开触点闭合，线圈 Y1 得电，电机 2 启动。

　　c. 当 T1 定时时间 4s 到时，T1 常开触点闭合，线圈 Y2 得电，电机 3 启动。

　　d. 按下停止按钮 X1，M0 失电，其常开触点断开，三台电机停止运转，定时器清零。

9.2.2　移植设计法

（1）移植设计法

　　在前面西门子 PLC 编程中已经介绍过移植设计法，下面来看此法在三菱 PLC 中的应用。继电器电路符号与梯形图电路符号对应情况如表 9-2 所示。

表 9-2　继电器电路符号与梯形图电路符号对应关系

梯形图电路			继电器电路	
软元件	梯形图符号	地址	元器件	符号
常开触点	─┤├─	X、Y、M、T、C	按钮、接触器常开触点、时间继电器、中间继电器常开触点	
常闭触点	─┤/├─	X、Y、M、T、C	按钮、接触器常闭触点、时间继电器或中间继电器常闭触点	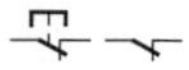
线圈	─( )─	Y、M	接触器线圈、中间继电器线圈	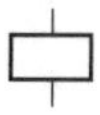
定时器	Km ─(Tn)─	T	时间继电器	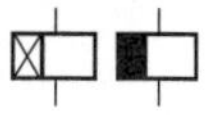

（2）移植设计法举例

① 控制要求　设计一个三相异步电机星-三角降压启动控制程序，要求合上电源刀开关，按下启动按钮 SB1 后，线圈 KM1 和 KM3 得电，电机以星形连接启动，开始转动 5s 后，KM3 断电，星形启动结束。为了有效防止电弧短路，要延时 300ms 后，KM2 接触器线圈得电，电机按照三角形连接转动。不考虑过载保护，其继电器控制线路图如图 9-2（a）所示。

② 元件说明　元件说明见表 9-3。

表 9-3　元件说明

PLC 软元件	控制说明
X0	停止按钮 SB1，按下时，X0 状态由 OFF → ON
X1	启动按钮 SB2，按下时，X1 状态由 OFF → ON
Y0	主交流接触器 KM1
Y1	星形连接接触器 KM3
Y2	三角形连接接触器 KM2

③ 绘制外部接线图　PLC 的外部接线图如图 9-2（b）所示。

④ 绘制梯形图　梯形图见图 9-2（c）。

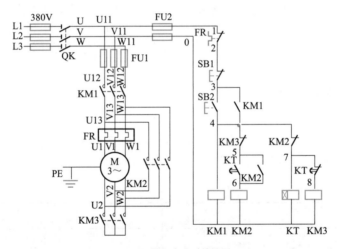

(a) 星-三角启动线路图

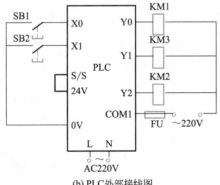

(b) PLC外部接线图

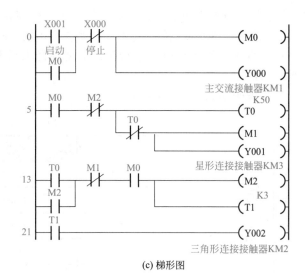

(c) 梯形图

图 9-2 星 - 三角启动继电器和梯形图对照

程序说明

a. 按下启动按钮 X1，M0 得电自锁，Y0、Y1 得电，电机在星形连接下启动。同时，定时器 T0 开始定时。

b. 当 T0 计时 5s 后，T0 常闭触点断开，使 M1 和 Y1 线圈失电，T0 常开触点和 M1 常闭触点闭合，使线圈 M2 得电，同时复位 T0，T1 开始定时。

c. T1 定时 300ms 后，线圈 Y2 得电，电机接成三角形运行。星形启动结束后，为防止电弧短路，需要延时接通 KM2，定时器 T1 起延时 300ms 的作用。

d. 按下停止按钮 X0，M0 失电，从而使 Y0 和 Y2 失电，电机停转。

9.2.3 逻辑设计法

（1）逻辑设计法

逻辑设计法就是应用逻辑代数以逻辑组合的方法和形式设计程序。逻辑设计法的理论基础是逻辑函数，逻辑函数就是逻辑运算与、或、非的逻辑组合。因此，从本质上来说，PLC 梯形图程序就是与、或、非的逻辑组合，也可以用逻辑函数表达式来表示。

逻辑设计法步骤如下：

① 通过分析控制要求，明确控制任务和控制内容。

② 确定 PLC 的软元件（输入信号、输出信号、辅助继电器 M 和定时器 T），画出 PLC 的外部接线图。

③ 将控制任务、要求转换为逻辑函数（线圈）和逻辑变量（触点），分析触点与线圈的逻辑关系，列出真值表。

④ 写出逻辑函数表达式。

⑤ 根据逻辑函数表达式画出梯形图。

⑥ 优化梯形图。

（2）逻辑设计法举例

① 控制要求　在一个小型煤矿的通风口，由 4 台电机驱动 4 台风机运转。为了保证矿井内部的氧气浓度和瓦斯浓度在正常的范围内，设计过程中要求至少 3 台电机同时运行。因

此用绿、黄、红三色的指示灯对电机的运行状态进行指示，保证安全状态。当3台及3台以上的电机运行时，表示通风系统通风良好，绿灯亮；当2台电机运行时，表示通风状况不佳，需要处理，黄灯亮；当少于等于1台电机运转时，需要疏散人员和排除故障，红灯亮。其PLC接线情况如图9-3所示。

② 元件说明　元件说明如表9-4所示。

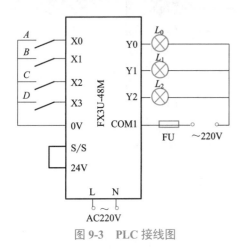

图9-3　PLC接线图

表9-4　元件说明

PLC 软元件	控制说明
X0	A 电机运行状态检测传感器
X1	B 电机运行状态检测传感器
X2	C 电机运行状态检测传感器
X3	D 电机运行状态检测传感器
Y0	绿灯 L_0
Y1	黄灯 L_1
Y2	红灯 L_2

③ 控制程序　控制程序见图9-4。

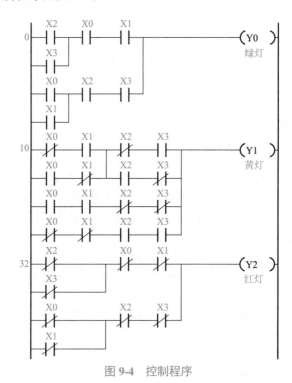

图9-4　控制程序

程序说明

a. 根据控制要求，最简的逻辑函数表达式为：

$$L_0 = AB(C+D) + CD(A+B)$$

$$L_1=(\overline{A}B+A\overline{B})(\overline{C}D+C\overline{D})+AB\overline{C}\,\overline{D}+\overline{A}\,\overline{B}CD$$
$$L_2=\overline{A}\,\overline{B}(\overline{C}+\overline{D})+\overline{C}\,\overline{D}(\overline{A}+\overline{B})$$

b. 根据逻辑函数表达式画出梯形图，得到图 9-4 所示的梯形图。其中，逻辑函数式中的原变量对应常开触点，反变量对应常闭触点。

9.3　顺序功能图设计法

9.3.1　顺序功能图的绘制

以液压滑台的控制为例，如图 9-5（a）所示，通过控制电磁阀 YV1 ～ YV3 将液压滑台的整个运行过程分为原位、快进、工进、快退四个工作状态，各个状态下电磁阀 YV1 ～ YV3 的得电时序图如图 9-5（b）所示。假设启动按钮 SB 接 X0，行程开关 SQ1 ～ SQ3 分别接 X1 ～ X3，液压元件 YV1 ～ YV3 分别由 Y0 ～ Y2 驱动，则其顺序功能图如图 9-5（c）所示。

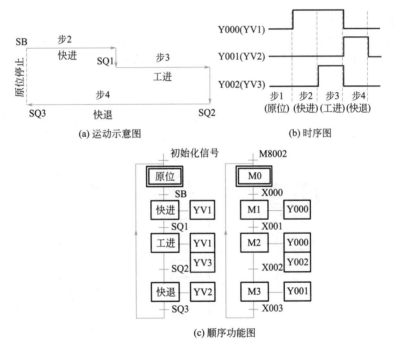

图 9-5　液压滑台的顺序功能图

顺序功能图主要由步（状态）、与步对应的动作、有向连线、转换和转换条件组成。

① 步（状态）：步在控制系统中对应于一个稳定的状态。如图 9-5（c）所示，将液压滑台整个运行过程分为原位、快进、工进、快退四个工步，其中，步 1（原位，Y0、Y1、Y2 全为 0）、步 2（快进，Y0 为 1）……，与此对应的编程元件分别为 M0、M1……

② 初始步：初始步对应于控制系统的初始状态，用双线框表示。图 9-5（c）中的 M0 为初始步。

③ 动作：动作用与相应的步相连的矩形框中的文字或符号表示。如图 9-5（c）所示，快进的动作是"YV1（Y0）"，工进的动作是"YV1（Y0）和YV3（Y2）"。

④ 有向连线：在顺序功能图中，从某一步转入下一步，其转换方向习惯上是从上到下或从左至右，如果不是上述的方向，应在有向连线上用箭头注明进展方向。图 9-5（c）中从下到上的有向连线需要标上箭头。

⑤ 转换：转换是用有向连线上与有向连线垂直的短线来表示的，如图 9-5（c）所示。

⑥ 转换条件：转换条件可以是外部的输入信号，如按钮、指令开关、限位开关的接通或断开等，也可以是 PLC 内部产生的信号，如定时器、计数器常开触点的接通等，还可以是若干个信号的与、或、非逻辑组合。如图 9-5（c）中的 SB（X0）、SQ1（X1）、SQ2（X2）、SQ3（X3）就是相邻两个步之间的转换条件。

9.3.2　顺序功能图的特殊结构

（1）跳步

在生产过程中，有时要求在一定条件下停止执行某些原定动作，可用图 9-6（a）所示的跳步序列。这是一种特殊的选择序列，当步 1 为活动步时，若转换条件 f 成立，b 不成立时，则步 2、3 不被激活而直接转入步 4。

（2）重复

在一定条件下，生产过程需重复执行某几个工步的动作，可按图 9-6（b）绘制顺序功能图。它也是一种特殊的选择序列，当步 4 为活动步时，若转换条件 e 不成立而 h 成立时，序列返回步 3，重复执行步 3、4，直到转换条件 e 成立才转入步 7。

（3）循环

在序列结束后，用重复的办法直接返回初始步，就形成了系统的循环，如图 9-6（c）所示。一般顺序功能图都是循环的，表示顺控系统是多次重复同一工作过程。

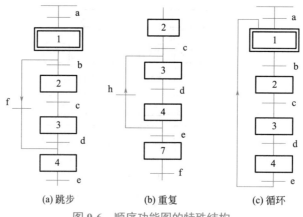

图 9-6　顺序功能图的特殊结构

（4）顺序功能图的特殊结构举例

如图 9-7 所示的顺序功能图，M8002 为初始化脉冲，在顺序功能图中，只有当某一步的前级步是活动步时，该步才有可能变成活动步。如果用没有断电保持功能的编程元件代表各步，当进入"RUN"工作方式时，它们均处于"OFF"状态，必须用初始化脉冲 M8002 的常开触点作为转换条件，将初始步预置为活动步，否则因为顺序功能图中没有活动步，系统将无法工作。

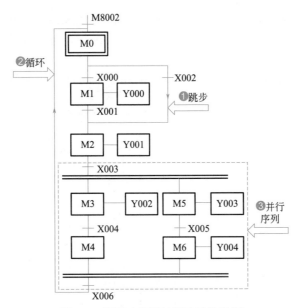

图 9-7 顺序功能图的特殊结构举例

图 9-7 中，❶ 处为跳步，当 X2 为 1 的时候，程序跳过 M1 直接执行 M2，并置位 Y1。❷ 处为循环，当程序执行到最后且 X6 位为 1 的时候，程序返回初始步，重新开始执行。❸ 处为并行序列，当程序执行到 M2 且 X3 为 1 的时候，程序并行将 M3、M5 置位。

9.3.3 顺序功能图转梯形图的方法

顺序功能图完整地表现了控制系统的控制过程、各个步的功能、步与步转换的顺序和条件。它可以表示任意顺序过程，是 PLC 程序设计中很方便的工具。但中小型 PLC 一般不具有直接输入功能流程图的能力，因而必须人工转化为梯形图或语句表，然后下载到 PLC 执行。

（1）使用启保停电路的编程方式

如图 9-8 所示，当 M0 为活动步且 X0 按下时，M1 得电并自锁，即 M1 变为活动步。而当 M2 变为活动步时，要将 M1 关闭，所以 M2 的常闭触点串联在 M1 的电路中。

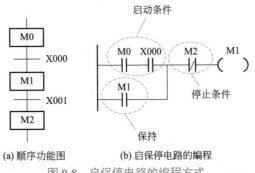

(a) 顺序功能图　　(b) 启保停电路的编程

图 9-8 启保停电路的编程方式

① 单序列的编程方法　功能流程图的单序列结构形式简单，每一步后面只有一个转换，每个转换后面只有一步。各个工步按顺序执行，上一工步执行结束，转换条件成立，立即开通下一工步，同时关断上一工步。

单序列顺序功能图及对应的梯形图如图9-9所示。M8002在PLC进入"RUN"工作方式时，接通一个扫描周期，使M0为活动步。当M0为活动步时且X0按下时，M1变为活动步，同时关断M0，其余以此类推。

当M3为活动步时且X3按下时，M0变为活动步，同时关断M3。所以M0的常闭触点串联在M3的电路中。

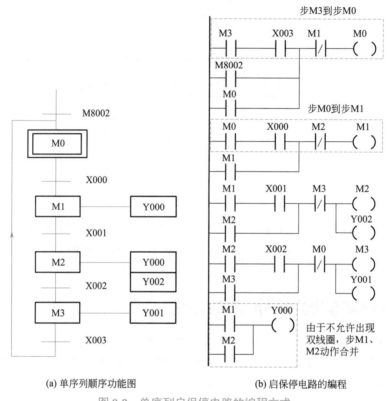

(a) 单序列顺序功能图   (b) 启保停电路的编程

图9-9 单序列启保停电路的编程方式

② 选择序列的编程方法 选择序列包含选择分支开始和选择分支结束两种形式。选择序列分支是指一个前级步后面紧接着若干个后续步可供选择，各分支都有各自的转换条件，且转换条件的短线在各自分支中。选择序列合并是指几个选择分支在各自的转换条件成立时转换到一个公共步上。

a. 选择序列分支编程。如果某一步的后面有一个由 N 条分支组成的选择序列，该步可能转换到不同的 N 步去；将 N 个后续步的存储位的常闭触点与该步的线圈串联，作为该步的停止条件。在图9-10中，步M0的后面有一个由2条分支组成的选择序列，则M0和X0的串联作为M1的启动条件，M0和X3的串联作为M3的启动条件，而后续步M1和M3的常闭触点与M0的线圈串联，作为M0的停止条件。

b. 选择序列合并编程。如果某一步之前有 N 个转换，代表该步的启动条件由 N 条支路并联而成，各支路由某一前级步对应的存储器位的常开触点与相应的转换条件对应的触点或电路并联而成。在图9-10中，步M5之前有2个转换，则M2串联X2和M4串联X5相并联作为M5的启动条件，M5的常闭触点分别与M2和M4的线圈串联，作为M2和M4的停止条件。

③ 并行序列的编程方法 并行序列包含并行序列分支和并行序列合并两种。并行序列

分支是指当转换条件实现后，同时使多个后续步激活。为了强调转换的同步实现，水平连线用双线表示。并行序列合并是指当多个前级步都为活动步且转换条件成立时，激活后续步，同时关断多个前级步，水平连线也用双线表示。

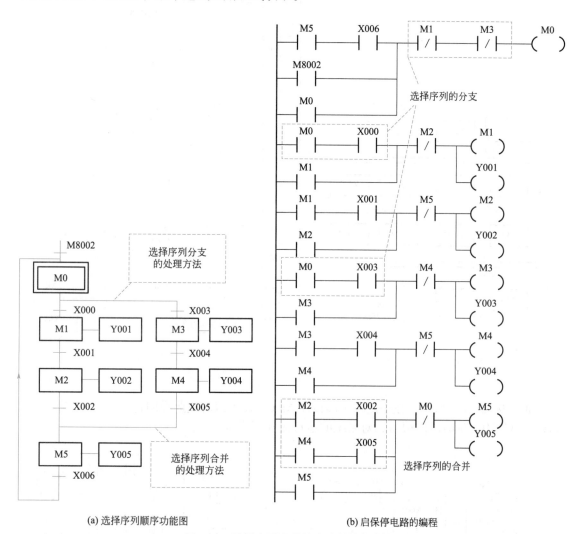

(a) 选择序列顺序功能图　　　　(b) 启保停电路的编程

图 9-10　选择序列启保停电路的编程方式

　　a. 并行序列分支编程。并行序列是同时变为活动步的，因此，只需将并行序列中某条或全部分支的常闭触点与该前级步线圈串联，作为该步的停止条件。在图 9-11 中，步 M0 的后面有一个由 2 条分支组成的并行序列，则 M0 和 X0 的串联作为 M1 和 M3 的启动条件，而后续步 M1 和 M3 常闭触点与 M0 的线圈串联，作为 M0 的停止条件。

　　b. 并行序列合并编程。所有的前级步都是活动步且转换条件得到满足时，并行序列合并。将并行序列中所有前级步的常开触点与转换条件串联，作为激活下一步的条件。在图 9-11 中，步 M5 之前有 2 个分支，则 M2、M4、X3 的串联作为 M5 的启动条件，M5 的常闭触点分别与 M2 和 M4 的线圈串联，作为 M2 和 M4 的停止条件。

　　④ 仅有两小步的小闭环的处理　图 9-12(a) 中，当 M5 为活动步且转换条件 X10 接通时，线圈 M4 本来应该接通，但此时与线圈 M4 串联的 M5 常闭触点为断开状态，故线圈 M4 无法接通。出现这样问题的原因在于 M5 既是 M4 的前级步，又是 M4 的后续步。

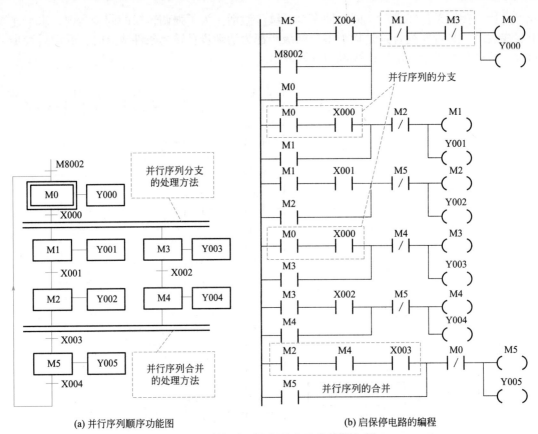

(a) 并行序列顺序功能图   (b) 启保停电路的编程

图 9-11   并行序列启保停电路的编程方式

如图 9-12（b）所示，在小闭环中增设步 M10，便可以解决此类问题。步 M10 在这里只起到过渡作用，延时时间很短，对系统的运行无任何影响。

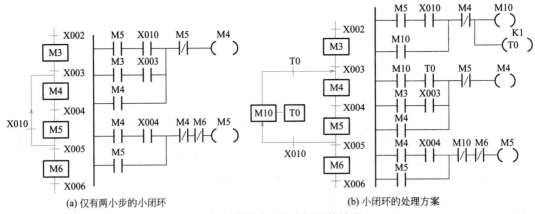

(a) 仅有两小步的小闭环   (b) 小闭环的处理方案

图 9-12   仅有两小步的小闭环的处理

（2）使用置位复位指令的编程方式

置位复位指令的顺序控制梯形图编程方法与转换实现的基本规则之间有着严格的对应关系。在任何情况下，代表步的存储器位的控制电路都可以使用这统一的规则来设计，每一个转换对应一个控制置位和复位电路块，有多少个转换就有多少个这样的电路块。这种编程方法特别有规律,特别是在设计复杂的顺序功能图的梯形图时,更能显示出它的优越性。如图 9-13 所示,当 M0 为活动步且 X0 按下时,M1 被置位,即 M1 变为活动步,同时复位 M0。同理,当 M1 为活动步且 X1 按下时,M2 被置位,同时复位 M1。

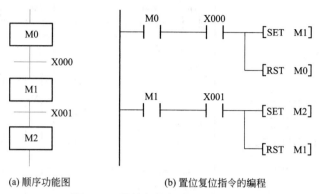

(a) 顺序功能图　　　　　(b) 置位复位指令的编程

图 9-13　置位复位指令的编程方式

① 单序列的编程方法　单序列顺序功能图及对应的梯形图如图 9-14 所示。M8002 在 PLC 进入 "RUN" 工作方式时,接通一个扫描周期,使 M0 为活动步。当 M0 为活动步时且 X0 按下时,置位 M1,同时复位 M0,其余以此类推。当 M3 为活动步时且 X3 按下时,置位 M0,复位 M3。

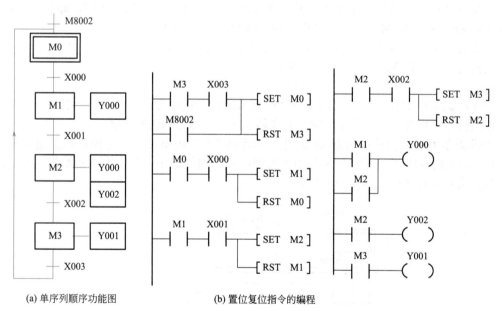

(a) 单序列顺序功能图　　　　　(b) 置位复位指令的编程

图 9-14　单序列置位复位指令的编程方式

② 选择序列的编程方法

a. 选择序列分支编程。在图 9-15 中,步 M0 的后面有一个由 2 条分支组成的选择序列,则 M0 和 X0 的串联电路逻辑为 1 时置位 M1,复位 M0;M0 和 X3 的串联电路逻辑为 1 时置位 M3,复位 M0。

b. 选择序列合并编程。在图 9-15 中,步 M5 之前有 2 个分支,则 M2 和 X2 的串联电路逻辑为 1 时置位 M5,复位 M2;M4 和 X5 的串联电路逻辑为 1 时置位 M5,复位 M4。

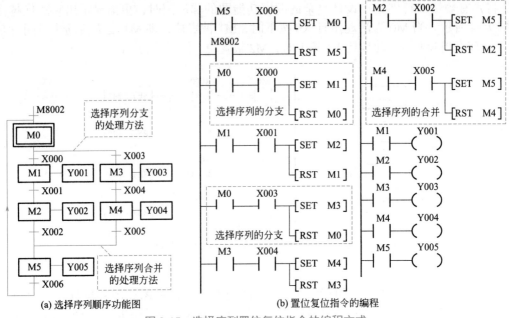

(a) 选择序列顺序功能图　　　　　　　　　(b) 置位复位指令的编程

图 9-15　选择序列置位复位指令的编程方式

③ 并行序列的编程方法

a. 并行序列分支编程。在图 9-16 中，步 M0 的后面有一个由 2 条分支组成的并行序列，则 M0 和 X0 的串联电路逻辑为 1 时置位 M1 和 M3，复位 M0。

b. 并行序列合并编程。在图 9-16 中，步 M5 之前有 2 个分支，则 M2、M4、X3 的串联电路逻辑为 1 时置位 M5，复位 M2 和 M4。

（3）使用步进（顺控）指令的编程方式

顺序控制继电器指令是专门用于顺序控制系统设计的指令，有步进开始指令（STL）和步进返回指令（RET）两种类型。顺控程序段从 STL 开始到 RET 结束。

步进指令不能与辅助继电器 M 联用，只能和状态继电器 S 联用才能实现步进功能。其中 S0 ~ S9 用于初始步，S10 ~ S19 用于返回原点，因此顺序功能图中除初始步、回原点步外，其他编号应在 S20 ~ S499 中选择。

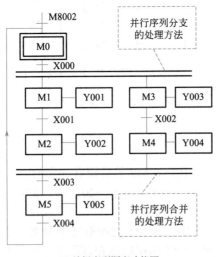

(a) 并行序列顺序功能图

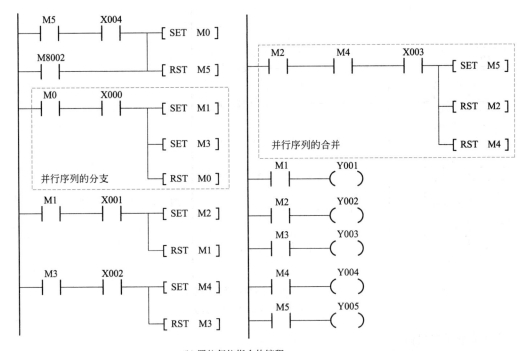

(b) 置位复位指令的编程

图 9-16 并行序列置位复位指令的编程方式

如图 9-17 所示，当 S0 为活动步时，执行 S0 顺控程序段，当 X0 按下时，将 S20 置 1，S0 被自动复位，通过 STL 指令执行 S20 顺控程序段。

① 单序列的编程方法 单序列顺序功能图及对应的梯形图如图 9-18 所示。M8002 在 PLC 进入 "RUN" 工作方式时，接通一个扫描周期，使 S0 为活动步。当 S0 为活动步时且 X0 按下时置位 S20，S0 被自动复位，通过 STL 指令执行 S20 顺控程序段。其余以此类推。当 S22 为活动步时且 X3 按下时，置位 S0，复位 S22。另外，对于步进指令编程方式，地址相同的线圈可以多次使用［如图 9-18（b）中的 Y0］。

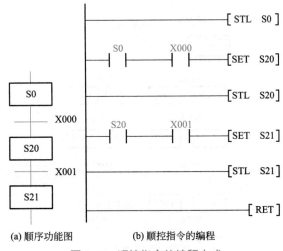

(a) 顺序功能图 (b) 顺控指令的编程

图 9-17 顺控指令的编程方式

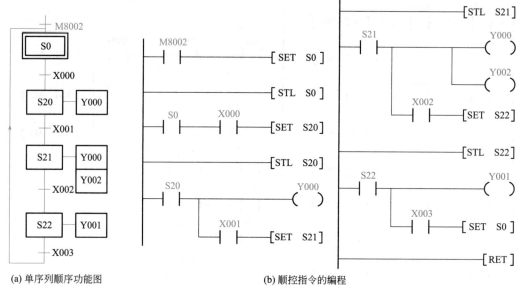

(a) 单序列顺序功能图　　　　　(b) 顺控指令的编程

图 9-18　单序列顺控指令的编程方式

② 选择序列的编程方法

a. 选择序列分支编程。在图 9-19 中，步 S0 的后面有一个由 2 条分支组成的选择序列，则当按下 X0 时置位 S20，S0 被自动复位，通过 STL 指令执行 S20 顺控程序段；当按下 X3 时置位 S22，S0 被自动复位，通过 STL 指令执行 S22 顺控程序段。

b. 选择序列合并编程。在图 9-19 中，步 S24 之前有 2 个分支，则当 S21 为活动步且按下 X2 时置位 S24，S21 被自动复位，通过 STL 指令 S24 执行顺控程序段；当 S23 为活动步且按下 X5 时置位 S24，S23 被自动复位，通过 STL 指令执行 S24 顺控程序段。

③ 并行序列的编程方法

a. 并行序列分支编程。在图 9-20 中，步 S0 的后面有一个由 2 条分支组成的并行序列，则当按下 X0 时，置位 S20 和 S22，S0 自动复位。

b. 并行序列合并编程。在图 9-20 中，步 S24 之前有 2 个分支，必须 S21 和 S23 同为活动步且 X3 闭合时，才置位 S24，复位 S21 和 S23。

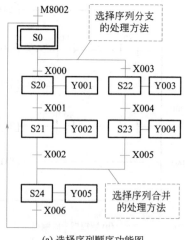

(a) 选择序列顺序功能图

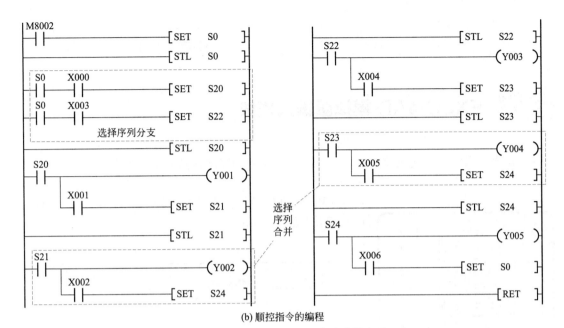

(b) 顺控指令的编程

图 9-19　选择序列顺控指令的编程方式

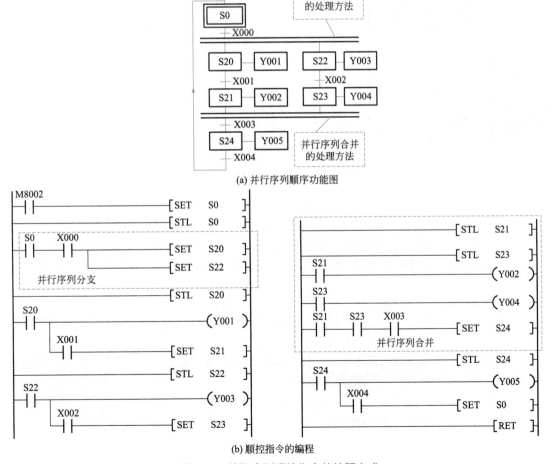

(a) 并行序列顺序功能图

(b) 顺控指令的编程

图 9-20　并行序列顺控指令的编程方式

9.4 三菱 PLC 模拟量的控制

9.4.1 FX3U-4AD 模拟量输入模块

FX3U-4AD 模拟量输入模块是获取 4 通道的电压 / 电流数据的模拟量特殊功能模块，用于将 4 路模拟量输入转换成数字量，并将这个值输入到缓冲存储区（BFM）中。

（1）FX3U-4AD模拟量输入模块的端子排列

FX3U-4AD 模拟量输入模块的端子排列如图 9-21 所示，各端子的用途如表 9-5 所示。

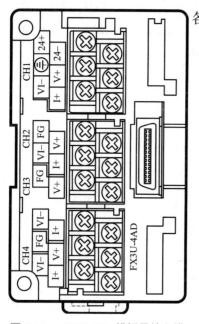

图 9-21　FX3U-4AD 模拟量输入模块的端子排列

表 9-5　各端子的用途

信号名称	用途
24+	DC24V 电源
24−	
⏚	接地端子
V+	通道 1 模拟量输入
VI−	
I+	
FG	通道 2 ～ 4 模拟量输入
V+	
VI−	
I+	

（2）FX3U-4AD模拟量输入模块的连线

FX3U-4AD 模拟量输入模块的连线如图 9-22 所示。FX3U-4AD 有 4 路模拟量输入，输入可为电压信号，也可为电流信号，但接线方式不同。

① 连接的基本单元为 FX3G/FX3U 可编程控制器（AC 电源型）时，可以使用 DC24V 供给电源。

② 电流输入时，应该将 "V+" 端子和 "I+" 端子短接。

③ 信号输入设备与模块之间最好用屏蔽双绞线连接，输入电压有电压波动，或者外部接线上有噪声时，应连接 0.1 ～ 0.47μF/25V 的电容。

④ FG 为外壳地端，在内部 FG 端子和地端子连接，对于通道 1，没有 FG 端子，使用通道 1 时，可直接将外壳连接到接地端子上。

（3）FX3U-4AD模拟量输入模块的技术指标

① FX3U-4AD 模拟量输入模块的规格　FX3U-4AD 模拟量输入模块的规格如表 9-6 所示。

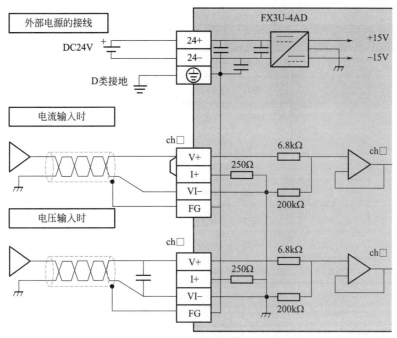

图 9-22 FX3U-4AD 模拟量输入模块的连线

表 9-6 FX3U-4AD 模拟量输入模块的规格

项目	规格	
	电压输入	电流输入
模拟量输入范围	DC-10 ～ +10V（输入电阻 200kΩ）	DC-20 ～ +20mA、4 ～ 20mA（输入电阻 250Ω）
偏置值	-10 ～ +9V	-20 ～ +17mA
增益值	-9 ～ +10V	-17 ～ +30mA
最大绝对输入	±15V	±30mA
分辨率	0.32mV（20V×1/64000）2.5mV（20V×1/8000）	1.25A（40mA×1/32000）5.00A（40mA×1/8000）
A/D 转换时间	500s× 使用通道数（在 1 个通道以上使用数字滤波器时，5ms× 使用通道数）	
输入输出占用点数	8 点（在输入、输出点数中的任意一侧计算点数）	
A/D 转换回路驱动电源	DC24V±10%、90mA（需要从端子排供电 DC24V）	
CPU 部分驱动电源	DC5V、110mA（由基本单元内部供电，因此不需要准备电源）	

　　② FX3U-4AD 模拟量输入模块的输入模式　FX3U-4AD 的输入特性分为电压（-10 ～ +10V）、电流（4 ～ 20mA）和电流（-20 ～ +20mA）3 种类型，每种类型有 3 种输入模式。这 9 种模式的输入输出范围如表 9-7 所示。

表 9-7　各模式的输入输出范围

类型	输入模式	数字量输出范围	偏置、增益调整	模拟量输入范围
电压输入特性	0	−32000 ～ +32000	可以	−10 ～ +10V
	1	−4000 ～ +4000	可以	
	2	−10000 ～ +10000	不可以	
电流输入特性	3	0 ～ 16000	可以	4 ～ 20mA
	4	0 ～ 4000	可以	
	5	4000 ～ 20000	不可以	
电流输入特性	6	−16000 ～ +16000	可以	−20 ～ +20mA
	7	−4000 ～ +4000	可以	
	8	−20000 ～ +20000	不可以	

（4）FX3U-4AD模拟量输入模块的缓冲区（BFM）

① 单元号的分配　如图 9-23 所示，PLC 连接的特殊功能模块从左侧开始，单元号依次为 0 ～ 7，其中输入输出扩展模块不参与编号。连接在 FX3UC-32MT-LT（-2）可编程控制器上时，单元号为 1 ～ 7。

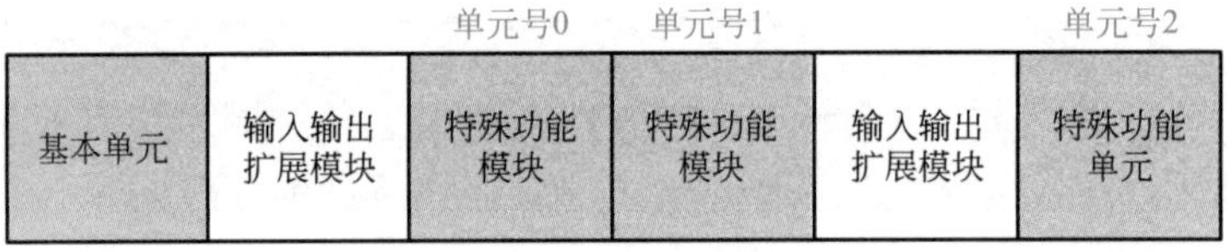

图 9-23　特殊功能模块的单元号

② 缓冲存储区（BFM）　部分缓冲存储区（BFM）的内容如表 9-8 所示。

表 9-8　部分缓冲存储区（BFM）的内容

BMF 编号	内容
#0	指定通道 1 ～ 4 的输入模式
#2 ～ #5	分别对应通道 1 ～ 4，设定采样次数，每次达到采样次数，就计算 A/D 转换数据的平均值，并更新通道数据
#6 ～ #9	分别对应通道 1 ～ 4，设定数字滤波器
#10 ～ #13	分别对应通道 1 ～ 4，存放即时值数据或者平均值数据
#19	设定禁止改变缓冲存储区（#0、#20 ～ #22、#41 ～ #44、#51 ～ #54、#125 ～ #129、#198）的设定，K2080 为允许变更，其他不允许
#20	写入 K1，将 BFM#0 ～ #6999 的所有数据恢复出厂状态，初始化结束后，自动变为 K0
#21	低 4 位（b0 ～ b3）对应通道 1 ～ 4（高 12 位无效），取值为 H000F 时对四通道偏置 / 增益值写入，写完后自动变为 H0000（b0 ～ b3 全部为"OFF"状态）
#22	低 8 位（b0 ～ b7）有效，实现自动发送功能、数据加法运算、上下限值检测、突变检测、峰值保持

BMF 编号	内容
#26	上下限值错误状态（#22b1 "ON" 时有效）
#27	突变检测状态（#22 b2 "ON" 时有效）
#28	量程溢出状态
#29	错误状态，初始值为 H0000
#30	机型代码 K2080
#41 ~ #44	分别对应通道 1 ~ 4，偏置数据（通过 #21 写入）
#51 ~ #54	分别对应通道 1 ~ 4，增益数据（通过 #21 写入）
#61 ~ #64	分别对应通道 1 ~ 4，加法运算数据（#22 b0 "ON" 时有效）
#71 ~ #74	分别对应通道 1 ~ 4，下限值错误设定（#22 b1 "ON" 时有效）
#81 ~ #84	分别对应通道 1 ~ 4，上限值错误设定（#22 b1 "ON" 时有效）
#91 ~ #94	分别对应通道 1 ~ 4，突变检测设定值（#22 b2 "ON" 时有效）
#99	只使用低三位，上下限值错误 / 突变检测错误的清除
#101 ~ #104	分别对应通道 1 ~ 4 的最小峰值（#22 b3 "ON" 时有效）
#109	只使用低 4 位，最小峰值复位
#111 ~ #114	分别对应通道 1 ~ 4 的最大峰值（#22 b3 "ON" 时有效）
#119	只使用低 4 位，最大峰值复位
#125	峰值自动传送的目标起始数据寄存器的指定（BFM #22 b4 "ON" 时有效、占用连续 8 点）
#126	上下限值错误状态自动传送的目标数据寄存器的指定（BFM #22 b5 "ON" 时有效）
#127	突变检测状态（BFM #27）自动传送的目标数据寄存器的指定（BFM #22 b6 "ON" 时有效）
#128	量程溢出状态（BFM #28）自动传送的目标数据寄存器的指定（BFM #22 b7 "ON" 时有效）
#129	错误状态（BFM #29）自动传送的目标数据寄存器的指定（BFM #22 b8 "ON" 时有效）

重要说明

a. BFM#0：定义 4 个通道的输入模式。由 4 位 16 进制数分别指定通道 1 ~ 通道 4，如图 9-24 所示。通过在各位中设定 0 ~ 8、F 的数值，可以改变输入模式，其中 "0 ~ 8" 分别对应输入模式 0 ~ 8（详见表 9-7），设定为 "F" 时，此通道不可用。

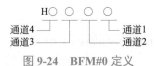

图 9-24　BFM#0 定义

b. BFM#29：由 b15、b14、…、b0 共 16 位组成，其中 b0 为 "1" 时，表示有电源、硬件、A/D 转换错误；b10 为 "1" 时，表示平均次数（BFM #2 ~ #5）的值设定不正确；b11 为 "1" 时，表示数字滤波器设定（BFM #6 ~ #9）的值不正确。

（5）缓冲区的读出写入指令

① 指令格式及功能　缓冲区的读出写入指令的指令格式及功能如表9-9所示。

表 9-9　缓冲区的读出写入指令的指令格式及功能

功能号	指令名称	助记符	梯形图	功能	操作数
78	BFM 的读出指令	FROM FROMP DFROM DFROMP	FROM | m1 | m2 | D | n	将单元号为 m1 的特殊功能模块中的 BFM 从 m2 开始的 n 点 16 位数据传送到可编程控制器内以 D 开始的 n 点中	m1、m2、n：D、R、K、H。 D：KnY、KnM、KnS、T、C、D、R、V、Z
79	BFM 的写入指令	TO TOP DTO DTOP	TO | m1 | m2 | S | n	将可编程控制器中 S 起始的 n 点 16 位数据传送到单元号为 m1 的特殊功能模块中的 BFM 以 m2 开始的 n 点中	m1、m2、n：D、R、K、H。 S：KnX、KnY、KnM、KnS、T、C、D、R、V、Z

② 例说读出指令　读出指令梯形图见图9-25。

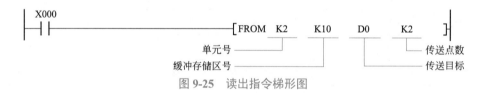

图 9-25　读出指令梯形图

程序说明

当 X0 闭合时，将单元号为 2 的缓冲存储区以 BFM#10 开始的两点（BFM#10、BFM#11）的数据读出到数据寄存器 D1、D0 中。

③ 例说写入指令　写入指令梯形图见图9-26。

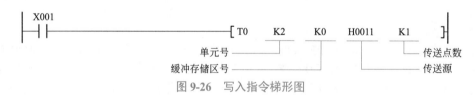

图 9-26　写入指令梯形图

程序说明

a. 当 X1 闭合时，向单元号 2 的缓冲存储区（BFM#0）写入 1 个数据（H0011）。

b. "H0011" 的含义为将通道 1、2 设为输入模式 1，将通道 3、4 设为输入模式 0。

（6）例说写入读出指令

写入读出指令梯形图见图9-27。缓冲存储区 BFM 的定义如表9-8所示。

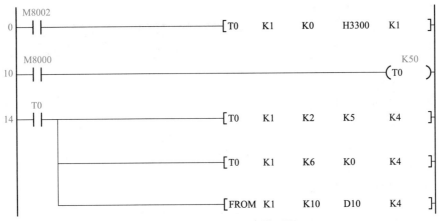

图 9-27　写入读出指令梯形图

① 第一个扫描周期，向单元号为 1 的缓冲存储区（BFM#0）写入 1 个数据（H3300）。即将通道 1、2 设为输入模式 0，将通道 3、4 设为输入模式 3。

② 定时器定时 5s，5s 时间到后，T0 触点闭合。

③ 向单元号为 1 的缓冲存储区以 BFM#2 开始的四点（BFM#2、#3、#4、#5）写入数据 5，即将通道 1 ～ 4 的采样次数设为 5 次，每采样 5 次，就计算 A/D 转换数据的平均值。

④ 向单元号为 1 的缓冲存储区以 BFM#6 开始的四点（BFM#6、#7、#8、#9）写入数据 0，即将通道 1 ～ 4 的数字滤波器功能设为无效。

⑤ 从单元号为 1 的缓冲存储区以 BFM#10 开始的四点（BFM#10、#11、#12、#13）读出数据，存入 D10 ～ D13 中，即将通道 1 ～ 4 的计算出的平均值数据读出，存入 D10 ～ D13 中。

重要提示

对于使用平均次数的通道，要将其数字滤波器设定为 0。反过来，使用数字滤波器功能时，要将使用通道的平均次数设定为 1。

9.4.2　FX3U-4DA 模拟量输出模块

FX3U-4DA 模拟量输出模块是把 PLC 中的数字量转换成模拟量，将数字量转换成 4 点模拟输出，用来控制现场设备。FX3U-4DA 模拟量输出模块需外接电源，其电源由基本单元提供。

（1）FX3U-4DA模拟量输出模块的端子排列

FX3U-4DA 模拟量输出模块的端子排列如图 9-28 所示，各端子的用途如表 9-10 所示。

（2）FX3U-4DA模拟量输出模块的连线

FX3U-4DA 模拟量输出模块的连线如图 9-29 所示。FX3U-4DA 有 4 路模拟量输出，输出可为电压信号，也可为电流信号，但接线方式不同。

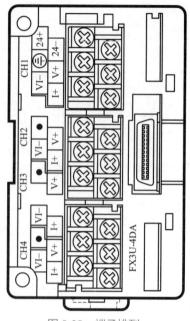

图 9-28　端子排列

表 9-10　各端子的用途

信号名称	用途
24+	DC24V 电源
24-	
⏚	接地端子
V+	通道 1 ～ 4 模拟量输出
VI-	
I+	
·	不要接线

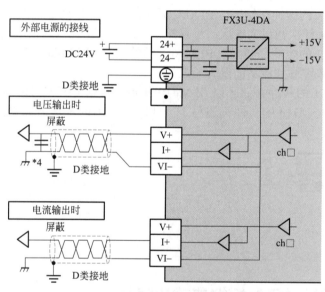

图 9-29　FX3U-4DA 模拟量输出模块的连线

① 连接的基本单元为 FX3G/FX3U 可编程控制器（AC 电源型）时，可以使用 DC24V 供给电源。

② 模拟量的输出线使用 2 芯的屏蔽双绞电缆，要与其他动力线或者易于受感应的线分开布线。

③ 输出电压有噪声或者波动时，要在信号接收侧附近连接 0.1 ～ 0.47μF/25V 的电容。

④ 将屏蔽线在信号接收侧进行单侧接地。

（3）FX3U-4DA 模拟量输出模块的技术指标

① FX3U-4DA 模拟量输出模块的规格　FX3U-4DA 模拟量输出模块的规格如表 9-11 所示。

表 9-11　FX3U-4DA 模拟量输出模块的规格

项目	规格	
	电压输出	电流输出
模拟量输出范围	DC−10 ～ +10V（外部负载 1kΩ ～ 1MΩ）	DC0 ～ 20mA、4 ～ 20mA（外部负载 500Ω 以下）
偏置值	−10 ～ +9V	0 ～ +17mA
增益值	−9 ～ +10V	3 ～ +30mA
数字量输入	带符号 16 位二进制	15 位二进制
分辨率	0.32mV（20V/64000）	0.63A（20mA/32000）
D/A 转换时间	1ms（与使用的通道数无关）	
输入输出占用点数	8 点（在输入、输出点数中的任意一侧计算点数）	
D/A 转换回路驱动电源	DC24V±10%、160mA（需要从端子排供电 DC24V）	
CPU 部分驱动电源	DC5V、120mA（由基本单元内部供电，因此不需要准备电源）	

　　② FX3U-4DA 模拟量输出模块的输出模式　FX3U-4DA 的输出特性分为电压(−10 ～ +10V)、电流（0 ～ 20mA）和电流（4 ～ 20mA）3 种类型，共有 5 种输出模式。这 5 种模式的输出范围如表 9-12 所示。

表 9-12　各模式的输出范围

类型	输出模式	数字量输入范围	偏置、增益调整	模拟量输出范围
电压输出特性	0	−32000 ～ +32000	可以	−10 ～ +10V
	1	−10000 ～ +10000	不可以	
电流输出特性	2	0 ～ 32000	可以	0 ～ 20mA
	4	0 ～ 20000	不可以	
电流输出特性	3	0 ～ 32000	可以	4 ～ 20mA

（4）FX3U-4DA 模拟量输出模块的缓冲区（BFM）

部分缓冲存储区（BFM）的内容如表 9-13 所示。

表 9-13　部分缓冲存储区（BFM）的内容

BFM 编号	内容
#0	指定通道 1 ～ 4 的输出模式
#1 ～ #4	分别对应通道 1 ～ 4，各通道的输入的数字量数据
#5	PLC "STOP" 时，设定通道 1 ～ 4 的输出
#6	输出状态
#9	低 4 位（b0 ～ b3）对应通道 1 ～ 4，写入偏置、增益设定值的指令

续表

BFM 编号	内容
#10 ~ #13	分别对应通道 1 ~ 4，存放偏置数据
#14 ~ #17	分别对应通道 1 ~ 4，存放增益数据
#19	设定禁止改变缓冲存储区（#0、#5、#9 ~ #17、#20、#32 ~ #35、#38、#41 ~ #48、#50 ~ #54、#60 ~ #63），K3030 为允许变更，其他不允许
#20	写入 K1，将 BFM#0 ~ #3098 的所有数据恢复出厂状态，初始化结束后，自动变为 K0
#28	低 4 位（b0 ~ b3）对应通道 1 ~ 4，检测到断线，那么各通道相应的位就置"ON"
#29	错误状态
#30	机型代码 K3030
#32 ~ #35	分别对应，可编程控制器"STOP"时，通道 1 ~ 4 的输出数据
#38	上下限值功能设定
#39	上下限值功能状态
#40	上下限值功能状态的清除
#41 ~ #44	分别对应通道 1 ~ 4，设定其下限值
#45 ~ #48	分别对应通道 1 ~ 4，设定其上限值
#50	根据负载电阻设定修正功能（仅在电压输出时有效）
#51 ~ #54	分别对应通道 1 ~ 4，负载电阻值设定
#60	状态自动传送功能的设定
#61	指定错误状态（BFM#29）自动传送的目标数据寄存器（BFM#60 b0"ON"时有效）
#62	指定上下限值功能状态（BFM#39）自动传送的目标数据寄存器（BFM#60 b1"ON"时有效）
#63	指定断线检测状态（BFM#28）自动传送的目标数据寄存器（BFM#60 b2"ON"时有效）

重要说明

① BFM#0：定义 4 个通道的输出模式。由 4 位十六进制数分别指定通道 1 ~ 4，如图 9-30 所示。通过在各位中设定 0 ~ 4、F 的数值，可以改变输出模式，其中"0 ~ 4"分别对应输出模式 0 ~ 4（详见表 9-12），设定为"F"时，此通道不可用。

图 9-30　BFM 定义

② BFM#5：由 4 位十六进制数分别指定通道 1 ~ 4，如图 9-30 所示。通过在各位中设定 0 ~ 2 的数值，可以设定在可编程控制器"STOP"时，通道 1 ~ 4 的输出。若设定值为"0"，则输出保持"RUN"时的最终值；若设定值为"1"，则输出偏置值；若设定值为"2"，则输出 BFM#32 ~ #35 中设定的输出数据。

③ BFM#6：由 4 位十六进制数分别指定通道 1 ~ 4，如图 9-30 所示。通过监视各位

中的"0"值和"1"值，得到通道1～4的输出状态信息。若状态值为"0"，则表示输出更新停止中；若设定值为"1"，则表示输出更新中。

（5）缓冲区的读出写入指令

① 例说读出指令　读出指令梯形图见图9-31。

图 9-31　读出指令梯形图

程序说明

当X0闭合时，将单元号为1的缓冲存储区（BFM#10）的内容（1点）读出到数据寄存器（D0）中，即将通道1的偏置数据读到D0中。

② 例说写入指令　写入指令梯形图见图9-32。

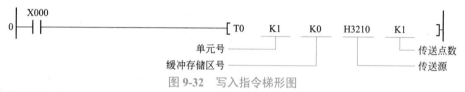

图 9-32　写入指令梯形图

程序说明

当X0闭合时，向单元号为1的缓冲存储区（BFM#0）写入数据（H3210），即分别将通道1～4的输出模式设为模式0～3。

9.4.3　综合实例

以中央空调为例。

控制要求

一制冷系统使用两台压缩机组，系统要求温度低于15℃时不启动机组，进行低温报警；在温度高于15℃时启动第一机组，高于25℃时启动第二机组。

元件说明

元件说明见表9-14。

表 9-14　元件说明

PLC 软元件	控制说明
X0	启动按钮，按下时，X0 状态由 OFF → ON
X1	停止按钮，按下时，X1 状态由 OFF → ON
Y0	低温报警灯
Y1	制冷机组 1
Y2	制冷机组 2

控制程序

控制程序见图 9-33。

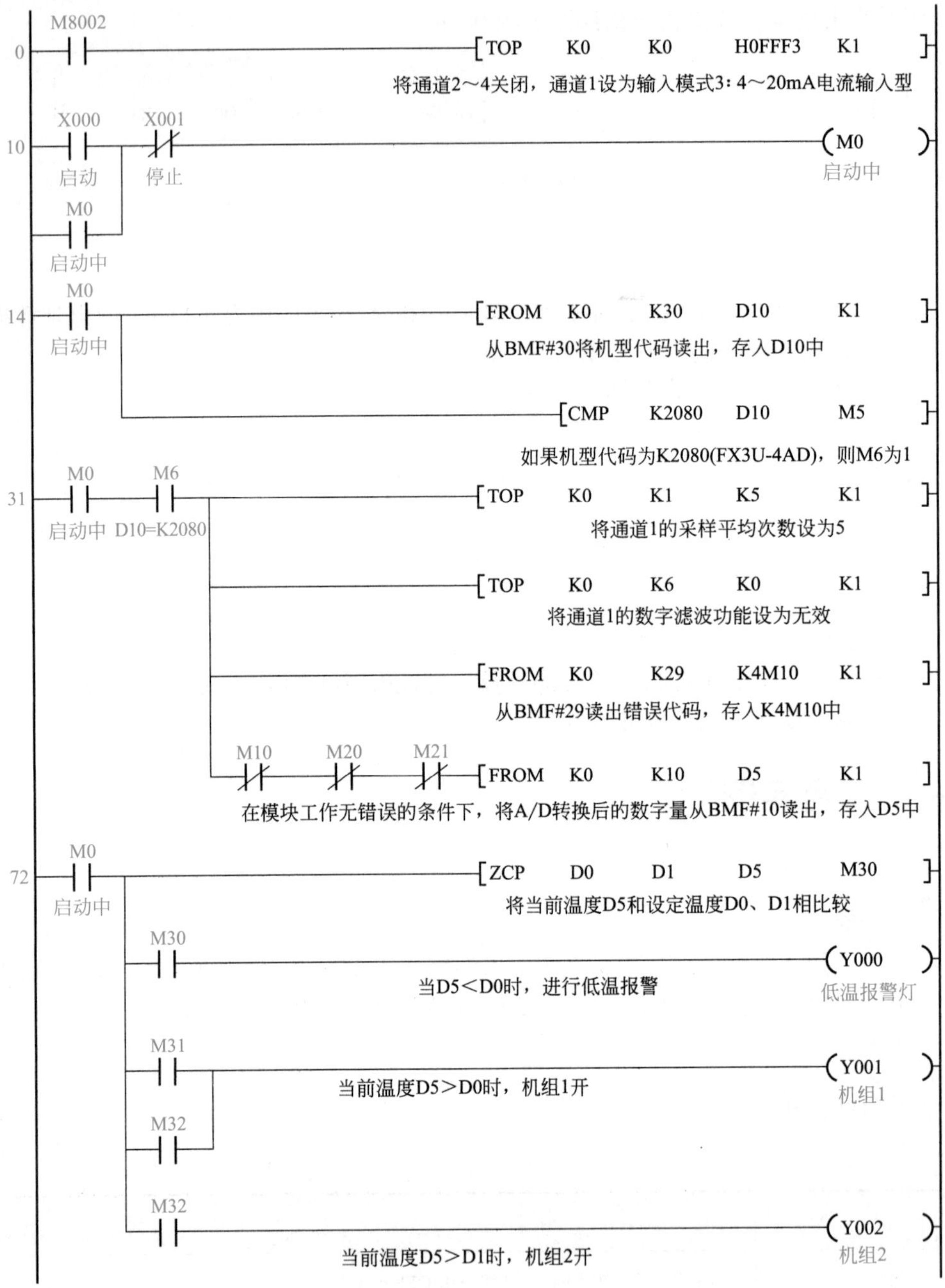

图 9-33 控制程序

程序说明

① 设定温度 15℃ 存入 D0 中，温度 25℃ 存入 D1 中。BMF#29 中的错误代码读入 M10～M25 中。其中，M10=0 表示无电源、硬件、A/D 转换异常；M20=0 表示无平均次数设定错误；M21=0 表示无数字滤波器设定错误。

② 其余程序有详细注释，在此不再赘述。

第 10 章 三菱 FX3U PLC 控制变频器和电机

10.1 变频器的 PLC 控制

10.1.1 电动机的正转和反转控制

（1）PLC 的 I/O 分配表和 PLC 与变频器的接线

PLC 的 I/O 分配表如表 10-1 所示。

表 10-1 PLC 的 I/O 分配表

PLC 软元件	控制说明
X0	启动按钮，按下时，X0 的状态由 OFF → ON
X1	正转按钮，按下时，X1 的状态由 OFF → ON
X2	反转按钮，按下时，X2 的状态由 OFF → ON
X3	停止按钮，按下时，X3 的状态由 OFF → ON
Y0	数字输入 DIN0
Y1	数字输入 DIN1
Y2	数字输入 DIN2

PLC 与变频器的接线如图 10-1 所示。

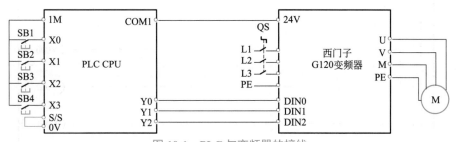

图 10-1 PLC 与变频器的接线

（2）变频器的参数设置

变频器的参数设置如表10-2所示。

表 10-2　变频器的参数设置

参数代号	参数意义	设置值	设置值说明
P0010	调试参数过滤器	30	工厂设置值
P0970	工厂复位	1	恢复出厂值
P0003	参数访问权限	2	允许访问扩展功能参数，如变频器的 I/O 功能参数
P0700	选择命令源	2	命令信号源由端子排输入，而不是 MOP 面板
P0701	数字输入 DIN0 的功能	1	ON/OFF
P0702	数字输入 DIN1 的功能	12	反向
P0703	数字输入 DIN2 的功能	15	固定频率选择位 0
P1000	选择频率设定值的信号源	3	选择固定频率模式
P1001	固定频率 1	50Hz	固定频率为 50Hz
P1120	斜坡上升时间	0.5s	缺省值：10s
P1121	斜坡下降时间	0.5s	缺省值：10s

参数说明

根据图 10-1 所示接线可知，采用继电器输出型 PLC，DIN0、DIN1、DIN2 分别接 Y0、Y1、Y2。根据参数设置，要求电动机正转时，需要 Y0=Y2=1；要求电动机反转时，需要 Y0=Y1=Y2=1。

（3）程序实现

控制程序见图 10-2。

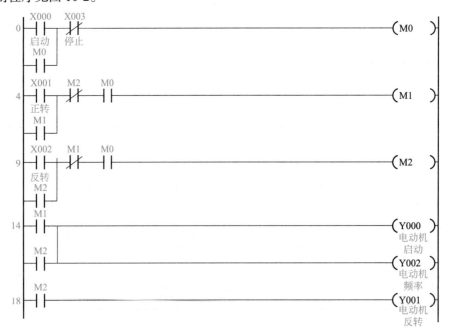

图 10-2　控制程序

程序说明

① 按下启动按钮 X0，启动标志 M0 得电自锁。

② 按下正转按钮 X1，正转标志 M1 得电自锁，Y0 和 Y2 得电，电动机以 50Hz 的频率正转。同时常闭触点 M1 断开，使反转标志 M2 无法得电。按下停止按钮 X3，M0 失电，使 M1 失电，电动机停止正转。

③ 按下反转按钮 X2，反转标志 M2 得电自锁，Y0、Y1 和 Y2 得电，电动机以 50Hz 的频率反转。同时常闭触点 M2 断开，使正转标志 M1 无法得电。按下停止按钮 X3，M0 失电，使 M2 失电，电动机停止反转。

④ 本程序必须先按 X0，在启动准备条件下，按 X1 开始正转，想要切换到反转，必须先按停止按钮 X3，使系统彻底停止后，再重新启动反转。

10.1.2　用变频器控制电动机实现五段速调速

范例示意如图 10-3 所示。

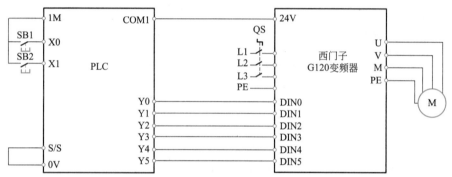

图 10-3　范例示意（PLC 与变频器的接线）

控制要求

按下启动按钮，电动机依次以 20Hz、50Hz、10Hz 的速度正转运行，再以 25Hz、50Hz、15Hz 的速度反转运行，如此循环，每 10s 切换一次速度。按下停止按钮后，电动机停止运行。

元件说明

元件说明如表 10-3 所示。

表 10-3　元件说明

PLC 软元件	控制说明
X0	启动按钮，按下时，X0 的状态由 OFF → ON
X1	停止按钮，按下时，X1 的状态由 OFF → ON
Y0	变频器的数字输入 DIN0
Y1	变频器的数字输入 DIN1
Y2	变频器的数字输入 DIN2
Y3	变频器的数字输入 DIN3
Y4	变频器的数字输入 DIN4
Y5	变频器的数字输入 DIN5

参数设置

变频器的参数设置如表 10-4 所示。

表 10-4　变频器的参数设置

参数代号	参数意义	设置值	设置值说明
P0010	快速调试	30	工厂设置值
P0970	工厂复位	1	恢复出厂值
P0003	参数访问权限	2	允许访问扩展功能参数，如变频器 I/O 功能参数
P0700	选择命令源	2	命令信号源由端子排输入，而不是 MOP 面板
P0701	数字输入 DIN0 的功能	1	1=ON/OFF
P0702	数字输入 DIN1 的功能	12	反向
P0703	数字输入 DIN2 的功能	15	固定频率选择位 0
P0704	数字输入 DIN3 的功能	16	固定频率选择为 1
P0705	数字输入 DIN4 的功能	17	固定频率选择为 2
P0706	数字输入 DIN5 的功能	18	固定频率选择为 3
P1000	选择频率设定值的信号源	3	固定频率
P1001	固定频率 1	20.0Hz	第一段速：频率为 20Hz
P1002	固定频率 2	50.0Hz	第二段速：频率为 50Hz
P1003	固定频率 3	10.0Hz	第三段速：频率为 10Hz
P1004	固定频率 4	25.0Hz	第四段速：频率为 25Hz
P1005	固定频率 5	15.0Hz	第五段速：频率为 15Hz
P1016	频率选择方式	2	二进制码选择
P1120	斜坡上升时间	0.5s	缺省值：10s
P1121	斜坡下降时间	0.5s	缺省值：10s

① 当数字输入端子 DIN5 ~ DIN2 为 0001 时，电动机将以固定频率 1 的速度（第一段速）运行；为 0010 时电动机将以固定频率 2 的速度（第二段速）运行，以此类推。

② 根据图 10-3 可知，采用继电器型 PLC DIN0 ~ DIN5 分别接 Y0 ~ Y5，可以得出五段速控制状态如表 10-5 所示。

表 10-5　五段速控制状态表

Y5	Y4	Y3	Y2	Y1	Y0	运行频率	正 / 反转
0	0	0	1	0	1	20.0Hz	正转
0	0	1	0	0	1	50.0Hz	
0	0	1	1	0	1	10.0Hz	
0	1	0	0	1	1	25.0Hz	反转
0	0	1	0	1	1	50.0Hz	
0	1	0	1	1	1	15.0Hz	

控制程序

控制程序见图 10-4。

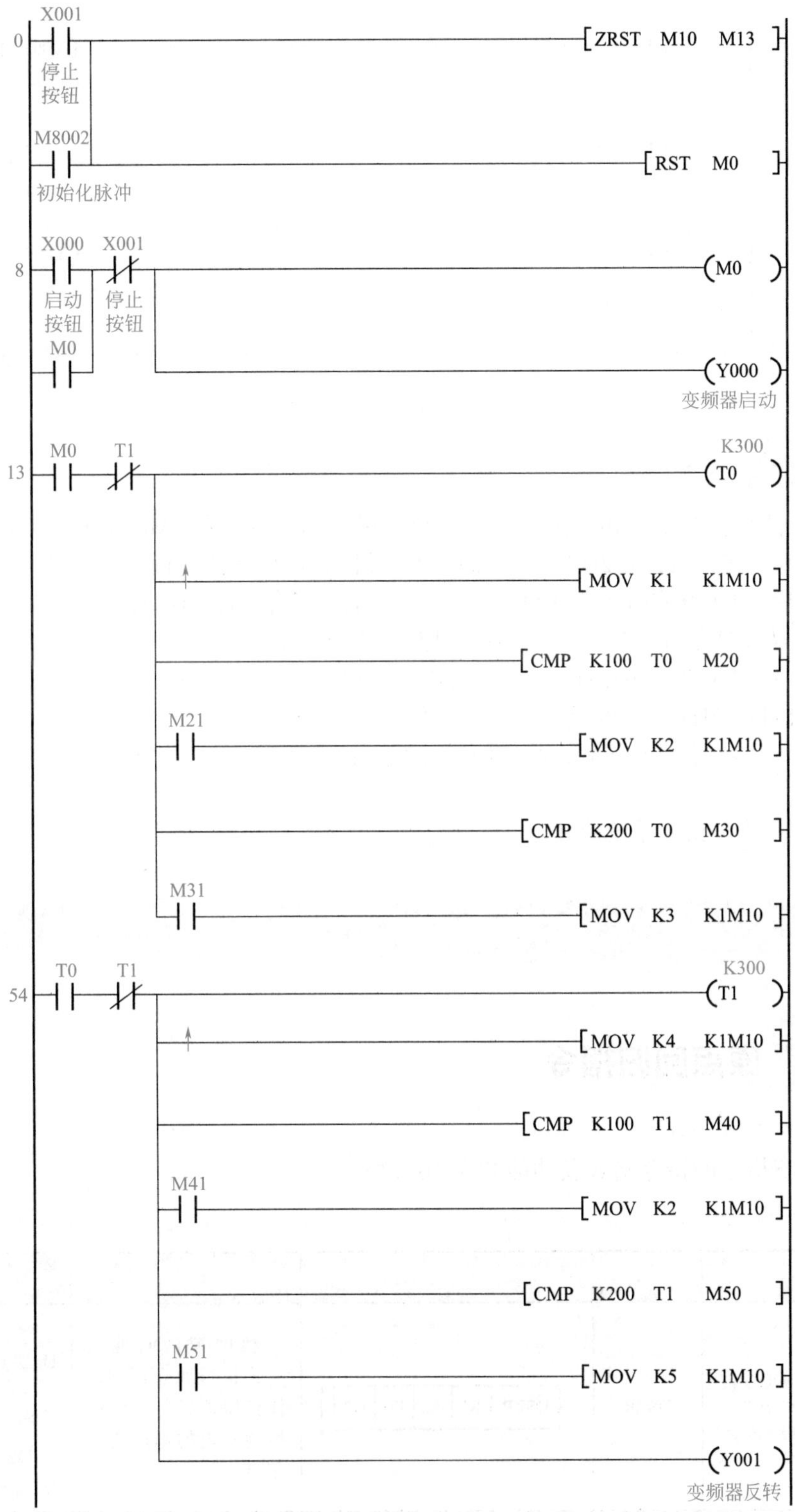

图 10-4

图 10-4 控制程序

程序说明

① 按下启动按钮 X0，M0 得电并自锁，Y0 得电，启动变频器。M0 常开触点闭合，K1M10=1，即 Y5、Y4、Y3、Y2 为 2#0001，从而使电动机以 20Hz 的速度正转。同时，T0 开始计时。

② 10s 后，T0 当前值等于 100，常开触点 M21 闭合，K1M10=2，即 Y5、Y4、Y3、Y2 为 2#0010，从而使电动机以 50Hz 的速度正转，其余类似。

③ 30s 后，T0 常开触点闭合，Y1 得电，Y0 保持得电。Y5、Y4、Y3、Y2 为 2#0100，从而使电动机以 25Hz 的速度反转，其余类似。

④ 60s 后，T1 定时时间到，将定时器 T0 和 T1 复位。复位后 T0 又重新开始定时，重复下一个周期。

⑤ 按下停止按钮，系统停止。

10.2 定位控制指令

10.2.1 原点回归指令

（1）指令格式及功能

原点回归指令的指令格式及功能如表 10-6 所示。

表 10-6 原点回归指令的指令格式及功能

功能号	指令名称	助记符	梯形图	功能	操作数
150	带 DOG 搜索的原点回归指令	DSZR	DSZR | S1 | S2 | D1 | D2	利用带 DOG 搜索方式执行原点回归，使机械位置与可编程控制器内的当前值寄存器一致	S1：X、Y、M、S、D □.b。 S2：X。 D1：Y。 D2：Y、M、S、D □.b

续表

功能号	指令名称	助记符	梯形图	功能	操作数
156	原点回归指令	ZRN DZRN	ZRN S1 S2 S3 D	执行原点回归，使机械位置与可编程控制器内的当前值寄存器一致	S1、S2：KnX、KnY、KnM、KnS、T、C、D、R、V、Z、K、H。S3：X、Y、M、S、D□.b。D：Y

（2）相关软元件

① 特殊辅助继电器　原点回归指令的特殊辅助继电器如表 10-7 所示。

表 10-7　原点回归指令的特殊辅助继电器

软元件编号				名称	属性	适用范围
Y0	Y1	Y2	Y3			
M8029				指令执行结束标志位	读出专用	FNC150 FNC156
M8329				指令执行异常结束标志位	读出专用	
M8340	M8350	M8360	M8370	脉冲输出中监控（BUSY/READY）	读出专用	
M8341	M8351	M8361	M8371	清零信号输出功能有效	可驱动	
M8342	M8352	M8362	M8372	原点回归方向指定	可驱动	仅 FNC150
M8343	M8353	M8363	M8373	正转极限	可驱动	FNC150 FNC156
M8344	M8354	M8364	M8374	反转极限	可驱动	
M8345	M8355	M8365	M8375	近点信号逻辑反转	可驱动	仅 FNC150
M8346	M8356	M8366	M8376	零点信号逻辑反转	可驱动	
M8348	M8358	M8368	M8378	定位指令驱动中	读出专用	FNC150 FNC156
M8349	M8359	M8369	M8379	脉冲停止指令	可驱动	
M8464	M8465	M8466	M8467	清零信号软元件指定功能有效	可驱动	

② 特殊数据寄存器　原点回归指令的特殊数据寄存器如表 10-8 所示。

表 10-8　原点回归指令的特殊数据寄存器

软元件编号			名称	长度	初始值	适用范围
Y0	Y1	Y2				
D8341、D8340	D8351、D8350	D8361、D8360	当前值 /PLS	32 位	0	FNC150 FNC156
D8342	D8352	D8362	基底速度 /Hz	16 位	0	
D8344、D8343	D8354、D8353	D8364、D8363	最高速度 /Hz	32 位	100000	
D8345	D8355	D8365	爬行速度 /Hz	16 位	1000	仅 FNC150
D8347、D8346	D8357、D8356	D8367、D8366	原点回归速度 /Hz	32 位	50000	

续表

软元件编号			名称	长度	初始值	适用范围
Y0	Y1	Y2				
D8348	D8358	D8368	加速时间 /ms	16 位	100	FNC150 FNC156
D8349	D8359	D8369	减速时间 /ms	16 位	100	
D8464	D8465	D8466	清零信号软元件指定	16 位		

（3）原点和近点

原点和近点示意图如图 10-5 所示。

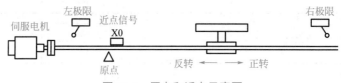

图 10-5　原点和近点示意图

原点即系统的机械零点，而近点是可以定义的，并接近原点，比如在原点附近放一个传感器接到输入点 X0 上，这个来自传感器的信号就是近点信号（也称 DOG），当工作台接收到近点信号时就开始减速。如果工作台在高速运行一个周期动作完成需要回到原点，首先碰到近点减速，然后碰到原点停止。

（4）原点回归指令举例

① 功能和动作　原点回归动作示意图如图 10-6 所示，执行原点回归 ZRN 指令时，先以 S1 指定的原点回归速度移动。一旦指定的近点信号为"ON"，就开始减速，直到减速到 S2 指定的爬行速度为止。指定的近点信号从"ON"到"OFF"后，则立即停止脉冲的输出。

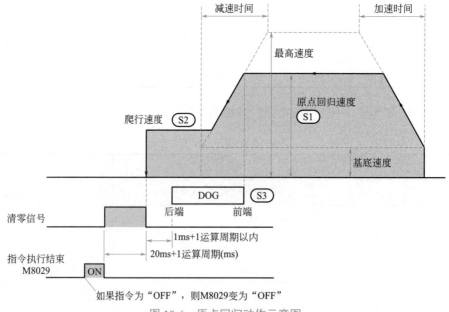

图 10-6　原点回归动作示意图

清零信号输出功能（M8341）为"ON"时，在近点信号由"ON"转为"OFF"后1ms以内，清零信号在20ms+1个运算周期（ms）的时间内保持为"ON"，当前值寄存器变为"0"。指令执行结束标志位为"ON"，结束原点回归动作。

② 指令参数　指令参数见图10-7。在该指令中，原点回归方向为反转方向，即当前值寄存器的数值向减少的方向动作。

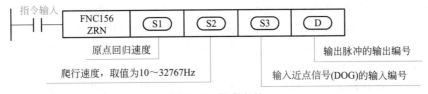

图 10-7　指令参数

③ 清零信号设定　带 DOG 搜索的原点回归（DSZR）指令、原点回归（ZRN）指令具有在原点位置停止后，输出清零信号的功能。

清零信号输出端子指定方式（表 10-9）有以下两种选择。

选择方式 1：清零信号输出端子为固定端子。

选择方式 2：清零信号输出端子由数据寄存器指定。

表 10-9　清零信号输出端子指定方式

脉冲输出端	Y0		Y1		Y2	
标志位	M8341 为 "ON" M8464 为 "OFF"	M8341 为 "ON" M8464 为 "ON"	M8351 为 "ON" M8465 为 "OFF"	M8351 为 "ON" M8465 为 "ON"	M8361 为 "ON" M8466 为 "OFF"	M8361 为 "ON" M8466 为 "ON"
清零端子指定	Y4	D8464	Y5	D8465	Y6	D8466

清零信号输出端子由数据寄存器指定的方式如图 10-8 所示。

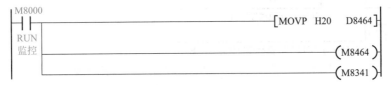

图 10-8　清零信号输出端子的指定方式

程序说明

M8000 为常接通，使 M8341 为 "ON"，M8464 为 "ON"，则由数据寄存器 D8464 指定清零信号的输出端子。将 H20 传入 D8464，即采用 Y20 作为清零信号输出端子。

④ 原点回归指令（ZRN）举例　原点回归指令梯形图见图10-9。

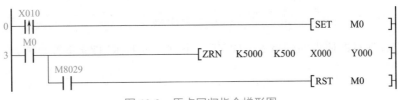

图 10-9　原点回归指令梯形图

程序说明

　　a. 按下回原点按钮 X10，置位回原点标志 M0。

　　b. M0 接通，将会从 Y0 发出脉冲，驱动工作台以 5000Hz 的速度移动。一旦指定的近点信号 X0 为"ON"，就开始减速，直到减速到爬行速度 500Hz，然后以这个速度继续移动。

　　c. 当近点信号 X0 从"ON"到"OFF"后，立即停止从 Y0 输出脉冲。

　　d. 当清零信号输出功能 M8341 有效（ON）时，在近点信号 X0 由"ON"到"OFF"后 1ms+1 运算周期以内，清零信号（Y4）在 20ms+1 个运算周期（ms）的时间内保持为"ON"。

　　e. 当前值寄存器（D8341，D8340）变为"0"（清零）。

　　f. 指令执行结束标志位（M8029）为"ON"，结束原点回归动作，复位回原点标志 M0。

　　（5）带DOG搜索的原点回归指令（DSZR）举例

　　① 功能和动作　以脉冲输出端为 Y0 为例，原点回归动作示意图如图 10-10 所示。

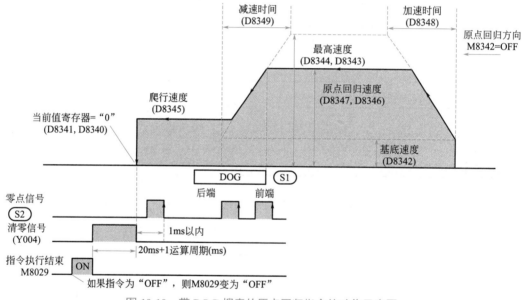

图 10-10　带 DOG 搜索的原点回归指令的动作示意图

　　② 指令参数　指令参数见图 10-11。

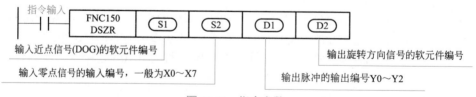

图 10-11　指令参数

　　③ 带 DOG 搜索的原点回归指令（DSZR）举例　带 DOG 搜索的原点回归指令梯形图见图 10-12。

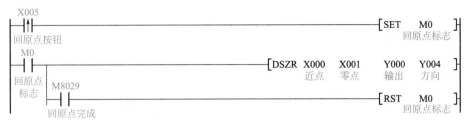

图 10-12 带 DOG 搜索的原点回归指令梯形图

a. 按下回原点按钮 X5，置位回原点标志 M0。

b. 向原点回归以原点回归速度（D8347，D8346）指定的速度移动。一旦指定的近点信号 X0 为"ON"，就开始减速，直到减速到爬行速度 D8345。

c. 指定的近点信号 X0 从"ON"到"OFF"后，如果检测到指定的零点信号 X1 从"OFF"到"ON"，则立即停止脉冲的输出。

d. 清零信号输出功能 M8341 有效（ON）时，在检测出零点信号由"OFF"到"ON"后 1ms 以内，清零信号在 20ms+1 个运算周期（ms）的时间内保持为"ON"。

e. 当前值寄存器（D8341，D8340）变为"0"（清零）。

f. 指令执行结束标志位（M8029）为"ON"，结束原点回归动作。

重要提示

原点回归方向由 M8342 指定，当 M8342 为"OFF"时，为反转方向回归，反之，为正转方向回归。

（6）两种原点回归方式的差别

① ZRN 回归方式　在该指令中，原点回归方向仅为反转方向，即当前值寄存器的数值向减少的方向动作。如果想改变方向，则需用程序对作为旋转方向信号接线的输出继电器（Y）进行控制。

② DSZR 回归方式　在该指令中，原点回归的起点可以在原点的任何地方，即方向可以为正向，也可以为反向。在四个不同起点回归的示意图如图 10-13 所示。图中的四个不同起点分别标以"1）""2）""3）""4）"。

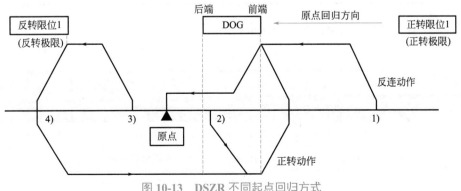

图 10-13 DSZR 不同起点回归方式

10.2.2 定位指令

（1）指令格式及功能

定位指令的指令格式及功能如表 10-10 所示。

表 10-10　定位指令的指令格式及功能

功能号	指令名称	助记符	梯形图	功能	操作数
158	相对定位指令	DRVI DDRVI	—[DRVI | S1 | S2 | D1 | D2]—	用于以相对驱动方式执行单速定位	S1、S2：KnX、KnY、KnM、KnS、T、C、D、R、V、Z、K、H。 D1：Y。 D2：Y、M、S
159	绝对定位指令	DRVA DDRVA	—[DRVA | S1 | S2 | D1 | D2]—	用于以绝对驱动方式执行单速定位	S1、S2：KnX、KnY、KnM、KnS、T、C、D、R、V、Z、K、H。 D1：Y。 D2：Y、M、S

（2）相关软元件

① 特殊辅助继电器　定位指令的特殊辅助继电器如表 10-11 所示。

表 10-11　定位指令的特殊辅助继电器

软元件编号				名称	属性
Y0	Y1	Y2	Y3		
M8029				指令执行结束标志位	读出专用
M8329				指令执行异常结束标志位	读出专用
M8340	M8350	M8360	M8370	脉冲输出中监控（BUSY/READY）	读出专用
M8343	M8353	M8363	M8373	正转极限	可驱动
M8344	M8354	M8364	M8374	反转极限	可驱动
M8348	M8358	M8368	M8378	定位指令驱动中	读出专用
M8349	M8359	M8369	M8379	脉冲停止指令	可驱动

② 特殊数据寄存器　定位指令的特殊数据寄存器如表 10-12 所示。

表 10-12　定位指令的特殊数据寄存器

软元件编号			名称	长度	初始值
Y0	Y1	Y2			
D8341、D8340	D8351、D8350	D8361、D8360	当前值/PLS	32 位	0
D8342	D8352	D8362	基底速度/Hz	16 位	0
D8344、D8343	D8354、D8353	D8364、D8363	最高速度/Hz	32 位	100000

续表

软元件编号			名称	长度	初始值
Y0	Y1	Y2			
D8345	D8355	D8365	爬行速度/Hz	16位	1000
D8347、D8346	D8357、D8356	D8367、D8366	原点回归速度/Hz	32位	50000
D8348	D8358	D8368	加速时间/ms	16位	100
D8349	D8359	D8369	减速时间/ms	16位	100

（3）例说相对定位指令

① 功能和动作　相对定位指令动作示意图如图10-14所示。

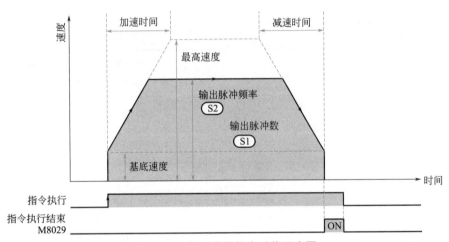

图10-14　相对定位指令动作示意图

② 指令参数　指令参数见图10-15。当S1指定的输出脉冲数的值为正数（脉冲输出使当前值增加）时正转，D2指定的软元件为"ON"，反之反转，软元件为"OFF"。

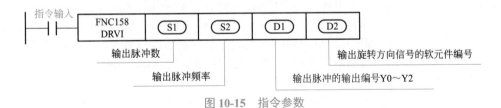

图10-15　指令参数

③ 举例　相对定位指令梯形图见图10-16。

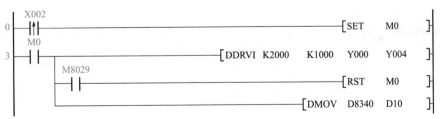

图10-16　相对定位指令梯形图

程序说明

a. 按下按钮 X2，置位相对定位标志 M0。

b. M0 接通，将会从 Y0 发出频率为 1000Hz 的脉冲，电机从当前位置正转 2000 个脉冲的距离。

c. 当 2000 个脉冲发完，指令执行结束标志位（M8029）为"ON"，结束动作，复位相对定位标志 M0。

d.（D8341，D8340）的值是当前值，将其存入（D11，D10）中。

e. Y4 输出旋转方向信号，由于脉冲数 2000 为正数，所以电机正转，Y4 为"ON"。

（4）例说绝对定位指令

① 功能和动作　绝对定位指令和相对定位指令动作示意图相同，如图 10-14 所示。

② 指令参数　指令参数见图 10-17。正转或者反转是由 S1 指定的输出脉冲数和当前值寄存器的大小关系决定的。

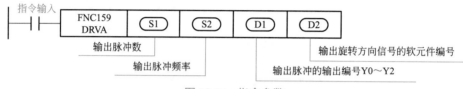

图 10-17　指令参数

③ 举例　绝对定位指令梯形图见图 10-18。

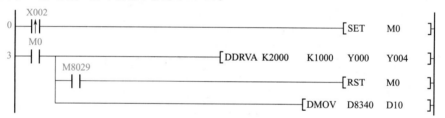

图 10-18　绝对定位指令梯形图

程序说明

a. 按下按钮 X2，置位绝对定位标志 M0。

b. M0 接通，将会从 Y0 发出频率为 1000Hz 的脉冲，驱动工作台移动。

c. 移动方向取决于当前值和脉冲数的比较，如果（D8341，D8340）存储的当前值为 1000，则电机还需要正转 1000（2000-1000）个脉冲，同时将方向信号 Y4 置为 1。相反，如果（D8341，D8340）存储的当前值为 4000，则电机还需要反转 2000（2000-4000）个脉冲，同时将方向信号 Y4 置为 0。

d. 当脉冲发完后，指令执行结束标志位（M8029）为"ON"，结束动作，复位相对定位标志 M0。

e. 将当前值（D8341，D8340）存入（D11，D10）中。

重要提示

对于绝对定位指令，如"DDRVA D0 D10 Y0 Y4"，有如下几点需要注意。

① Y4 不是用来强制的，电机的正反转由（D1，D0）的值决定。

②（D1，D0）设定值>（D8341，D8340）当前值时，Y0 输出使（D8341，D8340）值增加，是正转，即 Y4 自动为 ON。

③（D1，D0）设定值＜（D8341，D8340）当前值时，Y0 输出使（D8341，D8340）值减少，是反转，即 Y4 自动为 OFF。

因此控制正反转是靠（D1，D0）的设定值来决定的。

（5）相对定位和绝对定位的区别

相对定位为一种增量方式，是以当前停止的位置作为起点，指定移动方向和移动脉冲量进行定位。

绝对定位为一种绝对方式，是以原点为基准指定位置进行定位。

10.3 步进电机的 PLC 控制

程序要求

用按钮实现步进电机按一定速度正转和反转的功能。

（1）PLC 的 I/O 分配表

PLC 的 I/O 分配表如表 10-13 所示。

表 10-13　PLC 的 I/O 分配表

PLC 软元件	控制说明
X0	正转按钮，按下时，X0 的状态由 OFF → ON
X1	反转按钮，按下时，X1 的状态由 OFF → ON
X2	停止按钮，按下时，X2 的状态由 OFF → ON
Y0	高速脉冲输出端
Y4	方向控制端

（2）PLC 与驱动器和步进电机的接线

PLC 与驱动器和步进电机的接线如图 10-19 所示。

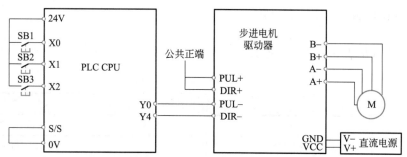

图 10-19　PLC 与驱动器和步进电机的接线

（3）程序实现

控制程序见图 10-20。

程序说明

① 按下正转按钮 X0，如果 Y0 定位指令没有被驱动，M3 得电自锁，脉冲输出端 Y0 以 2000Hz 的速度共发出 10000 个脉冲，且 Y4 为 "ON"，驱动电机正转。出现异常时，

M8329 闭合，正转结束。

② 按下反转按钮 X1，如果 Y0 定位指令没有被驱动，M4 得电自锁，脉冲输出端 Y0 以 2000Hz 的速度共发出 10000 个脉冲，且 Y4 为 "OFF"，驱动电机反转。出现异常时，M8329 闭合，反转结束。

③ 按下停止按钮 X2，停止脉冲输出，停转。

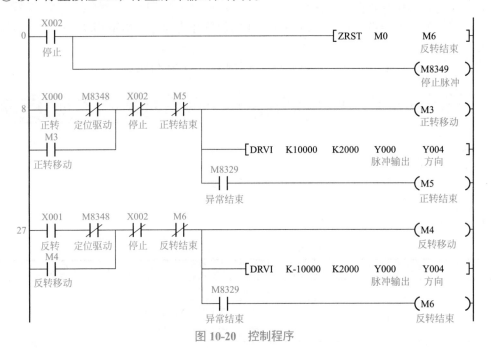

图 10-20　控制程序

10.4　伺服电机的 PLC 控制

程序要求

用 PLC 控制伺服电机正转和反转。

（1）PLC 的I/O分配表

PLC 的 I/O 分配表如表 10-14 所示。

表 10-14　PLC 的 I/O 分配表

PLC 软元件	控制说明	PLC 软元件	控制说明
X4	零点信号	X25	反转定位指令
X10	近点信号	X26	正转限位 1（LSF）
X14	伺服信号	X27	反转限位 1（LSR）
X20	立即停止指令	X30	停止信号
X21	原点回归指令	Y0	高速脉冲输出端
X22	JOG（＋）指令	Y4	方向控制端
X23	JOG（－）指令	Y20	清零信号
X24	正转定位指令		

（2）控制程序

控制程序见图10-21。

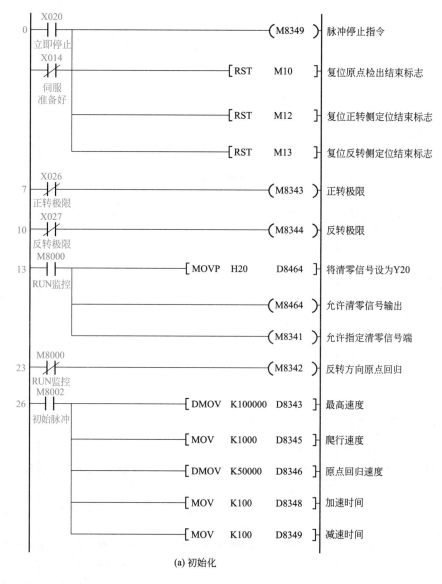

(a) 初始化

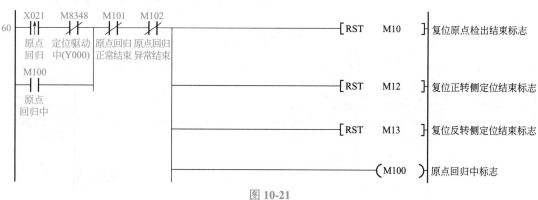

图 10-21

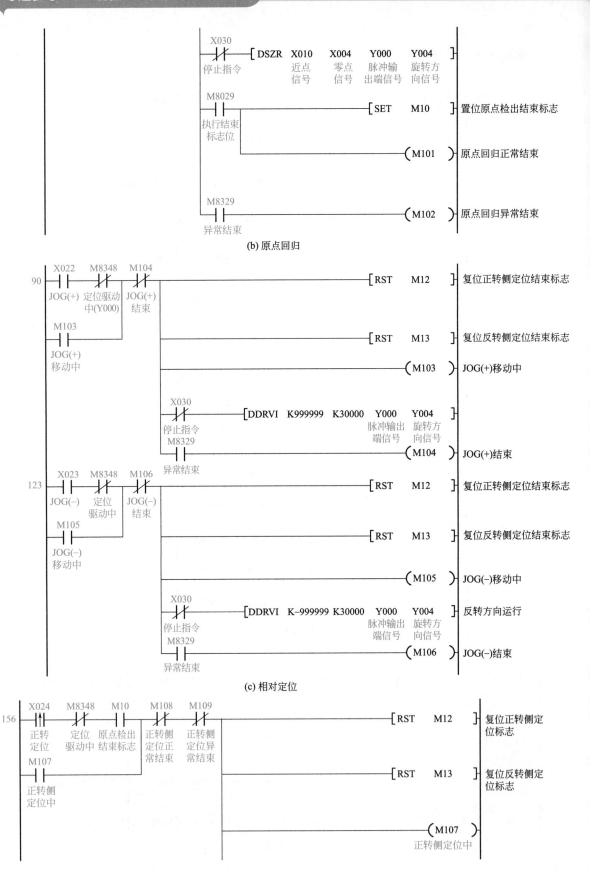

(b) 原点回归

(c) 相对定位

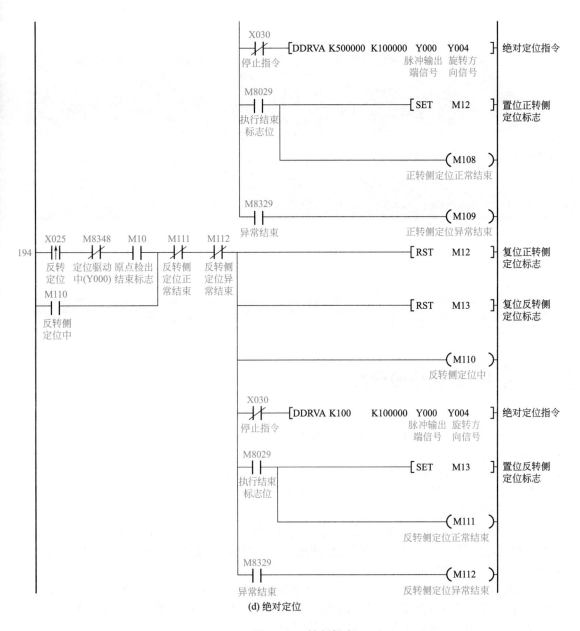

图 10-21 控制程序

程序说明

① 图 10-21（a）为初始化程序，包括设定正反转极限，设定清零输出端子和原点回归的各种速度。

② 图 10-21（b）中执行带 DOG 搜索的原点回归。

③ 图 10-21（c）执行正反两个方向的相对定位。

④ 图 10-21（d）执行正反两个方向的绝对定位。

第 **11** 章　三菱 FX3U PLC 通信

⚙ 11.1　PLC 通信简介

11.1.1　PLC 通信的分类

　　PLC 通信可分为 PLC 与外部设备（外设）的通信和 PLC 与系统设备的通信 2 类。

　　PLC 与外设的通信包括 PLC 与计算机间的通信、PLC 与通用外设间的通信 2 类，前者多用于 PLC 编程、监控、调试，后者指 PLC 与打印机、条形码阅读器、文本操作单元等的通信。而 PLC 与系统设备的通信，是指 PLC 与控制系统内部的远程 I/O 单元、其他 PLC 其他控制装置间的通信，即 PLC 网络控制系统的通信。

　　（1）串行通信与并行通信

　　串行通信中，构成 1 个字或字节的多位二进制数据是一位一位地被传送的。其传输速度慢，但是对线路的要求低一些。串行线路仅使用一对信号线，线路成本低并且抗干扰能力强，因此可以用在长距离通信上。

　　并行通信中，可以同时传送构成 1 个字或字节的多位二进制数。并行通信对线路的要求高，但是速度快。并行线路使用多对信号线（还不包括额外的控制线路），线路成本高并且抗干扰能力差，因此对通信距离有非常严格的限制。

　　（2）异步通信和同步通信

　　异步是指发送和接收双方的数据帧与帧之间不要求严格同步，也不必同步。异步通信的双方采用独立的时钟，每个数据均以起始位开始，停止位结束。PLC 一般采用异步通信。异步通信的字符信息格式为 1 个起始位、7 ～ 8 个数据位、1 个奇偶校验位和停止位。

　　同步是指发送和接收双方的数据帧与帧之间严格同步，而不只是位与位之间严格同步。同步通信将许多字符组成一个信息组进行传输，但是需要在每组信息开始处加上 1 个同步字符。同步字符用来通知接收方来接收数据，收发双方必须完全同步。

　　（3）单工通信、半双工通信和全双工通信

　　单工通信是两数据站之间只能沿一个指定的方向进行数据传输，即一端固定为数据源，另一端固定为数据宿，如图 11-1（a）所示。

　　半双工通信是两数据站之间可以在两个方向上进行数据传输，但不能同时进行，即每一端既可作为数据源，也可作为数据宿，但不能同时作为数据源与数据宿，如图 11-1（b）所示。

全双工通信是在两数据站之间，可以在两个方向上同时进行传输，即每一端均可同时作为数据源与数据宿，如图 11-1（c）所示。

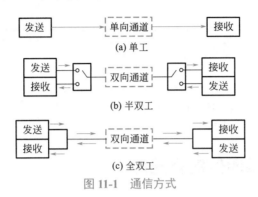

图 11-1　通信方式

11.1.2　串行通信接口标准

串联通信接口标准有 3 种，分别为 RS232C 串行接口标准、RS422 串行接口标准和 RS485 串行接口标准。

（1）RS232C 串行接口标准

RS232C 的全称是"数据终端设备（DTE）和数据通信设备（DCE）之间串行二进制数据交换接口技术标准"。

RS232C 采用负逻辑，用 -5 ～ -15V 表示逻辑"1"，用 +5 ～ +15V 表示逻辑"0"。噪声容限为 2V，即要求接收器能识别低至 +3V 的信号作为逻辑"0"，高到 -3V 的信号作为逻辑"1"。RS232C 只能进行一对一的通信，可使用 9 针或 25 针的 D 型连接器。RS232C 的电气接口采用单端驱动、单端接收的电路，容易受到公共地线上的电位差和外部引入的干扰信号的影响，传输速率较低，最高传输速率为 20kbps，传输距离短，最大通信距离为 15m。

（2）RS422 和 RS485 串行接口标准

RS485 是从 RS422 基础上发展而来的，所以 RS485 许多电气规定与 RS422 相仿，如都采用平衡传输方式、都需要在传输线上接电阻等，但其共模电压范围和接收器输入电阻不同，使得这两个标准适用于不同的应用领域。RS485 串行接口的驱动器可用于 RS422 串行接口的应用中，因为 RS485 串行接口满足所有的 RS422 串行接口性能参数，反之则不能成立。对于 RS485 串行接口的驱动器，共模电压的输出范围是 -7 ～ +12V；对于 RS422 串行接口的驱动器，该项性能指标仅有 ±7V。RS422 串行接口接收器的最小输入电阻是 4kΩ，而 RS485 串行接口接收器的最小输入电阻则是 12kΩ。

RS485 与 RS422 一样，其最大传输距离约为 1219m，最大传输速率为 10Mbps。平衡双绞线的长度与传输速率成反比，在 100kbps 速率以下才可能使用规定的最长电缆长度。只有在很短的距离下才能获得最高速率传输。一般 100m 长的双绞线的最大传输速率仅为 1Mbps。

RS485 有 2 根信号线：发送和接收都是 A 和 B。因为 RS485 的收与发共用两根线，所以不能够同时收和发（半双工）。

RS422 有 4 根信号线：两根发送（Y、Z）、两根接收（A、B）。因为 RS422 的收与发是分开的，所以可以同时收和发（全双工）。

支持多机通信的 RS422 将 Y-A 短接作为 RS485 的 A，将 Z-B 短接作为 RS485 的 B，可以这样简单转换为 RS485。

11.2 FX3U PLC 并联链接通信

并联链接功能，就是连接 2 台同一系列的 FX 可编程控制器，且其软元件相互链接的功能。根据要链接的点数，系统可以选择普通模式和高速模式 2 种模式。在最多 2 台 FX 可编程控制器之间系统自动更新数据链接。

11.2.1 并联链接通信的软元件

（1）并联链接通信的特殊寄存器

并联链接通信的特殊寄存器如表 11-1 所示。

表 11-1 并联链接通信的特殊寄存器

特殊寄存器	内容	设定	读写模式
M8070	置 "ON" 时作为主站链接	主站	写入专用
M8071	置 "ON" 时作为从站链接	从站	写入专用
M8162	当 M8162 为 "OFF" 时，是普通并联链接模式，当 M8162 为 "ON" 时，是高速并联链接模式	主、从站	写入专用
M8178	设定要使用的通信口的通道。"OFF"：通道 1；"ON"：通道 2	主、从站	写入专用
M8072	并联链接运行中为 "ON"	主、从站	读出专用
M8073	当并联链接主站/从站的设定正确时为 "OFF"，设定有误时为 "ON"	主、从站	读出专用
M8063	当通道 1 的串行通信中发生错误时为 "ON"	主、从站	读出专用
M8438	当通道 2 的串行通信中发生错误时为 "ON"	主、从站	读出专用

（2）并联链接通信的数据寄存器

并联链接通信的数据寄存器如表 11-2 所示。

表 11-2 并联链接通信的数据寄存器

数据寄存器	内容	设定	读写模式
D8070	当数据传送超出这个时间时，判断为异常	主、从站	写入专用
D8063	当通道 1 的串行通信中发生错误时，保存错误代码	主、从站	读出专用
D8438	当通道 2 的串行通信中发生错误时，保存错误代码	主、从站	读出专用
D8419	保存通道 1 中正在执行的通信功能的代码	主、从站	读出专用
D8439	保存通道 2 中正在执行的通信功能的代码	主、从站	读出专用

（3）并联链接通信的数据传送软元件

并联链接通信的数据传送软元件如表11-3所示。

表 11-3 并联链接通信的数据传送软元件

模式	普通并联链接模式		高速并联链接模式	
	位软元件（M）	字软元件（D）	位软元件（M）	字软元件（D）
主站	M800 ~ M899	D490 ~ D499	无	D490，D491
从站	M900 ~ M999	D500 ~ D509	无	D500，D501

11.2.2 通信的方式

（1）普通并联链接模式

普通并联链接模式的通信方式如图11-2所示，当M8070为"ON"时，该PLC被设为主站，主站M800 ~ M899的状态会自动通过通信电缆传输给从站的M800 ~ M899，主站D490 ~ D499的数据也会传输给从站的D490 ~ D499。

同理，当M8071为"ON"时，该PLC被设为从站，从站M900 ~ M999的状态会自动通过通信电缆传输给主站的M900 ~ M999，从站D500 ~ D509的数据也会传输给主站的D500 ~ D509。

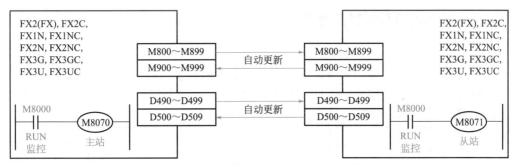

图 11-2 普通并联链接模式的通信方式

（2）高速并联链接模式

高速并联链接模式的通信方式如图11-3所示，当M8070为"ON"时，该PLC被设为主站，M8162为"ON"，是高速并联链接模式，主站D490、D491的数据会传输给从站的D490、D491。

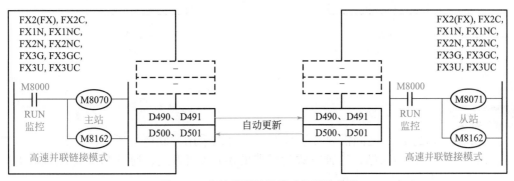

图 11-3 高速并联链接模式的通信方式

同理，当 M8071 为"ON"时，该 PLC 被设为从站，M8162 为 ON，是高速并联链接模式，从站 D500、D501 的数据会传输给主站的 D500、D501。

11.2.3 接线方法

接线方法如图 11-4 所示，分为 1 对接线和 2 对接线。

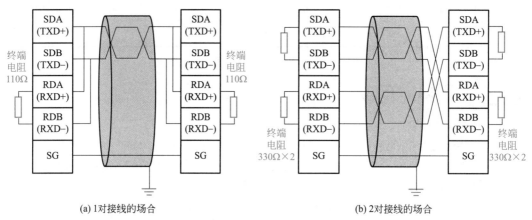

图 11-4 接线方法

11.2.4 例说并联链接通信

【实例一】

PLC1 和 PLC2 的启动按钮和停止按钮同时控制两 PLC 上的指示灯 HL1 和 HL2 的亮灭。要求两 PLC 的启动按钮都按下，灯 HL1 和 HL2 才会变亮，只要有一 PLC 的停止按钮按下，灯 HL1 和 HL2 就会熄灭。PLC 的接线图如图 11-5 所示。

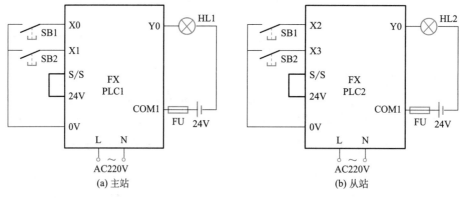

图 11-5 接线图

程序说明

两台 FX 系列的 PLC 之间需要交换数据时，可以采用并联链接通信，把其中一台 PLC 作为主站，另一台作为从站，这种方式为经典的 1-1 通信方式，通过 PLC 上配置的 RS485 接口进行通信，梯形图如图 11-6 所示。

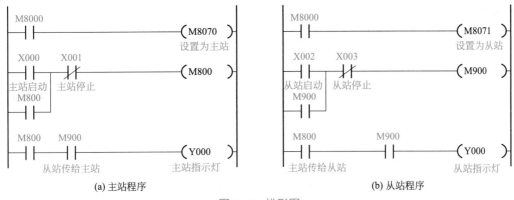

(a) 主站程序   (b) 从站程序

图 11-6 梯形图

① 将 PLC1 设置为主站，PLC2 设置为从站。

② 当主站启动按钮 X0 按下时，M800 为"ON"并自锁，并将此"ON"状态传送到从站，使从站 M800 为"ON"。当从站启动按钮 X2 按下时，M900 为"ON"并自锁，并将此"ON"状态传送到主站，使主站 M900 为"ON"。在 M800 和 M900 都为"ON"的条件下，主站指示灯 Y0 和从站指示灯 Y0 点亮。

③ 当主站停止按钮 X1 按下时，M800 为"OFF"，使从站 M800 为"OFF"，从而使主站和从站指示灯熄灭。当从站停止按钮 X3 按下时，M900 为"OFF"，使主站 M900 为"OFF"，同样能熄灭主站和从站指示灯。

【实例二】

两台 PLC 进行通信，将 PLC1 设置为主站，PLC2 设置为从站。先按下主站的启动按钮，再按下从站的启动按钮，从站指示灯 HL2 先亮，延时 2s 后主站指示灯 HL1 点亮。按下主站的停止按钮，主站指示灯 HL1 熄灭。按下从站的停止按钮，从站指示灯和主站指示灯都熄灭。其接线图如图 11-7 所示。

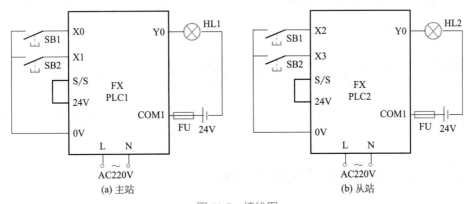

(a) 主站   (b) 从站

图 11-7 接线图

程序说明

梯形图如图 11-8 所示。

① 将 PLC1 设置为主站，PLC2 设置为从站。

② 先按下主站的启动按钮 X0，在 D490 中存入数据 200，同时 M800 得电并自锁，主站常开触点 M800 闭合，为主站指示灯点亮做准备，从站常开触点 M800 闭合，为从站指示灯

点亮做准备。

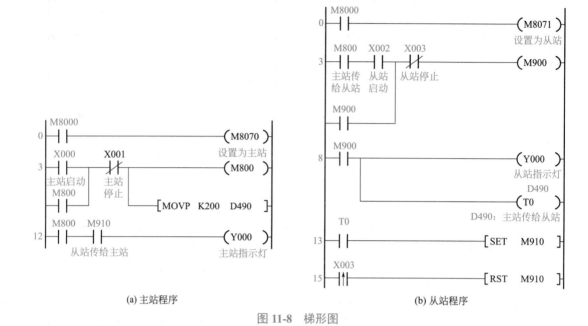

(a) 主站程序　　　　　　　　　　　　　　　　(b) 从站程序

图 11-8　梯形图

③ 再按下从站的启动按钮 X2，M900 得电并自锁，从站常开触点 M900 闭合，从站指示灯 HL2 点亮，T0 开始定时。

④ 定时 2s 时间，T0 常开触点闭合，将从站 M910 置 "ON"，则主站 M910 也为 "ON"，主站指示灯 HL1 点亮。

⑤ 按下主站的停止按钮 X1，M800 失电，常开触点 M800 断开，主站指示灯 HL1 熄灭。

⑥ 按下从站的停止按钮 X3，M900 失电，常开触点 M900 断开，从站指示灯 HL2 熄灭。同时 M910 被置 "OFF"，则主站 M910 断开，主站指示灯 HL1 熄灭。

11.3　FX3U PLC N：N 网络通信

N：N 网络通信就是在最多 8 台 FX 编程控制器之间，通过 RS485 通信连接，进行软元件相互链接的功能。

11.3.1　N：N 网络通信的软元件

（1）N：N 网络通信的特殊寄存器

N：N 网络通信的特殊寄存器如表 11-4 所示。

表 11-4　N：N 网络通信的特殊寄存器

特殊寄存器	内容
M8038	设定通信参数用的标志位。也可以作为确认有无 N：N 网络程序用的标志位。在顺控程序中请勿置 "ON"

特殊寄存器	内容
M8179	设定所使用的通信口的通道。 无 M8179 程序：通道 1。 有 M8179 的程序：通道 2
M8183	当主站中发生数据传送序列错误时置"ON"
M8184 ～ M8190	分别对应站号 1 ～ 7，当从站发生数据传送序列错误时，对应寄存器置"ON"
M8191	正在执行数据传送序列。执行 N：N 网络时置"ON"

（2）N：N网络通信的数据寄存器

N：N 网络通信的数据寄存器如表 11-5 所示。

表 11-5　N：N 网络通信的数据寄存器

数据寄存器	内容	设定值范围	初始值
D8176	N：N 网络设定使用时的站号。 主站设定为 0，从站设定为 1 ～ 7	0 ～ 7	0
D8177	设定从站的总站数。从站的可编程控制器中无须设定	1 ～ 7	7
D8178	选择要相互进行通信的软元件点数的模式。从站可编程控制器中无须设定	0 ～ 2	0
D8179	重试次数，即使重复指定次数的通信也没有响应的情况下，可以确认错误。从站的可编程控制器中无须设定	0 ～ 10	3
D8180	设定用于判断通信异常的时间（50 ～ 2550ms）。从站的可编程控制器中无须设定	5 ～ 255	5

（3）N：N网络通信的数据传送软元件

N：N 网络通信的数据传送软元件如表 11-6 所示。

表 11-6　N：N 网络通信的数据传送软元件

| 模式 | 软元件 | 主站号 | 从站号 | | | | | | |
		0	1	2	3	4	5	6	7
模式 0	字	D0 ～ D3	D10 ～ D13	D20 ～ D23	D30 ～ D33	D40 ～ D43	D50 ～ D53	D60 ～ D63	D70 ～ D73
模式 1	位	M1000 ～ M1031	M1064 ～ M1095	M1128 ～ M1159	M1192 ～ M1223	M1256 ～ M1287	M1320 ～ M1351	M1384 ～ M1415	M1448 ～ M1479
	字	D0 ～ D3	D10 ～ D13	D20 ～ D23	D30 ～ D33	D40 ～ D43	D50 ～ D53	D60 ～ D63	D70 ～ D73
模式 2	位	M1000 ～ M1063	M1064 ～ M1127	M1128 ～ M1191	M1192 ～ M1225	M1256 ～ M1319	M1320 ～ M1383	M1384 ～ M1447	M1448 ～ M1511
	字	D0 ～ D7	D10 ～ D17	D20 ～ D27	D30 ～ D37	D40 ～ D47	D50 ～ D57	D60 ～ D67	D70 ～ D77

11.3.2 接线方法

接线方法如图 11-9 所示，N∶N 网络的接线采用 1 对接线方式。

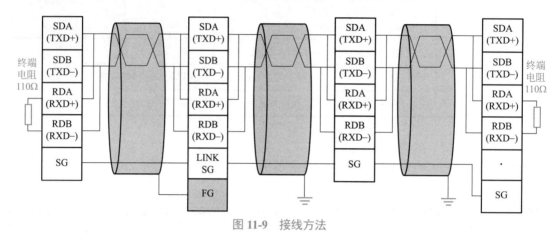

图 11-9　接线方法

11.3.3 N∶N 网络通信举例

要求按下主站按钮控制从站 1 的指示灯，从站 1 按钮控制从站 2 的指示灯，从站 2 按钮控制主站的指示灯。当从站 1 计数值达到预设值时，可以点亮主站指示灯，主站与从站之间，有通信故障时，相应的灯点亮。其 I/O 地址分配表如表 11-7 所示。

表 11-7　I/O 地址分配表

站点	软元件	内容
主站	X0	按钮 SB0，控制从站 1 灯点亮和熄灭
	X1	按钮 SB1，从站 1 计数器 C1 的复位按钮
	Y0	主站灯
	Y1	与从站 1 通信故障指示灯
	Y2	与从站 2 通信故障指示灯
	Y3	计数值达到预设值指示灯
从站 1	X0	按钮 SB0，控制从站 2 灯点亮和熄灭
	X1	按钮 SB1，计数器的计数信号输入端
	Y0	从站 1 灯
	Y1	与主站通信故障指示灯
	Y2	与从站 2 通信故障指示灯
从站 2	X0	按钮 SB0，控制主站灯点亮和熄灭
	Y0	从站 2 灯
	Y1	与主站通信故障指示灯
	Y2	与从站 1 通信故障指示灯

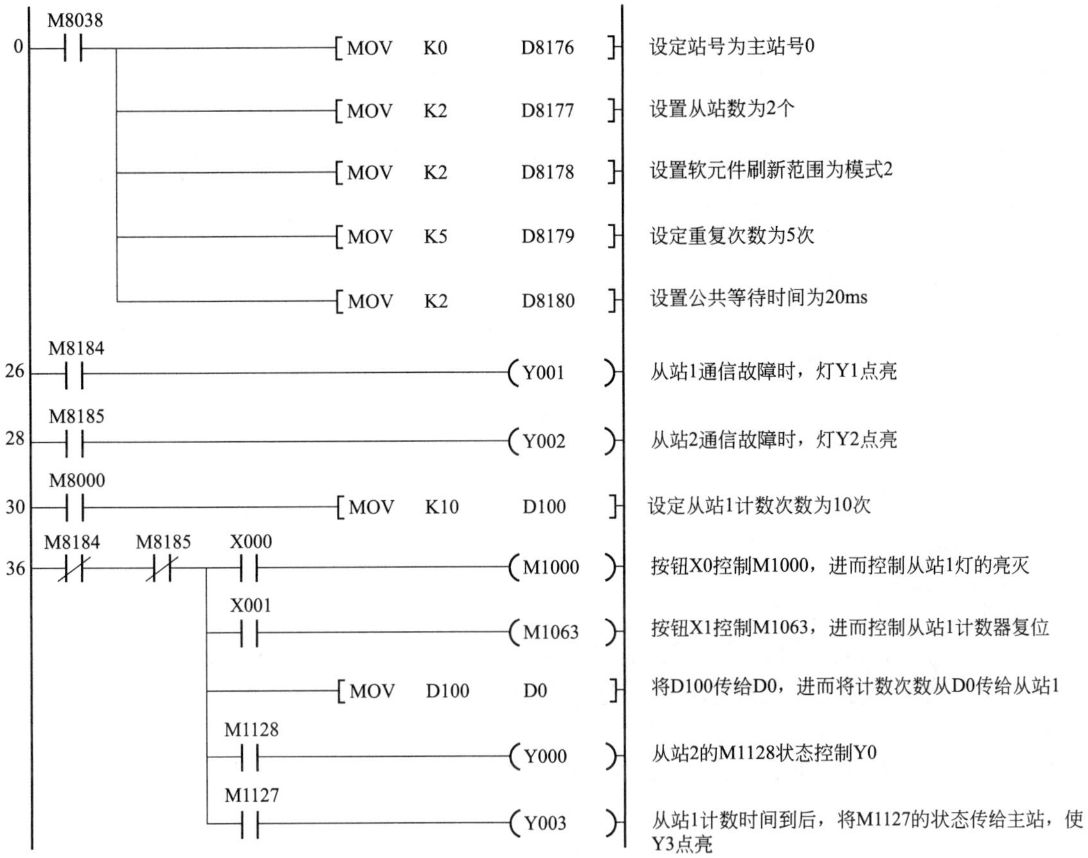

```
     M8038
 0 ───┤├──────────┬─────────────[MOV    K0      D8176 ]      设定站号为主站号0
                   ├─────────────[MOV    K2      D8177 ]      设置从站数为2个
                   ├─────────────[MOV    K2      D8178 ]      设置软元件刷新范围为模式2
                   ├─────────────[MOV    K5      D8179 ]      设定重复次数为5次
                   └─────────────[MOV    K2      D8180 ]      设置公共等待时间为20ms

     M8184
26 ───┤├────────────────────────────────────( Y001 )         从站1通信故障时，灯Y1点亮

     M8185
28 ───┤├────────────────────────────────────( Y002 )         从站2通信故障时，灯Y2点亮

     M8000
30 ───┤├──────────────────────[MOV    K10     D100  ]         设定从站1计数次数为10次

     M8184   M8185   X000
36 ───┤/├─────┤/├─────┤├───────────────────( M1000 )          按钮X0控制M1000，进而控制从站1灯的亮灭
                     X001
                   ───┤├───────────────────( M1063 )          按钮X1控制M1063，进而控制从站1计数器复位
                   ──────────────[MOV    D100    D0  ]         将D100传给D0，进而将计数次数从D0传给从站1
                     M1128
                   ───┤├───────────────────( Y000 )           从站2的M1128状态控制Y0
                     M1127
                   ───┤├───────────────────( Y003 )           从站1计数时间到后，将M1127的状态传给主站，使
                                                              Y3点亮
```

(a) 主站程序

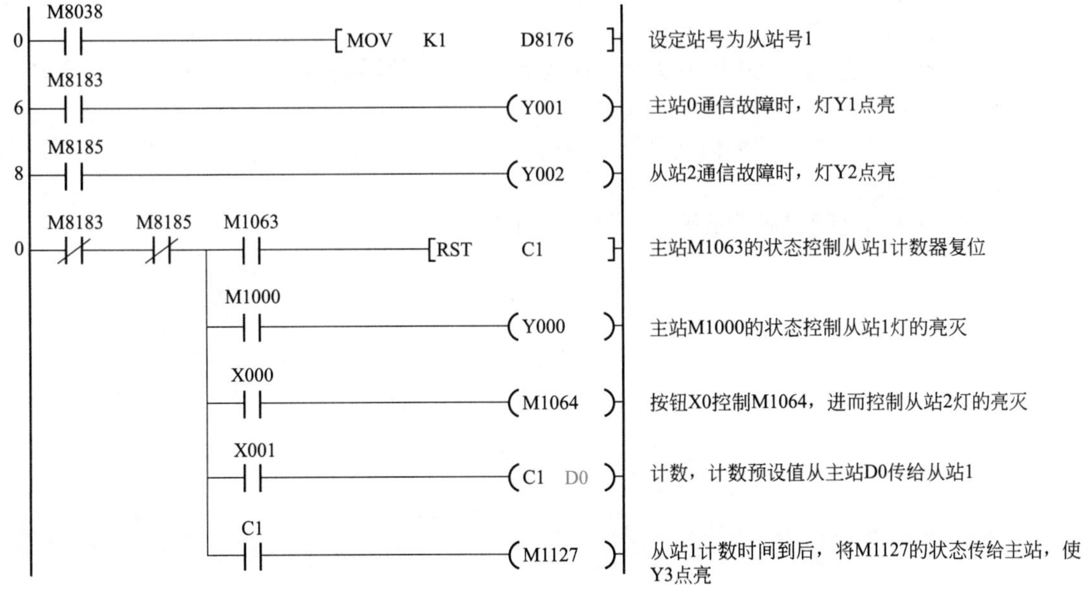

```
     M8038
 0 ───┤├──────────────────────[MOV    K1      D8176 ]         设定站号为从站号1

     M8183
 6 ───┤├────────────────────────────────────( Y001 )         主站0通信故障时，灯Y1点亮

     M8185
 8 ───┤├────────────────────────────────────( Y002 )         从站2通信故障时，灯Y2点亮

     M8183   M8185   M1063
 0 ───┤/├─────┤/├─────┤├───────────────[RST    C1  ]         主站M1063的状态控制从站1计数器复位
                     M1000
                   ───┤├───────────────────( Y000 )           主站M1000的状态控制从站1灯的亮灭
                     X000
                   ───┤├───────────────────( M1064 )          按钮X0控制M1064，进而控制从站2灯的亮灭
                     X001
                   ───┤├───────────────────( C1    D0 )       计数，计数预设值从主站D0传给从站1
                     C1
                   ───┤├───────────────────( M1127 )          从站1计数时间到后，将M1127的状态传给主站，使
                                                              Y3点亮
```

(b) 从站1程序

图 11-10

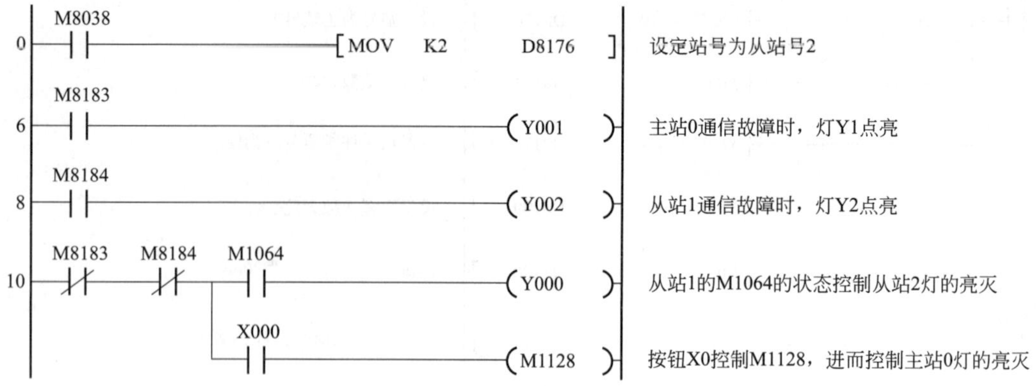

```
       M8038
    0 ──┤├──────────────────────[MOV  K2    D8176 ]    设定站号为从站号2

       M8183
    6 ──┤├─────────────────────────────( Y001 )        主站0通信故障时，灯Y1点亮

       M8184
    8 ──┤├─────────────────────────────( Y002 )        从站1通信故障时，灯Y2点亮

       M8183  M8184  M1064
   10 ──┤/├───┤/├───┬─┤├──────────────( Y000 )        从站1的M1064的状态控制从站2灯的亮灭
                    │
                    │  X000
                    └─┤├──────────────( M1128 )       按钮X0控制M1128，进而控制主站0灯的亮灭
```

(c) 从站2程序

图 11-10 控制程序

程序说明

控制程序如图 11-10 所示。

因为是三台 FX3U 系列 PLC 通过 RS485 通信，所以选用 N ∶ N 网络通信。特殊寄存器 M8038 为设定通信参数用的标志位。程序中没有出现 M8179，即无 M8179 程序，所以使用通道 1。

① 按下主站按钮 SB0，X0 常开触点闭合，使 M1000 线圈得电，与从站 1 连接的指示灯点亮，松开灯熄灭。

② 按下从站 1 按钮 SB0，X0 常开触点闭合，使 M1064 线圈得电，与从站 2 连接的指示灯点亮，松开灯熄灭。

③ 按下从站 2 按钮 SB0，X0 常开触点闭合，使 M1128 线圈得电，与主站连接的指示灯点亮，松开灯熄灭。

④ 主站数据寄存器 D100 作为从站 1 计数器 C1 的计数器初值，主站的按钮 SB1 为从站 1 计数器的复位按钮。

⑤ 当从站 1 计数器的计数值达到预设值时，C1 常开触点闭合，使 M1127 线圈得电，则主站的指示灯点亮。

⑥ 主站与从站之间有通信故障时，相应的灯点亮。

第**3**篇

PLC 和触摸屏及组态软件的综合应用

第12章 PLC 与触摸屏的综合应用

12.1 WinCC flexible SMART 触摸屏编程软件

在工艺过程日趋复杂、对机器和设备功能的要求不断增加的环境中，获得最大的透明性对操作员来说至关重要。人机界面（HMI）提供了这种透明性。HMI 是操作员与机器/设备之间的接口，PLC 则是控制过程的实际单元之一。

Smart 700 IE V3 是一种适用于小型自动化系统的新一代 Smart Panel，它的基本功能可以满足小型机器和简单应用的可视化需求。借助 SMART 系列触摸屏的编辑软件 WinCC flexible SMART 可简化编程，使得面板的组态和操作更加简便。

12.1.1 WinCC flexible SMART 工程系统

WinCC flexible SMART 为每一项组态任务提供专门的编辑器，所有与项目相关的组态数据都存储在项目数据库中。在 WinCC flexible SMART 中创建新项目或打开现有项目时，将打开 WinCC flexible Smart 工程系统，如图 12-1 所示。

（1）菜单栏

当激活相应的编辑器时，将显示此编辑器专用的菜单命令。

（2）工具栏

通过工具栏可以快捷地访问组态 HMI 设备所需的常用功能。某种编辑器处于激活状态时，会显示此编辑器专用的工具栏。当鼠标指针移到某个命令上时，将显示对应的工具提示。

（3）工作区

如图 12-2 所示，工作区用来编辑项目的对象，每个编辑器在工作区域中以单独的选项卡控件形式打开。当同时打开多个编辑器时，只有一个选项卡处于激活状态。要选择一个不同的编辑器，在工作区单击相应的选项卡即可。如果工作区太小无法显示全部选项卡，将激活浏览箭头 ◀ ▶，单击相应的浏览箭头，则可以访问未在工作区中显示的选项卡，如果要关闭当前的编辑器，则只需要单击工作区中的符号 ✖。

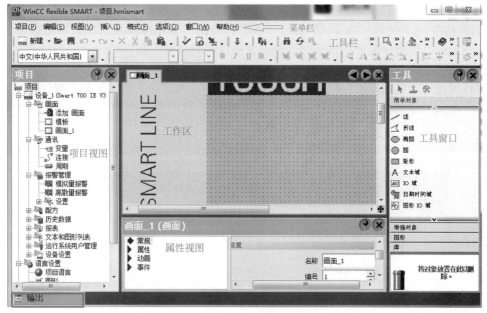

图 12-1　工程系统

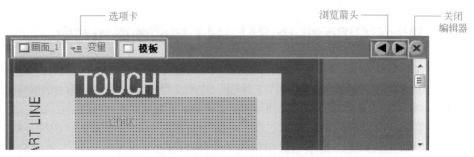

图 12-2　工作区

（4）项目视图

项目视图用于创建和打开要编辑的对象，包含一些重要命令的快捷菜单。项目视图显示了项目所有的组件和编辑器，并且可用于打开这些组件和编辑器。每个编辑器均分配有一个符号，该符号可用来标识相应的对象，如图 12-3（a）所示。

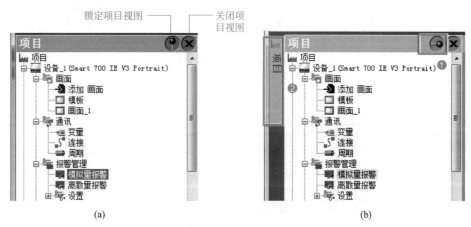

（a）　　　　　　　　　　　　（b）

图 12-3　项目视图

图 12-3 （a）中的项目视图处于"锁定"状态，此时，视图始终处于显示状态。

如图 12-3 （b）所示，按下 ❶ 处的"锁定"按钮，当光标移至"项目"（ ❷ 处）时，项目视图显示，当光标离开项目视图区域时，项目视图将被隐藏。

（5）属性视图

属性视图用于编辑从工作区中选择的对象的属性，所选择的对象不同，属性视图的内容也不同。在属性视图中，更改后的值会在退出输入字段后直接生效，当输入字段无效时，将会以彩色背景突出显示，系统也将为修正输入做出提示。其中，"画面"的属性视图如图 12-4 所示。

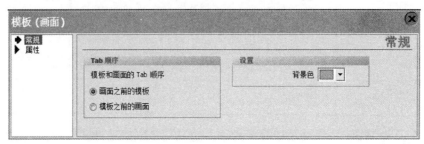

图 12-4 "画面"的属性视图

12.1.2 WinCC flexible SMART 中的画面和对象

画面是放置对象的载体，可以在工作区的窗口中单独打开。

对象是用于设计项目的图形元素。"工具箱"包含过程画面中需要经常使用的四类对象。其中，"简单对象"是指文本字段这类图形对象以及 I/O 字段这类标准操作元素；"增强对象"则扩展了功能范围，可以实现动态显示过程；"图形对象"，如机器和工厂组件、测量设备、控制元素、旗帜和建筑物等，采用目录树结构，按照主题分类显示；"库"包含对象模板，如管道、泵或默认按钮的图形等。

（1）画面

画面位于工作区，可以在属性视图中编辑它的属性。有关画面的属性如表 12-1 所示。

表 12-1 画面属性

类别	细分	说明
常规		可以改变画面的名称、查看画面的编号，选择使用还是不使用模板和改变画面的背景色，如图 12-5 （a）所示
属性	层	编号是 0 ~ 31 层，勾选表示此层显示，取消勾选表示此层隐藏。还可以设置活动层，用红色表示，放置的对象都在活动层上，活动层不能隐藏，如图 12-5 （b）所示
	信息文本	用于按键面板，当按下帮助键时，它可以弹出一个对话框，对话框里显示的就是这个信息文本的内容
动画	可见性	利用一个变量对一幅画面进行"隐藏"或者"可见"状态切换。需要勾选"启用"，然后设置"变量""类型""状态"和"范围"，来决定该画面是否可见，如图 12-5 （c）所示
事件	加载	从其他画面切换到该幅画面时，触发"加载"事件。触发事件后，需要通过选择系统函数来决定需要执行的任务，如图 12-5 （d）所示
	清除	从该幅画面切换到另一画面时，触发"清除"事件。触发事件后，需要通过选择系统函数来决定需要执行的任务

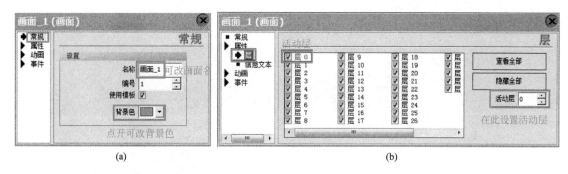

图 12-5 画面属性

（2）几何形状类简单对象

简单对象是构成一些复杂图形的基本元素。几何形状类简单对象包括线、折线、椭圆、圆和矩形等，它们的属性类似，区别在于一些几何属性不同，如矩形需要用长和宽定义，圆则需要用半径定义等。有关线的属性如表 12-2 所示。

表 12-2 线的属性

类别	细分	说明
属性	外观	定义线条的颜色，线的宽度、样式，线的起始和结束点是否有箭头，线末端为圆形还是方形，如图 12-6（a）所示
	布局	指对象在画面上的坐标，画面的左上角为坐标轴的原点。可以设置对象的位置、大小、起始点和结束点，如图 12-6（a）所示
	闪烁	定义运行时是否闪烁
	其他	定义对象的名称和所在的层号
动画	外观	用变量数值控制对象的前景色、背景色和是否闪烁，如图 12-6（b）所示
	对角线移动	用变量数值控制对象对角线方向移动，如图 12-6（c）所示
	水平移动	用变量数值控制对象水平方向移动
	垂直移动	用变量数值控制对象垂直方向移动
	直接移动	采用定义起始坐标和偏移量的方式，使对象移动，如图 12-6（d）所示
	可见性	用变量数值控制对象是隐藏还是可见，如图 12-6（e）所示

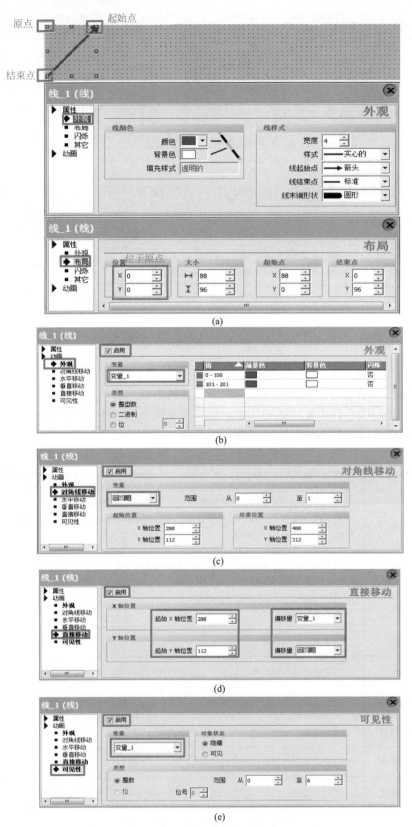

图 12-6 线的属性

（3）域类简单对象

域类简单对象包含文本域、IO域、日期时间域、图形IO域和符号IO域等，它们有些属性与几何形状类简单对象类似，在此只对不同之处做一些介绍。

① 文本域　文本域可以用来显示文本。文本域的部分属性如图12-7所示。

a.常规属性：可以输入需要显示的文本，输入文本的实际长度取决于对象的大小。

b.属性→外观：定义文本的颜色、填充的背景色和填充样式，还可以设置边框的宽度、颜色、样式和是否三维显示。

c.属性→文本：设置字体的类型和大小以及对齐方式等。

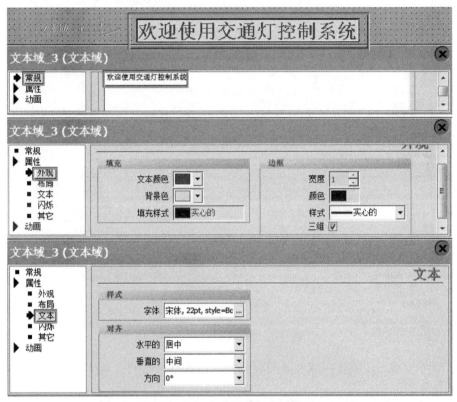

图 12-7　文本域的部分属性

② IO域　IO域用以显示或修改变量值。IO域的部分属性如图12-8所示。

a.常规：可以选择IO域的模式、过程变量、显示的格式等。

b.属性→限制：定义超出上限值或下限值的数值显示时所采用的颜色。可以从下拉调色板中选择一种颜色。

c.属性→安全：IO域是有输入模式，所以允许用户进行修改。安全的属性主要分配一个权限，没有权限不允许修改。操作中可勾选是否启用安全模式和是否用隐藏输入，如果选中隐藏输入，则在IO域中输入的内容不可见，将会用"*"代替。

d.动画→启用对象：可以通过一个变量来控制是启用还是禁用此IO域。

e.事件→激活：光标移到这个对象上，则触发激活事件。触发事件后，需要通过选择系统函数来决定需要执行的任务。

f.事件→取消激活：当光标离开这个对象时，触发取消激活事件。触发事件后，需要通过选择系统函数来决定需要执行的任务。

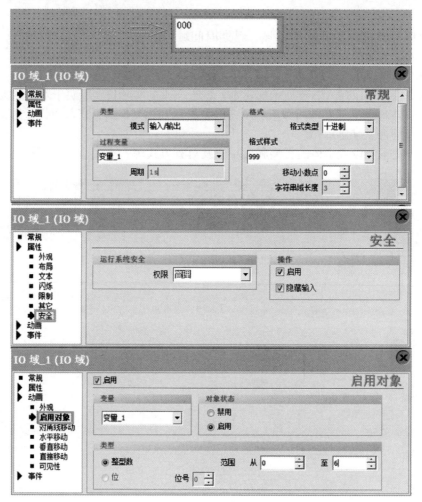

图 12-8   IO 域的部分属性

③ 日期时间域   日期时间域可以用以显示或修改日期时间。日期时间域的"常规"属性如图 12-9 所示。

常规：可以选择日期时间域的模式、显示格式以及显示系统时间还是使用变量。

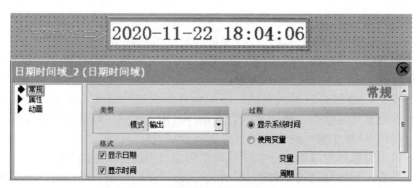

图 12-9   日期时间域的"常规"属性

④ 图形 IO 域   图形 IO 域通过变量与图形列表相关联，图形列表中有很多幅图片。当变量等于不同值的时候，将会在图形列表中查找编号等于此值的图片，或者当显示某一幅图

片时，对应的变量将等于图片的编号。图形IO域一般用于要求对象产生旋转动画效果时，采用十几幅图片，通过改变这个变量值，使其依次显示，产生动画效果。

在"常规"属性中，可以选择IO域的模式并且将选择的变量与图形列表相关联。其中，在IO域的模式中，"输出"模式是指只能通过改变变量值来切换图形；"输入"模式是通过滚动条切换图形，进而改变图形关联的变量；"输入/输出"模式则是输入和输出两种模式都可以。

⑤符号IO域　符号IO域通过变量与文本相关联，其余和图形IO域类似。

（4）图形视图

图形视图主要是显示各种图片。它支持多种图片格式，其常规属性如图12-10所示。

图12-10　图形视图的"常规"属性

在"常规"属性中，可以实现添加图形、创建图形或删除图形命令，并且可以选择列表方式或者缩略图方式显示添加的图形，还能够将图片填入图形视图或者从图形视图清除。

（5）按钮

按钮是接收操作员指令的一个对象，其部分属性如图12-11所示。

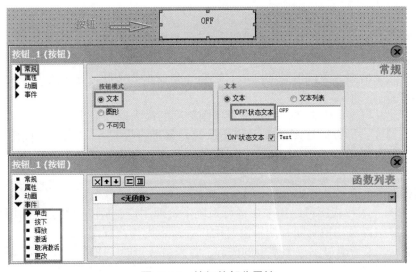

图12-11　按钮的部分属性

a.常规：常规里面有"文本""图形"和"不可见"三种模式。其中，"文本"指在按钮上面显示一个文本；"图形"指在按钮上面显示一个图片；"不可见"指按钮是隐形的，不可见按钮使用一个单独的层，这样就可以通过切换该层的可见性来显示和隐藏所有的不可见按钮。

b.事件→单击：就是按下按钮，并放开。

c.事件→按下：就是按下按钮，没放开。

d.事件→释放：就是放开按钮。

e.事件→更改：按钮状态发生改变，如从按下到放开或从放开到按下都会触发按钮的"更改"事件。

触发事件后，需要通过选择系统函数来决定需要执行的任务。

（6）开关

与按钮类似，开关也是接收操作员指令的一个对象，其"常规"属性如图12-12所示。

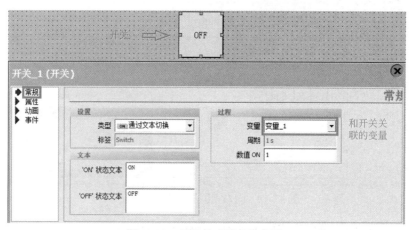

图 12-12　开关的"常规"属性

a."常规"属性：常规里面有文本、图形两种模式，并且开关的闭合和断开与一个变量相关联。

b.事件→打开：就是断开，关联变量为0。

c.事件→关闭：就是闭合，关联变量为1。

触发事件后，需要通过选择系统函数来决定需要执行的任务。

（7）棒图

棒图是可以显示类似液位信息的图形。它与一个变量相关联，显示这个变量的变化，其部分属性如图12-13所示。

a.常规：设置与变量相关联，并且设置棒图刻度的最大值和最小值。

b.属性→刻度：可以对棒图的刻度和显示的元素进行设置，"大刻度间距"指每隔多少数值设置一个大刻度；"标记增量标签"指每隔几个大刻度标记一个刻度值；"份数"指每个大刻度细分为几个小刻度。

（8）增强对象

①用户视图　用户视图可以用来在运行系统中管理用户，每一行都会显示用户、密码、用户所属的用户组以及注销时间，如果没有用户登录，则用户视图为空。单击用户视图会打开登录对话框，登录后会显示各个字段的内容。管理员登录时，用户视图中显示所有的用户，管理员可以更改用户名和密码，还可以创建新用户，并将其分配到现有的用户组。

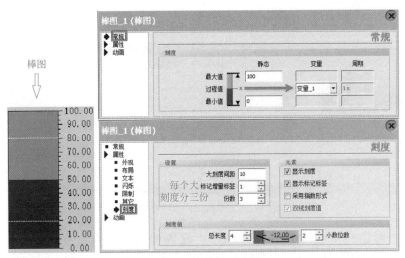

图 12-13　棒图的部分属性

　　用户和用户组在工程组态系统中创建，并会传送到 HMI 设备。具有"管理"权限的用户可以对用户视图进行无限制的访问，从而对所有用户进行管理，所有其他用户只拥有对用户视图的有限访问权限，只能进行自我管理。

　　② 趋势视图　趋势视图可以动态地显示对象，当变量值变化时，利用趋势视图可以画出变量值的变化趋势。趋势视图中，最多可同时显示四个变量的趋势。如果显示的过程值超出或低于组态的限制值，则可通过改变趋势中的颜色来显示限制值超界。在其属性视图中，可自定义对象位置、样式、颜色和字体的设置。

　　③ 配方视图　操作员可在运行期间使用"配方视图"来查看、编辑和管理数据记录。

　　④ 报警视图　报警视图可以显示在报警缓冲区或报警日志中选择的报警或报警事件，根据报警所组态的大小，可以同时显示多个报警，可以在不同的画面中为不同的报警类别组态多个报警视图。发生报警时，报警视图不会自动打开，必须打开带有报警视图的过程画面才能查看报警。

　　（9）图形

　　图形对象，如机器和工厂组件、测量设备、控制元素、旗帜和建筑物等，按照分类在目录树中显示。可以创建指向图形文件的快捷方式，也可以集成到项目中。

　　（10）库

　　库包含对象模板，如管道、泵或默认按钮的图形。可将库对象的多个实例集成到项目中，而不必重新组态。WinCC flexible SMART 软件包中包含这些库，也可以在用户库中存储用户自定义的对象和面板。

12.2　综合实例——交通灯控制系统

12.2.1　新建工程

　　① 双击桌面 WinCC flexible SMART 的快捷方式图标 ，打开触摸屏编程软件，如图 12-14 所示。

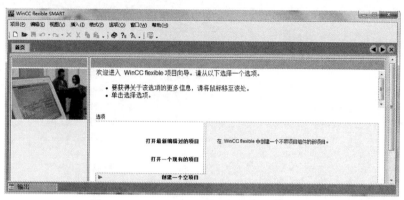

图 12-14　WinCC flexible SMART 项目向导

② 单击"创建一个空项目"，将打开"设备选择"界面，在此界面中选择 Smart Line → 7"Smart 700 IE V3，并选择与触摸屏相同的设备版本号，如图 12-15 所示。

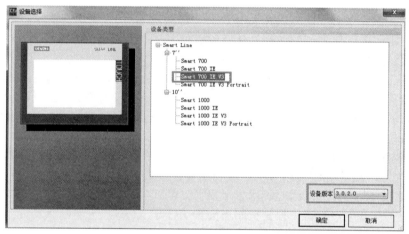

图 12-15　设备选择

③ 单击"确定"，并保存项目，项目名称默认为"项目 .hmismart"，启动后的工程系统如图 12-16 所示。

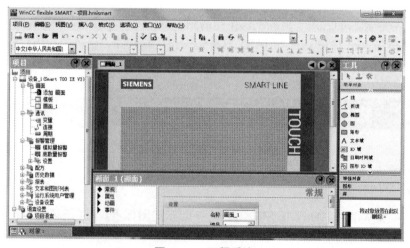

图 12-16　工程系统

12.2.2 设置 IP 地址

（1）查看 PLC 的 IP 地址

打开 S7-200 SMART 编程软件，如图 12-17 所示，首先双击 PLC 的 CPU 型号"CPU SR40"，出现"系统块"窗口。在以太网端口选项中勾选"IP 地址数据固定为下面的值，不能通过其他方式更改"，记下 PLC 的 IP 地址"192.168.2.1"，查看后可取消勾选。

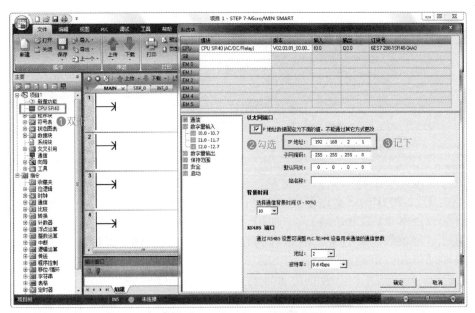

图 12-17　查看 PLC 的 IP 地址

（2）设置本地编程电脑的 IP 地址

① 打开计算机的"控制面板"，如图 12-18 所示。

图 12-18　控制面板

② 单击图 12-18 中的"网络和共享中心"，将打开"网络和共享中心"页面，如图 12-19 所示。

③ 单击图 12-19 中的"更改适配器设置"，将打开"网络连接"页面，如图 12-20 所示。

图 12-19　网络和共享中心

图 12-20　网络连接

④ 双击图 12-20 中的"本地连接"，将打开"本地连接属性"页面，在此页面中，选择"Internet 协议版本 4（TCP/IPv4）"，如图 12-21 所示。

⑤ 单击"属性"，将打开"Internet 协议版本 4（TCP/IPv4）属性"页面，单选"使用下面的 IP 地址"，在"IP 地址"处输入"192.168.2.2"，在"子网掩码"处输入"255.255.255.0"，单击"确定"，则完成编程电脑的 IP 地址设置，如图 12-22 所示。

图 12-21　本地连接属性

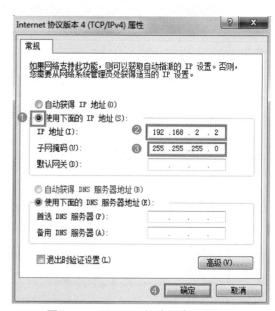

图 12-22　Internet 协议版本 4 属性

（3）设置触摸屏的 IP 地址

① 接通 HMI 设备电源后，将会打开"Loader"程序，出现如图 12-23 所示的界面。

② 单击"Control Panel"按钮，打开控制面板，对设备进行参数配置。控制面板如图 12-24 所示。

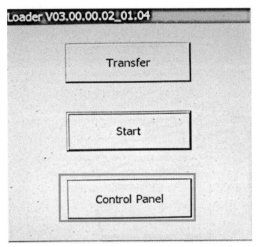

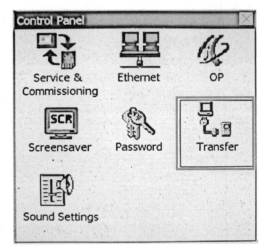

图 12-23　"Loader"程序界面　　　　　　　　　　图 12-24　控制面板

③ 双击"Transfer"按钮，打开"Transfer Settings"对话框。分别确认选择"Enable Channel"和"Remote Control"选项，如图 12-25 所示。

④ 单击"Advance"按钮，打开"Ethernet Settings"对话框。选择"IP Address"选项卡，单选"Specify an IP address"，使用屏幕键盘在"IP address""Subnet mask"文本框中输入合适数值，如图 12-26 所示，单击右上角的"OK"按钮，完成触摸屏 IP 地址设置。

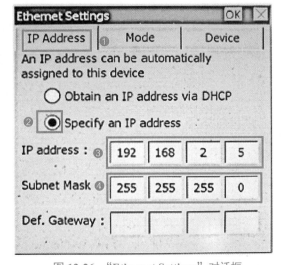

图 12-25　"Transfer Settings"对话框　　　　　图 12-26　"Ethernet Settings"对话框

12.2.3　编写 PLC 程序

（1）控制要求

① 按下启动按钮，东西方向绿灯先亮 20s，然后闪烁 6s，闪烁周期为 2s，接着东西方向黄灯亮 4s。与此同时，南北方向的红灯亮 30s 且具有红灯熄灭的倒计时功能。

② 东西方向黄灯熄灭后，东西方向的红灯亮 30s 且具有红灯熄灭的倒计时功能。与此同时，南北方向绿灯先亮 20s，然后闪烁 6s，闪烁周期为 2s，接着南北方向黄灯亮 4s。

③ 按下停止按钮，交通灯控制系统停止。

（2）控制程序

如图 12-27 所示。

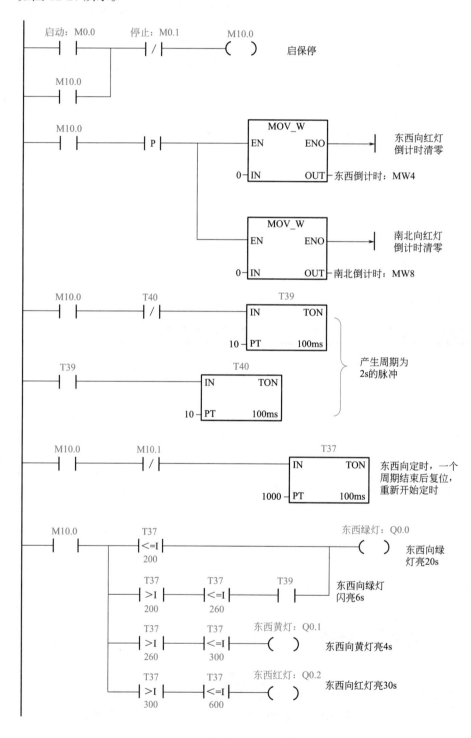

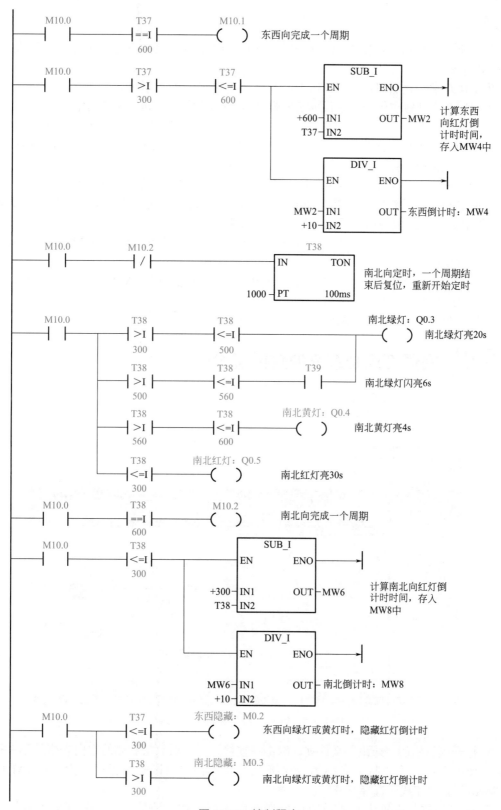

图 12-27　控制程序

程序说明

① 按下启动按钮 M0.0，M10.0 得电并自锁，将东西和南北向的红灯倒计时寄存器 MW4 和 MW8 清零。

② M10.0 常开触点闭合，T39 和 T40 配合产生周期为 2s 的脉冲。

③ M10.0 常开触点闭合，东西向定时器 T37 和南北向定时器 T38 开始定时。

④ 东西向控制：当 T37 定时时间小于等于 20s 时，绿灯亮，20 ~ 26s 之间时，绿灯闪亮，26 ~ 30s 之间时，黄灯亮；30 ~ 60s 之间时，红灯亮。时间到达 60s 时，东西周期标志 M10.1 得电，将 T37 复位后，重新开始下一个周期。

⑤ 南北向控制：当 T38 定时时间小于等于 30s 时，红灯亮，30 ~ 50s 之间时，绿灯亮，50 ~ 56s 之间时，绿灯闪亮；56 ~ 60s 之间时，黄灯亮。时间到达 60s 时，南北周期标志 M10.2 得电，将 T38 复位后，重新开始下一个周期。

⑥ 东西向红灯点亮时，计算倒计时时间，存入 MW4；南北向红灯点亮时，计算倒计时时间，存入 MW8。

⑦ 东西向红灯熄灭时，为了隐藏倒计时窗口，设置隐藏标志 M0.2。南向红灯熄灭时，为了隐藏倒计时窗口，设置隐藏标志 M0.3。

⑧ 按下停止按钮 M0.1，M10.0 失电，系统停止。

12.2.4 交通灯控制系统的触摸屏设计

（1）建立 PLC 与触摸屏的连接

PLC 与触摸屏的连接设置如图 12-28 所示。

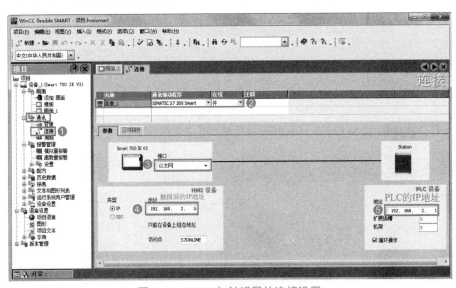

图 12-28　PLC 与触摸屏的连接设置

① 打开项目树的"通讯"文件夹，双击"连接"，然后双击右侧的空白表格的第一行，将会自动出现第一个连接，名称为"连接_1"。选择"通讯驱动程序"为"SIMATIC S7 200 Smart"，"在线"选择"开"。

② 在"参数"设置中，触摸屏接口选择以太网。在"地址"处，分别输入触摸屏和 PLC 的 IP 地址，至此，完成 PLC 与触摸屏的连接。

（2）建立变量

建立变量的方法如图 12-29 所示。

① 打开项目树的"通讯"文件夹，双击"变量"，然后双击右侧的空白表格的第一行，将会自动出现第一个变量，名称为"变量_1"。

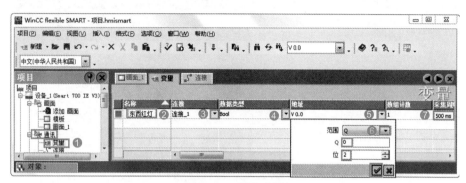

图 12-29　建立变量

② 将名称改为"东西红灯"。打开"连接"下拉列表，选择"连接_1"。打开"数据类型"下拉列表，选择"Bool"型。

③ 打开"地址"下拉列表，"范围"选择"Q"，"Q"文本框输入"0"，"位"文本框输入"2"，单击"√"。

④ 打开"采集周期"下拉列表，选择"500ms"。至此，第一个变量建立完成。另外，建立变量时，也可以双击表格内容，然后直接修改内容。

⑤ 双击表格的第二行，可以建立第二个变量，以此类推。建立后的所有变量如图 12-30 所示。

图 12-30　所有变量

（3）设计触摸屏画面

设计完的整体画面如图 12-31 所示。

① 画出十字路口　选中简单对象中的"折线"，将光标移动到画面中合适位置，单击鼠标左键，移动鼠标，拉出一根线。如果想拐弯，就在拐弯处再单击一下鼠标，结束时双击

鼠标左键即可。

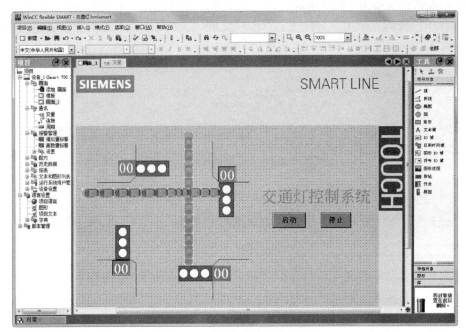

图 12-31　交通灯控制系统画面

② 交通灯的设计　交通灯的设计方法如图 12-32 所示。

a. 选中简单对象中的"矩形"，将光标移动到画面中合适位置，单击鼠标左键，将会在画面上画出一个矩形，拉动四周的"小矩形"调节至合适大小。在"矩形"的属性视图中，单击"属性"→"外观"，将填充色改为蓝色。用同样的方法共画出 4 个矩形。

b. 选中简单对象中的"圆"，将光标移动到画面中合适位置，单击鼠标左键，将会在画面上画出一个圆，拉动周围的"小矩形"调节至合适大小。用同样的方法共画出 12 个圆。

c. 在"圆"的属性视图中，单击"动画"→"外观"，勾选"启用"。在"变量"的下拉列表中，选择"南北红灯"，类型选择"位"。

d. 双击右侧的空白表格的第一行和第二行。按照图 12-32 设置其内容，则南北红灯设置完成。

e. 按照表 12-3 完成 12 个灯的属性设置，其中南北红、绿、黄灯各两个，东西红、绿、黄灯各两个。

表 12-3　灯的属性设置

灯的名称	变量	类别	值为 0			值为 1		
			前景色	背景色	闪烁	前景色	背景色	闪烁
南北红灯	南北红灯	位	黑色	白色	否	黑色	红色	否
南北绿灯	南北绿灯	位	黑色	白色	否	黑色	绿色	否
南北黄灯	南北黄灯	位	黑色	白色	否	黑色	黄色	否
东西红灯	东西红灯	位	黑色	白色	否	黑色	红色	否
东西绿灯	东西绿灯	位	黑色	白色	否	黑色	绿色	否
东西黄灯	东西黄灯	位	黑色	白色	否	黑色	黄色	否

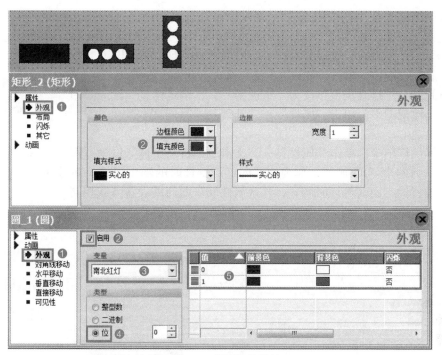

图 12-32　交通灯的设计

③ 红灯倒计时显示的设计　红灯倒计时显示的设计如图 12-33 所示。

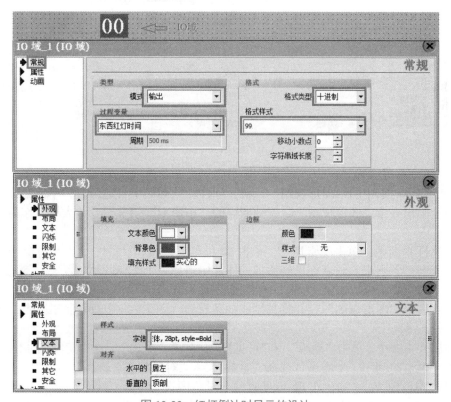

图 12-33　红灯倒计时显示的设计

a.选中简单对象中的"IO域",将光标移动到画面中合适位置,单击鼠标左键,将会在画面上画出一个"IO域",拉动四周的"小矩形"调节至合适大小,用同样的方法再画一个"IO域"。这两个"IO域"作为东西向红灯倒计时的输出窗口。

b.在属性视图中,单击"常规",将"模式"设为"输出",将"过程变量"设置为"东西红灯时间";"格式类型"设为"十进制";"格式样式"设为"99"。

c.在属性视图中,单击"属性"→"外观",将"文本颜色"设为白色,将"背景色"设为桃红色。

d.在属性视图中,单击"属性"→"文本",将"字体"设为"宋体,28pt,粗体"。

e.画出另两个"IO域",作为南北向红灯倒计时的输出窗口。在常规属性中,将"过程变量"设置为"南北红灯时间",其余属性同东西向的设置方式相同。

④过路车辆设计 过路车辆的设计如图12-34所示。

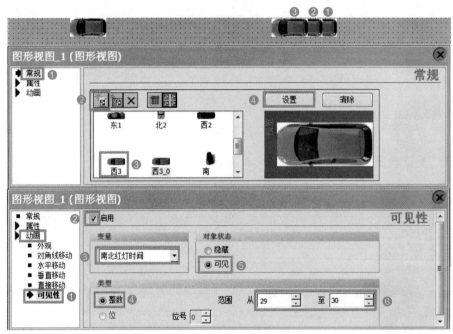

图12-34 过路车辆的设计

a.选中简单对象中的"图形视图",将光标移动到画面中合适位置,单击鼠标左键,将会在画面上画出一个"图形视图",拉动四周的"小矩形"调节至合适大小,作为东西向过路车辆。

b.在属性视图中,单击"常规",单击❷处的添加按钮"🖼",选择电脑中合适的车辆图片填充"图形视图"。或者在已经添加的图片中选择一个车辆图片(❸处),然后单击"设置"(❹处)。这样,"图形视图"中将被此车图片填充。

c.复制多个"图形视图",并将其排成一条直线。图12-34中只复制了三个,序号分别设为❶、❷、❸。

d.在属性视图中,单击"动画"→"可见性",勾选"启用"。在"变量"的下拉列表中,选择"南北红灯时间","类型"选择"整数","对象状态"选择"可见",车❶可见时的变量范围设为29~30,车❷可见时的变量范围设为27~28,车❸可见时的变量范围设为25~26。车的数量越多,排列越紧密,动画效果越连贯。

e.用同样的方法设计南北向过路车辆,变量选为"东西红灯时间"。

⑤ 启动按钮和停止按钮的设计　启动按钮的外观设计如图 12-35 所示。

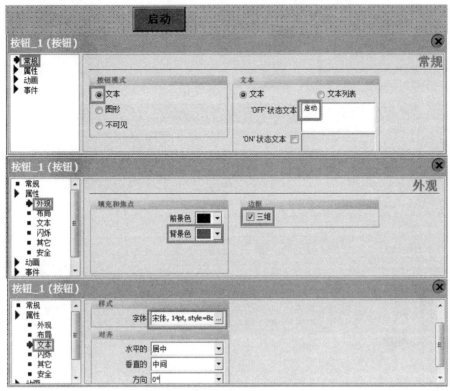

图 12-35　按钮的外观设计

a. 选中简单对象中的"按钮"，将光标移动到画面中合适位置，单击鼠标左键，将会在画面上画出一个"按钮"，拉动四周的"小矩形"调节至合适大小，作为启动按钮。

b. 在属性视图中，单击"常规"，"按钮模式"选择"文本"，在"'OFF'状态文本"的文本框中输入"启动"。

c. 在属性视图中，单击"属性"→"外观"，"背景色"选择绿色，勾选"三维"。

d. 在属性视图中，单击"属性"→"文本"，将"字体"设为"宋体、14pt、粗体"。

e. 用同样的方法设计停止按钮，把颜色设为红色，"'OFF'状态文本"设为"停止"，其他设置方法与启动按钮相同。

启动按钮的触发事件设计如图 12-36 所示。

a. 在属性视图中，单击"事件"→"按下"。在右侧表格第一行下拉列表中，打开"编辑位"文件夹，单击"SetBit"。在出现的第二行下拉列表中，选择变量"启动"。

b. 在属性视图中，单击"事件"→"释放"。在右侧表格第一行下拉列表中，打开"编辑位"文件夹，单击"ResetBit"。变量也选择"启动"。

d. 用同样的方法设计停止按钮，将变量设为"停止"，其他设置方法与启动按钮相同。

⑥ 画面标题的设计　画面标题的设计方法如图 12-37 所示。

a. 选中简单对象中的"文本域"，将光标移动到画面中合适位置，单击鼠标左键，将会在画面上画出一个"文本域"，拉动四周的"小矩形"调节至合适大小。

b. 在属性视图中，单击"常规"，在右侧的文本框中输入"交通灯控制系统"。

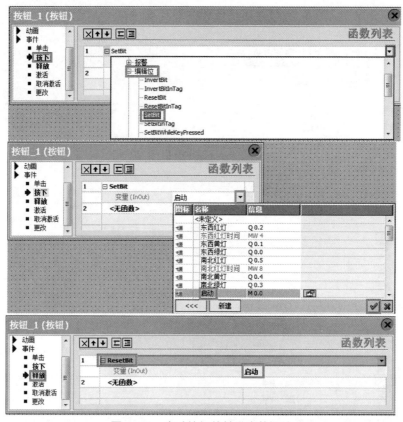

图 12-36　启动按钮的触发事件设计

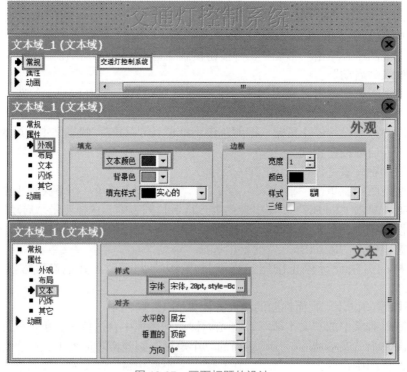

图 12-37　画面标题的设计

c. 在属性视图中，单击"属性"→"外观"，"文本颜色"选择红色。

d. 在属性视图中，单击"属性"→"文本"，将"字体"设为"宋体、28pt、粗体"。

12.2.5 运行调试

（1）用触摸屏软件模拟运行

① 进行通信设置

a. 打开计算机的"控制面板"，如图12-38所示。

图 12-38　控制面板

b. 单击图12-38中的"Communication Settings"，将打开"Siemens通信设置"页面，如图12-39所示。

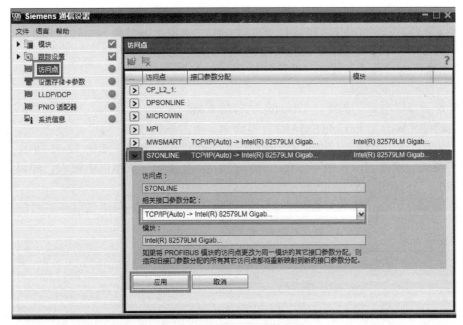

图 12-39　Siemens 通信设置

c. 选择图12-39中的"访问点"，单击右侧"S7ONLINE"旁边的"▶"，将打开下拉页面，选择"相关接口参数分配"为"TCP/IP（Auto）→ intel（R）……"（省略的为电脑网卡的名称），单击"应用"，则通信设置完毕。

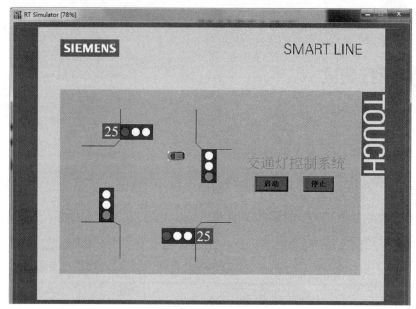

图 12-40　"交通灯控制系统"运行效果

② 运行结果

a. 打开 PLC 编程软件"STEP 7-MicroWIN SMART"，在软件中打开"交通灯控制系统"PLC 程序，单击"运行"使 PLC 状态处于"RUN"状态。

b. 单击触摸屏软件工具栏的启动运行系统按钮"🔳"，则打开"RT Simulator"系统，如图 12-40 所示。

c. 单击画面的启动按钮，东西向依次绿灯亮、绿灯闪亮、黄灯亮，东西向小车移动，同时南北向红灯亮，并显示倒计时时间。30s 后，南北向依次绿灯亮、绿灯闪亮、黄灯亮，南北向小车移动，同时东西向红灯亮，并显示倒计时时间。

d. 单击画面的"停止"按钮，系统停止。

（2）与硬件触摸屏通信

① 打开触摸屏电源，选择"Transfer"启动下载。

② 在软件"WinCC flexible SMART"界面中，单击下载按钮"🔽"，或选择菜单栏"项目"→"传送"→"传输"，将打开"选择设备进行传送"窗口，如图 12-41 所示。

③ "模式"选择"以太网"，在"计算机名或 IP 地址"文本框中输入已经设置好的触摸屏 IP 地址"192.168.2.5"，单击"传送"。

④ 传送完毕后，"交通灯控制系统"将在触摸屏上运行，操作过程和运行结果与模拟情况类似。

图 12-41　"选择设备进行传送"窗口

第13章 PLC 与组态软件的综合应用

13.1 组态王软件

组态王软件是一种通用的工业监控软件，它将过程控制设计、现场操作以及工厂资源管理融于一体，将一个企业内部的各种生产系统和应用以及信息交流汇集在一起，实现最优化管理。它基于 Microsoft Windows XP/Win7 系列操作系统，在企业网络的所有层次的各个位置上，用户都可以及时获得系统的实时信息。采用组态王软件开发工业监控工程，可以极大地增强用户生产控制能力，提高工厂的生产力和效率，提高产品的质量，减少成本及原材料的消耗。它适用于从单一设备的生产运营管理和故障诊断，到网络结构分布式大型集中监控管理系统的开发。

组态王软件作为一个开放型的通用工业监控软件，支持国内外常见的 PLC、智能模块、智能仪表、变频器、数据采集板卡等，通过常规通信接口（如串口方式、USB 接口方式、以太网、总线、GPRS 等）进行数据通信。

组态王软件由工程管理器、工程浏览器、画面运行系统和信息窗口四部分构成。其中工程浏览器内嵌画面开发系统，即组态王开发系统。

13.1.1 工程管理器

工程管理器的主要功能包括：新建、删除工程，对工程重命名，搜索组态王工程，修改工程属性，工程备份、恢复，数据词典的导入导出，切换到组态王开发或运行环境等。

双击桌面上组态王的快捷方式图标 🔣，启动后的工程管理器窗口如图 13-1 所示。

（1）"文件"菜单栏

① 新建工程 单击菜单栏"文件"→"新建工程"或工具栏"新建"图标 🗋，弹出"新建工程"对话框，可以建立新的组态王工程。

② 搜索工程 单击菜单栏"文件"→"搜索工程"或工具栏"搜索"图标 🔍，在弹出的"浏览文件夹"对话框中选择某一驱动器或某一文件夹，系统将搜索指定目录下的组态王工程，并将搜索完毕的工程显示在工程列表区中。

③ 添加工程 单击菜单栏"文件"→"添加工程"，将弹出"浏览文件夹"窗口，选择需要添加的工程，可以将选中的现有工程添加到工程列表中。

图 13-1　工程管理器

④ 设为当前工程　在工程列表区中选择任一工程后，单击菜单栏"文件"→"设为当前工程"，可以将工程列表中的任一工程设为当前工程。

⑤ 删除工程　在工程列表区中选择任一工程后，单击菜单栏"文件"→"删除工程"或工具栏"删除"图标✕，可以删除选中的工程。

⑥ 重命名　在工程列表区中选择任一工程后，单击菜单栏"文件"→"重命名"，可以将工程列表中的任一工程重新命名。

⑦ 工程属性　在工程列表区中选择任一工程后，单击菜单栏"文件"→"工程属性"或工具栏"属性"图标▣，将弹出"工程属性"对话框，在"工程属性"窗口中查看并修改工程属性。

⑧ 清除工程信息　在工程列表区中选择非当前工程后，单击菜单栏"文件"→"清除工程信息"，则此工程从工程列表中移除。如果想清除当前工程，则需要将其他工程设为当前工程后，才能执行清除。

（2）"工具"菜单栏

① 工程备份　工程备份是在需要保留工程文件的时候，把组态王工程压缩成组态王自己的"*.cmp"文件。在工程列表区中选择任一工程后，单击菜单栏"工具"→"工程备份"或工具栏"备份"图标🐘，将弹出"备份工程"窗口，如图13-2（a）所示。

选择"默认（不分卷）"，并单击"浏览"，在弹出的图13-2（b）所示窗口中，选择备份文件要存放的路径，并给备份文件起个名字，单击"保存"，备份路径和文件名将出现在图13-2（a）中"备份为"的文本框中，单击"确定"开始备份，生成备份文件，备份完成。

（a）"备份工程"窗口

（b）选择路径和命名窗口

图 13-2　工程备份

② 工程恢复　单击菜单栏"工具"→"工程恢复"或工具栏"恢复"图标🐘，将弹出"选择要恢复的工程"窗口，选择已经备份的"*.cmp"文件，可将备份的工程文件恢复到工程列表区中。

③ 数据词典导入 在工程列表区中选择任一工程后，单击菜单栏"工具"→"数据词典导入"或工具栏"DB导入"图标■，在弹出的"浏览文件夹"对话框中选择导入的文件名称，可将EXCEL表格中编辑好的数据或利用"DB导出"命令导出的变量导入组态王数据词典中。

④ 数据词典导出 在工程列表区中选择任一工程后，单击菜单栏"工具"→"数据词典导出"或工具栏"DB导出"图标■，可将选中工程的数据词典中的变量导出到EXCEL表格中，用户可在EXCEL表格中查看或修改变量的属性。

⑤ 切换到开发系统 在工程列表区中选择任一工程后，单击菜单栏"工具"→"切换到开发系统"或工具栏"开发"图标■，进入工程的开发环境。

⑥ 切换到运行系统 在工程列表区中选择任一工程后，单击菜单栏"工具"→"切换到运行系统"或工具栏"运行"图标■，进入工程的运行环境。

13.1.2 工程浏览器

工程浏览器是组态王的集成开发环境，由菜单栏、工具栏、工程目录显示区、工程目录内容显示区、状态栏等组成。其中"工程目录显示区" 以树形结构图显示。工程的各个组成部分如文件、数据库、设备、系统配置、SQL访问管理器、Web等，都显示在"工程目录显示区"，类似于Windows的资源管理器，如图13-3所示。

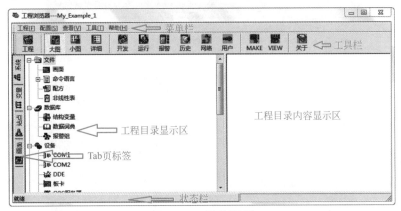

图13-3 工程浏览器

13.1.3 画面开发系统

组态王开发系统内嵌于工程浏览器，是应用程序的集成开发环境，在此环境中可以进行系统开发。开发系统中除了菜单栏以外，还附带一个工具箱，可以通过"工具"→"显示工具箱"来隐藏和显示工具箱，如图13-4所示。

（1）"文件"菜单栏

"文件"菜单用于对画面进行建立、打开、保存、删除等操作，若某一菜单条为灰色，表示此命令目前无效。

（2）"编辑"菜单栏

如图13-5所示，"编辑"菜单中有一组用于编辑图形对象的命令，为了使用这些命令，应首先选中要编辑的图形对象（对象被选中时，周围会出现八个小矩形），然后选择编辑菜单栏或"工具箱"中合适的命令。若菜单条变成灰色，表示此命令对当前图形对象无效。"工具箱"中图标与"编辑"菜单命令的相互对应关系用"矩形框"圈出。

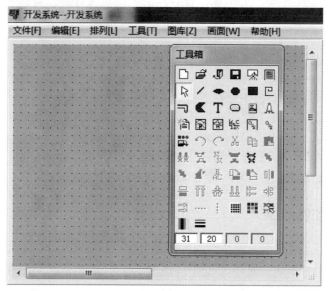

图 13-4　开发系统

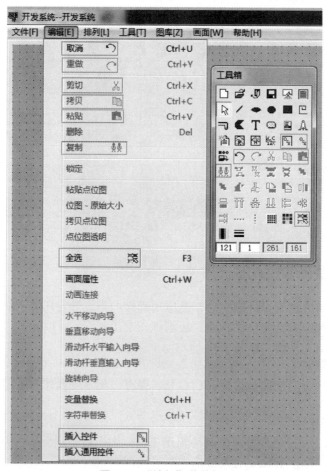

图 13-5　"编辑"菜单栏

（3）"排列"菜单栏

如图13-6所示，"排列"菜单由一系列调整画面图形对象排列方式的命令组成。在使用这些命令之前，首先要选中需要调整排列方式的两个或两个以上的图形对象，再从"排列"菜单项的下拉菜单或"工具箱"中选择命令，执行相应的操作。"工具箱"中图标与"排列"菜单命令的相互对应关系用"矩形框"圈出。

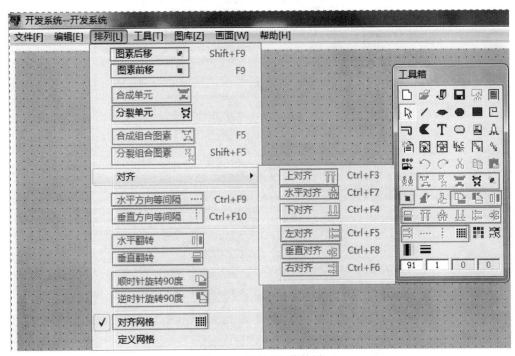

图13-6　"排列"菜单栏

（4）"工具"菜单栏

组态王开发系统中的图形对象又称图素，图素分为基本图素和特殊图素两种。其中，基本图素包含矩形、直线、椭圆、扇形、点位图、多边形、文本等；特殊图素包含按钮、历史趋势曲线、实时趋势曲线、报警窗口等。

用"工具"菜单可以激活绘制图素的状态，例如选择"工具"→"折线"命令，则可以在画面中画出折线。另外，"工具"菜单中的某些命令，还具有"隐藏"和"可见"的切换功能，如"显示工具箱"前面出现"√"号，则可以显示工具箱；如果去掉前面的"√"号，工具箱则被隐藏。"工具箱"中图标与"工具"菜单命令的相互对应关系用"矩形框"圈出，如图13-7所示。

（5）"图库"菜单栏

图库中的元素称为"图库精灵"。虽然在外观上，它们类似于组合图素，但内部嵌入了丰富的动画连接和逻辑，控制工程人员只需把它放在画面上，做少量的文字修改就能动态控制图形的外观，同时能完成复杂的功能。

"图库"菜单栏包含"创建图库精灵""转换成普通图素""打开图库""生成精灵描述文件"4个子菜单，"工具箱"中图标与"图库"菜单命令的相互对应关系用"矩形框"圈出，如图13-8所示。利用菜单栏或工具箱中的"打开图库"命令可以打开图库管理器，如图13-9所示。

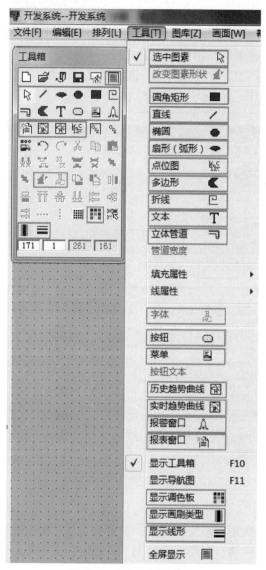

图 13-7 "工具"菜单栏

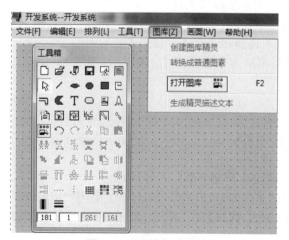

图 13-8 "图库"菜单栏

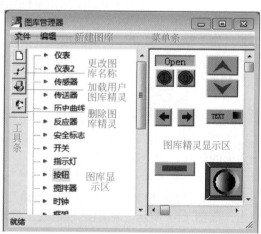

图 13-9 图库管理器

图库管理器分为菜单条、工具条、图库显示区和图库精灵显示区。其中，工具条集成了图库管理的操作，可以实现的操作为"新建图库""更改图库名称""加载用户图库精灵""删除图库精灵"。用户可以根据自己工程的需要将一些重复使用的复杂图形做成图库精灵，加入图库管理器中。

13.1.4　运行系统和信息窗口

（1）运行系统

运行系统为工程运行界面，从采集设备中获得通信数据，并依据工程浏览器的动画设计显示动态画面，实现人与控制设备的交互操作，如图 13-10 所示。

（2）信息窗口

信息窗口可以用来显示和记录组态王开发和运行系统在使用期间的主要日志信息，如图 13-11 所示。

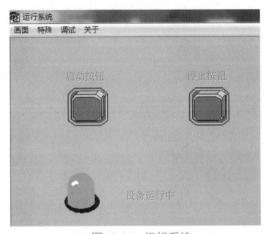

图 13-10　运行系统

图 13-11　信息窗口

13.2　组态王和 PLC 综合实例——启保停控制

13.2.1　新建工程

① 双击桌面上组态王图标 K，或者在 Windows 操作系统的"开始"菜单中，单击"程序"→文件夹"组态王 6.5"→命令"组态王 6.5"，打开"组态王工程管理器"窗口，如图 13-12 所示。

② 选择菜单栏中的"文件"→"新建工程"或单击工具栏的"新建"按钮，弹出"新建工程向导之一"对话框，如图 13-13 所示。

③ 单击"下一步"按钮，弹出"新建工程向导之二"对话框，在"工程路径"文本框中输入一个有效的工程路径，或单击"浏览"按钮，在弹出的"路径选择"对话框中选择一个有效的路径，如图 13-14 所示。

图 13-12　组态王工程管理器

图 13-13　新建工程向导之一

④ 单击"下一步"按钮，弹出"新建工程向导之三"对话框，在"工程名称"文本框中输入工程的名称，该工程名称同时将被作为当前工程的名称；在"工程描述"文本框中输入对该工程的描述文字，也可以不写。工程名称长度应小于 32 个字节，工程描述长度应小于40 个字节，如图 13-15 所示。

图 13-14　新建工程向导之二

图 13-15　新建工程向导之三

⑤ 单击"完成"按钮，系统弹出对话框，询问"是否将新建的工程设为组态王当前工程"。如果单击"否"按钮，则新建工程不是工程管理器的当前工程，如果要将该工程设为当前工程，还要执行"文件"→"设为当前工程"命令；如果单击"是"按钮，则将新建的工程设为工程管理器的当前工程。定义的工程信息会出现在工程管理器的信息表格中，并且左边出现"小红旗"标志，表示已经将其设为当前工程，如图 13-16 所示。

图 13-16　完成新建工程后的组态王工程管理器

⑥ 双击当前工程信息条或单击"开发"按钮或选择菜单"工具"→"切换到开发系统"，打开"工程浏览器"窗口，进入组态王的开发系统，如图 13-17 所示。

图 13-17　工程浏览器

13.2.2　PLC 与组态王的通信

（1）编写 PLC 程序

① 查看 PLC 的 IP 地址　打开 S7-200 SMART 编程软件，查看 PLC 的 IP 地址为"192.168.2.1"。

② 编辑 PLC 程序　在程序编辑区输入如图 13-18 所示的启保停程序，将其保存下载到 PLC，并运行 PLC。

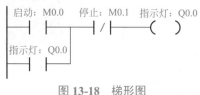

图 13-18　梯形图

（2）建立 S7-200 SMART 与组态王的通信

① 选中工程浏览器左侧"设备"→"COM1"，在工程浏览器右侧双击"新建"图标，出现"设备配置向导"窗口，分别展开并选择"PLC"→"西门子"→"S7-200（TCP）"→"TCP"，如图 13-19 所示。

② 单击"下一步"，在"逻辑名称"窗口中为要安装的设备取一个逻辑名称，如"S7200Smart"，名称中不能出现特殊字符或空格，如图 13-20 所示。

③ 单击"下一步"，在"选择串口号"窗口中为设备选择所连接串口为"COM1"，如图 13-21 所示。

④ 单击"下一步"，在"设备地址设置指南"窗口中填写设备地址。设备地址格式为"PLC 的 IP 地址：CPU 槽号"。

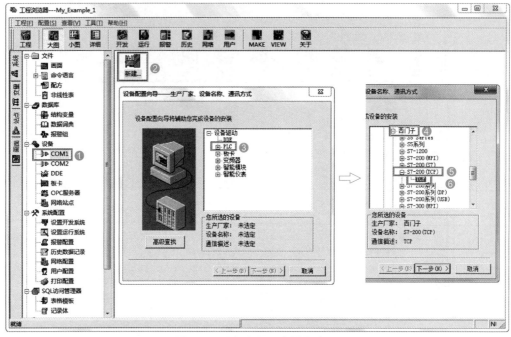

图 13-19 "设备配置向导"窗口

图 13-20 "逻辑名称"窗口

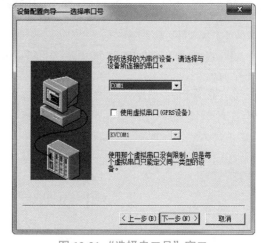

图 13-21 "选择串口号"窗口

由于 S7-200 SMART 的 IP 地址为"192.168.2.1"，而西门子 S7-200 TCP 默认 CPU 槽号为 0，故设置地址为"192.168.2.1：0"，如图 13-22 所示。

⑤ 单击"下一步"，在"通信参数"窗口中设置通信故障恢复参数（一般情况下使用系统默认设置即可），如图 13-23 所示。

⑥ 单击"下一步"，在"信息总结"窗口中检查各项设置是否正确，如果有误，可单击"上一步"进行修改，如图 13-24 所示。

⑦ 如果确认无误后，单击"完成"，则出现新建的 COM1 的设备"S7200Smart"，如图 13-25 所示。

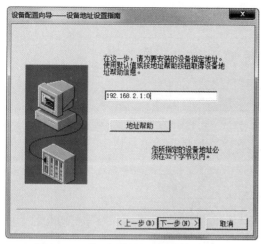

图 13-22 "设备地址设置指南"窗口

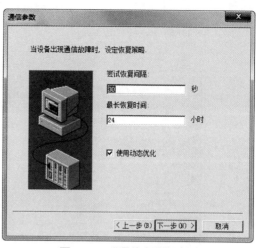

图 13-23 "通信参数"窗口

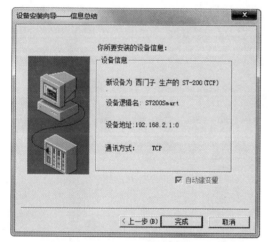

图 13-24 "信息总结"窗口

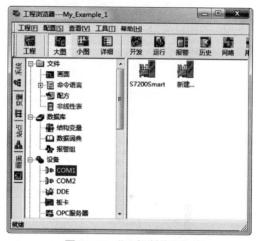

图 13-25 "工程浏览器"窗口

13.2.3 构造数据库

① 选择工程浏览器左侧"数据库"→"数据词典",在工程浏览器右侧用鼠标左键双击"新建"图标,弹出"定义变量"对话框。按照表 13-1 建立 3 个变量,如图 13-26 所示。

表 13-1　建立变量表

变量名	变量类型	描述	初始值	连接设备	寄存器	数据类型	读写属性	采集频率
启动	I/O 离散	启动系统	关	S7200Smart	M0.0	Bit	读写	1000ms
停止	I/O 离散	停止系统	关	S7200Smart	M0.1	Bit	读写	1000ms
指示灯	I/O 离散	指示灯	关	S7200Smart	Q0.0	Bit	读写	1000ms

注:描述这一项可以不填。

图 13-26　"定义变量"对话框

② 三个变量定义完成后，新建的变量出现在右侧的变量区。在此还可以单击变量进行修改，如图 13-27 所示。

图 13-27　"变量"对话框

③ 定义变量的相关知识

a. 变量名：同一应用程序中的数据变量不能重名，区分大小写，最长不能超过 32 个字符。变量名可以是汉字或英文名字，第一个字符不能是数字。

b. 变量类型：在组态王中，数据词典中存放的是应用工程中定义的变量以及系统变量。变量可以分为基本类型和特殊类型两大类，其中特殊类型变量包括报警窗口变量、报警组变量、历史趋势曲线变量、时间变量四种。基本类型变量的分类如表 13-2 所示。

表 13-2　基本类型变量的分类

内存离散变量 I/O 离散变量	类似一般程序设计语言中的布尔（BOOL）变量，只有 0、1 两种取值，用于表示一些开关量
内存实型变量 I/O 实型变量	类似一般程序设计语言中的浮点型变量，用于表示浮点数据，取值范围为 $10 \times 10^{-38} \sim 10 \times 10^{+38}$，有效值为 7 位
内存整数变量 I/O 整数变量	类似一般程序设计语言中的有符号长整数型变量，用于表示带符号的整型数据，取值范围为 $-2147483648 \sim 2147483647$

续表

内存字符串型变量 I/O 字符串型变量	类似一般程序设计语言中的字符串变量，可用于记录一些有特定含义的字符串，如名称、密码等
说明	①内存变量：那些不需要和外部设备或其他应用程序交换，只在组态王内使用的变量，如计算过程的中间变量。 ②I/O 变量：组态王与外部设备或其他应用程序交换的变量。从下位机采集来的或发送给下位机的数据，都需要设置成"I/O 变量"

c. 变化灵敏度：数据类型为模拟量或长整型时此项有效。只有当该数据变量值的变化幅度超过"变化灵敏度"时，"组态王"才更新与之相连接的图素（默认为 0）。

d. 最小原始值和最大原始值：针对 I/O 整型、实型变量，为组态王直接从外部设备中读取到的最小值和最大值。

e. 最小值和最大值：在组态王的画面中显示，并由读取到的最小原始值和最大原始值转化成的具有实际工程意义的工程值。

f. 保存参数：在系统运行时，如果修改了变量的域值，系统将自动保存这些域值。当系统退出再启动时，变量的域值为上次系统运行时最后一次的域值。

g. 保存数值：在系统运行时，当变量的值发生变化后，系统将自动保存该值。当系统退出后再次运行时，变量的值为上次系统运行过程中最后一次变化的值。

h. 初始值：当定义模拟量时出现编辑框，可在其中输入一个数值；定义离散量时出现开或关两种选择；定义字符串变量时出现编辑框，可在其中输入字符串。它们作为软件开始运行时变量的初始值。

13.2.4　设计画面

① 进入新建的组态王工程，如图 13-28 所示，选择工程浏览器左侧"文件"→"画面"，在工程浏览器右侧用鼠标左键双击"新建"图标，弹出如图 13-29 所示的"新画面"对话框。

图 13-28　建立新画面

图 13-29　"新画面"对话框

② 在"画面名称"处输入新的画面名称，如"pic1"，其他属性目前不用更改。
③ 单击"确定"按钮进入内嵌的组态王画面开发系统，在组态王开发系统中单击菜单

栏的"图库"→"打开图库",将出现"图库管理器"窗口。在"图库管理器"窗口单击左侧"按钮",并在右侧图库精灵区中选择一个按钮图形,如图 13-30 所示。

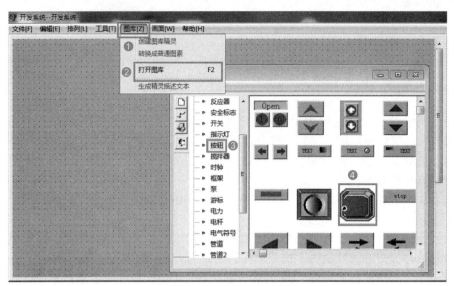

图 13-30　组态王画面开发系统 - 选择按钮

④ 双击选择的按钮,并单击画面的合适位置,选中的按钮便被安放到画面上,如图 13-31 所示。

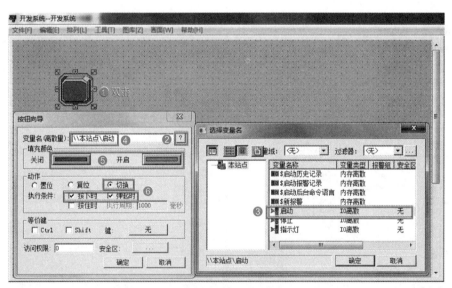

图 13-31　组态王画面开发系统 - 设置按钮

双击画面的按钮(❶ 处),将出现"按钮向导"窗口,单击 ❷ 处的 ?,将出现"选择变量名"窗口,双击 ❸ 处变量"启动",则 ❹ 处编辑框中自动填入"\\ 本站点 \ 启动",从而将此按钮与变量"启动"(即 PLC 的 M0.0)相关联。在 ❺ 处选择按钮关闭和开启时的填充颜色。在 ❻ 处设置动作,即鼠标按下时,M0.0 接通;释放时,M0.0 断开。单击"确定",完成按钮设置。

⑤ 用同样的方式放置第二个按钮,将此按钮与变量"停止"(即 PLC 的 M0.1)相关联。

⑥ 打开图库管理器，在画面中放置指示灯，如图 13-32 所示，双击画面的指示灯（❶ 处），将出现"指示灯向导"窗口，单击 ❷ 处的 ?，将出现"选择变量名"窗口，双击 ❸ 处变量"指示灯"，则 ❹ 处编辑框中自动填入"\\本站点\指示灯"，从而将此灯与变量"指示灯"（即 PLC 的 Q0.0）相关联。在 ❺ 处对指示灯的颜色进行设置，并单击"确定"，完成指示灯设置。

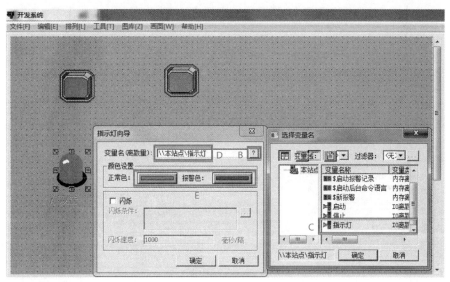

图 13-32　组态王画面开发系统 - 设置指示灯

⑦ 如图 13-33 所示，在组态王开发系统中单击菜单栏的"工具"→"显示工具箱"，将出现"工具箱"窗口。

在"工具箱"窗口，先单击图标 T，再单击画面相应位置，并在此处输入文本，如"启动按钮""停止按钮""Q0.0"。

在"工具箱"窗口中单击图标 ，将出现"调色板"窗口。选中刚才输入的文本，可以在"调色板"中选择文本的颜色。

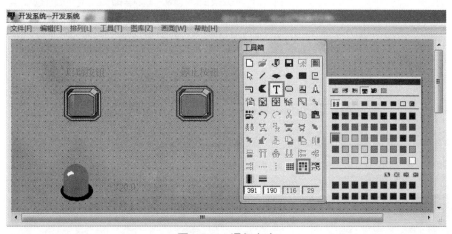

图 13-33　添加文本

⑧ 设置好的按钮和指示灯可以通过颜色显示不同的状态，也可以通过文本直接标识状态。

如图 13-34 所示，双击画面的文本"Q0.0"（❶处），将出现"动画连接"窗口，单击 ❷处的"离散值输出"，将出现"离散值输出连接"窗口，单击 ❸处的 ，将出现"选择变量名"窗口，双击 ❹处变量"指示灯"，则 ❺处编辑框中自动填入"\\本站点\指示灯"。在 ❻处填入表达式为真或假时的输出信息。

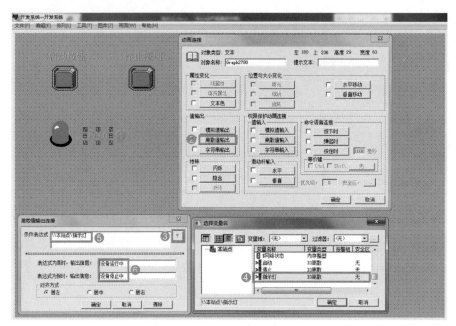

图 13-34　文本直接标识状态

⑨选择"文件"→"全部存"命令保存现有画面。

13.2.5　运行和调试

①在组态王开发系统中选择"文件"→"切换到 View"菜单命令，进入组态王运行系统。

②在运行系统环境中，选择菜单"画面"→"打开"，在出现的"打开画面"窗口，选择"pic1"，单击"确定"。

③如图 13-35 所示，在"pic1"的运行画面中，单击启动按钮，指示灯变为绿色，文字显示"设备运行中"；单击停止按钮，指示灯变为红色，文字显示"设备停止中"。

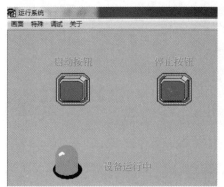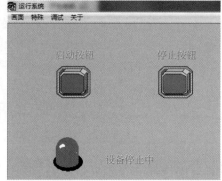

图 13-35　"pic1"的运行画面

13.3 组态王实例——液位控制

在没有 PLC 硬件的条件下，也可以通过组态王内存变量通过命令语言模拟系统控制。

13.3.1 新建工程并构造数据库

（1）新建一个命名为"My_Example_2"的工程
（2）构造数据库

① 选择工程浏览器左侧"数据库"→"数据词典"，在工程浏览器右侧用鼠标左键双击"新建"图标，弹出"定义变量"对话框。按照表 13-3 建立 5 个变量，其中，定义变量"进水阀"和"液位"的方式如图 13-36 和图 13-37 所示。

表 13-3 变量表

变量名	变量类型	变化灵敏度	初始值	最小值	最大值
进水阀	内存离散		关		
出水阀	内存离散		关		
液位	内存实数	0	0.0	0	100
进水水流	内存整数	0	0	0	100
出水水流	内存整数	0	0	0	100

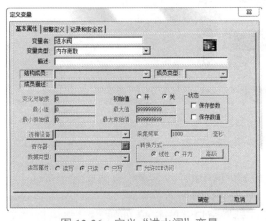

图 13-36 定义"进水阀"变量

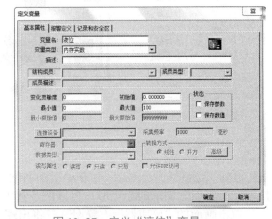

图 13-37 定义"液位"变量

② 5 个变量定义完成后，新建的变量出现在右侧的变量区。在此还可以单击变量进行修改，如图 13-38 所示。

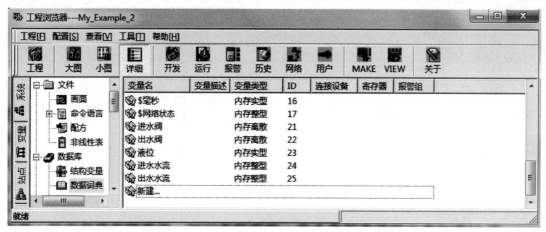

图 13-38　"工程浏览器"对话框

13.3.2 设计画面

① 进入新建的组态王工程，选择工程浏览器左侧"文件"→"画面"，在工程浏览器右侧用鼠标左键双击"新建"图标，弹出"新画面"对话框。

② 在"画面名称"处输入新的画面名称，如"pic1"，其他属性目前不用更改。单击"确定"按钮进入内嵌的组态王画面开发系统。在组态王开发系统中单击工具箱的"图库"，将出现"图库管理器"窗口。在"图库管理器"窗口单击左侧"反应器"并在右侧图库精灵区选择一个反应器图形，如图 13-39 所示。

图 13-39　组态王画面开发系统 - 选择反应器

③ 双击选择的"反应器"，并单击画面的合适位置，选中的"反应器"便被放置到画面上。拉动"反应器"周围的小矩形，可以调节其大小，如图 13-40 所示。

双击画面的"反应器"（❶ 处），将出现"反应器"窗口，单击 ❷ 处的 ，将出现"选择变量名"窗口，双击 ❸ 处变量"液位"，则 ❹ 处编辑框中自动填入"\\本站点\液位"，从而将此反应器与变量"液位"相关联。在 ❺ 处进行颜色设置，在 ❻ 处进行填充设置，单击"确定"，完成"反应器"的设置。

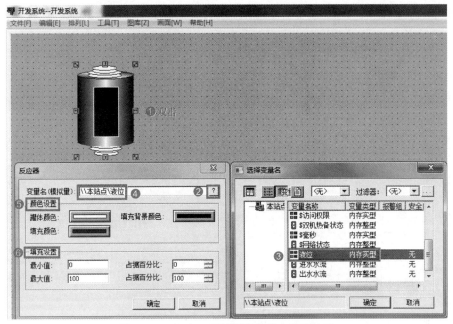

图 13-40　组态王画面开发系统 - 设置按钮

④ 选择工具箱中的立体管道 ⅂，鼠标移到画面上将变为 "+" 形状，在适当位置作为立体管道的起始位置，按住鼠标左键移动鼠标到结束位置后双击，则在画面上画出一条立体管道。如果立体管道需要拐弯，只需在折点处单击鼠标，然后继续移动鼠标，就可实现折线形式的立体管道绘制，如图 13-41 所示。

选中所画的立体管道，打开调色板，在调色板上按下 "对象选择按钮区" 中 "线条色" 按钮，在 "选色区" 中选择某种颜色，则立体管道变为相应的颜色。

选中立体管道，在立体管道上单击右键，在弹出的右键菜单中选择 "管道宽度" 来修改立体管道的宽度和流动效果。

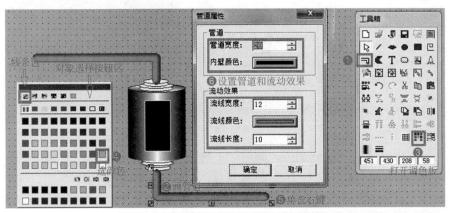

图 13-41　管道绘制和管道颜色与属性设置

⑤ 如图 13-42 所示，双击画面的 "下管道" （❶ 处），将出现 "动画连接" 窗口，单击 ❷ 处的 "流动"，将出现 "管道流动连接" 窗口，单击 ❸ 处的 [?]，将出现 "选择变量名" 窗口，双击 ❹ 处变量 "出水水流"，则 ❺ 处编辑框中自动填入 "\\本站点 \ 出水水流"，单击 "确定" 后，管道呈现流动效果图样。

按同样的方法将"上管道"的"流动条件"与变量"进水水流"相关联。

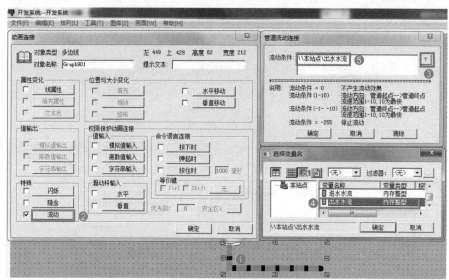

图 13-42　设置管道流动效果

⑥ 打开图库管理器，在阀门图库中选择 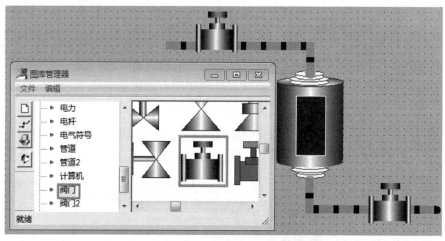，双击后在画面上单击鼠标，则该阀门被放置在画面相应的位置，将阀门移动到上立体管道上，并拖动边框调节到合适大小。用同样的方法在下立体管道上放置阀门，如图 13-43 所示。

图 13-43　添加阀门

⑦ 如图 13-44 所示，双击画面的"阀门"（❶处），将出现"阀门"窗口，单击❷处的 ? ，将出现"选择变量名"窗口，双击❸处变量"出水阀"，则❹处编辑框中自动填入"\\本站点\出水阀"，单击确定后，此阀门便与变量"出水阀"相关联。按同样的方法将另一阀门与变量"进水阀"相关联。

⑧ 在工具箱中选择文本图标 T ，在反应器旁边输入字符串"####"，这个字符串是任意的，当工程运行时，字符串的内容将被需要输出的模拟值所取代。

双击文本对象"####"，弹出"动画连接"对话框。在此对话框中选择"模拟量输出"选项，弹出"模拟量输出连接"对话框，按图 13-45 所示内容进行设置，单击"确定"后，字符串的内容将显示反应器的实时液位信号。

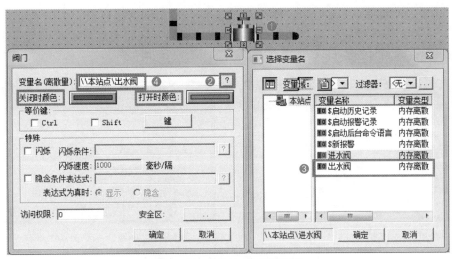

图 13-44 阀门与变量相关联

在"动画连接"对话框，选择"模拟量输入"选项，弹出"模拟量输入连接"对话框，按图 13-45 所示内容进行设置，单击"确定"后，输入的内容将赋值给变量"液位"。

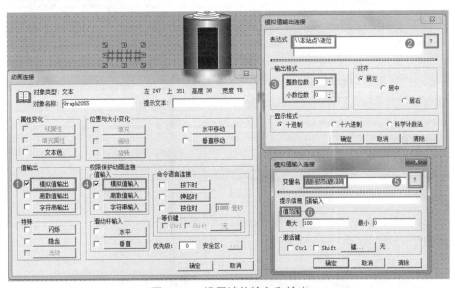

图 13-45 设置液位输入和输出

⑨ 在进水阀旁边输入字符串"阀门"，双击此文本对象，弹出"动画连接"对话框，在此对话框中选择"离散输出"选项，弹出"离散值输出连接"对话框，按图 13-46 所示内容设置"条件表达式"变量，并填写表达式为"真"和"假"时的输出信息。

按同样的方式在出水阀旁边输入字符串"阀门"，并按图 13-47 所示内容设置"条件表达式"变量，并填写表达式为"真"和"假"时的输出信息。

⑩ 如图 13-48 所示，在工具箱中选择工具 📊，在画面上弹出一"实时趋势曲线"窗口，双击此窗口弹出"实时趋势曲线"设置窗口。

实时"实时趋势曲线"设置窗口分为两个属性页："曲线定义"属性页和"标识定义"属性页。"标识定义"属性页可以设置数值轴和时间轴的显示风格。

在"曲线定义"属性页，单击"曲线 1"文本框后的 📊，在弹出的"选择变量名"对话

框中选择变量 "\\本站点\液位"，曲线线型选择合适粗细，颜色设置为蓝色。用同样方法按图 13-48 所示内容设置曲线 2 和曲线 3。当进入运行系统，通过 "实时趋势曲线" 窗口可看到连接变量的实时趋势曲线。

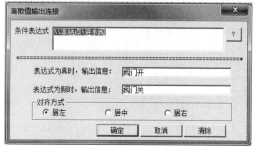

图 13-46　进水阀离散值输出连接

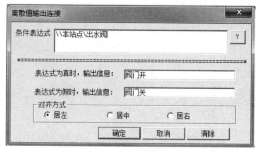

图 13-47　出水阀离散值输出连接

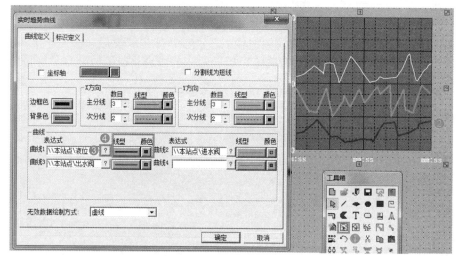

图 13-48　实时趋势曲线设置

⑪ 用文本工具图标 T，在画面上输入画面标题和相应图素的说明，完成以后保存画面。完成的画面如图 13-49 所示。

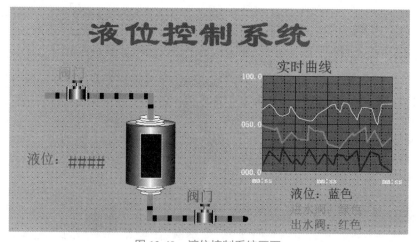

图 13-49　液位控制系统画面

13.3.3 编写程序

（1）编写程序

组态王中命令语言是一种在语法上类似 C 语言的程序，工程人员可以利用这些程序来增强应用程序的灵活性、处理一些算法和操作等。

本液位控制系统采用液位的大小控制阀门的开和关，并实时显示液位数值和变化曲线。为使液位控制在 45 ～ 55 之间，当液位高于 55 时，关闭进水阀门，当液位低于 45 时，关闭出水阀门，水位在 45 ～ 55 之间时，进水阀和出水阀全部打开。根据控制要求，编写的程序为：

```
/* 使用液位控制阀门 */
if ( \\ 本站点 \ 液位 > 55 )
{\\ 本站点 \ 进水阀 =0；
\\ 本站点 \ 出水阀 =1；
\\ 本站点 \ 出水水流 =5；
\\ 本站点 \ 进水水流 =0；
\\ 本站点 \ 液位 =\\ 本站点 \ 液位 -1；
}// 液位较高时，只开出水阀
else if ( \\ 本站点 \ 液位 < =55&&\\ 本站点 \ 液位 > =45 )
{\\ 本站点 \ 进水阀 =1；
\\ 本站点 \ 出水阀 =1；
\\ 本站点 \ 出水水流 =5；
\\ 本站点 \ 进水水流 =5；
}// 合适液位时，开进水阀和出水阀
else
{\\ 本站点 \ 进水阀 =1；
\\ 本站点 \ 出水阀 =0；
\\ 本站点 \ 出水水流 =0；
\\ 本站点 \ 进水水流 =5；
\\ 本站点 \ 液位 =\\ 本站点 \ 液位 +1；
}// 液位较低时，只开进水阀
```

程序中已经有注释，在此不再详解。

（2）输入程序

在工程浏览器的目录显示区，选择"文件"→"命令语言"→"应用程序命令语言"，则在右边的内容显示区出现"请双击这儿进入＜应用程序命令语言＞对话框…"图标，如图 13-50 所示。

双击"应用程序命令语言"（❸ 处）或"请双击这儿进入……"（❸ 处）的任何一个命令，则弹出"应用程序命令语言"对话框。

选择 ❹ 处"运行时"，在程序编辑区编写程序，程序中使用的变量可以点开 ❺ 处的"变量［.域］"选择。常用的关键字可以在 ❻ 处选择。将编写好的程序输入程序编辑区，单击"确定"。

图 13-50　程序编辑区

13.3.4　运行和调试

① 在组态王开发系统中选择"文件"→"切换到 View"菜单命令，进入组态王运行系统。

② 在运行系统环境中，选择菜单"画面"→"打开"，在出现的"打开画面"窗口，选择"pic1"，单击"确定"。

③ 在"pic1"的运行画面中会看到，根据液位高低，进水阀和出水阀会自动打开或关闭，同时反应器中用蓝色填充液位，曲线显示液位、进水阀和出水阀的实时状态。

当进水阀关闭且出水阀打开时，上管道看不到水流流动，而下管道能看到水流流动。从曲线看，液位正在下降。

单击液位显示区，则可以打开小键盘，输入液位值，便可看到阀门和液位的变化，如图 13-51 所示。

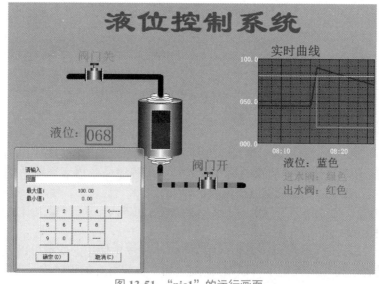

图 13-51　"pic1"的运行画面

参 考 文 献

［1］ 刘振全，王汉芝.电气控制从入门到精通[M].北京：化学工业出版社，2020.

［2］ 刘振全，韩相争，王汉芝.西门子PLC从入门到精通[M].北京：化学工业出版社，2018.

［3］ 陈浩，刘振全，王汉芝.台达PLC编程技术及应用案例[M].北京：化学工业出版社，2014.

［4］ 向晓汉.三菱FX系列PLC完全精通教程［M］.北京：化学工业出版社，2012.